北大社·"十三五"普通高等教育本科规划教材
高等院校材料专业"互联网+"创新规划教材

复合材料

主　编　陈华辉　　刘瑞平　　汪长安
副主编　许晨阳　　胡澎浩

北京大学出版社
PEKING UNIVERSITY PRESS

内 容 简 介

"复合材料"是材料科学与工程、机械工程类专业的技术基础课。本书从增强材料及增强原理出发，系统介绍了聚合物基复合材料、金属基复合材料、陶瓷基复合材料、碳基复合材料的制备方法、性能及应用。本书不仅注重复合材料基础知识，而且从实际应用考虑，系统介绍了各种复合材料的制备方法和性能。

本书可作为高等院校材料科学与工程、材料成型及控制工程等专业师生的教材与教学参考书，也可作为相关专业师生和技术人员的参考用书。

图书在版编目(CIP)数据

复合材料/陈华辉，刘瑞平，汪长安主编 . —北京:北京大学出版社，2021.11
高等院校材料专业"互联网+"创新规划教材
ISBN 978 - 7 - 301 - 32551 - 3

Ⅰ.①复…　Ⅱ.①陈…　②刘…　③汪…　Ⅲ.①复合材料—高等学校—教材　Ⅳ.①TB33

中国版本图书馆 CIP 数据核字(2021)第 192785 号

书　　　名	复合材料	
	FUHE CAILIAO	
著作责任者	陈华辉　刘瑞平　汪长安　主编	
策 划 编 辑	童君鑫	
责 任 编 辑	孙　丹　童君鑫	
数 字 编 辑	蒙俞材	
标 准 书 号	ISBN 978 - 7 - 301 - 32551 - 3	
出 版 发 行	北京大学出版社	
地　　　址	北京市海淀区成府路 205 号　100871	
网　　　址	http://www.pup.cn　新浪微博:@北京大学出版社	
电 子 信 箱	pup_6@ 163.com	
电　　　话	邮购部 010 - 62752015　发行部 010 - 62750672　编辑部 010 - 62750667	
印 刷 者	大厂回族自治县彩虹印刷有限公司	
经 销 者	新华书店	
	787 毫米×1092 毫米　16 开本　21 印张　504 千字	
	2021 年 11 月第 1 版　2021 年 11 月第 1 次印刷	
定　　　价	69.00 元	

前　言

21 世纪是科技迅猛发展的新时代，单质材料由于受自身性能限制已很难满足高科技所需的使用性能要求。复合材料是由两种及两种以上材料（组元）制备的新型材料。通过优化设计材料组元和制备方法，复合材料可充分发挥各组元材料的优点，使材料具有高的强度和模量以及低的密度（高比强度、高比刚度），这是单质材料所无法比拟的。

复合材料起源于 20 世纪 40 年代玻璃钢的问世。玻璃钢是玻璃纤维增强树脂基复合材料，玻璃纤维起增强强度的作用，聚合物基体起黏结纤维的作用。玻璃钢具有较高的比强度和比模量，成本低，产量大，目前已广泛应用于化工、航空、交通运输等领域，是常用复合材料。随着科技的进步及社会的发展，相继出现了不同基体的先进复合材料。20 世纪 60 年代研制出了碳纤维增强高性能树脂基复合材料、碳/碳复合材料；70 年代开发出了金属基复合材料；80 年代发展了陶瓷基复合材料。这些先进复合材料不仅应用于高科技尖端产品，推动了航空航天、交通运输等行业的发展，而且应用于人们的日常生活，提高了人们的生活品质，如航空航天的关键零部件（航天飞机鼻锥、机翼），化工行业的管道，体育行业的赛车和游艇壳体及运动器械（羽毛球拍等）等。近几十年来，人们对复合材料的增强材料、制备技术、界面、各种基体材料进行了大量研究，从单一的纤维增强发展到多元混杂复合，从常规的复合设计到仿生设计，并借助计算机模拟辅助设计，使复合材料的功能特性得到很大提高。有科学家曾预言，21 世纪将是复合材料的新时代。因此，对材料科学与工程专业的学生及从事材料科学研究的工作者来说，了解并掌握复合材料知识是很有必要的。

编者在多年的教学经验积累和大量科研资料的基础上编写了本书，系统地论述了不同基体复合材料的制备工艺及增强机理，介绍了复合材料性能及界面对性能的影响，列举了若干应用实例。本书每章附有思考题，方便读者检查对复合材料知识的掌握程度。

本书由中国矿业大学（北京）陈华辉教授、刘瑞平教授，清华大学汪长安教授任主编，由中国矿业大学（北京）许晨阳副教授、北京科技大学胡澎浩副教授任副主编。全书共 7 章，第 1～3 章由陈华辉教授与许晨阳副教授编写，第 4 章由胡澎浩副教授编写，第 5 章由许晨阳副教授编写，第 6 章由刘瑞平教授编写，第 7 章由汪长安教授和刘瑞平教授编写。全书由陈华辉教授和刘瑞平教授统稿。

由于编者水平有限，不妥之处恳请读者斧正。

资源索引

编　者

2021 年 7 月

本书课程思政元素

本书课程思政元素从"格物、致知、诚意、正心、修身、齐家、治国、平天下"中国传统文化角度着眼，结合社会主义核心价值观"富强、民主、文明、和谐、自由、平等、公正、法治、爱国、敬业、诚信、友善"，设计出课程思政的主题，然后紧紧围绕"价值塑造、能力培养、知识传授"三位一体的课程建设目标，在课程内容中寻找相关落脚点，通过案例、知识点等教学素材的设计运用，以润物细无声的方式将正确的价值追求有效地传递给读者，以培养其理想信念、价值取向、政治信仰、社会责任，全面提高其缘事析理、明辨是非的能力，使其成为德才兼备、全面发展的人才。

每个思政元素的教学活动过程都包括内容导引、展开研讨、总结分析等环节，教师和学生共同参与其中。在课堂教学中，教师可结合下表中的内容导引，针对相关知识点或案例，引导学生进行思考或展开讨论。

页码	内容导引	思考问题	课程思政元素
2	天然复合材料	1. 天然复合材料包括哪些？ 2. 古代建筑使用了哪些复合材料？ 3. 古代兵器使用了哪些复合材料？	科技发展 专业与国家
2	复合材料的发展	1. 复合材料的发展在社会发展中起到哪些作用？ 2. 简述复合材料的重要性	科技发展 专业与社会
8	复合材料的应用	1. 汽车的哪些部件是用复合材料制造的？ 2. 简述玻璃钢在化学工业、建筑领域的应用	努力学习 科技发展 专业与国家 责任与使命
9	复合材料在航空航天领域的应用	1. 航空航天领域应用的复合材料主要有哪些？ 2. 国防领域应用的复合材料主要有哪些？	科学精神 热爱祖国 责任与使命
15	天然纤维	1. 天然纤维有哪些性能？ 2. 天然纤维在使用过程中存在哪些问题？	民族自豪感 大国复兴 人类命运共同体
16	芳香族酰胺纤维	1. 如何制备凯夫拉纤维？ 2. 凯夫拉纤维的性能特点有哪些？ 3. 我国凯夫拉纤维的发展现状如何？	科学素养 努力学习 专业与社会 创新意识

页码	内容导引	思考问题	课程思政元素
25	碳纤维	1. 碳纤维的制备方法有哪些？ 2. 简述碳纤维的性能特点。 3. 我国碳纤维的发展现状如何？	科技发展 辩证思想 专业与国家 洋为中用
31	硼纤维	1. 硼纤维的制备方法有哪些？ 2. 简述硼纤维的性能特点。 3. 我国硼纤维的发展现状如何？	科技发展 专业与社会
32	碳化硅纤维	1. 碳化硅纤维的制备方法有哪些？ 2. 简述碳化硅纤维的性能特点	辩证思想 专业与国家 洋为中用
45	复合材料设计原则	1. 复合材料的设计原则有哪些？ 2. 复合材料的可设计性对其应用有何作用？	科学素养 终身学习 科技发展 民族自豪感
48	复合材料的一体化设计	1. 复合材料的一体化设计方法有哪些？ 2. 复合材料一体化设计对其性能有何影响？	科学素养 科技发展 社会责任
48	复合材料界面黏结理论	1. 润湿角的概念是什么？ 2. 如何改善复合材料界面的润湿性？	科学精神 职业精神 热爱祖国
58	复合材料的复合效应	1. 混合定律是什么？ 2. 相乘效应主要用来评价复合材料的哪些性能？	辩证思维 沟通协作 大局意识 核心意识
68	聚合物基复合材料	1. 树脂基复合材料的性能有哪些？ 2. 树脂基复合材料的制备方法有哪些？	科学精神 专业与社会 创新意识 职业精神
81	酚醛树脂	1. 酚醛树脂的性能有哪些？ 2. 酚醛树脂的应用领域有哪些？ 3. 酚醛树脂与其他聚合物基体相比有哪些优势？	科技发展 专业与社会 创新意识

页码	内容导引	思考问题	课程思政元素
119	金属基复合材料基体的选用原则	1. 常用的金属基复合材料的金属基体有哪些？ 2. 如何选取金属基复合材料的金属基体？其选用原则是什么？	科学素养 全面发展 创新意识
120	铝及铝合金	1. 简述铝合金的性能特点。 2. 如何提高铝合金的性能？	辩证思想 科学素养 专业与国家
122	钛及钛合金	1. 简述钛合金的性能特点。 2. 如何提高钛合金的性能？	科技发展 民族自豪感
123	镁及镁合金	1. 简述镁合金的性能特点。 2. 如何提高镁合金的性能？	科技发展 民族自豪感
124	镍基高温合金	1. 常用的镍基高温合金有哪些？ 2. 简述镍基高温合金的性能特点。 3. 镍基高温合金的应用领域有哪些？	科学精神 专业与国家 责任与使命
128	粉末冶金法	1. 粉末冶金法的原理是什么？ 2. 粉末冶金法在材料制备中的应用有哪些？ 3. 粉末冶金法有哪些优缺点？	努力学习 科学精神 责任与使命
186	铝基复合材料	1. 铝基复合材料的性能有哪些？ 2. 简述铝基复合材料的应用	科学精神 职业精神 专业与国家 创新意识
207	氧化物陶瓷	1. 氧化物陶瓷有哪些？如何分类？ 2. 简述常见氧化物陶瓷的性能及应用	科学精神 职业精神 专业与国家 创新意识
208	非氧化物陶瓷	1. 非氧化物陶瓷有哪些？如何分类？ 2. 简述常见非氧化物陶瓷的性能及应用	科学素养 科技发展 专业与社会
211	玻璃陶瓷	1. 什么是玻璃陶瓷？ 2. 玻璃陶瓷有哪几种？其性能分别如何？	科学素养 终身学习 科技发展 专业与社会

页码	内容导引	思考问题	课程思政元素
229	陶瓷基复合材料的制备工艺	1. 陶瓷基复合材料的应用领域有哪些? 2. 陶瓷基复合材料的制备工艺及方法有哪些?	科学素养 专业与国家 责任与使命 创新意识
245	碳纤维/熔融石英基复合材料	1. 碳纤维/熔融石英基复合材料的制备方法有哪些? 2. 简述碳纤维/熔融石英基复合材料的性能。	科学素养 科学精神 科技发展 专业与社会
247	仿生结构陶瓷基复合材料	1. 仿生结构陶瓷基复合材料的设计思想是什么? 2. 仿生结构陶瓷基复合材料的制备工艺有哪些? 3. 仿生结构陶瓷基复合材料的增韧原理是什么?	科学素养 终身学习 科技发展 创新意识
284	碳/碳复合材料化学气相沉积工艺	1. 碳/碳复合材料的优势和问题是什么? 2. 碳/碳复合材料的制备工艺有哪些?如何改进?	努力学习 科学精神 责任与使命
313	碳/碳复合材料的应用	1. 碳/碳复合材料应用中存在的问题是什么? 2. 碳/碳复合材料的应用领域有哪些?	科学素养 科技发展 专业与社会 创新意识

注：教师版课程思政内容可以联系北京大学出版社索取。

目　　录

第1章
复合材料概述

本章教学要点

知识要点	掌握程度	相关知识
复合材料的定义和分类	准确掌握复合材料的定义；了解复合材料的分类	复合材料的定义和分类
复合材料的性能特点	熟悉复合材料的性能特点	复合材料的性能特点
复合材料的应用	了解复合材料在各领域的应用	复合材料的应用
复合材料的进展	了解复合材料的研究进展；了解复合材料未来的发展方向	复合材料的进展

导入案例

2017 年中国及全球复合材料行业发展分析

复合材料作为一种新材料诞生于 20 世纪 40 年代。第二次世界大战期间，玻璃纤维增强塑料（俗称玻璃钢）首先用于制造军工产品，然后在美国、英国、德国、法国、苏联、日本等国家发展起来。60 年代以后，由于玻璃钢具有优异特性，因此逐步应用于民用领域。截至 80 年代初期，玻璃钢已有超过 35000 种。此外，70 年代后期，随着高新技术的发展，高硅氧纤维、碳纤维、芳纶纤维等高性能纤维及其复合材料先后得到开发和应用。

此后，全球复合材料工业经历了长期发展，复合材料制品先后应用于建筑、化工、航空航天、汽车、风电等领域。尤其是进入 21 世纪以来，全球复合材料市场快速增长。

2015 年全球复合材料行业总产值约为 780 亿美元，2016 年达到 820 亿美元。与此同时，2015 年全球复合材料总产量为 1040 万吨，2016 年达到 1080 万吨。

资料来源：http：//www.chyxx.com/industry/201707/544821.html，2017.

1.1 综　述

　　材料、能源、信息是现代科学技术的三大支柱。随着材料科学的发展，各种性能优良的新材料不断涌现，并广泛应用于各个领域。同时，科学技术的进步对材料的性能提出了更高的要求，如减轻质量、提高强度、降低成本等。满足性能要求可以通过以下两种方法实现：①在原有传统材料上改进，如可通过塑性变形、固溶强化、弥散强化等提高金属材料的强度，改善其性能；②通过加入比金属强度高的材料，设计制备一种新型高性能材料，即复合材料。

　　复合材料是应现代科学技术发展而产生的生命力极强的材料，由两种或两种以上性质不同的材料，通过各种工艺手段组合而成。复合材料的各组成材料在性能上起协同作用，其优越的综合性能是单一材料无法比拟的。复合材料已成为与金属材料、无机非金属材料、高分子材料同等重要的一种新型工程材料。复合材料具有刚度大、强度高、质量轻的优点，而且可根据使用条件进行设计和制造，以满足各种特殊用途，从而极大地提高了工程结构的效能。

　　1987 年，英国学者 Ashby 对不同时期各类材料的相对重要性进行了估计，如图 1.1 所示。从图中我们可对材料的发展史有所了解。在公元前 10000 年的旧石器时代，人类将石头加工制造成器皿和工具。公元前 5000 年左右，人类发明用黏土成型再火烧固化的方法烧制陶器；与此同时，在烧制陶器的过程中还原出金属铜和锡，创造了炼铜技术，生产出各种青铜器物，从而进入青铜时代。后来人类开始使用铁，随着炼铁技术的发展，人类发明了用生铁炼成钢的技术，1856 年和 1864 年先后发明了转炉炼钢和平炉炼钢，使全球钢产量从 1850 年的 6 万吨突增到 1900 年的 2800 万吨，大大促进了机械制造、铁路交通的发展。随着合金钢、特殊钢的相继出现及 20 世纪中期优质合金，如铜、钛、锆合金的大量应用，人类跨入了钢铁时代，钢铁在机械工程及市政工程中起着举足轻重的作用。20 世纪随着人工合成高分子材料的问世，尤其是三四十年代聚酰胺（俗称尼龙）等高分子材料的问世及现代陶瓷业的崛起，钢铁材料逐渐失去往日的风采，高分子材料及现代陶瓷尤其是复合材料迅速发展，预示着 21 世纪高分子材料、陶瓷材料、复合材料将与钢铁材料平分秋色，其中复合材料是更有发展前途的材料，是今后材料发展的主要方向。聚合物基复合材料已广泛应用于航空航天等领域，随着陶瓷基复合材料及金属基复合材料的发展和应用，复合材料的重要性越来越显著。

　　复合材料并不是人类发明的一种新材料，自然界中有许多天然复合材料，如竹、木、椰壳、骨骼、甲壳、皮肤等。这些天然复合材料在与自然界长期抗争和演化的过程中形成了优化的复合组成与结构形式。以竹为例，它是许多直径不同的管状纤维分散于基体中所形成的材料，纤维的直径与排列密度由表皮到内层是不同的：表皮的纤维直径小且排列紧密，以利于提高抗弯能力；内层的纤维直径大且排列稀疏，以改善韧性。这种复合结构很合理，其力学性能达到了最优的强韧组合。

　　人类在 6000 年前就知道用稻草与泥巴混合垒墙，这是早期人工制备的复合材料，至今一些地方仍然沿用这种方法。在已有 600 多年历史的嘉峪关长城等古老的建筑上，我们

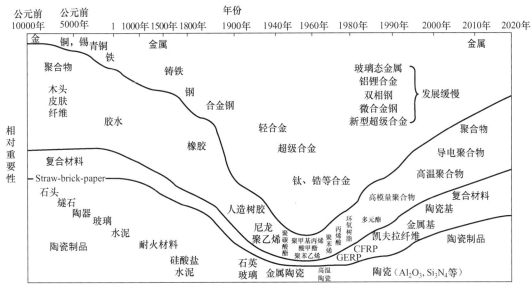

图 1.1　不同时期各种材料的相对重要性（注意年代坐标是非线性的）

不难寻觅到上述传统复合材料的应用。如今我国建筑业已发展到用钢丝或钢筋强化混凝土复合材料盖楼，用玻璃纤维增强水泥制造外墙体。新开发的聚合物混凝土材料克服了水泥混凝土存在的脆性大、易开裂及耐蚀性差的缺点。碳纤维增强水泥不仅强度高，而且导电性好，由此开发出具有压力敏感或温度敏感的本征智能材料，适用于混凝土大坝等工程的无损检测诊断。加入一些特殊材料还可使建筑材料具有导电、传光的功能。5000 年前，中东地区曾用芦苇增强沥青造船。1942 年玻璃纤维增强树脂基复合材料的出现使造船业前进了一大步。现在采用玻璃钢制造船体，尤其是赛艇、游艇的船体，不仅减轻了质量，而且外表美观，性能也有所提高。

　　20 世纪 70 年代末期发展起来的用高强度、高模量纤维与轻金属制成的金属基复合材料及碳/碳复合材料具有比强度高、比模量高、耐热、耐蚀等特点，已广泛用于航空航天等领域。80 年代开始逐渐发展起来的陶瓷基复合材料采用纤维增韧补强，大大改善了陶瓷基体的脆性。可见随着科学技术的发展，现代复合材料已被赋予新的内容和使命，成为当代极其重要的工程材料。

　　自 20 世纪 40 年代在美国诞生玻璃钢以来，随着新型增强材料的不断出现和技术的不断进步，聚合物基复合材料、金属基复合材料、陶瓷基复合材料和碳/碳复合材料正以前所未有的速度发展。不难预料，未来将是复合材料迅猛发展和应用更广泛的时代。

1.2　复合材料的定义和分类

1.2.1　复合材料的定义

　　什么是复合材料？很难给复合材料下一个严格、精确且统一的定义。根据不同人的观

点，复合材料大致有以下两类定义。

（1）仅考虑复合后材料的性能。

复合材料是由两种或两种以上成分不同、性质不同，有时形状也不同的相容性材料，以物理形式结合而成的，复合后的材料整体性能应超过各组分材料的性能，保留了所期望的性能（强度高、刚度高、质量轻），抑制了所不期望的特性（低延性）。

复合材料是多功能材料系统，可提供任何单一材料无法获得的特性。

（2）考虑复合材料的性能和结构。

复合材料是两种或两种以上材料在宏观尺度上组合而成的材料。

复合材料是两种或两种以上化学性质不同或组织相不同的物质，以微观或宏观形式组合而成的材料。

复合材料是不同于合金的一种材料，其中每种组分都保留了其独自的特性，构成复合材料时仅取其优点而避开其缺点，以获得一种有所改善的材料。

F. L. Matthews 和 R. D. Rawling 认为复合材料是由两个或两个以上组元或相组成的混合物，并应满足以下三个条件：①组元含量大于 5%；②复合材料的性能显著不同于各组元的性能；③通过各种方法混合而成。

按 Matthews 和 Rawling 的定义，钢铁及其合金不属于复合材料，如 Co - Cr - Mo - Si 合金不属于复合材料，因为这种合金需经过熔化和凝固过程；而碳化硅（SiC）颗粒强化的铝合金属于复合材料。

有人认为可将复合材料划分为广义复合材料和狭义复合材料。

吴人洁教授在《复合材料的未来发展》一文中指出："复合材料将由宏观复合形式向微观（细观）复合形式发展。所谓微观（细观）复合材料包括均质材料在加工过程中内部析出增强相和剩余的基体相构成的原位复合材料或微纤增强复合材料，也包括用纳米级增强体的纳米复合材料以及用刚强棒状分子增强的分子复合材料等。"

综上所述，复合材料的定义主要阐述两个要点，即组成规律和性能特征。

在《材料科学技术百科全书》中复合材料的定义如下：复合材料是由有机高分子、无机非金属或金属等不同材料通过复合工艺组合而成的新型材料。它既能保留原组成材料的重要特色，又能通过复合效应获得原组分所不具备的性能。材料设计可使各组分的性能相互补充并彼此关联，从而获得更优越的性能，与一般材料的简单混合有本质区别。

《材料大辞典》中关于复合材料的定义是：复合材料是根据需要设计，将两种以上的有机聚合物材料、无机非金属材料或金属材料组合，使其优势互补，从而制成的一种新型材料。由于复合材料一般由基体组元与增强材料或功能体组元组成，因此也属于多相材料。复合材料的特点之一是不仅能保持原组分的部分优点，而且能产生原组分不具备的新性能；特点之二是具有可设计性。由于原组分材料各自具有优缺点，组合时可能出现图 1.2 所示的结果，因此必须通过选择原材料、设计各组分分布和保证工艺条件等，使复合材料的原组分材料的优点相互补充，同时利用复合材料的复合效应使之出现新的性能，最大限度地发挥优势。

益小苏、杜善义、张立同主编的《复合材料手册》中认为，复合材料是指由两种或两种以上具有不同物理性质和化学性质的材料，以微观、细观或宏观等结构尺度与层次经过复杂的空间组合而形成的一个材料系统。

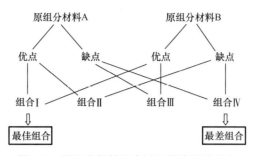

图 1.2 原组分材料组合时可能出现的结果

综上所述，复合材料应具有以下三个特点。

（1）复合材料是由两种或两种以上不同性质的组元组成的具有宏观、细观或微观等不同结构尺度的一种新型材料，组元之间存在明显界面。

（2）复合材料中各组元不但保持着各自的固有特性，而且可最大限度地发挥各组元的特性，并赋予单一组元所不具备的优良特殊性能。

（3）根据性能和功能要求，复合材料具有可设计性。

可见，金属、陶瓷、高分子等单质材料的材料科学与工程学基础也是复合材料科学与工程学的重要基础。复合材料的最典型特征是具有多尺度、多层次结构，且各尺度、各层次结构与复合材料微观、细观和宏观性能之间有丰富的关联。

复合材料的结构通常由基体和增强体或功能体构成。基体在复合材料结构中是连续相，起到连接增强相并赋予复合材料成型和传递外界作用力的作用，还可使增强体免受外界环境损伤；增强体是以独立的形态分布在整个连续相（基体）中的分散相，与连续相相比，其性能优越，可使材料的性能显著增强，常称为增强材料，也称增强体、增强剂、增强相等。因此在大多数情况下，分散相比基体硬，强度和刚度比基体的大。分散相可以是纤维及其编织物，也可以是颗粒状或弥散的填料。基体与增强体之间存在界面。

1.2.2　复合材料的分类

复合材料有多种分类方法，如图 1.3 所示。

常用（普通）复合材料是指用普通玻璃纤维、合成纤维与天然纤维等增强普通聚合物（树脂）的复合材料，多作为性能要求不高、用量大、应用面广的材料使用；先进复合材料（Advanced Composites Material，ACM）是碳纤维、芳纶纤维、陶瓷纤维、晶须等高性能增强材料与耐高温聚合物、金属、陶瓷和碳（石墨）等组成的复合材料，用于各种高技术领域中用量小、性能要求高的场合。

由于结构复合材料主要用作承力结构和次承力结构，因此对其主要要求是质量轻、强度高和刚度高，且能承受一定的温度，在某些情况下还要求膨胀系数小、绝热性能好或耐介质腐蚀等。结构复合材料基本上由增强体和基体组成。前者是承受载荷的主要组元，后者起到使增强体黏结起来并传递应力、增韧的作用，可按受力情况设计复合结构。功能复合材料（Functional Composites Material，FCM）是指除力以外提供其他物理性能的复合材料，即具有电学性能（如导电、超导、半导、压电等），磁学性能（如永磁、软磁、磁

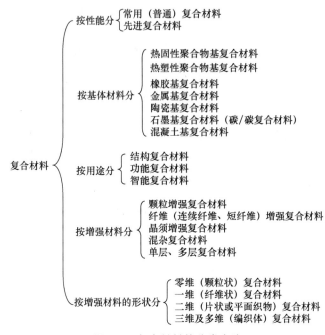

图 1.3　复合材料的分类方法

致伸缩等），光学性能（如透光、选择吸收、光致变色等），热学性能（绝热、导热、膨胀系数小等），声学性能（如吸音、消声呐等）等。功能复合材料主要由基体和功能体组成，或由两种及两种以上功能体组成。基体不仅起到黏结和赋形的作用，而且对复合材料的整体物理性能有影响。智能复合材料（Intelligent Composites Material，ICM）是机敏复合材料的高级形式。在机敏复合材料的自诊断、自适应和自愈合的基础上增加自决策功能，体现具有智能的高级形式，称为智能复合材料。有人把机敏复合材料统一包括在智能复合材料中。能检知环境变化，并通过改变自身一个或多个性能参数对环境变化作出响应，与变化后的环境相适应的复合材料或材料-器件的复合结构，称为机敏材料或机敏结构。

混杂复合材料（Hybrid Composites Material，HCM）广义上是指两种或两种以上的基体或增强材料混杂而成的复合材料，也包括用两种或两种以上的复合材料或复合材料与其他材料混杂而成的复合材料，但通常是指用两种或两种以上的增强材料组成的混杂复合材料，如两种连续纤维定向排列或混杂编织、两种短纤维的混杂铺设或两种颗粒混杂。目前主要应用两种连续纤维定向排列或混杂编织。

1.3　复合材料的性能特点

之后的章节将详细介绍各种复合材料的性能，下面仅对复合材料的性能特点作简单介绍。

1. 比强度和比模量高

复合材料的最大优点是比强度和比模量高。比强度、比模量分别是指材料的拉伸强度、弹性模量与密度之比,即

$$比强度 = \frac{拉伸强度}{密度} \qquad 单位:MPa/(g/cm^3)$$

$$比模量 = \frac{弹性模量}{密度} \qquad 单位:GPa/(g/cm^3)$$

材料的比强度越高,制作同一个零件的质量越轻;材料的比模量越高,零件的刚性越大。表1-1列出了五种复合材料的性能。

表 1-1　五种复合材料的性能

复合材料	密度 ρ /(g/cm³)	弹性模量 E /GPa	拉伸强度 R_m /MPa	比模量 E/ρ /[GPa/(g/cm³)]	比强度 R_m/ρ /[MPa/(g/cm³)]
40%碳纤维/尼龙-66	1.34	22	246	16	184
连续S-玻璃纤维/环氧树脂	1.99	60	1750	30.2	879
25%SiCw/氧化铝	3.7	390	900	105	243
25%Al₂O₃/Al合金	1.5	80	266	53	177
铝	2.7	69	77	26	29
软钢	7.86	210	460	27	59

2. 抗疲劳性能好

复合材料的抗疲劳性能比单一基体材料的高。疲劳破坏是材料在交变载荷作用下,由裂纹的形成和扩展造成的材料破坏现象。金属材料通常事先没有任何预兆就发生疲劳破坏。复合材料疲劳破坏前有明显的预兆,即可在纤维与基体的结合面上观察到裂纹,因此,其疲劳断裂不像金属材料那么突然。

大多数金属材料的疲劳强度是拉伸强度的40%～50%,而碳纤维/聚酯复合材料的疲劳强度是拉伸强度的70%～80%。

3. 抗震性能好

受力结构的自振频率除与结构本身形状有关外,还与材料的比模量的平方根成正比。复合材料的比模量高,则自振频率高,避免了工作状态下共振引起的早期破坏。同时,复合材料界面具有较好的吸振能力,增大了材料的振动阻力,因此抗震性能好。对相同形状和尺寸的梁进行试验可知,轻金属梁需要9s才能停止振动,而碳纤维复合材料梁仅需2.5s即可停止相同的振动。

4. 化学稳定性优良

钢材不耐酸,尤其是不耐含有氯离子的酸,即使是含有钼的不锈钢在酸中也会很快腐

蚀，但纤维增强塑料可在含氯离子的酸性介质中长期使用。

5. 耐热性好

耐热性是指材料能在一定的温度内长期使用，而其力学性能保持不低于80％的性能。聚合物基复合材料的耐热上限为350℃（一般常用高聚合物基体的使用温度为100～200℃）。金属基复合材料的耐热性较好，使用温度按不同金属基体的性质在350～1100℃变动。

碳化硅纤维、氧化铝纤维与陶瓷复合，在空气中可耐1200～1400℃的高温，比所有高温合金的耐热温度高100℃以上，用于柴油发动机，可取消原来的散热器水冷却系统，减轻约100kg的质量；用于汽车发动机，使用温度高达1370℃。耐热性最好的是碳基复合材料，非氧化气氛下可在2400～2800℃下长期使用。

6. 韧性、抗热冲击性、导电性和导热性良好

由于金属材料具有良好的塑性变形能力及优异的导电性和导热性，因此金属基复合材料具有较好的韧性和抗热冲击性，在受到冲击时，它能通过塑性变形吸收能量。金属基体的导电性和导热性可以使局部的高温热源和集中电荷很快扩散消失，有利于解决热气流冲击和雷击问题。

7. 耐磨性、减摩性、自润滑性好

在热塑性塑料中掺入少量短切碳纤维可大大提高耐磨性。碳纤维增强塑料还可以降低塑料的摩擦系数。在金属基体中加入陶瓷纤维和颗粒可提高强度、硬度和耐磨性。

8. 其他特殊性能

玻璃纤维增强塑料是一种优良的电气绝缘材料，可用于制造仪表、电器中的绝缘零部件；这种材料不受电磁作用，不反射无线电波，可用于制造某些导弹及地面雷达。复合材料根据组成组元的特性，还可具有耐烧蚀性、耐辐射性、耐蠕变性及特殊的光、电、磁性能等。

此外，可设计性与制备成型一体化也是复合材料的性能特点。

1.4 复合材料的应用

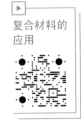
复合材料的应用

聚合物基复合材料、金属基复合材料、陶瓷基复合材料和碳基复合材料已广泛应用于各个领域。

1. 在机械工业中的应用

复合材料在机械工业中主要用于阀、泵、齿轮、叶片、轴承及密封件等。用酚醛玻璃钢和纤维增强聚丙烯制成的阀门的使用寿命比不锈钢阀门的

长，且价格低。玻璃钢不仅质量轻，而且耐腐蚀，常用于制造泵壳、叶轮及叶片，铸铁泵一般重几十千克，玻璃钢泵仅重几千克但耐腐蚀性更好。用 SiC 纤维/Si$_3$N$_4$ 陶瓷制造的涡轮叶片使用温度可高于 1500℃。碳纤维增强塑料耐磨性好、摩擦系数低、质量轻、噪声低，可用于制造照相机齿轮。碳/碳复合材料耐高温、摩擦系数低，常用于制造密封件。

2. 在汽车工业及交通运输领域的应用

要提高汽车速度，必须减轻汽车质量。汽车质量减轻还可节省燃料，减少污染。用高强钢代替普通钢，质量可降低 20%～30%；用铝合金代替普通钢，质量可降低 50%，但价格高出 80%。复合材料在汽车工业中应用广泛，聚合物基复合材料可制造车身、驱动轴、操纵杆、转向盘、客舱隔板、底盘、结构梁、发动机机罩、散热器罩等部件。在国外聚合物基复合材料已广泛用于制造汽车外壳、摩托车外壳及高速列车车厢厢体。

3. 在化学工业中的应用

由于化学工业中的主要问题是腐蚀严重，因此往往用非金属取代金属制造零部件。玻璃钢的出现给化学工业带来了光明的前景。玻璃钢主要用于制造各种槽、罐、釜、塔、管道、泵、阀等化工设备及其配件。玻璃钢的特点是耐腐蚀、强度高、使用寿命长、价格远比不锈钢低。但玻璃钢仅能用于低压或常压场合，并且温度不宜超过 120℃。图 1.4 所示为玻璃钢输油气管道和化工管道。

图 1.4　玻璃钢输油气管道和化工管道

4. 在航空航天领域的应用

碳/碳复合材料、碳纤维或硼纤维增强聚合物复合材料及硼纤维增强铝合金复合材料常用于制造飞机、火箭和宇宙飞船的零部件。国外许多先进固体发动机都采用高强中模量碳纤维缠绕壳体。碳/碳复合材料具有质量轻、耐烧蚀、耐高温和耐摩擦等性能，已用于制造军用飞机及大型民用客机的减速板和制动装置，阿波罗宇宙飞船控制舱的光学仪器热防护罩，内燃机活塞、喷嘴、机翼和尾翼等。飞机采用碳/碳复合材料制动片，通常可减轻质量 600kg，延长使用寿命近 5 倍，制动性能也明显好于钢制动装置。碳纤维增强酚醛复合材料已用于固体火箭的外壳和喷嘴。20 世纪 80 年代后期，金属基复合材料也开始用于制造内燃机活塞、连杆、发动机气缸套等，因为金属基复合材料（如氧化铝纤维增强铝合金）具有良好的高温强度和热稳定性，抗咬合，抗疲劳性能好。人造卫星上也使用了大量新型复合材料，如由碳纤维增强聚合物制作的导波天线。1997 年 7 月 1 日香港回归祖国的伟大历史时刻，中国人民解放军驻香港部队空军驾驶着由哈尔滨飞机制造公司（今中航工业哈尔滨飞机工业集团有限责任公司）生产的直-9 直升机进驻香港，这种飞机使用了超过 60% 的复合材料。法国国家航空宇航公司已将碳化物纤维或玻璃纤维/环氧树脂（部分纤维缠绕）复合材料制作的应力传输轴用于机场，质量比用金属时减轻了 30%。图 1.5 所示为复合材料在波音 787 飞机上的应用。

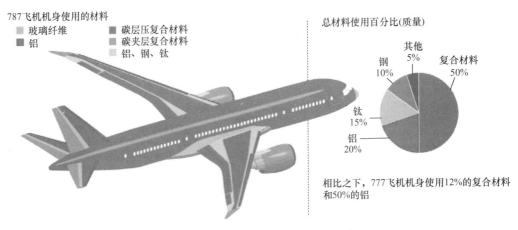

787 飞机机身使用的材料
- 玻璃纤维
- 铝
- 碳层压复合材料
- 碳夹层复合材料
- 铝、钢、钛

总材料使用百分比(质量)
其他 5%
钢 10%
复合材料 50%
钛 15%
铝 20%

相比之下，777 飞机机身使用12%的复合材料和50%的铝

图 1.5　复合材料在波音 787 飞机上的应用

5. 在建筑领域的应用

在建筑领域，玻璃钢已广泛用于制造冷却塔，储水塔，卫生间的浴盆、浴缸，桌椅门窗，安全帽，通风设备等。玻璃纤维/碳纤维增强混凝土复合材料具有优异的力学性能，在强碱中的化学稳定性、尺寸稳定性，在盐水介质中的耐腐蚀性等，作为高层建筑墙板等的应用日趋广泛。图 1.6 所示为赛姆菲尔玻璃纤维增强水泥复合材料外墙。近年来，国外还在建筑领域采用碳纤维增强聚合物复合材料来修补加固钢筋混凝土桥板、桥墩等，如日本用碳纤维增强聚合物复合材料片修补加固了由阪神大地震损坏的钢筋混凝土桥板、桥墩，修复工作取得了突破性进展。英国用碳纤维增强聚合物复合材料增强伦敦地下隧道的铸铁梁和石油平台壁的耐冲击性等。

6. 在其他领域的应用

在船舶领域，用玻璃钢制成的船体具有抗海生物吸附和耐海水腐蚀等特性。

在生物医学领域，碳/碳复合材料具有良好的生物相容性，已用作外科植入物、牙根植入体及人工关节等。图 1.7 所示为用碳/碳复合材料制作的人工关节。

图 1.6　赛姆菲尔玻璃纤维增强水泥复合材料外墙

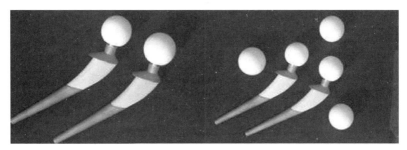

图 1.7　用碳/碳复合材料制作的人工关节

　　碳纤维增强聚合物复合材料比强度高、比模量高，广泛用于制造网球拍、高尔夫球棒、鱼竿、赛车（图1.8）、赛艇、滑雪板（图1.9）、乐器（图1.10）等文体用品。采用团状模塑料工艺将 3～12mm 短切纤维与树脂混合，可用于制作家用电器外壳、卫浴用品、搅拌器等。

图 1.8　用碳纤维和凯夫拉（Kevlar）纤维混杂
复合材料制造的"永远第一（First-ever）"赛车

图 1.9　用环氧树脂复合材料制造的滑雪板

图 1.10　用碳纤维/环氧树脂
复合材料制造的小提琴

由上可知，复合材料不仅用于航空航天等高科技领域，而且广泛用于日常生活中，因此有必要掌握复合材料的基本知识。尽管复合材料已广泛应用于各个领域，但仍存在一些问题，如价格太高，特别是碳纤维和硼纤维增强的复合材料；复合材料组元间的结合及复合材料的连接技术仍是人们亟待解决的问题。

1.5　复合材料的进展

近年来，人们对复合材料在增强纤维、计算机辅助设计工具的应用和先进加工技术的开发、智能材料和非破坏性检测技术等方面的研究较多，并且不断开拓了市场应用，使复合材料的市场竞争力有了很大提高。

矿物资源的枯竭、环境污染以及人们对生活质量的需求等，使人们对复合材料提出了更高的要求，主要表现在以下 4 个方面。

(1) 增强纤维的性能提高及环保要求。增强纤维的发展趋势仍然是强度、模量和断裂伸长率的提高。但随着人们对环保的要求更严格，欧洲已有相关规定，热固性复合材料产品由于无法回收再利用而不宜销往欧洲。除树脂之外，复合材料产品中的增强纤维（如玻璃纤维、碳纤维、芳纶纤维）迄今都是无法回收的。因此，开发高性能环保增强纤维非常重要。目前，国内外都在研究环保型纤维（如玄武岩纤维、黄麻纤维）。

(2) 高效的加工技术。降低加工成本对复合材料的应用十分重要。一般而言，复合材料产品的制造成本主要取决于模具技术和加工技术。因此，模具与加工制备工艺的研发和改进很重要。

(3) 多样化的功能/智能复合材料。随着人们对环境舒适性的要求日益提高，具有吸音减振功能的蜂巢芯材料三明治结构越来越受到重视。这种材料质量轻、强度高、刚度高，可显著降低办公、居家环境及各类交通工具的噪声。

(4) 非破坏检测技术。复合材料的非破坏性检测技术对复合材料的性能和质量检测至关重要。美国激光技术公司研发出一套激光检测装置，可有效检测出复合材料表面的缺陷（如凹陷、脱层等）。但复合材料的内部缺陷检测仍亟待开发。

总之，进一步提高结构复合材料的性能，了解和控制复合材料的界面问题，建立健全复合材料力学性能预测，优化复合材料结构设计和智能化，以及功能复合材料研究等仍是人们亟待解决的问题。

习　题

1-1　复合材料的定义是什么？

1-2　复合材料如何分类？

1-3　复合材料的性能特点有哪些？

1-4　复合材料的应用领域有哪些？

第2章
增强材料

本章教学要点

知 识 要 点	掌 握 程 度	相 关 知 识
纤维	了解纤维的种类和制备方法，掌握各种纤维的性能特点	有机纤维和无机纤维的性能
颗粒	了解常用增强颗粒的种类和性能	增强颗粒的性能
晶须	了解常用晶须的种类和性能	晶须的性能
增强材料的表面处理	了解增强材料表面处理的目的和常用方法	增强材料表面处理的方法

导入案例

大型风机叶片材料的应用和发展

　　风能作为一种清洁的可再生能源，其开发潜力已被世界各国认可。到 2006 年年底，风电发展已涵盖世界各大洲，装机容量已达 7422 万千瓦，比 2005 年增加 1520 万千瓦，增长 25.8％，并继续呈现快速增长趋势。

　　根据我国最新公布的《可再生能源中长期发展规划》（以下简称《规划》），今后一个时期，风能将成为我国可再生能源发展的重点之一，到 2010 年，全国风电总装机容量达到 500 万千瓦，到 2020 年，全国风电总装机容量达到 3000 万千瓦。按照《规划》，未来 15 年间，我国风电总装机容量年均增速将为 1.52 倍。作为风力发电装置最关键最核心的部件，叶片的设计与选材决定着风力发电装置的性能与功率，是保证机组正常稳定运行的重要因素，其成本也占到了风机设备的 20％～30％。因此，提高叶片的综合性能、降低发电成本对叶片的设计和选材提出了更高的要求。因此，质量轻、强度高、耐蚀性好、具有可设计性的复合材料是大型风机叶片的首选材料。其中，S-玻璃纤维和碳纤维的应用是提高叶片质量的关键。

　　　　　　　　　　　　　　资料来源：第八届中国太阳能光伏产业高峰论坛，2017.

复合材料由基体、增强体和两者之间的界面组成。在不同基体材料中加入不同性能的增强体，可获得性能更优异的复合材料。

在不同基体中加入不同增强材料后，性能的提高主要可分为两大类：一是力学性能，如强度、弹性模量、韧性、磨损性能等；二是物理性能，如电性能、磁性能、光性能、声性能等。复合材料所用的增强材料主要有三种，即纤维及其织物、晶须和颗粒。对于纤维增强的结构复合材料，起主要承载作用的是纤维；对于颗粒增强的复合材料，起主要承载作用的是基体。纤维及其织物是常用增强材料，其增强效果远好于颗粒的增强效果。

复合材料的增强纤维可分为无机增强纤维和有机增强纤维两大类。无机增强纤维有玻璃纤维、碳纤维、硼纤维、陶瓷纤维、金属纤维等；有机增强纤维有凯芙拉纤维、超高分子量聚乙烯纤维、聚酰胺纤维等。凯夫拉纤维、碳纤维和玻璃纤维是应用最广泛的纤维。

2.1　纤　维

大自然中有许多天然纤维，如植物纤维（棉花、麻类），动物纤维（丝、毛）和矿物纤维（石棉），但天然纤维一般强度较低。现代复合材料的增强材料往往使用合成纤维，合成纤维分为有机纤维和无机纤维两大类。有机纤维包括凯夫拉纤维、聚酰胺纤维及聚乙烯纤维等；无机纤维包括玻璃纤维、碳纤维、硼纤维、碳化硅纤维等。在介绍各种纤维之前，先介绍以下有关纤维的专业术语。

单丝：拉丝漏板每个孔中拉出的丝。

原纱：多根单丝（数目由漏板的孔数决定）从拉丝漏板拉出汇集而成的单丝束，也称纤维束丝、单股纱或原丝。

捻度：也称捻数，指有捻纱或其他纱线在每米长度沿着轴向的捻回数（螺旋匝数）。捻数可用捻密度（TPI）表示。加捻的方向分为 Z 和 S 两种，Z 为右捻，顺时针方向；S 为左捻，逆时针方向。加捻可使纱线获得一定的物理性质，如增大抱合力、增强耐磨性和抗疲劳性能等。

细度：单丝的直径，一般用微米表示。通常纤维的直径越细，抗拉强度就越高。工业上还常用以下两种方法表示原丝的粗细。

质量法：用 1g 原纱的长度表示，称为支数。如 80 支纱，就是指 1g 原纱的长度为 80m。当原纱中单丝数目相同时，纤维支数越高，单丝就越细。

定长法：国际上统一使用的方法，单位为 Tex，是指 1000m 原纱的质量。如 500Tex 是指长度为 1000m 的原纱，其质量为 500g。当原纱中单丝数目相同时，Tex 值越大，单丝就越粗。

粗纱：由若干单股有捻纱、原纱或单股无捻纱以无捻或少捻平行集束而成的纱束。

无捻粗纱：由多股连续单股原纱并排合股而成（不加捻）的纱束，用构成原纱的股数和支数表示，如 40 支 40 股、40 支 20 股等。一般来讲，无捻粗纱适合制作预浸料，因为它易浸透树脂；有捻纤维适合编织。

短切纤维：将原丝、无捻粗纱或加捻纱切（拉）断成长度为 35～150mm（有的书中为 0.6～60mm）的纤维。

长径比：（短）纤维长度与直径之比。

短纤维毡：由不规则的短切纤维随意交叉重叠铺成毡状薄片，随机器的移动均匀排列，用树脂黏结而成。

连续纤维毡：由纤维本身卷缠而成并由少量黏合剂黏合，蓬松且具有弹性。

纤维织物：用加了捻的纤维以不同方式编织的织物，根据织法不同可以分为平纹布、斜纹布、缎纹布和单向布等。

无纬布：由胶液将平行的纤维连在一起的布，不加任何纬向纤维。横向黏结强度由树脂决定。

纤维编织预成型体：用纤维在三维空间内编织成型的复合材料增强体。编织预成型体的纤维取向有三向、四向、七向和十一向等。预成型体也称预制体或预制件，可编织成立方体、圆柱体、圆筒体、圆锥体、方管、I 形或 T 形等截面的异型构件。

预浸料：用于制造复合材料浸渍树脂基体的纤维或其织物经烘干或预聚的一种中间材料。

纤维的表示方法在不同基体复合材料中有所不同。在聚合物基复合材料中往往用纤维英文名称的第一个字母缩写表示，如碳纤维英文为 Carbon Fibre，表示为 CF；但在金属基复合材料和陶瓷基复合材料中，人们习惯用纤维英文名称加下角标 f 表示，如碳纤维表示为 C_f。本书仍沿用人们习惯的上述方法表示不同基体复合材料。

2.1.1　有机纤维

有机纤维主要有芳香族酰胺纤维、聚乙烯纤维等。

1. 芳香族酰胺纤维

芳香族酰胺纤维是分子主链上至少含有 85％的直接与两个芳环连接的酰胺基团的聚酰胺经溶液纺丝所得到的合成纤维，1968 年由美国杜邦公司研制成功，当时登记的商品名称为 Aramid，1973 年定名为凯夫拉纤维。凯夫拉纤维在我国称为芳纶纤维，即该纤维可

芳香族酰胺纤维

称为 Aramid 纤维、凯夫拉纤维和芳纶纤维，本书为简便起见称为凯夫拉纤维。我国从 1972 年开始研究凯夫拉纤维，1981 年及 1985 年分别研制出芳纶 14 和芳纶 1414。凯夫拉纤维有 20 多种，常用的有 Kevlar、Kevlar 29（芳纶 14）和 Kevlar 49（芳纶 1414）。迄今为止，美国杜邦公司还未公开这三种凯夫拉纤维的真实化学结构，有关分析认为，Kevlar 49 所用原料为对苯二胺与对苯二甲酰氨缩聚而成的聚对苯二甲酰对苯二胺，化学结构式如下。

$$\left[\begin{array}{c}O\\\|\\C\end{array}\!\!-\!\!\bigcirc\!\!-\!\!\begin{array}{c}O\\\|\\C\end{array}\!\!-\!\!\begin{array}{c}H\\|\\N\end{array}\!\!-\!\!\bigcirc\!\!-\!\!\begin{array}{c}H\\|\\N\end{array}\right]_n$$

Kevlar 29 为聚对苯甲酰胺，其化学结构式如下。

$$\left[HN\!\!-\!\!\bigcirc\!\!-\!\!CO\right]_n$$

凯夫拉纤维可用干喷湿纺法制成，具体工艺流程如下：将原料溶于浓硫酸中，制成各向异性液晶纺丝液——→挤压喷丝——→干湿纺——→溶剂萃取与洗涤——→干燥——→Kevlar 29——→在氮气保护下经 550℃热处理——→制成 Kevlar 49。

凯夫拉纤维的化学结构式如下。

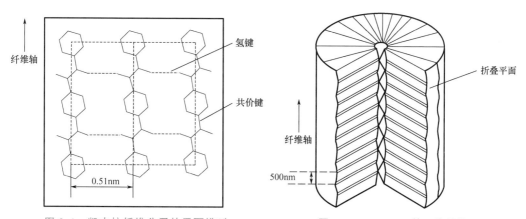

这种结构使凯夫拉纤维具有纤维轴向强度及刚度高、横向强度低的特点。

凯夫拉纤维分子的平面排列如图 2.1 所示。Kevlar 49 的三维结构如图 2.2 所示，纤维的内部由垂直于纤维轴的层状结构组成，层状结构由近似棒状的晶粒组成，晶粒长度取决于分子量，Kevlar 49 的平均分子量约为 40000，存在一些贯穿多层的长晶粒，它们增强了纤维的轴向强度，层中的晶粒紧密排列。

图 2.1　凯夫拉纤维分子的平面排列　　　　图 2.2　Kevlar 49 的三维结构

美国杜邦公司开发的第一代产品有 Kevlar 29 和 Kevlar 49，后来又开发出 Kevlar 149。凯夫拉纤维的物理性能和机械性能见表 2-1。

表 2-1　凯夫拉纤维的物理性能和机械性能

性　　能	Kevlar 29	Kevlar 49	Kevlar 149	HM-50	Twaron HM	芳纶 1414
拉伸强度/GPa	3.45	3.62	3.4	3.1	3.2	2.8
弹性模量/GPa	58.6	124.9	186	75	115	64~102
延伸率/(％)	4	2.5	2.0	4.2	—	1.5
纤维直径/μm	12.1	11.9	12	12	—	16.7
密度/(g/cm³)	1.44	1.44	1.44	1.39	1.45	1.45
比强度/[GPa/（g/cm³）]	2.4	2.5	2.4	2.2	2.2	1.9

性　　能		Kevlar 29	Kevlar 49	Kevlar 149	HM - 50	Twaron HM	芳纶 1414
比模量/[GPa/（g/cm³）]		40.7	86.1	129.2	53.9	79.3	44～70
热膨胀系数 /（10⁻⁶/K）	轴向	—	−2	—	—	—	—
	横向		59				
比热/[J/(kg・K)]		—	1420				
折光指数	轴向	—	2.0				
	横向		1.6				
介质损耗角正切 （10¹⁰ Hz）		—	0.005	—			
介电常数		—	—	3.21	—		
体积电阻/（μΩ・m）		—	—	10	—		
热传导系数（298K） /[W/(m・k)]	轴向	—	1.57				
	横向		0.49				
摩擦系数		—	0.46	—	—	—	—
回潮率（295K)/（%）		5	3.5～4.0				
分解温度/K		773	773				
空气中长期使用温度/K		443	433	—	—	—	—

　　由表 2-1 可知，凯夫拉纤维具有强度高、弹性模量高、韧性好、耐热性好的特点。它的密度小，是所有增强材料中密度较小的纤维之一，因此比强度极高，高于玻璃纤维、碳纤维和硼纤维；比模量高于玻璃、钢、铝等，与碳纤维的比模量相近。由于凯夫拉纤维韧性好，不像碳纤维、硼纤维那样脆，因此便于纺织，常与碳纤维混杂，以提高纤维复合材料的耐冲击性。

　　除少数强酸和强碱外，凯夫拉纤维在其他介质中都很稳定。凯夫拉纤维在各种化学药品中的稳定性见表 2-2。

表 2-2　凯夫拉纤维在各种化学药品中的稳定性

化学药品	浓度/（%）	温度/℉（℃）	时间/h	对断裂强度的影响*
盐溶液				
氯化铁	3	210（99）	100	明显
氯化钠	3	70（21）	1000	无
	10	210（99）	100	无
	10	250（121）	100	明显
磷酸钠	5	210（99）	100	中等

化学药品	浓度/（%）	温度/℉（℃）	时间/h	对断裂强度的影响*
混合化学用品				
苯甲醛	100	70（21）	1000	无
制动液	100	235（113）	100	中等
棉籽油	100	70（21）	1000	无
甲醛水溶液	10	70（21）	1000	无
福尔马林	100	70（21）	24	无
猪油	100	70（21）	1000	无
亚麻籽油	100	70（21）	1000	无
矿物油	100	217（99）	10	无
苯酚水溶液	5	70（21）	10	无
间苯二酚	100	250（121）	10	无
海水	100		1 年	无
盐水	5	70（21）	24	无
自来水	100	70（21）	24	无
		212（100）	100	无
		210（99）	100	无
有机溶剂				
丙酮	100	70（21）	24	无
		沸腾	100	无
戊醇	100	70（21）	1000	无
苯	100	70（21）	1000	无
		70（21）	24	无
四氯化碳	100	70（21）	24	无
		沸腾	100	中等
三氯乙烷	100	70（21）	24	无
二甲基甲酰胺	100	70（21）	24	无
乙醚	100	70（21）	1000	无
			100	无
乙烯基乙二醇/水	50/50	170（77）	1000	中等
氟利昂-11	100	210（99）	500	无

续表

化学药品	浓度/(%)	温度/℉（℃）	时间/h	对断裂强度的影响*
有机溶剂				
氟利昂-22	100	140（60）	500	无
喷气机燃料	100	70（21）	24	无
煤油	100	140（60）	500	无
SUVA Centri-LP	100	70（21）	1000	无
含铅汽油	100	70（21）	1000	无
			24	无
甲醚	100	70（21）	1000	无
二氯甲烷	100	70（21）	24	无
亚甲基酮	100	70（21）	24	无
四氯乙烯	100	210（99）	10	无
甲苯	100	70（21）	24	无
三氯乙烯	100	70（21）	24	无

注：*无——强度损失 0～10%；轻微——强度损失 11%～20%；中等——强度损失 21%～40%；明显——强度损失 40%～80%；降解——强度损失 81%～100%。

此外，凯夫拉纤维属于自熄性材料，它的纵向热膨胀系数为负值，在设计和制造复合材料时必须加以考虑。

凯夫拉纤维制品形式很多，有短纤维、长纤维、粗纱纤维、织物等。凯夫拉纤维除用于制作绳缆、降落伞、防护服等外，还用于增强橡胶和塑料，或代替石棉纤维用于摩擦材料；由于其具有较好的韧性，也常用于与碳纤维混杂增强。21 世纪，凯夫拉层压薄板与钢板、铝板的复合装甲不仅广泛应用于坦克、装甲车、防弹衣，而且用于核动力航空母舰及导弹驱逐舰。

2. 聚乙烯纤维

聚乙烯纤维

1975 年荷兰皇家帝斯曼集团采用冻胶纺丝-超拉伸技术试制具有优异抗张性能的超高分子量聚乙烯（Ultra-High Molecular Weight Polyethylene，UHMWPE）。1985 年美国联合信号公司购买了荷兰皇家帝斯曼集团的专利权，并对制造技术加以改进，生产出名为 Spectra 的高强度聚乙烯纤维，其纤维强度和弹性模量都超过了美国杜邦公司的凯夫拉纤维。其后，日本东洋株式会社设备有限公司与荷兰皇家帝斯曼集团合作成立了 Dyneema VOF 公司，批量生产出名为 Dyneema 的高强度聚乙烯纤维。聚乙烯纤维是目前世界上最新的超轻、高比强度、高比模量纤维，成本也比较低。

聚乙烯纤维的化学结构式如下。

$$-\!\!\left[\!\!-\mathrm{CH_2-CH_2}-\!\!\right]\!\!-n$$

制造聚乙烯纤维的方法有凝胶拉伸法和原生拉伸法等，其中凝胶拉伸法是一种具有工业应用价值的方法。该法以十氢萘、石蜡油、煤油等碳氢化合物为溶剂，将超高分子量聚乙烯调制成半稀溶液，经计量，由喷丝孔挤出后骤冷成冻胶原丝，经萃取、干燥后进行约30倍以上的热拉伸（或者不经萃取而直接进行超拉伸），制成高强度聚乙烯纤维。

通常聚乙烯纤维的分子量大于10^6，纤维的拉伸强度为3.5GPa，弹性模量为116GPa，伸长率为3.4%，密度为0.97g/cm³。聚乙烯分子量（M）与纤维强度（σ）之间的关系可用如下经验公式表示。

$$\sigma\propto M^k \quad (k=0.2\sim0.5)$$

显然，纤维强度随分子量的增大而增大。然而，随着分子量的增大，加工过程中大分子的缠结程度也随之增大，给加工造成一定的困难。

表2-3给出了聚乙烯纤维与其他纤维的性能比较。在纤维材料中，聚乙烯纤维具有高比强度、高比模量及耐冲击、耐磨、自润滑、耐腐蚀、抗紫外线辐射、防中子和γ射线、介电常数低、电磁波透射率高、耐低温等优点；缺点是熔点较低（约为135℃）和高温易蠕变，因此仅能在100℃以下使用。聚乙烯纤维主要用于绳缆材料和高技术军用材料，可用于制造武器装甲防弹背心、航空航天部件等。

表2-3 聚乙烯纤维与其他纤维的性能比较

纤维	直径 /μm	密度 /(g/cm³)	拉伸强度 /GPa	弹性模量 /GPa	比强度 /[GPa/(g/cm³)]	比模量 /[GPa/(g/cm³)]
Spectra 900	38	0.97	2.6	117	2.7	120
Spectra 1000	27	0.97	3.0	172	3.1	177
凯夫拉纤维	12	1.44	2.8	131	2.0	91
S-玻璃纤维	7	2.49	4.6	90	1.8	36

2.1.2 无机纤维

使用广泛的无机纤维有玻璃纤维、碳纤维、硼纤维、碳化硅纤维、氧化铝纤维等。

1. 玻璃纤维

玻璃纤维

玻璃纤维是复合材料中应用最早和最广泛的无机纤维，19世纪末由美国康宁公司研发成功，直至20世纪40年代开发出玻璃钢后才得到大量应用。

玻璃纤维由含有各种金属氧化物的硅酸盐类经熔融后以极快的速度抽丝而成。由于玻璃纤维质地柔软，因此可以纺织成玻璃布、玻璃带等织物。

（1）分类。

玻璃纤维的种类很多，可按含碱量、用途、单丝直径等分类。

玻璃纤维按含碱量可分为有碱玻璃纤维，也称A-玻璃纤维，碱性氧化物含量>12%；中碱玻璃纤维，碱性氧化物含量6%～12%；低碱玻璃纤维，碱性氧化物含量2%～6%；无碱玻璃纤维，也称E-玻璃纤维，碱性氧化物含量<2%。

含碱量是指成分中含钠氧化物（Na_2O）、钾氧化物（K_2O）的质量。碱金属氧化物含量高，玻璃易熔、易抽丝，产品成本低。

玻璃纤维按用途可分为高强度纤维，也称 S-玻璃纤维，具有高强度，可用作结构材料；低介电纤维，也称 D-玻璃纤维，电绝缘性及透波性好，适合用作雷达装置的增强材料；耐化学药品纤维，也称 C-玻璃纤维，耐酸性好，适合用作耐腐蚀件和蓄电池套管等；耐电腐蚀纤维，也称 E-CR 玻璃纤维，是一种改进的无硼无碱玻璃纤维，其耐水性比无碱玻璃纤维的强 7～8 倍，耐酸性比中碱玻璃纤维的好，是专为地下管道、储罐等开发的新品种；耐碱纤维，也称 AR 玻璃纤维，是玻璃纤维增强（水泥）混凝土的肋筋材料，能有效抵抗水泥中高碱物质的侵蚀，是广泛应用在高性能增强（水泥）混凝土中的一种新型的绿色环保型增强材料。

玻璃纤维按单丝直径可分为粗纤维，单丝直径为 $30\mu m$；初级纤维，单丝直径为 $20\mu m$；中级纤维，单丝直径为 $10～20\mu m$；高级纤维，单丝直径为 $3～9\mu m$，多用于纺织制品。

（2）制备方法。

生产玻璃纤维的主要原料是石英砂、氧化铝、叶蜡石、石灰石、白云石、硼酸、纯碱、芒硝、萤石等。生产方法大致分为两类，①先将熔融玻璃制成直径 20mm 的玻璃球或玻璃棒，再以多种方式加热重熔后制成直径为 $3～80\mu m$ 的纤维（称为坩埚拉丝法）。其具体工艺是先将石英砂、石灰石、硼酸等玻璃原料干混后，装入温度约为 1260℃ 的熔炼炉中熔融，熔融的玻璃流入造球机，制成玻璃球；然后将合格的玻璃球放入坩埚中熔化拉丝，制成玻璃纤维。②将熔炼炉中熔化的玻璃直接流入拉丝筛网中拉丝制成纤维，故称直接熔融法，也称池窑拉丝法。直接熔融法省去了制球工艺，降低了成本，是工业领域广泛采用的方法。图 2.3 所示是玻璃纤维的制备工艺示意。图 2.4 所示是玻璃纤维的生产流程。

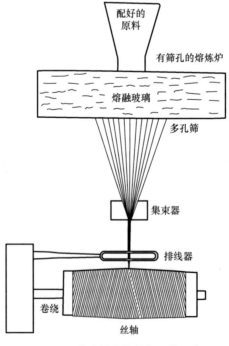

图 2.3　玻璃纤维的制备工艺示意

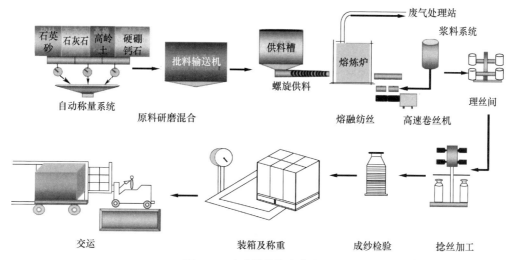

图 2.4 玻璃纤维的生产流程

玻璃纤维的结构与玻璃的结构没有什么不同，都是具有短距离网络结构的非晶结构，因此玻璃也称"凝固的过冷液体"，即固体的结构处于无序的聚集状态，称为玻璃态。

（3）性能。

玻璃纤维的化学成分和性能分别见表 2-4 和表 2-5。美国欧文斯科宁公司开发了Advantex R 无硼无碱玻璃纤维，可用于制造工作于腐蚀环境中的各种复合材料。表 2-6 所示为 Advantex R 无硼无碱玻璃纤维的性能。

表 2-4 玻璃纤维的化学成分 单位：w_t%

化学成分	有碱纤维 A	化学纤维 C	低介电纤维 D	无碱纤维 E	高强度纤维 S	粗纤维 R	高模量纤维 M
SiO_2	72	65	73	55.2	65	65	
Al_2O_3	0.6	4	—	14.8	25	25	
B_2O_3	0.7	5	23	7.3	—	—	
MgO	2.5	3	0.6	3.3	10	6	
CaO	10	14	0.5	18.3		9	
Na_2O	14.2	8.5	1.3	0.3			含 BeO 纤维
K_2O	—	—	1.5	0.2			
Fe_2O_3	—	0.5	—	0.3			
F_2	—	—	—	0.3			

表 2-5　玻璃纤维的性能

纤维性能		有碱纤维 A	化学纤维 C	低介电纤维 D	无碱纤维 E	高强度纤维 S	粗纤维 R	高模量纤维 M
拉伸强度/GPa		3.1	3.1	2.5	3.4	4.58	4.4	3.5
弹性模量/GPa		73	74	55	71	85	86	110
延伸率/(%)		3.6	—	—	—	3.37	4.6	5.2
密度/(g/cm³)		2.46	2.46	2.14	2.55	2.5	2.55	2.89
比强度/[GPa/(g/cm³)]		1.3	1.3	1.2	1.3	1.8	1.7	1.2
比模量/[GPa/(g/cm³)]		30	30	26	28	34	34	38
热膨胀系数/(10^{-6}/K)		—	8	2—3	—	—	4	—
折射率		1.52	—	—	1.55	1.52	1.54	—
损耗角正切值		—	—	0.0005	0.0039	0.0072	0.0015	—
相对介电常数	10^6 Hz	—	—	3.8	—	—	6.2	—
	10^{10} Hz	—	—	—	6.11	5.6	—	—
体积电阻/(μΩ·m)		10^{14}	—	—	10^{19}	—	—	—

表 2-6　Advantex R 无硼无碱玻璃纤维的性能

纤维性能		数　值	测试方法
单丝拉伸强度/MPa		3100～3800	ASTMD 2101
杨氏弹性模量/GPa		80～81	声波测试
纤维密度/(g/cm³)		2.62	ASTMD 1505
软化点/℃		916	ASTMC 338
退火点/℃		736	平行版黏度法
折射率		1560～1562	油浸
电介质强度/(kV/cm)		100～106	ASTMD 149
100kHz 的介电常数/(kV/cm)	23℃	7.2	ASTMD 149
	250℃	7.5	ASTMD 150

　　玻璃纤维的伸长率和线膨胀系数小，除氢氟酸和热浓强碱外，能耐许多介质的腐蚀。玻璃纤维不燃烧，耐高温性能较好，C-玻璃纤维的软化点为 688℃，S-玻璃纤维和 E-玻璃纤维的软化点分别为 970℃ 和 846℃，适合在较高温下使用。

　　玻璃纤维不耐磨，易折断，易受机械损伤，长期放置后强度稍有下降。玻璃纤维价格低，品种多，可加工成纱、布、带、毡等，适合编织各种玻璃布，作为增强材料广泛用于航空航天领域及日常用品，也可作为有机高聚物基或无机非金属材料（如水泥）复合材料的增强材料。玻璃纤维的成分、直径、织物的编织结构、表面处理等均直接影响复合材料的机械性能、物理性能、化学性能和电性能。图2.5所示为玻璃纤维制品。

（a）无捻玻璃纤维

（b）玻璃布

（c）短切玻璃纤维

图 2.5　玻璃纤维制品

2. 碳纤维

碳纤维的应用

碳纤维是指纤维中含碳量为 95％ 左右的碳纤维和含碳量为 99％ 左右的石墨纤维。碳纤维的研究与应用已有 100 多年的历史。1880 年，爱迪生用棉、亚麻等纤维制取碳纤维用作电灯丝，因碳丝亮度太低，而且太脆和易氧化，故改为钨丝。20 世纪 60 年代，人们对碳纤维的原料及制造方法等进行了大量研究。1959 年，美国联合碳化物公司研究出以人造丝为原料，通过控制热解制造碳纤维，商品牌号为 Thornel - 25。1962 年，日本某研究所以聚丙烯腈（Polyacrylonitrile，PAN）为原料，用相似工艺制造出碳纤维。1963 年，日本大谷杉郎教授以沥青为原料成功制造出碳纤维。1964 年以后，碳纤维向高强度、高模量方向发展，已生产出高模量碳纤维、超高模量碳纤维、高强度碳纤维、超高强度碳纤维和高强度高模量碳纤维。生产碳纤维的原料有人造丝（粘胶纤维）、聚丙烯腈和沥青三种，其中聚丙烯腈是制造碳纤维的主要原料。日本不仅是碳纤维的主要生产国，而且是世界其他各国高质量聚丙烯腈的供应国。美国、英国、法国和荷兰是主要生产碳纤维的国家。1991 年，世界各国生产聚丙烯腈基碳纤维超过 12000t，沥青碳纤维超过 500t。我国于 20 世纪 60 年代初开始研究聚丙烯腈基碳纤维；1975 年由国家统一组织，协同攻关，取得较大进展；20 世纪 80 年代开

展了高强度碳纤维的研究，并于 1998 年建成一条新的中试生产线，规模为 40t/a。我国主要研究单位有中国科学院山西煤炭化学研究所、上海合成纤维研究所、北京化工大学、山东工业大学、东华大学、安徽大学、浙江大学、长春工业大学等。兰州化纤厂将原丝生产能力扩大至 82t/a，吉林石化公司碳纤维厂现有 82t/a 的原丝生产能力，榆次化纤厂建成了380t/a 的原丝生产线，我国原丝生产能力已达到 600t/a。但我国目前碳纤维的质量和产量与国外先进国家相比，仍有很大差距，除生产规模小、产量低之外，产品品种也比较单一，生产关键性产品所需碳纤维仍依赖进口。

（1）制备方法。

原材料不同，制备碳纤维的方法也不同。

用人造丝做原料制造碳纤维的工艺流程（热牵伸法）如下：人造丝 →200～400℃高温分解 →碳化 →2700～3000℃石墨化（热牵伸）。

聚丙烯腈纤维是一种主链为碳的长链聚合物，链侧有腈基。用聚丙烯腈制造碳纤维的工艺参数和流程如图 2.6 所示。

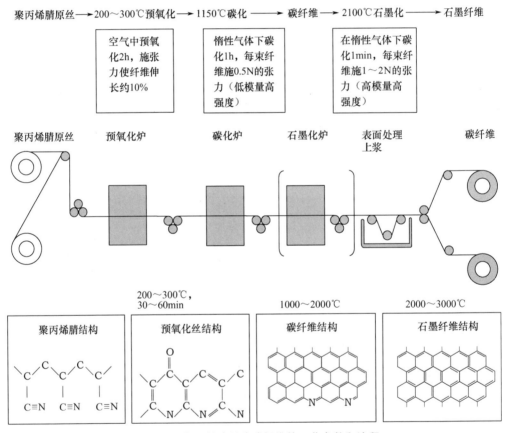

图 2.6 用聚丙烯腈制造碳纤维的工艺参数和流程

可见，用聚丙烯腈制造碳纤维有三个阶段：氧化、碳化、石墨化。聚丙烯腈原丝在制造碳纤维过程中的结构变化如图 2.7 所示。

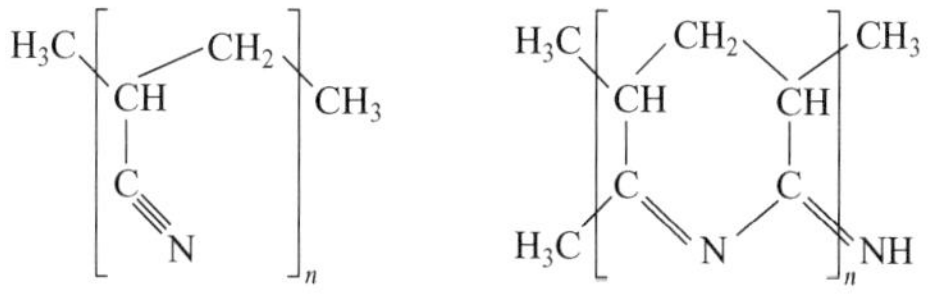

（a）聚丙烯腈 （b）类梯形聚合物

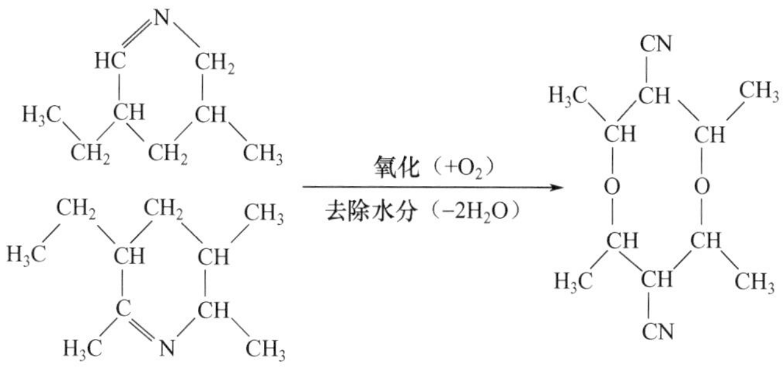

氧化（+O₂）
去除水分（−2H₂O）

（c）类梯形聚合物氧化变成含氧聚丙烯腈

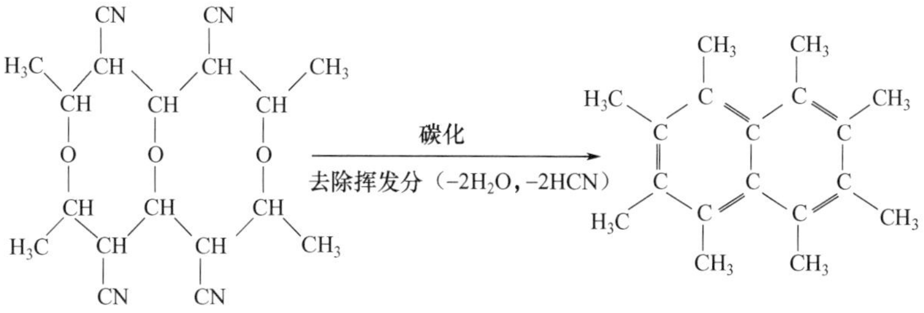

碳化
去除挥发分（−2H₂O，−2HCN）

（d）含氧聚丙烯腈碳化形成碳环结构

图 2.7　聚丙烯腈原丝在制造碳纤维过程中的结构变化

图 2.8 所示为沥青基碳纤维的制备流程。沥青经纺丝后要先经历稳定化处理，然后经碳化和石墨化处理。

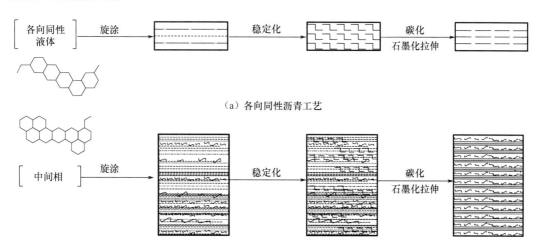

各向同性液体　旋涂　稳定化　碳化石墨化拉伸

（a）各向同性沥青工艺

中间相　旋涂　稳定化　碳化石墨化拉伸

（b）中间相沥青工艺

图 2.8　沥青基碳纤维的制备流程

图 2.9 所示为三种原料制备的碳纤维结构。从图中可以看出，不同原料获得的碳纤维的微观结构不同。碳纤维属于聚合的碳，是由有机物经固相反应转化为三维碳化合物，碳化历程不同，形成的产物结构也不同。碳纤维和石墨纤维在拉伸强度和弹性模量上有很大差别，主要原因是结构不同。碳纤维是由小的乱层石墨晶体组成的多晶体，含碳量为 75%～95%；石墨纤维的结构与石墨的相似，含碳量可达 98%～99%，杂质相当少。碳纤维的含碳量与制造纤维过程中的碳化过程和石墨化过程有关。有机化合物在惰性气体中加热到1000～1500℃时，将逐步排除所有非碳原子（氮、氢、氧等），碳含量逐步增大。随着非碳原子的排除，固相间发生一系列脱氢、环化、交链和缩聚等化学反应，此阶段称为碳化过程，形成碳纤维。此后，温度升高到 2000～3000℃时，继续排除残留的非碳原子，进一步反应形成的芳环平面逐步增大，排列也较规整，取向性显著提高，由二维乱层石墨结构向三维有序结构转化，此阶段称为石墨化过程，形成石墨纤维，纤维的弹性模量大大提高。图 2.10 所示为用透射电镜观察到的聚丙烯腈碳纤维的 TEM 图像，碳纤维表层原子排列比芯部更规则。图 2.11 所示为热处理温度对拉伸强度和弹性模量的影响。

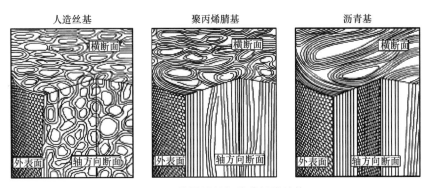

图 2.9 三种原料制备的碳纤维结构

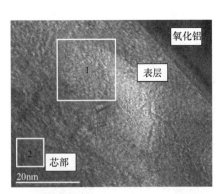

图 2.10 聚丙烯腈碳纤维的 TEM 图像

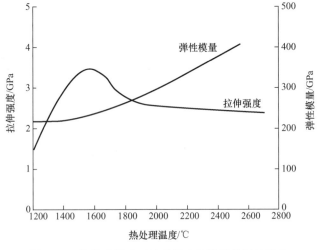

图 2.11 热处理温度对拉伸强度和弹性模量的影响

（2）碳纤维的性能。

按力学性能可将碳纤维分为高强度碳纤维、高模量碳纤维和普通型碳纤维。表 2-7

列出了不同基材碳纤维的物理性能和机械性能。表2-8至表2-11是一些公司生产的碳纤维的牌号及性能。碳纤维最突出的特点是强度和模量高、密度小；与碳素材料一样具有很好的耐酸性；热膨胀系数小，甚至为负值；具有很好的耐高温蠕变性能，一般碳纤维在1900℃以上才呈现出永久塑性变形。此外，碳纤维摩擦系数小、导电性强，且具有润滑性。

表2-7　不同基材碳纤维的物理性能和机械性能

性能	聚丙烯腈原丝的碳纤维		中间相沥青基碳纤维			各向同性沥青基碳纤维	粘胶丝碳纤维
	低模	高模	低模	高中模	超高模		
拉伸强度/GPa	3.3	2.4	14.0	1.70	2.2	0.7	1.0
轴向拉伸弹性模量/GPa	230	390	160	380	725	55	41
横向拉伸弹性模量/GPa	40	21	21				
断裂延伸率/(%)	1.4	0.6	0.9	0.4	0.3	1.4	2.5
密度/(g/cm³)	1.76	1.9	1.9	2.0	2.15	1.6	1.6
比强度/[GPa/(g/cm³)]	1.88	1.26	7.37	0.85	1.02	0.44	0.63
比模量/[GPa/(g/cm³)]	130	205	84	190	337	34	26
热膨胀系数（50℃）/(10^{-6}/K)	10	7	—	7.8			
轴向热膨胀系数（21℃）/(10^{-6}/K)	−0.7	−0.5	—	−0.9	−1.6	—	—
热导率/[W/(m·K)]	8.5	70	—	100	520	—	—
电阻率/(μΩ·m)	18	9.5	13	7.5	2.6	30	20
纤维直径/μm	7~8	7	11	10	10	10	8.5
含碳量/(%)	92~97	—	97⁺	99⁺	99⁺	98	99⁺

表2-8　日本东丽集团生产的聚丙烯腈基碳纤维的牌号及性能

性　能	通用型	高强型		高模中强型			高模高强型（MT系列）				
	T300	T800	T1000	M40	M46	M50	M40J	M46J	M50J	M60T	M65T
杨氏模量/GPa	230	294	294	392	451	490	377	436	475	588	640
抗拉强度/GPa	3.53	5.59	7.06	2.74	2.55	2.45	4.41	4.21	3.92	3.92	3.60
延伸率/（%）	1.5	1.9	2.4	0.6	0.6	0.5	1.2	1.0	0.8	0.7	0.6
密度/[(g/cm³)]	1.76	1.81	1.82	1.81	1.88	1.91	1.77	1.84	1.88	1.94	1.98
纤维直径/μm	1.70	5.1	5.1	6.5	6.4	6.3	5.2	5.1	4.9	4.7	4.7
电阻率/(μΩ·m)	18.7	—	—	8.9	8.1	7.7	—	9.2	9.0	9.7	—

表 2 - 9 美国阿莫科化学公司生产的聚丙烯腈基碳纤维的牌号及性能

性　　能	牌　　号				
	T50	T40R	T40	T650/42	T650/35
杨氏模量/GPa	390	290	290	290	241
抗拉强度/GPa	2.9	3.45	5.65	5.03	4.55
延伸率/(%)	0.7	1.2	1.8	1.7	1.75
密度/(g/cm³)	1.81	1.78	1.81	1.78	1.77
纤维直径/μm	6.5	6.5	5.1	5.1	6.8
电阻率/(μΩ·m)	9.5	10.9	14.5	14.2	14.9

表 2 - 10 日本三菱化成工业公司生产的沥青基碳纤维的牌号及性能

性　　能	牌　　号					
	K139	K137	K135	K133	K223	K661
杨氏模量/GPa	735	637	539	441	225	179
抗拉强度/GPa	2.75	2.65	2.55	2.35	2.84	1.76
延伸率/(%)	0.37	0.42	0.47	0.53	1.21	0.97
密度/(g/cm³)	2.14	2.12	2.10	2.08	2.0	1.9
纤维直径/μm	10	—	—	—	10	17

表 2 - 11 美国阿莫科化学公司生产的沥青基碳纤维的牌号及性能

性　　能	牌　　号				
	P - 120s	P - 100s	P - 75s	P - 55s	P - 25s
杨氏模量/GPa	827	724	520	380	160
抗拉强度/GPa	2.2	2.2	1.9	1.9	1.4
延伸率/(%)	0.27	0.31	0.40	0.50	0.90
密度/(g/cm³)	2.18	2.15	2.0	2.0	1.9
纤维直径/μm	10	10	10	11	11

　　碳纤维的缺点是价格太高，大大限制了它的推广和应用。目前碳纤维的制造正向大集束的方向发展，以降低成本。例如聚丙烯腈基碳纤维，每根碳纤维直径为 $5\sim10\mu m$，根据束的数目，分为小丝束（每束 < 48000，如 1000、7000、12000）和大丝束（每束 ≥ 48000）。大丝束聚丙烯腈基的价格比小丝束的低 30% 以上。专家们估计，碳纤维价格必须降到 10 美元/千克左右，才有可能与玻璃纤维竞争。此外，碳纤维的抗氧化能力较差，在高温下存在氧时会生成二氧化碳。碳纤维怕"打折"和"急转弯"，只要轻轻一拉就会断裂。

　　碳纤维有纱、布、毡等制品种类。图 2.12 所示为碳纤维及其编织物。碳纤维可增强各种基体，主要用于航空航天结构材料。

图 2.12　碳纤维及其编织物

3. 硼纤维（Boron Fibre，BF 或 B_f）

硼纤维是 1959 年由美国开发的一种最早应用于金属基复合材料的高强度、高模量陶瓷纤维。

20 世纪 60 年代，硼纤维增强铝用于飞机主舱，使飞机减重 145kg。1958 年，C. P. Talley 首先发表用化学气相沉积（Chemical Vapour Deposition，CVD）法研制成功高模量的硼纤维。现在的通用方法是加热直径约为 $10\mu m$ 的钨丝，钨丝长度可达 3000m，然后将三氯化硼与氢气混合，通过化学反应在钨丝表面沉积约 $50\sim100\mu m$ 厚的硼层。三氯化硼与氢气的化学反应式如下。

$$2BCl_3（气）+3H_2（气）\longrightarrow 2B（固）+6HCl（气）$$

该化学反应的反应温度为 1150～1350℃，分解出的硼沉积在钨丝上，而氢气与氯作用形成氯化氢被去除。硼的析出速度为每秒数微米，成纤速度仅为每分钟数米。图 2.13 所示为化学气相沉积法制备硼纤维示意。目前硼纤维的直径有 $100\mu m$、$140\mu m$、$200\mu m$ 三种。

图 2.13　化学气相沉积法制备硼纤维示意

硼有两种结构形式：菱形六面体和四方晶系。前者为主要形式，但硼纤维的结构和性能主要取决于沉积温度和沉积速度。图 2.14 所示为硼纤维的断面及表面形貌，硼纤维表面呈鱼鳞或玉米粒状。沉积温度过高，沉积硼形成粗大节瘤状表面，严重降低纤维强度。一般对硼纤维进行退火处理，以消除残余应力。硼也可与钨丝芯发生反应，生成硼化物。

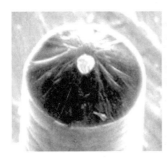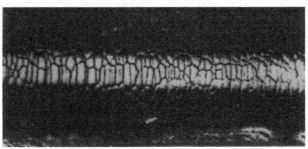

图 2.14 硼纤维的断面及表面形貌

硼纤维具有很高的弹性模量和强度，但其性能受沉积条件和纤维直径的影响。表 2-12 所示是硼纤维的力学性能。硼纤维具有耐高温和耐中子辐射的特点。由于钨芯的密度大（为 19.3g/cm³），因此硼纤维的密度也大。

表 2-12 硼纤维的力学性能

芯 材	纤维直径 /μm	密度 /(g/cm³)	平均抗拉强度 /MPa	弹性模量 /GPa	比强度 /[MPa/(g/cm³)]	熔点 /℃
钨	100	2.87	3400	400	1190	2050
	100，140 (SiC 涂层)	2.70	3100	400	1150	—
碳	100，140	—	3585	422	—	—

硼纤维的缺点是工艺复杂，不易大量生产，因此价格高，限制了其应用。目前已研究用碳纤维代替钨芯，以降低成本和密度。结果表明，碳芯硼纤维比钨丝硼纤维强度下降 5%，但成本降低了 25%。由于硼纤维在常温下为较惰性的物质，高温下易与金属反应，因此需在表面沉积 SiC 硅层，称 Bosic 纤维。硼纤维主要用于聚合物基复合材料和金属基复合材料。

4. 碳化硅纤维（Silicon Carbide Fibre，SF 或 SiC_f）

碳化硅纤维主要有两种制备方法，一种是化学气相沉积法，另一种是有机硅烷纺丝法。1973 年，美国采用钨芯或碳芯用化学气相沉积法制备出碳化硅纤维，如 SCS-2、SCS-6、SCS-8 等。

1975 年，日本东北大学矢岛圣使教授首次用有机硅烷加热转化制成 β-SiC 纤维。后由日本碳素公司生产的 β-SiC 纤维的商品名为 Nicalon（尼可纶），也称纺丝碳化硅纤维或有机合成碳化硅纤维，其价格比 CVD-SiC 纤维的低。Nicalon 的生产流程如图 2.15 所示，即用有机硅烷加热（300～500℃）加压制备出带有⌊Si—C⌋ₙ大分子链的前驱体，纺丝后在1000～1500℃温度下烧结成碳化硅纤维。在烧结过程中，侧链上的甲基或氢等原子团被烧掉，最后在真空中烧结，制成 Nicalon。在烧结时，施加一定的张力可使纤维获得较好的定向，并防止烧后纤维扭曲。

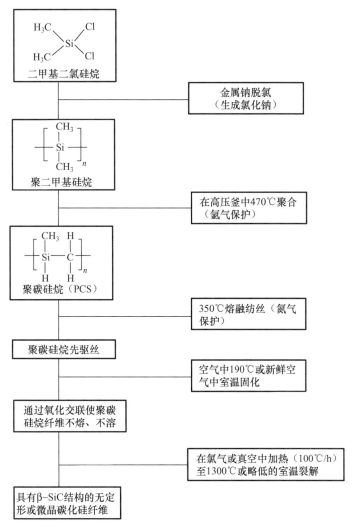

图 2.15 Nicalon 的生产流程

碳化硅纤维是高强度、高模量纤维，有良好的耐化学腐蚀性、耐高温和耐辐射性能。最高使用温度为 1250℃。在 1200℃温度下，其拉伸强度和弹性模量均无明显下降，因此在高温下比碳纤维和硼纤维具有更好的稳定性。此外，碳化硅纤维还具有半导体性能。碳化硅纤维的性能见表 2-13。由于 Nicalon 具有可编织性，价格又远比 CVD-SiC 纤维低，因此在聚合物基复合材料、金属基复合材料和陶瓷基复合材料中获得广泛应用。

表 2 - 13　碳化硅纤维的性能

纤维	密度 /(g/cm³)	弹性模量 /(GPa)	拉伸强度 /(MPa)	比模量 /[GPa/(g/cm³)]	比强度 /[MPa/(g/cm³)]
Nicalon	2.60	250	2200	96.2	846
CVD-钨芯	3.05	406	3920	133.1	1285
CVD-碳芯	3.00	400	3450	133.3	1150
Tyranno（泰伦诺）	2.40	280	2000	116.7	833
晶须	3.20	700	2000～20000	218.8	3125

5. 氧化铝纤维 [Alumina Fibre，AF 或（Al_2O_3）$_f$]

氧化铝纤维的类型与制备工艺有关。氧化铝纤维主要有以下三类。

（1）单晶型氧化铝纤维 [Tyco 法，如早期使用的 α - Al_2O_3 单晶蓝宝石纤维（直径为 0.25mm，长度约为 10cm，称为 Tyco 单晶纤维]，价格高，现已不使用。

（2）多晶型氧化铝纤维，如美国杜邦公司生产的 FP - Al_2O_3 纤维，属于 α - Al_2O_3 多晶纤维。

（3）混合型氧化铝纤维，如美国 ICI 公司的 Saffil 短纤维，组成为 α - Al_2O_3/SiO_2；美国 3M 公司的 Nextel 系列纤维，组成为 Al_2O_3/SiO_2/B_2O_3；日本住友集团的 Sumica 纤维，组成为 Al_2O_3/SiO_2。

氧化铝纤维是多晶连续纤维，除氧化铝外，常含有约 15％的二氧化硅（SiO_2）。制造氧化铝纤维的方法比较多，美国杜邦公司采用浆体成型法生产 FP - Al_2O_3 纤维，美国 3M 公司采用溶胶-凝胶法，日本住友集团采用化学法，美国 ICI 公司采用纺丝后高温烧结法。

20 世纪 80 年代初，美国杜邦公司研制开发 FP - Al_2O_3 连续长纤维，纤维含 99％以上的多晶 α - Al_2O_3，单丝直径为 20μm，一束 FP - Al_2O_3 纤维约含有 210 根单丝。制备 FP - Al_2O_3 纤维用浆体纺丝烧结法。FP - Al_2O_3 纤维的制备工艺如图 2.16 所示。直至今天，其他国家还没有开发出含 99％以上 α - Al_2O_3 的氧化铝纤维。

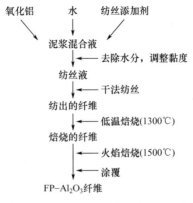

图 2.16　FP - Al_2O_3 纤维的制备工艺

FP – Al$_2$O$_3$纤维主要用于金属基复合材料，如铝基复合材料和镁基复合材料；也可用于聚合物基复合材料，如环氧（EP）树脂基复合材料和聚酰亚胺（PI）树脂基复合材料；还可用于玻璃和陶瓷的补强。为了提高FP – Al$_2$O$_3$纤维的强度及与金属基体的润湿性，往往在FP – Al$_2$O$_3$纤维的表面涂覆一层厚度仅为$0.5\mu m$的二氧化硅涂层，这样就获得了涂覆二氧化硅的FP – Al$_2$O$_3$纤维。经二氧化硅涂覆的FP – Al$_2$O$_3$纤维的强度比未涂覆的高约50％。

Nextel系列纤维是由美国3M公司采用溶胶–凝胶法制备的，其主要组成为62％γ – Al$_2$O$_3$＋24％SiO$_2$＋14％B$_2$O$_3$，密度为$3.1\sim3.25g/cm^3$，直径为$10\sim17\mu m$。

溶胶–凝胶法的工艺流程如下：甲酸、乙酸根离子的氧化铝溶液→浓缩成纺丝溶液→干法纺丝→干燥→900℃预烧结→在1000℃张力作用下烧结→氧化铝纤维（3M型）。

Sumica纤维是由日本住友集团采用有机铝化物或有机铝化物与一种或多种含硅化合物的混合物，经纺丝后烧结成的混合纤维，其主要组成为85％α – Al$_2$O$_3$＋15％SiO$_2$，密度为$2.7\sim3.2g/cm^3$。直径为$10\sim12\mu m$。

Saffil短纤维是由美国ICI公司采用纺丝法经高温烧结而成的，主要组成为（96％～97％）α – Al$_2$O$_3$＋（3％～4％）SiO$_2$，密度为$3.3\sim3.5g/cm^3$，直径约为$3\mu m$，长度为$1\sim300mm$。Saffil短纤维是短纤维增强金属基复合材料的主要增强材料。表2–14所示为用各种方法生产的氧化铝纤维的性能。

表2–14 用各种方法生产的氧化铝纤维的性能

方　法	比重 /(g/cm³)	直径 /μm	拉伸强度 /MPa	弹性模量 /GPa	最高使用 温度/℃	熔点 /℃
Tyco法	3.99	250	2400	460	2000*	2040
溶胶–凝胶法	2.5	11	1750	150	1300	2040
纺丝后高温烧结法	3.4	3	1000	100	1600**	2040
化学法	3.2	9	2600	250	1300	2040
浆体成型法	3.9	20	1400	390	1100	2040

注：＊——1200℃时的强度只有室温时的1/3；＊＊——材料断裂的最高温度。

氧化铝纤维具有优良的耐热性和抗氧化性，直到370℃强度仍下降不大。α – Al$_2$O$_3$纤维化学性质稳定，与树脂黏结性差，对熔融金属的浸润性弱，可在纺丝溶液中加入锂（Li）等适当改进。γ – Al$_2$O$_3$纤维具有一定的活性，与树脂及熔融金属的相容性好，不需要进行表面处理。氧化铝纤维的缺点是密度较大，是所有纤维中密度最大的。氧化铝纤维主要用于金属基复合材料。

2.1.3　其他纤维

1. 陶瓷纤维

具有陶瓷化学组分的纤维称为陶瓷纤维。前述氧化铝纤维和碳化硅纤维是常用陶瓷纤

维，除此之外，还有氧化锆纤维、氧化铍纤维、氧化镁纤维、氧化钛纤维、氮化硼纤维、硼化钛纤维等。陶瓷纤维的特点是耐高温（1260～1790℃，在惰性和氧化性气氛中），耐磨性、耐蚀性好，具有良好的物理性能和机械性能，特别适用于陶瓷基复合材料。但由于陶瓷纤维对裂纹等缺陷敏感，脆性大，因此应用很少。表 2-15 所示是典型的陶瓷纤维性能。

表 2-15　典型的陶瓷纤维性能

性能	长度 /μm	直径 /μm	长径比	拉伸强度 /GPa	弯曲模量 /GPa	使用极限温度 /℃	熔点 /℃
数值	50～1525	2～12	200～2000	1.09～1.82	107	1260	1793

2. 金属纤维和钢纤维

金属和钢的特点是导电性及导热性好，塑性及抗冲击性能好。表 2-16 所示为金属纤维和钢纤维的性能。钢纤维常用于混凝土基复合材料，钨丝、钼丝也用于高温合金和一些陶瓷基体。

表 2-16　金属纤维和钢纤维的性能

纤维	直径 /μm	密度 /(g/cm³)	拉伸强度 /GPa	弹性模量 /GPa	熔点 /℃
钨	13	19.4	4.1	410	3340
钼	25	10.2	2.2	329	2630
铝	10	2.8	0.2	63	660
高碳钢	13	7.7	4.12	196	1400
不锈钢（304）	15	7.8	2.3	196	1177
	80	7.8	0.52	196	1177

2.1.4　各种纤维的比较

1. 纤维的柔韧性及断裂

图 2.17 所示的各种纤维的应力-应变曲线表明，各种纤维在拉伸断裂前不发生任何屈服。从拉断后纤维的扫描电镜观察发现，仅 Kevlar 49 纤维呈韧性断裂，断裂前纤维有明显的颈缩，并在发生很大的局部伸长后才断裂；而碳纤维和玻璃纤维几乎呈理想的脆性断裂，断裂时截面面积不缩小。

2. 比强度和比模量

比强度和比模量是纤维性能的重要指标。图 2.18 所示为各种纤维的比强度和比模量。聚乙烯纤维具有最好的比强度和比模量搭配；碳纤维的比模量最高；氧化铝纤维由于密度最大，因此比模量和比强度较低；玻璃纤维的比模量最低。

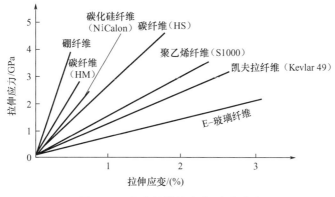

图 2.17　各种纤维的应力-应变曲线

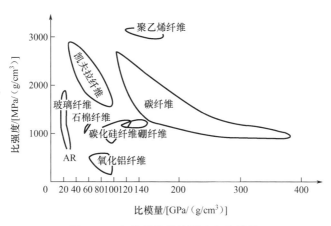

图 2.18　各种纤维的比强度和比模量

3. 热稳定性

纤维的热稳定性与熔点有关。一般来讲，材料的熔点越高，热稳定性就越好。在没有空气的条件下，碳纤维具有非常好的耐高温性能。尽管块状玻璃的软化温度为 850℃，但当温度高于 250℃时，E-玻璃纤维的强度和模量迅速下降。凯夫拉纤维的热稳定性不如玻璃纤维。在受到太阳光照射时，凯夫拉纤维产生严重的光致劣化，使纤维变色，机械性能下降。

2.2　颗　　粒

用来改善基体材料性能的颗粒状材料称为颗粒增强体，其可以是多角形，也可以是球形或类球形，取决于颗粒的制备方法。颗粒增强体与填料不同，尽管填料加入基体中可对其力学性能有一定的影响，但填料主要在复合材料中起填充体积的作用。颗粒增强体主要是指具有高强度、高模量、耐热、耐磨、耐高温的陶瓷和石墨等非金属颗粒，如碳化硅、

氧化铝、氮化硅、碳化钛、碳化硼、石墨、细金刚石等。这些颗粒增强体也称刚性颗粒增强体或陶瓷颗粒增强体。颗粒增强体以很细的粉状（一般在 $10\mu m$ 以下）加入金属基和陶瓷基中，起提高耐磨性、耐热性、强度、模量和韧性的作用。如在铝合金中加入体积分数为 30%、直径为 $0.3\mu m$ 的氧化铝颗粒，使材料在 $300℃$ 时的拉伸强度仍达 $220MPa$，并且加入的颗粒越细，复合材料的硬度和强度越高。在 Si_3N_4 陶瓷中加入体积分数为 20% 的 TiC 颗粒，可使其韧性提高 5%。

除刚性颗粒增强体外，还有延性颗粒增强体，主要为金属颗粒，一般加入陶瓷基体和玻璃陶瓷基体中以增强材料的韧性，如在氧化铝中加入铝等。金属颗粒的加入使材料的韧性显著提高，但高温力学性能会下降。延性颗粒增强体的增韧机理为桥联机制等。

表 2-17 列出了常用颗粒增强体的性能。颗粒增强体的特点是选材方便，可根据不同的性能需要选用不同的颗粒增强体。颗粒增强体成本低，易批量生产。

表 2-17　常用颗粒增强体的性能

颗粒增强体	密度 /(g/cm³)	熔点 /℃	热膨胀系数	导热系数 /[Kal/(cm·℃)]	硬度 /MPa	弯曲强度 /MPa	弹性模量 /GPa
碳化硅	3.21	2700	$4.0\times10^{-6}℃^{-1}$	0.18	27000	400～500	—
碳化硼	2.52	2450	$5.73\times10^{-6}K^{-1}$	—	27000	300～500	360～460
碳化钛	4.92	3300	$7.4\times10^{-6}℃^{-1}$	—	26000	500	
氧化铝	3.9	2050	$9\times10^{-6}℃^{-1}$	—	—	—	—
氮化硅	3.2～3.35	2100 分解	$(2.5～3.2)\times10^{-6}℃^{-1}$	0.03～0.07	HRA89～93	900	330
莫来石	3.17	1850	$4.2\times10^{-6}℃^{-1}$	—	3250	～1200	—
硼化钛	4.5	2980	—		—	—	—

2.3　晶　须

晶须是指具有一定长径比（一般大于 10）和截面面积小于 $52\times10^{-5}cm^2$ 的单晶纤维材料。晶须的直径为 $0.1\mu m$ 至几微米，长度一般为数十微米至数千微米，但具有实用价值的晶须直径为 $1～10\mu m$，长度与直径比为 $5～1000$。晶须是含很少缺陷的单晶短纤维，其拉伸强度接近纯晶体的理论强度。

自 1948 年美国贝尔电话公司首次发现晶须以来，迄今已发现 100 多种晶须，但进入工业化生产的仅有 SiC、Si_3N_4、TiN、Al_2O_3、钛酸钾、莫来石等。晶须可分为金属晶须（如 Ni、Fe、Cu、Si、Ag、Ti、Cd 等），氧化物晶须（如 MgO、ZnO、BeO、Al_2O_3、TiO_2、Y_2O_3、Cr_2O_3 等），陶瓷晶须（如碳化物晶须 SiC、TiC、ZrC、WC、B_4C，氮化物晶须 Si_3N_4、TiN、ZrN、BN、AlN，硼化物晶须 TiB_2、ZrB_2、TaB_2、CrB、NbB_2 等）和无机盐类晶须（如 $K_2Ti_6O_{13}$ 和 $Al_{18}B_4O_{33}$）。

SiC晶须

晶须的制备方法有化学气相沉积法、溶胶-凝胶法、气-液-固法、液相生长法、固相生长法、原位生长法等，常用化学气相沉积法。化学气相沉积法是通过气态原料在高温下反应，并沉积在衬底上而长成晶须。以难熔金属氮化物和碳化物为例，其基本化学反应式如下。

$$2MCl_4(g) + 4H_2(g) + N_2(g) = 2MN(s) + 8HCl(g)$$

$$MCl_4(g) + CH_4(g) = MC(s) + 4HCl(g)$$

式中，M 代表难熔金属。上式中也可用 CCl_4 代替 CH_4。

图 2.19 所示为 SiC 晶须的形貌。

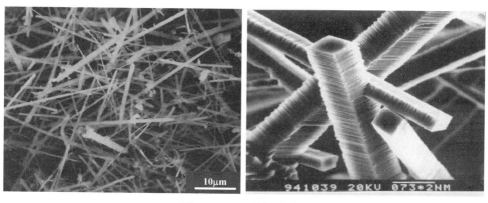

图 2.19 SiC 晶须的形貌

表 2-18 列出了部分晶须的性能。陶瓷晶须（如 SiC 和 Si_3N_4）具有高达 1900℃ 以上的熔点，高温性能好，多用于增强陶瓷基复合材料和金属基复合材料，但成本较高。无机盐类晶须（如 $CaSO_4$、$K_2O \cdot 6TiO_2$）具有较高的熔点（1000～1600℃）和较好的耐热性，可用作树脂基和铝基复合材料的增强材料。晶须用作增强体的体积分量大部分在 35% 以下。

表 2-18 部分晶须的性能

晶体种类	熔点 /℃	密度 /(g/cm³)	拉伸强度 /GPa	比强度 /[GPa/(g/cm³)]	弹性模量 /10²GPa	比弹性模量 /[GPa/(g/cm³)]
Al_2O_3	2040	3.96	14～28	53	4.3	110
BeO	2570	2.85	13	47	3.5	120
B_4C	2450	2.52	14	56	4.9	190
α - SiC	2316	3.15	21 (7～35)	—	4.823	—
β - SiC	2316	3.15	21 (7～35)	—	5.512～8.279	—
Si_3N_4	1960	3.18	14	44	3.8	120
石墨	3650	1.66	20	100	7.1	360
TiN	—	5.2	7	—	2～3	—
AlN	2199	3.3	14.21	—	3.445	—

续表

晶体种类	熔点 /℃	密度 /(g/cm³)	拉伸强度 /GPa	比强度 /[GPa/(g/cm³)]	弹性模量 /10² GPa	比弹性模量 /[GPa/(g/cm³)]
MgO	2799	3.6	7.14	—	3.445	—
$K_2O \cdot TiO_n$	1350	—	700	—	280	
Cr	1890	7.20	9	13	2.4	34
Cu	1080	8.91	3.3	3.7	1.2	14
Fe	1540	7.83	13	17	2.0	26
Ni	1450	8.97	3.9	4.3	2.1	24

晶须不仅具有优异的力学性能，而且许多晶须具有特殊性能，这些具有特殊性能的晶须用于制备各种性能优异的功能复合材料。由于晶须的价格较高，因此加强产业化研究，降低成本是扩大晶须应用的前提，晶须的分散工艺及表面处理也是研究的一个方面。晶须对人呼吸道的危害不容忽视，大大限制了其研究开发和应用。

2.4 增强材料的表面处理

为了改善增强材料与基体的浸渍性和与界面的结合强度，往往使用化学方法或物理方法对增强材料进行表面处理，以改善增强材料本身的性能及与基体材料的结合性能。目前研究和应用较成熟的是玻璃纤维的表面处理和碳纤维的表面处理。

2.4.1 玻璃纤维的表面处理

玻璃纤维是直径约为 $10\mu m$ 的圆柱状玻璃，其比表面积（单位质量物质的总表面积，单位为 cm²/g）较大，如直径 $8\mu m$ 的玻璃纤维的比表面积约为 5000cm²/g。同时在玻璃纤维的表面存在细微裂纹。玻璃中的碱金属氧化物有很强的吸水性，若玻璃纤维暴露在大气中，则其表面会吸附一层水分子，降低与树脂基体的黏合程度，从而降低复合材料的性能。

玻璃纤维的表面处理中，应用最成功的方法是采用偶联剂涂层。此外，也可采用等离子处理等方法，但研究和报道这些方法的不多。偶联剂是一种化合物，其分子两端通常含有不同基团。一端的基团与增强材料（如玻璃纤维及其织物）发生化学作用或物理作用；另一端的基团与基体材料发生化学作用或物理作用，从而使增强材料与基体之间靠偶联剂的偶联紧密黏合在一起。玻璃纤维表面处理可选用的偶联剂品种繁多，最早用有机络合物偶联剂。常用偶联剂有有机硅烷和钛酸酯。

用甲基丙烯酸氯化铬络合物做偶联剂时，水解使络合物中的氯原子被羟基取代，并与吸水的玻璃纤维表面的硅羟基形成氢键。干燥脱水后，络合物之间及络合物与玻璃纤维之间发生醚化反应，形成共价键结合。而有机络合物中另一端的甲基丙烯酸中不饱和双键能参与不饱和聚酯树脂的聚合作用，从而与这类树脂牢固地结合在一起。上述这种化学键合把玻璃纤维与合成树脂有机地结合为一个整体。

有机硅烷偶联剂通常含有两类功能性基团，其一般结构通式为

$$R_nSiX_{(4-n)}$$

式中，R 是有机基团，代表可与有机树脂反应或与树脂相互溶解的有机基团，不同的 R 基团适用于不同类型的树脂；X 是易水解的基团，水解后能产生与玻璃纤维表面发生反应的官能团，X 基团的种类和数量对偶联剂的水解、缩合速度、与玻璃纤维的偶联效果和纤维与基体的界面结合特性等都有很大影响。

实践表明，对不同的树脂基体，应选用不同品牌的偶联剂。

玻璃纤维及其制品的表面处理方法主要有三种，即普通处理法（或称后处理法）、前处理法和迁移法。

1. 普通处理法

玻璃纤维单丝在集束成一股时要浸上浸润剂。浸润剂的作用是使原丝中的纤维不散乱并黏附在一起、防止纤维磨损、便于纺织加工等。常用浸润剂有石蜡乳剂和聚醋酸乙烯酯。石蜡乳剂中主要含有石蜡、凡士林、硬脂酸等矿物酯类组分，这些组分虽然有利于纺织加工，但严重阻碍了树脂对玻璃纤维及织物的浸润，影响树脂与纤维的结合，因此必须在制作玻璃钢前除去玻璃纤维及其制品中的石蜡乳剂。除去石蜡乳剂浸润剂的最常用、最简便的方法是热处理法。首先通过连续热处理将玻璃纤维及其制品表面的浸润剂烧蚀掉；然后根据制造玻璃钢的树脂类型选择相应的偶联剂，并涂覆于玻璃纤维及其制品表面。热处理过程中，玻璃纤维的强度会有所下降。

2. 前处理法

前处理法是在玻璃纤维浸润剂中加入偶联剂，在拉丝过程中浸润剂能满足拉丝、纺织等各工序的要求，偶联剂能直接附着在玻璃纤维的表面，这种浸润剂不同于石蜡乳剂，称为增强型浸润剂。前处理法的优点是可省去复杂的后处理工艺及设备，同时避免了纤维经热处理后造成的纤维强度损失，因此是比较理想的方法；缺点是既要满足拉丝、纺织等各工序的要求，又要满足与树脂基体有良好的浸润和结合效果，需要解决比较复杂的技术问题。

3. 迁移法

迁移法是将偶联剂直接加入玻璃钢树脂基体胶液中，在进行玻璃布浸胶时，偶联剂会从胶液中迁移至纤维表面并与纤维发生反应，从而在树脂固化过程中产生偶联作用。

迁移法常与前处理法结合使用，以使玻璃钢制品质量更好。通常在胶液中掺入的偶联剂的用量不超过树脂的 1%（质量分数）。因为短纤维或粉状填料表面积大，所以用量可略大些。

2.4.2　碳纤维的表面处理

由于碳纤维的结构是沿纤维轴向择优取向的同质多晶，因此与树脂的界面黏结强度较低。研究表明，碳纤维表面积和表面粗糙度的增大可提高复合材料的层间剪切强度。碳纤

维表面的晶粒越小，取向越不规则，晶棱或晶体边缘越多，与树脂的黏结力越大。碳纤维表面活性基团可改善与树脂的浸润性。对碳纤维进行表面处理，以克服碳纤维表面的惰性，改变碳纤维表面的物理、化学状态，与树脂制成复合材料后，层间剪切强度得到提高。碳纤维的表面处理方法有氧化法、涂层法、等离子体法等。

1. 氧化法

氧化法分为液相氧化法和气相氧化法。液相氧化法又可分为介质直接氧化法和阳极氧化法。氧化法可增大纤维表面的粗糙度和极性基团含量。

介质直接氧化法使用的氧化剂为浓硝酸、次氯酸钠等液体，不仅工艺过程比较复杂，而且废液及洗涤液将造成污染，工业上已很少采用。阳极氧化法是工业上普遍采用的一种方法。它是用碳纤维作为阳极，用镍（Ni）板或石墨电极作为阴极，在不同的电介质溶液（氢氧化钠、硝酸、磷酸、胺盐溶液等）中于一定电流密度下，靠电解产生的新生态氧对碳纤维表面进行氧化和腐蚀；处理时间从数秒至几十分钟不等；处理后，碳纤维表面被氧化腐蚀，比表面积增大，化学基团含量增大，与环氧树脂制成的复合材料层间剪切强度可提高60%以上。阳极氧化法处理条件缓和，反应易控制，处理效果好，但工艺比气相氧化法复杂。

气相氧化法使用的氧化剂是氧化气体，如空气、氧气、臭氧、二氧化碳等，通过改变氧化剂的种类、处理温度和时间来改变碳纤维的氧化程度。气相氧化处理后，碳纤维强度基本不下降，比表面积略有增大，表面化学基团含量显著增大，与环氧树脂制成的复合材料的层间剪切强度提高47%左右。气相氧化法的优点是所用设备简单，操作简便，容易连续化生产；缺点是氧化程度的控制难度较大，过度氧化会严重影响碳纤维的力学性能。

2. 涂层法

涂层法是利用化学或电化学的方法在碳纤维表面涂覆一层有机涂层或无机涂层，以增大碳纤维的比表面积，改变碳纤维的表面结构，增大与树脂基体的界面结合力，常用方法有化学气相沉积法、电聚合法等。

化学气相沉积法是指在高温下将烷、碳化物等热解后沉积到碳纤维表面，形成表面膜或生成晶须。这种方法可增大碳纤维的比表面积，改变碳纤维的形态结构。电聚合法是将碳纤维作为阳极，在电解液中加入带不饱和键的丙烯酸酯、苯乙烯、醋酸乙烯、丙烯腈等单体，通过电极反应产生自由基，在纤维表面发生聚合，形成含有大分子链的碳纤维。这两种方法对纤维的力学性能影响不大，主要是利用涂层提高纤维与基体界面的黏结强度。

3. 等离子体法

等离子体是含有离子、电子、自由基、激发的分子和原子的电离气体，可由电学放电、高频电磁振荡、高能辐射等方法产生。可利用等离子体对碳纤维表面进行腐蚀、氧化，使其表面的物理状态和化学状态发生变化。处理后的碳纤维表面产生腐蚀沟槽，并形成等化学基团。用于处理增强纤维表面的主要是低温等离子体。低温等离子体是在减压条件下利用辉光放电产生的，使用的气体可以是惰性气体（如氩气）或活性气体（如氧气），也可以是饱和的单体蒸汽或不饱和的单体蒸汽。石墨碳纤维经氧气低温等离子体处理后，其复合材料的剪切强度可提高一倍以上。等离子体法的特点是所用时间短、效率高。

2.4.3　其他纤维的表面处理

凯夫拉纤维和聚乙烯纤维是用等离子体法在纤维表面引进或产生活性基团,从而改善纤维与基体之间的界面黏结强度。此方法与其他方法(如氧化还原法、接枝法)相比,优点是处理效果好,纤维表面伤害小,操作简便,不造成环境污染,可连续处理,有工业应用前景。

凯夫拉纤维表面缺少化学活性基团,用等离子体空气或氮气处理纤维表面,可形成含氧或含氮的官能团,提高表面活性及表面能,显著改善对树脂的浸润性,提高界面黏结强度。

超高分子聚乙烯纤维具有由亚甲基组成的非极性链结构和高结晶度、取向度的聚集态结构,聚乙烯大分子中只含有碳和氢两种元素,无任何极性基团,因而表面呈化学惰性,与基体复合时浸润性差。用低温等离子体法进行表面处理是通过载体与 $100\sim1000\text{Å}$ 纤维表面层的亚甲基发生取代氢反应。如用氨气做载体时,氨分子与亚甲基发生胺化反应,生成—NH_2—反应性基团,该基团可与环氧树脂等基体进一步发生化学反应,在纤维与基体的界面形成化学键结合。用氧气做载体时,可在纤维表面生成—C—O—极性基团并形成蜂窝状表面,既提高了纤维的表面能,又增大了纤维的表面积,有利于纤维与基体之间的界面黏合。经此法处理后,纤维的力学性能基本没有下降,可使复合材料的层间剪切强度、弯曲强度、弯曲模量和冲击韧性提高,抗拉强度不变或稍有下降。

等离子体处理以后,纤维应尽快与基体复合,否则表面活性会退化。等离子体处理过程中还应严格控制温度、时间等,以防止纤维大分子因过度处理而裂解。

对于金属基复合材料,对纤维进行表面处理的主要目的是改善纤维的浸润性,抑制纤维与金属基体之间的界面发生反应而形成界面反应层。如利用化学气相沉积法在硼纤维表面沉积形成碳化硅或碳化硼涂层,可以抑制热压成型时硼纤维与钛之间的界面反应;在氧化铝纤维表面则可沉积镍或镍合金层。

习　题

2-1　简述凯夫拉纤维的制备工艺与性能特点。

2-2　简述玻璃纤维的制备工艺与性能特点。

2-3　简述碳纤维的制备工艺与性能特点。

2-4　简述碳化硅纤维的制备工艺与性能特点。

2-5　为什么要对纤维进行表面处理?

2-6　简述晶须的结构和性能特点,它与短纤维有什么不同?

2-7　颗粒增强体与短纤维增强相比,在应用上有哪些优缺点?

2-8　比较不同增强材料的性能,并列举其在复合材料增强过程中的典型应用。

第3章 复合材料设计理论

本章教学要点

知识要点	掌握程度	相关知识
复合材料设计原则	了解复合材料的设计原则； 掌握材料和制备方法的选取原则	复合材料的结构、原材料、制备及一体化工艺设计； 颗粒和纤维增强方式的选择
复合材料界面黏结理论	了解复合材料的界面黏结理论	复合材料的界面黏结理论
复合材料的界面设计原则	熟悉不同类型复合材料的界面设计原则； 掌握复合材料的界面表征方法	复合材料的界面设计原则； 复合材料界面的微结构、结合强度及残余应力表征方法
复合材料的复合效应	熟悉复合材料的复合效应； 掌握复合材料的混合法则	复合材料的复合效应； 复合材料的混合法则及其应用

导入案例

现代汽车采用新技术，开发电动汽车碳纤维发动机盖

与许多国家相同，韩国也出台了相关法规，以提高汽车的燃油效率，要求汽车制造商在2015—2020年将燃油经济性提高20％，达到20km/L。为了满足该目标，各汽车制造商采用多种方法，包括低摩擦技术、高效或可替代的动力传动系统、空气动力学，当然还有轻量化。在韩国首尔举行的复合材料展览会上，韩国现代集团聚合物研究实验室的研究员Chi-hoon Choi详细介绍了为实现该燃料效率目标而正在做的努力。

最初，该研究实验室研究出一种压缩高压树脂传递模塑，利用一种快速固化环氧树脂热固系统制造发动机盖。这种多功能的环氧树脂加上一种芳香胺基的硬化剂和一种咪唑/苄胺基的催化剂，在140℃时只需2.5min就能快速固化。Chi-hoon Choi说："我们还研究了不同的碳斜纹布、无卷曲织物，以及使用一些玻璃纤维 NCF 来降低成本。碳斜纹布和 NCF 的结合带来了最好的性能平衡。"

碳纤维增强发动机盖的质量比铝制发动机盖轻 2～3kg，比钢制发动机盖轻 7～9kg，而且可以降低重心，并能在前后之间更好地分配质量。

选择发动机盖作为初步研发项目的另一个原因是，发动机盖损坏时很容易替换。"模拟显示，1.5mm 厚的发动机盖太过坚硬，无法达到行人交通安全标准，因此我们设计了 1mm 厚的发动机盖。"

采用自动铺丝技术的三维预成型不仅使整个生产过程简化到 6min，还最小化了皱褶和浪费，并达到头部冲击的安全标准。

他们还为压缩 RTM 开发出一种独特的流动模拟工具，帮助优化了注塑端口和通风口的位置，从而减少了 8% 的注塑时间。在光州的韩国碳聚合技术研究所，一台 1250t 的迪芬巴赫高压 RTM 压力机完成了这一加工工作。

资料来源：http://www.sohu.com/a/207511825_281035，2017.

复合材料是由两种或两种以上不同材料组元复合而成的材料。因此，不但基体材料和增强材料本身的性能强烈影响复合材料的性能，而且增强材料的形状、数量、分布，以及与基体材料的界面结构和性能也影响复合材料的性能。除此之外，作为复合材料结构件，增强材料（如纤维、晶须等）的方向，分布及制备过程也影响着复合材料结构件的性能。

3.1　复合材料设计原则

从工程应用的角度出发，复合材料可分为两大类：结构复合材料和功能复合材料。结构复合材料主要是以力学性能（如强度、刚度、形变等）为工程所应用；功能复合材料则是以物理性能（如声、光、电、磁、热）为工程所应用，如压电材料、阻尼材料、自控发热材料、吸波屏蔽材料、磁性材料、生物相容材料等。

要想制备一种好的复合材料，首先应根据要求的性能进行设计，这样才能成功地制备出性能理想的复合材料。复合材料设计是同时考虑组分材料性能及复合材料细观结构和微观结构，以获得人们所期望的材料及结构特性。与传统材料设计不同，复合材料设计是一个复杂的设计问题，涉及多个设计变量的优化及多层次设计选择。因此，复合材料设计要根据实际使用要求确定增强体的几何特征（连续纤维、颗粒），基体材料，增强材料或增强体的细观结构及增强体的体积分数等。

3.1.1　结构设计

复合材料设计的基本步骤如图 3.1 所示。第一确定复合材料及其结构的外部环境与载荷，如机械载荷、热载荷及潮湿环境等；第二根据所承受的环境载荷选择组分材料，包括

组分材料种类及几何特征；第三选择合适的制造方法及工艺条件，必要时需对工艺过程进行优化；第四利用细观力学理论、有限元分析方法或现代实验测量技术，确定复合材料代表性单元的平均性能与组分材料及细观结构和微观结构之间的关系，进而确定复合材料的宏观结构及综合性能；第五针对所有外部载荷和各种设计参数变化范围，分析复合材料内部的响应，如变形及应力场、温度场、振动频率等；第六分析复合材料及结构的损伤演化及破坏过程。

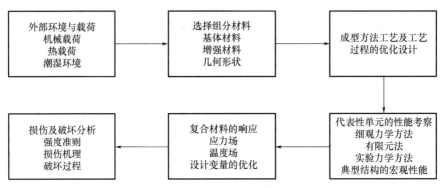

图 3.1　复合材料设计的基本步骤

材料设计

材料设计通常是指选用多种原材料组合制成具有所要求性能的材料的过程。这里的原材料主要是指基体材料和增强材料。不同原材料构成的复合材料有不同的性能，而且纤维的编织形式不同，与基体构成的复合材料的性能也不同。因此，选择合适的原材料才可能得到所需要的复合材料的性能。

在选择材料组元时，首先应明确各材料组元在使用中起到的作用，也就是说，必须明确对材料性能的要求。对材料组元进行复合，要求复合后的材料达到一定的性能，如高强度、高刚度、高耐蚀、耐磨、耐热、导电、传热或某些综合性能（如既高强度又耐蚀、耐热）。通常原材料选择依据以下原则。

（1）若设计的复合材料用作结构件，复合的目的就是使复合后的材料具有最佳强度、刚度和韧性等。因此必须明确其中一种组元主要起承受载荷的作用，它必须具有高强度和高模量。这种组元就是所选择的增强材料，而其他组元应起传递载荷及协同的作用，而且要把增强材料黏结在一起，这类组元就是基体材料。除此之外，还应综合考虑整个复合材料的结构。

（2）除考虑性能要求外，还应考虑组成复合材料组元之间的相容性，包括物理、化学、力学等方面性能的相容，使材料各组元一起发挥作用。在任何使用环境下，各种组元的伸长、弯曲、应变等都应相互或彼此协调一致。

（3）需要考虑复合材料各组元之间的浸润性，使增强材料与基体之间达到比较理想的具有一定结合强度的界面。适当的界面结合强度不仅有利于提高材料的整体强度，而且便于将基体承受的载荷通过界面传递给增强材料，以充分发挥增强作用。若结合强度太低，则界面很难传递载荷，不能起潜在材料的作用，影响复合材料的整体强度；若结合强度太高，则会遏制复合材料断裂时对能量的吸收，易发生脆性断裂。

对颗粒增强复合材料和纤维增强复合材料来说，增强效果与颗粒和纤维的体积含量、直径、分布间距及分布状态有关。下面分别介绍颗粒增强复合材料和纤维增强复合材料的设计原则。

1. 颗粒增强复合材料的设计原则

（1）颗粒应高度弥散均匀地分散在基体中，阻碍塑性变形的位错运动（金属基体和陶瓷基体）或分子链的运动（聚合物基体）。

（2）颗粒直径的尺寸要合适，颗粒直径过大，会引起应力集中或本身破碎，从而导致材料强度降低；颗粒直径过小，起不到强化作用。因此，一般颗粒直径为几微米到几十微米。

（3）颗粒的含量一般大于 20％，含量太小达不到最佳强化效果。

（4）颗粒与基体之间应有一定的黏结作用。

2. 纤维增强复合材料的设计原则

（1）纤维的强度和模量要高于基体，即纤维应具有高模量和高强度，因为在多数情况下承载主要靠增强纤维。

（2）纤维与基体之间要有一定的黏结作用，两者之间结合要保证所受的外力通过界面传给纤维。

（3）纤维与基体的热膨胀系数不能相差太大，否则会在热胀冷缩过程中自动削弱它们之间的结合强度。

（4）纤维与基体之间不能发生有害的化学反应，特别是强烈反应，否则纤维性能将降低而失去强化作用。

（5）纤维所占的体积、纤维的尺寸和分布必须适当。一般而言，基体中纤维的体积含量越大，增强效果越显著；纤维直径越小，缺陷越小，纤维强度越高；连续纤维的增强作用远远大于短纤维，不连续短纤维的长度必须大于一定的长度（一般长度直径比＞5）才能有明显的增强效果。

3.1.3　制备方法的选择

选择材料组元后，就要考虑复合工艺路线，即制备方法。选择制备方法时应考虑以下 3 点。

（1）对材料组元的损伤最小，尤其是将纤维或晶须掺入基体时，一些机械的混合方法往往会损伤纤维或晶须。

（2）使任何形式的增强材料（纤维、颗粒、晶须）均匀分布或按预设计要求规则排列。

（3）使最终形成的复合材料在性能上达到充分发挥各组元的作用，即能够扬长避短，而且各组元仍保留固有特性。

此外，选择制备方法时还应考虑性能价格比，在能达到复合材料使用要求情况下，尽可能选择简便、易行的工艺以降低成本。针对不同的增强材料和基体特性，应采用不

同的制备方法,如金属基复合材料用纤维与颗粒、晶须增强时,采用固态法;用纤维增强时,一般采用扩散结合;用颗粒或晶须增强时,往往采用粉末冶金法。若颗粒或晶须增强时采用扩散结合,则势必使制备工艺十分复杂,而且无法保证颗粒或晶须均匀分散。

3.1.4　复合材料的一体化设计——材料-工艺-设计

复合材料与传统材料相比有许多特点,最明显的是性能的各向异性和可设计性。在传统材料设计中,均质材料可以用少数性能参数表示,较少考虑材料的结构与制造工艺问题,即设计与材料具有一定意义上的相对独立性。但复合材料的性能往往与结构及工艺有很强的依赖关系,可以根据设计的要求使其在受力方向上具有很高的强度或刚度,是一种可设计的材料。因此,在产品设计的同时必须进行材料结构设计,并选择合适的工艺方法。材料、工艺、设计三者必须形成一个有机的整体,形成一体化。

例如,美国研制F414发动机时,就采用了集成的设计、制造一体化技术,在研制全新的单晶低压涡轮叶片时,使原来的研制周期从44周缩短为22周。另外,在研制先进战斗机(ATF)所用推重比为10的F119-PW-100新一代发动机时,采用了一体化的产品研制技术,使可靠性、维修性、可制造性及成本等多项指标达到最佳效果。在对现代复合材料结构进行设计的同时,应对其性能进行适当的评价,以判断产品结构是否达到人们期望的目标。复合材料的材料-工艺-设计一体化技术是21世纪发展的趋势,可以有效地促进产品结构的高度集成化,并保证产品的高效性及高可靠性。

3.2　复合材料界面黏结理论

由于复合材料是由两种或两种以上物理、化学性质不同的材料以微观或宏观的形式复合而成的多相材料,因此必然存在不同材料共有的接触面——界面。正是界面使增强材料与基体材料结合为一个整体。人们一直非常重视对界面的研究,但由于材料具有多样化及界面的复杂性,因此至今尚无一个普遍性的理论来说明复合材料的界面行为。

界面的黏结强度直接影响复合材料的力学性能及其他物理性能、化学性能,如耐热性、耐蚀性、耐磨性等。因此,自20世纪50年代以来,复合材料的界面黏结理论一直是人们研究的内容。

黏结(或称黏合、黏着、黏接)是指两种材料相互接触并结合在一起的一种现象。基体浸润增强材料后,基体便与增强材料黏结。一个给定的复合材料体系可能同时有不同的黏结机理(如机械黏结、静电黏结等)起作用,而且在不同的生产过程或复合材料的使用期间,黏结机理会发生变化,如由静电黏结转换为反应黏结。体系不同,黏结的种类或机理不同,主要取决于基体与增强材料的类型及表面活性剂(或称偶联剂)的类型等。界面黏结理论主要有浸润理论、机械作用理论、静电作用理论、化学作用理论、界面反应或界面扩散理论等。

3.2.1 　浸润理论

在制备复合材料的过程中，只要涉及液相与固相的相互作用，就必然有液相与固相的浸润问题。在制备聚合物基复合材料时，一般用聚合物（液态树脂）均匀地浸渍或涂刷在增强材料上，树脂对增强材料的浸润性是指树脂均匀地分布在增强材料周围的能力，这关系到树脂与增强材料能否黏结良好。在制备金属基复合材料时，液态金属对增强材料的浸润程度直接影响界面黏结强度。浸润性表示液体在固体表面铺展的程度。良好的浸润性意味着液体（基体）可在增强材料上铺展开，覆盖整个增强材料表面。假如基体的黏度不是很高，浸润后体系自由能降低，基体就会浸润增强材料。

浸润理论

下面考虑一滴液体滴落在固体表面，原来固-气接触界面将被液-固界面和液-气界面代替，若用 γ_{lg}、γ_{sg}、γ_{sl} 分别代表液-气、固-气和固-液的比表面能或表面张力（即单位面积的能量），则按照热力学条件，只有体系自由能减小时，液体才能铺展开，即

$$\gamma_{sl} + \gamma_{lg} < \gamma_{sg} \tag{3-1}$$

因此，铺展系数（Spreading Coefficient，SC）定义为

$$SC = \gamma_{sg} - (\gamma_{sl} + \gamma_{lg}) \tag{3-2}$$

只有当铺展系数 SC>0 时，才能发生浸润。不完全浸润的情况如图 3.2（a）所示，根据力平衡可得

$$\gamma_{sg} = \gamma_{sl} + \gamma_{lg} \cos\theta \tag{3-3}$$

式中，θ 为接触角（°）。

$$\theta = \arccos\left(\frac{\gamma_{sg} - \gamma_{sl}}{\gamma_{lg}}\right) \tag{3-4}$$

由 θ 可知浸润的程度。$\theta = 0°$ 时，液体完全浸润固体；$\theta = 180°$ 时，不浸润 [图 3.3（b）]；$0° < \theta < 180°$ 时，不完全浸润（或称部分浸润）。随着角度的减小，浸润的程度增大。$\theta > 90°$ 时，常认为不发生液体浸润。对于一个给定的体系，接触角随温度、保持时间、吸附气体等变化。浸润性仅表示了液体与固体接触时的情况，并不能表示界面的黏结性能。一种体系的两个组元可能有极好的浸润性，但它们之间的结合程度可能很弱。因此良好的浸润性只是两个组元间可达到良好黏结的必要条件，并非充分条件。为了提高复合材料组元间的浸润性，常通过对增强材料进行表面处理的方法来改善润湿条件，有时也可通过改变基体成分来实现。

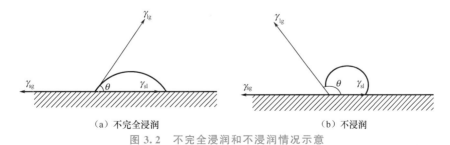

（a）不完全浸润　　　　　　　　　　　（b）不浸润

图 3.2　不完全浸润和不浸润情况示意

浸润理论认为，若两相物质能完全浸润，则表面能较高的一相物体表面的物理吸附将

大大超过另一相物体的内聚能强度，从而两相物体具有良好的黏结强度。

3.2.2　机械作用理论

机械作用理论机理如图 3.3（a）所示，当两个表面接触后，由于表面粗糙凹凸不平将发生机械互锁。表面越粗糙，互锁作用越强，机械黏结作用越有效。在受到平行于界面的作用力时，机械黏结作用可达到最佳效果，获得较高的剪切强度。但若界面受拉力作用，则除非界面有图 3.3（a）中 A 处所示的"锚固"形态，否则拉伸强度很低。在大多数情况下，很难遇到纯粹机械黏结作用，往往是机械黏结作用与其他黏结机理共同起作用。

3.2.3　静电作用理论

当复合材料的基体及增强材料的表面带有异性电荷时，基体与增强材料之间将产生静电吸引力，如图 3.3（b）所示。静电作用的距离很短，仅在原子尺度量级内静电作用力才有效，因此表面的污染等将大大减弱这种黏结作用。

3.2.4　化学作用理论

化学作用是指增强材料表面的化学基 [图 3.3（c）中的 X 面] 与基体表面的相容基（R 面）之间的化学黏结。化学作用理论的最成功应用是偶联剂用于增强材料表面与聚合物基体的黏结。如第 2 章介绍的硅烷偶联剂具有两种性质的官能团，一端为亲玻璃纤维的官能团（X），另一端为亲树脂的官能团（R），将玻璃纤维与树脂黏结起来，在界面上形成共价键结合，如图 3.3（d）所示。

3.2.5　界面反应或界面扩散理论

复合材料的基体与增强材料之间可以发生原子或分子的互扩散或发生反应，从而形成反应结合或互扩散结合。对于聚合物来说，这种黏结机理可看作分子链的缠结 [图 3.3（e）]。聚合物的黏结作用正如其自黏作用一样，是由长链分子及其各链段的扩散作用所致。而对于金属基复合材料和陶瓷基复合材料，两组元的互扩散结合可产生完全不同于任一原组元成分及结构的界面层 [图 3.3（f）]，并且界面层的性能与复合材料组元的不同。对于金属基复合材料，这种界面层常是 AB、AB_2、A_3B 类型的脆性金属间化合物。对于金属基复合材料和陶瓷基复合材料，形成界面层的主要原因之一是它们的生产制备过程不可避免地涉及高温。在高温下极易进行扩散，扩散系数 D 随温度呈指数关系增大。复合材料在使用过程中，尤其在高温使用过程中，界面会发生变化并形成界面层。此外，之前形成的界面层也会继续增长并形成复杂的多层界面。

界面扩散理论有一定的实验支持，但也有矛盾之处。如静电黏结理论的最有力证明是观察聚合物薄膜从各种表面剥离时发现的电子发射现象，由电子发射速度计算出剥离功与计算的黏结功和实际结果相当吻合。但是它不能解释"非线性聚合物之间具有较高的黏结强度"现象。综上所述，每种黏结理论都有局限性，因为界面相是结构复杂且具有多重行为的相。

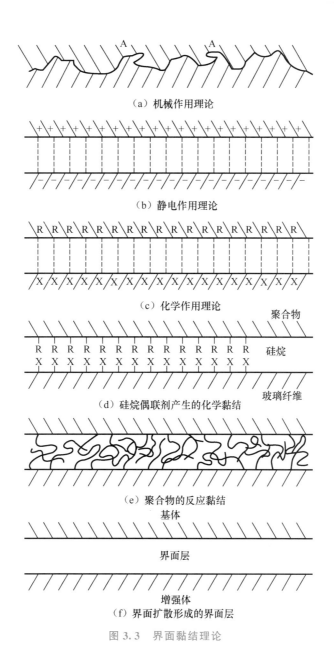

（a）机械作用理论

（b）静电作用理论

（c）化学作用理论

聚合物

硅烷

玻璃纤维

（d）硅烷偶联剂产生的化学黏结

（e）聚合物的反应黏结

基体

界面层

增强体

（f）界面扩散形成的界面层

图 3.3　界面黏结理论

3.3　复合材料的界面设计原则

大量事实证明，复合材料中增强体与基体接触构成的界面实际上是纳米级以上厚度的界面层，或称界面相。界面相是一种结构随增强材料的不同而不同，且与基体有明显差别的新相。界面相也包括在增强材料表面上预先涂覆的表面处理剂层和增强材料经表面处理工艺而发生反应的界面层。它是增强体与基体相连的"纽带"，也是应力及其他信息传递的桥梁。结构复合材料中，界面层的一个作用是把施加在复合材料整体上的力由基体通过

界面层传递到增强材料组元，此时需要有足够的界面黏结强度，黏结的首要条件是两相表面能相互润湿。界面层的另一个作用是能够在一定的应力条件下脱黏，以及使增强纤维从基体拔出并发生摩擦，这样就可以借助脱黏增大表面能、拔出功和摩擦功等吸收外加载荷的能量，以提高抗破坏能力。

界面黏结强度是衡量复合材料中增强体与基体间界面结合状态的一个指标。界面黏结强度对复合材料整体力学性能的影响很大，过高或过低都是不利的。因此，人们很重视开展复合材料的表面和界面微区的研究及优化设计（统称复合材料的表面和界面工程），以期制得具有最佳综合性能的复合材料。图 3.4 所示为影响复合材料界面效应的因素及其与复合材料性能的关系。

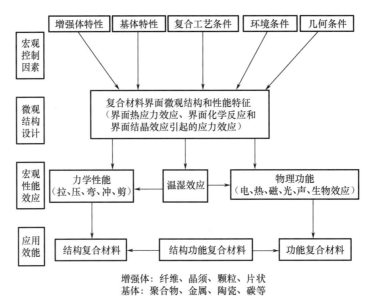

图 3.4 影响复合材料界面效应的因素及其与复合材料性能的关系

仅考虑复合材料具有黏结适度的界面层还不够，还要考虑具有什么性质的界面层最合适。对界面层有以下两种观点：一种是界面层的模量应介于增强材料与基体材料之间，最好形成梯度过渡；另一种是界面层的模量低于增强材料与基体，最好是一种类似于橡胶的弹性体，在受力时有较大形变。前一种观点从力学的角度来看将产生好的效果；后一种观点按照可形变层理论可以将集中于界面的应力点迅速分散，从而提高整体的力学性能。这两种观点都有一定的试验支持，但是尚未得到定论。然而无论如何，若界面层的模量高于增强材料和基体的模量，则将产生不良效果，这是大家公认的。试验表明，金属基复合材料容易发生界面反应，生成脆性大的界面反应层，在低应力条件下界面会破坏，从而降低复合材料的整体性能。因此，界面层控制是设计复合材料的一个重要方面。

3.3.1 聚合物基复合材料界面设计

设计聚合物基复合材料时，应首先考虑如何改善增强材料与基体间的浸润性。比较碳纤维表面涂覆惰性涂层和能与基体树脂发生反应或聚合的涂层发现，前者效果较好，后者因降低了相界面的浸润性而效果不佳。浸润不佳会在界面产生空隙，易使应力集中而使复合材料开裂。前面讲过，选择合适的偶联剂也很重要，所选处理增强材料表面的偶联剂应既含有能与增强材料起化学作用的官能团，又含有与聚合物基体起化学作用的官能团。如玻璃纤维使用硅烷做偶联剂可大大改善复合材料的性能，碳纤维经氧化处理、等离子体处理或表面涂覆适当的涂层后可以达到很好的效果。

3.3.2　金属基、陶瓷基复合材料的界面设计

金属基复合材料的特点是容易发生界面反应而产生脆性界面。若基体为合金，则还易出现某元素在界面上富集的现象。因此，改善增强材料与基体间的浸润性及控制界面反应的速率和反应产物的数量，防止产生严重危害复合材料性能的界面或界面层，进一步进行复合材料的界面设计，是金属基复合材料研究的重要内容。金属基复合材料的界面控制研究主要有以下两个方面。

1. 增强材料的表面改性（涂层）处理

增强材料的表面改性（涂层）处理可以起到以下作用：改善增强材料的力学性能，防止增强材料的外来物理损伤和化学损伤（保护层）；改善增强材料与基体的浸润性和黏着性（润湿层）；防止增强材料与基体之间的扩散、渗透和反应（阻挡层）；减轻增强材料与基体之间由弹性模量、热膨胀系数等不同及热应力集中等因素造成的物理相容性差的现象（过渡层、匹配层）；促进增强材料与基体的（化学）结合（牺牲层）。

常用增强材料的表面改性（涂层）处理方法有物理气相沉积法、化学气相沉积法、电化学法、溶胶-凝胶法等。

常用纤维涂层包括 SiC 纤维-富碳涂层、硼纤维 – SiC 涂层、B_4C 涂层等、碳纤维– TiB_2 涂层、C/SiC 复合涂层等。例如，在碳纤维增强铝基复合材料中，在碳纤维上涂 Ti – B 涂层；在碳纤维增强镁基复合材料中用二氧化硅做涂层；在硼纤维增强铝基复合材料中用碳化硅做涂层等。

2. 金属基体改性

在金属基体中添加微量合金元素有以下作用：改变基体的合金成分，使某种元素在界面上富集，形成阻挡层来控制界面反应；增强基体合金流动性，降低复合材料的制备温度，缩短制备时间；改善增强材料与基体间的浸润性。

例如，在 C_f/Al 复合材料中用含钛的铝合金，钛的富集形成一层松散的钛化物阻挡层，可大大提高复合材料的拉伸强度和抗冲击性。

多数陶瓷基复合材料中，增强材料与基体之间不发生化学反应，或不发生激烈的化学反应。甚至有些陶瓷基复合材料的增强材料与基体的化学成分相同，如 SiC 晶须或 SiC 纤维增强 SiC 陶瓷，这种复合材料也希望建立一个合适的界面，即具有合适的黏结强度、界面层模量和厚度等以提高韧性。一般认为，陶瓷基复合材料需要一种既能提供界面黏结又能发生脱黏的界面层，这样才能充分改善陶瓷材料韧性差的缺点。

3.4　复合材料界面的表征

复合材料界面具有一定的厚度和结构，要深入认识界面的作用，了解界面结构对复合材料整体性能的影响，就必须对界面形态、界面层结构、界面强度、界面残余应力有所认识。

界面层的形貌、厚度、结构等可通过先进的科学仪器进行观察与分析，常用的有俄歇电子能谱仪、电子探针、X 射线光电子能谱仪、二次离子质谱仪、电子能量损失谱仪、X 射线衍射谱仪、透射电子显微镜、扫描电子显微镜等。

3.4.1　界面形态及界面层结构的表征

界面层的厚度与形态受增强体表面性质与基体材料的组成和性质的影响，在一定程度上也受成型工艺方法及成型工艺参数的影响。界面的不同形态是界面微结构变化的反映。通过对界面形态的研究，能更直观地了解复合材料界面性质与宏观力学性能之间的关系。通过计算机图像处理技术可以直观地反映复合材料的不同界面形态，同时可测量出界面层厚度，从而与复合材料界面性能建立联系；通过对透射电子显微镜照片进行图像处理，界面层次更清晰，可以得到更直观的界面信息。

国内学者以 CF/PEEK 复合材料为模型体系，用拉曼光谱方法表征了界面层结构。对涂有 5mm 厚聚醚醚酮（PEEK）的碳纤维的研究表明，该体系只有在熔融后才出现明显的聚醚醚酮谱带，并且碳纤维的拉曼光谱有明显变化。进一步用拉曼光谱考查 CF/PEEK 复合材料，如增加扫描次数或改变激光波长等，可以研究碳纤维/线性聚合物界面近程结构这一长期未解决的问题。

3.4.2　界面黏结强度的表征

复合材料的界面黏结强度对其力学性能有重要的影响。界面性能差的材料大多呈剪切破坏，在材料的断面可看到脱黏、纤维拔出、纤维应力松弛等现象；界面间黏结过强的材料则呈突发性的脆性断裂。一般认为，界面黏结的最佳状态应是在受力发生开裂时，裂纹能转化为区域化而不发生进一步的界面脱黏，此时复合材料具有最大的断裂能和一定的韧性。因此，界面强度的定量表征一直是复合材料研究领域十分活跃的课题。目前有许多测试界面黏结强度的方法，常用的有宏观试验法、单纤维试验法和微压入试验法。

1. 宏观试验法

宏观试验法是利用复合材料的宏观性能来评估纤维与基体之间界面应力状态的方法，最常用的是三点弯曲法和 Iosipescu 剪切试验法。

三点弯曲法最简单，应用最广泛。图 3.5 所示为三点弯曲试验法，给出了三点弯曲试验的示意图及试样受载荷作用时拉伸应力和剪切应力的变化。若施加载荷 P，则作用于下表面中心处的最大拉应力

$$\sigma = \frac{3PS}{2BD^2} \qquad\qquad (3-5)$$

式中，B、D、S 如图 3.5 所示，B 和 D 分别是试样宽度和高度，S 是跨度；σ 的方向平行于试样长度方向。

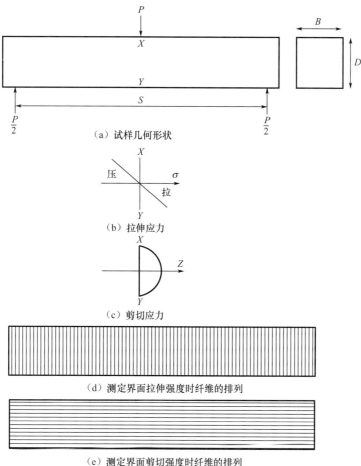

（a）试样几何形状

（b）拉伸应力

（c）剪切应力

（d）测定界面拉伸强度时纤维的排列

（e）测定界面剪切强度时纤维的排列

图 3.5 三点弯曲试验法

在此试验中，若使复合材料的纤维方向与试样长度方向垂直，如图 3.5（d）所示，则当施加载荷达到失效载荷时，式（3-5）中的 σ 为界面的拉伸强度 σ_{IU}。

由图 3.5（c）可知，在试样的中平面上剪应力 τ 最大，即

$$\tau = (3/4)(P/BD) \qquad\qquad (3-6)$$

式（3-6）与式（3-5）合并，得

$$\frac{\tau}{\sigma} = \frac{D}{2S} \qquad\qquad (3-7)$$

从式（3-7）可知，最大剪应力与最大拉伸应力之比取决于 S 和 D，跨度短、试样厚将使此比值增大，即增大了剪切失效的可能性。因此，若 $\tau_{\mathrm{I}}/\sigma_{\mathrm{cu}} < D/2S$（$\tau_{\mathrm{I}}$ 是界面剪切强度，σ_{cu} 是复合材料的拉伸强度），则纤维排列方向平行于试样长度的方向，短厚试样将在纤维-基

剪切试验

体界面间发生剪切失效。此试验也称短梁弯曲试验或层间剪切强度试验。

三点弯曲试验测得的黏结强度除与复合材料的界面状况有关外，还与复合材料中纤维、孔隙及缺陷的含量和分布有关，因此这种方法主要用于定性评价复合材料的界面性能。

Iosipescu 剪切试验是由 Iosipescu 于 1967 年提出的用于测试金属材料剪切性能的试验，后被推广用于测定复合材料的剪切性能。试样为高度比厚度大的梁，在长度方向的中点上下两侧边缘各切一个 90°切口，切口深度为梁高的 20%～25%。该试验的目的是通过力偶作用产生抵消力矩，在试样中点产生一种纯剪切状态。然而实际上在试样截面仍存在剪应力分布不均的情况。尽管如此，Iosipescu 剪切试验法仍被认为是可信度较高的测试界面黏结强度的方法。图 3.6 所示为 Iosipescu 剪切试验示意。

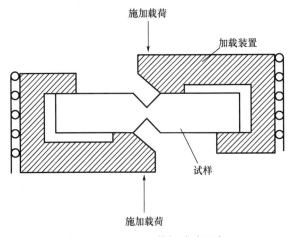

施加载荷
加载装置
试样
施加载荷

图 3.6　Iosipescu 剪切试验示意

2. 单纤维试验法

最直接的试验方法是拔出部分嵌入基体材料中的单根纤维，如图 3.7（a）所示，这种方法原理简单，但实施起来有些困难，尤其对于细的脆性纤维。由单纤维试验法的应力-应变关系图［图 3.7（b）］可以求出界面剪切强度及纤维拔出和脱黏的能量。

界面剪切强度 τ_I 也可以通过对单纤维完全嵌入基体的试样施加压缩载荷求出。该方法要求此单纤维位于试样中心并准确地沿中心轴排列，如图 3.7（c）所示，基体材料应用透明材料以便观察纤维的脱黏情况。在压缩试验中，由于纤维与基体的弹性性能不同，因此在纤维的两端产生剪应力，导致纤维端部发生脱黏。界面剪切强度 τ_I 可表示为

$$\tau_I \sim 2.5\sigma_c \tag{3-8}$$

式中，σ_c 是脱黏发生时的压缩应力。这种方法的关键是确定开始脱黏及脱黏时的压缩应力。

采用嵌有单纤维的曲颈试样，可以测定垂直于纤维方向的界面拉伸强度，如图 3.7（d）所示。当试样受压时，纤维与基体的泊松比不同，使得颈部纤维与基体界面产生拉伸应力而发生脱黏。在压缩应力 σ_c 的作用下，界面拉伸强度 σ_{Iu} 正比于 σ_c，即

$$\sigma_{Iu} = c\sigma_c \tag{3-9}$$

式中，c 是常数，取决于基体和纤维的泊松比及弹性模量。这种方法要求纤维准确排列及确定脱黏的开始及压缩应力 σ_c。图 3.7（c）和图 3.7（d）所示两种方法只适用于具有一定压缩应变能力的纤维（如玻璃纤维、碳纤维等）增强复合材料。

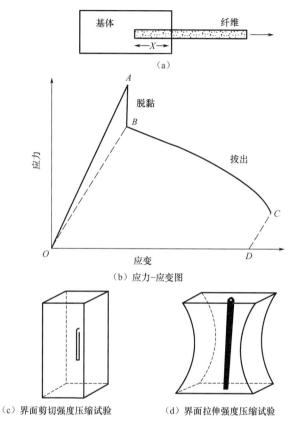

OAB 的面积—纤维脱黏需要的能量；OBCD 的面积—纤维拔出需要的能量

图 3.7 单纤维试示意

3. 微压入试验法

微压入试验法是直接对实际复合材料进行界面黏结性能测试的一种微观力学试验方法。微压入试验可使用标准的显微压入硬度试验机。微压入试验法的优点是试样尺寸小，除表面需抛光以适合微观观测外，不需要专门制备试样。在纤维的中心通过压头施加载荷 P，纤维的轴垂直于表面，在载荷 P 的作用下，纤维将沿着纤维-基体界面发生滑动，纤维表面下移距离 u，如图 3.8 所示，纤维的滑动应小于试样的厚度，界面剪切强度

$$\tau_I = P^2 4\pi u R^3 E_f \tag{3-10}$$

式中，R 和 E_f 分别是纤维半径和纤维的弹性模量。若采用标准的金刚石压头，则下移距离 u 可由下式计算。

$$u = (b-a)\cot 74° \tag{3-11}$$

式中，b 是纤维周围基体上压痕的半对角线长度；a 是纤维上压痕的半对角线长度。

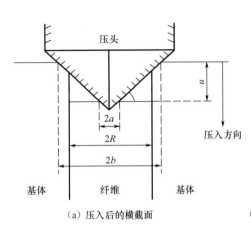

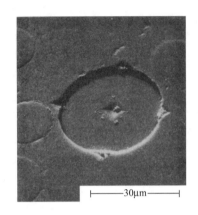

（a）压入后的横截面　　　　　　（b）玻璃陶瓷复合材料中SiC纤维受压后的扫描图像

图 3.8　微压入试验示意

微压入试验法可用于测试聚合物基复合材料、金属基复合材料及陶瓷基复合材料的界面黏结强度，测试结果可以指导复合材料的工艺研究和评价复合材料性能，还可以随时检测制品在使用过程中的性能。

3.4.3　界面残余应力的表征

由于界面层很薄，而且基体有透明和不透明之分，因此表征界面残余应力比较困难。测量复合材料中残余应力的方法主要有 X 射线衍射法和中子衍射法。这两种方法的测试原理相同，只是中子的穿透深度比 X 射线大，可用来测量深层应力。由于参与反射的区域较大，因此中子衍射法测得的结果是很大区域的应力平均值。因受到中子源的限制，中子衍射法还未普及。由于射线的穿透能力有限，因此 X 射线衍射法仅能测量试样表面的残余应力。

鉴于上述两种方法的局限性，人们开始采用同步辐射连续 X 射线能量色散法和会聚束电子衍射法来测量复合材料界面附近的应力和应变变化。同步辐射连续 X 射线能量色散法的特点是 X 射线强度高，约为普通 X 射线的 10^5 倍，X 射线的波长在 $1 \times 10^{-11} \sim 4 \times 10^{-8}$ m 范围内连续。因此，该方法兼有较好的穿透性和对残余应变梯度的高空间分辨率，可测量界面附近急剧变化的残余应力。此外，可以采用拉曼光谱法测量界面层相邻纤维的振动频率，根据纤维标定确定界面层的残余应力。

3.5　复合材料的复合效应

3.5.1　复合效应

材料在复合后所得的复合材料，产生的复合效应，可分为两种：一种为线性效应，另一种为非线性效应。这两种复合效应可以显示不同的特征。表 3-1 列出了两种复合效应的类型。

表 3 - 1　两种复合效应的类型

线性效应	非线性效应
平均效应	相乘效应
平行效应	诱导效应
互补效应	共振效应
相抵效应	系统效应

（1）平均效应。

平均效应是复合材料所显示的最典型的一种复合效应。它可以表示为

复合效应

$$P_c = P_m V_m + P_f V_f \qquad (3-12)$$

式中，P 为材料性能；V 为材料体积含量；下标 c、m、f 分别表示复合材料、基体和增强体（或功能体）。

例如，复合材料的弹性模量（E）用平均效应表示为

$$E_c = E_m V_m + E_f V_f \qquad (3-13)$$

（2）平行效应。

显示平行效应的复合材料，其组成复合材料的各组分在复合材料中均保留本身的作用，既无制约也无补偿。可以将增强体（如纤维）与基体界面黏结很弱的复合材料所显示的复合效应看作平行效应。

（3）互补效应。

组成复合材料的基体与增强体在性能上互补，从而提高了综合性能，显示出互补效应。脆性的高强度纤维增强体与韧性基体复合时，若两相间能得到适当的结合而形成复合材料，则其性能显示为增强体与基体的互补。

（4）相抵效应。

基体与增强体组成复合材料时，若组分间性能相互制约，限制了整体性能提高，则复合后显示出相抵效应。

例如，脆性的纤维增强体与韧性基体组成的复合材料，当两者界面黏结很强时，复合材料整体显示为脆性断裂。在玻璃纤维增强塑料中，当玻璃纤维表面选用适当的硅烷偶联剂处理后，与树脂基体组成的复合材料由于强化了界面的黏结，因此拉伸强度比未处理纤维组成的复合材料的拉伸强度高出 30%～40%，而且湿态强度保留率明显提高。但这种强黏结的界面同时导致复合材料冲击性能降低。在金属基增强复合材料和陶瓷基增强复合材料中，过强的界面黏结效果不一定最好。

（5）相乘效应。

两种具有转换效应的材料复合在一起，即可发生相乘效应。例如，具有电磁效应的材料与具有磁光效应的材料复合时，可能产生复合材料的电光效应。因此，通常可以将一种具有两种性能相互转换功能的材料 X/Y 和另一种具有该功能的材料 Y/Z 复合，用下列通式来表示，即

$$(X/Y) \times (Y/Z) = X/Z \qquad (3-14)$$

式中，X、Y、Z 分别表示各种物理性能。因为式（3-14）符合乘积表达式，所以称为相

乘效应。这种组合非常广泛，已被用于设计功能复合材料。常用相乘效应见表 3 - 2。

表 3 - 2　常用相乘效应

A 相性质 X/Y	B 相性质 Y/Z	复合后的相乘性质（X/Y）×（Y/Z）＝X/Z
压磁效应	磁阻效应	压敏电阻效应
压磁效应	磁电效应	压电效应
压电效应	场致发光效应	压力发光效应
磁致伸缩效应	压阻效应	磁阻效应
光导效应	电致效应	光致拉伸效应
闪烁效应	光导效应	辐射诱导导电效应
热致变形效应	压敏电阻效应	热敏电阻效应

（6）诱导效应。

在一定条件下，复合材料中的一种组分材料可以通过诱导作用改变另一种组分材料的结构，从而改变整体性能或产生新的效应。已在很多实验中发现这种诱导行为，包括复合材料界面的两侧，如结晶的纤维增强体对非晶基体的诱导结晶或晶形基体的晶形取向作用。在碳纤维增强尼龙或聚丙烯中，由于碳纤维表面对基体有诱导作用，因此界面上的结晶态与数量发生了改变，如出现横向穿晶等。

（7）共振效应。

两个相邻材料在一定条件下会产生机械、电或磁的共振。由不同材料组分组成的复合材料，其固有频率不同于原组分的固有频率。当复合材料中某个部位的结构发生变化时，复合材料的固有频率也会发生变化。可以利用共振效应，根据外来的工作频率改变复合材料固有频率，从而避免材料在工作时被破坏。对于吸波材料，同样可以根据外来波长的频率特征调整复合材料频率，达到吸收外来波的目的。

（8）系统效应。

系统效应是一种材料的复杂效应，目前其机理还不清楚，但已经发现这种效应的存在。例如，交替叠层镀膜的硬度大于原来各单一镀膜的硬度和按线性混合率估算值，说明组成了复合系统才能出现的现象。

上述复合效应都是复合材料科学研究的重要内容，也是开拓新型复合材料，特别是功能型复合材料的基础理论问题。下面我们展开讨论应用较广泛的平均效应。

平均效应是指基体和增强材料的性能及所占分量对复合材料的性能影响。基体和增强材料的分量可用体积分量 v（性能计算时常用）和质量分量 w（制造时常用）来表示。

体积分量：
$$v_f = V_f / V_c$$
$$v_m = V_m / V_c \tag{3-15}$$

质量分量：
$$w_f = W_f / W_c$$
$$w_m = W_m / W_c \tag{3-16}$$

两式中，V 表示体积；W 表示质量；下标 f、m 和 c 分别表示纤维（或增强材料）、基体和复合材料。

由于
$$v_f + v_m = 1$$
$$w_f + w_m = 1$$
$$W_c = W_f + W_m \tag{3-17}$$

因此，把 $W = \rho V$ 代入式（3-16）得
$$w_f = W_f / W_c = (\rho_f V_f)/(\rho_c V_c) = (\rho_f/\rho_c)v_f \tag{3-18}$$
$$w_m = W_m / W_c = (\rho_m V_m)/(\rho_c V_c) = (\rho_m/\rho_c)v_m$$

从式（3-18）可知，若已知各材料组元的密度及复合材料的密度，则可将体积分量换算成质量分量；反之亦然。

若将 $W = \rho V$ 代入式（3-17），则有
$$\rho_c V_c = \rho_f V_f + \rho_m V_m$$
或
$$\rho_c = \rho_f (V_f/V_c) + \rho_m (V_m/V_c) = \rho_f v_f + \rho_m v_m \tag{3-19}$$

由式（3-19）可知，复合材料的密度可由构成复合材料组元的密度及体积分量求出。式（3-19）不仅可用于计算密度，而且可推广用于估算复合材料的其他性能，表达式可写为
$$X_c = X_m v_m + X_{f1} v_{f1} + X_{f2} v_{f2} + \cdots \tag{3-20}$$
式中，X_c 表示复合材料的性能，如弹性模量、强度等。f1,f2 等表示各种增强材料。式（3-20）常称为混合定律，也可称为混合法则。混合定律表述了由各组元性能分量计算复合材料性能的一种简单方法，表示复合材料的性能随组元材料含量的变化呈线性变化。使用混合定律估算复合材料的性能时，复合材料应满足下列条件。

（1）复合材料宏观上是均质的，不存在内应力。

（2）各组元材料是均质的，具有各向同性（或正交异性）及线弹性。

（3）各组元之间黏结牢固、无孔隙。

混合定律简单明了地表达了复合材料的性能与基体和增强材料的性能及分量的关系。但实际上复合材料的性能除了受这两个因素的影响外，还受其他因素（如基体的微观结构、增强材料的颗粒尺寸、纤维长度、分布情况，以及取向、界面的结构性能及黏结情况等）的影响。因此，在用混合定律估算复合材料的性能时，还应考虑这些因素。

3.5.2　混合定律的应用

在设计复合材料时，连续纤维单向增强复合材料及短纤维增强复合材料的弹性模量和强度可用混合定律预测。

1. 连续纤维单向增强复合材料（单向层板）

（1）弹性模量。

若连续纤维沿某个方向平行排列于基体中，则为单向增强复合材料。沿纤维方向称为纵向，用 L 表示（图 3.9 中的 1 方向）；垂直纤维方向称为横向，用 T 表示（图 3.9 中的 2、3 方向）。单向增强复合材料各方向的性能（弹性模量、强度）不同，具有各向异性。因此沿纤维方向，纵向弹性模量 E_{cL} 可由混合定律求得。
$$E_{cL} = E_f v_f + E_m v_m$$

或 $$E_{cL}=E_f v_f+E_m(1-v_f) \tag{3-21}$$

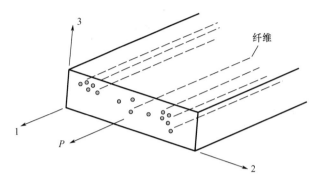

P—施加载荷；1，2，3—三个方向

图 3.9　单向纤维增强复合材料

实际上，复合材料的界面黏结并不理想，而且在制造过程中会造成增强材料的损坏，如纤维断裂等。当折断后的纤维长度小于临界纤维长度时，增强效果明显下降。考虑到纤维断裂，单向层板纵向弹性模量 E_{cL} 可按下式计算。

$$E_{cL}=E_f v_f(1-K_f)+\varphi K_f v_f E_f+E_m(1-v_f) \tag{3-22}$$

式中，K_f 为断裂纤维的百分比；φ 为断裂纤维的有效系数。垂直纤维方向（即横向）的弹性模量的计算要比纵向弹性模量的计算复杂得多，而且准确性差。

（2）泊松比。

当沿纤维方向拉伸或压缩时，在单向范围内，横向应变与纵向应变之比称为纵向泊松比，用 μ_{LT} 表示。假设单向复合材料沿纤维方向拉伸或压缩，纤维与基体的纵向应变相等，并且等于复合材料的纵向应变，即 $\varepsilon_f=\varepsilon_m=\varepsilon_c$，则可求得纵向泊松比

$$\mu_{LT}=\mu_f v_f+\mu_m v_m=\mu_f v_f+\mu_m(1-v_f) \tag{3-23}$$

若考虑纤维与界面的黏结情况，则单向层板纵向泊松比

$$\mu_{LT}=\mu_f v_f(1-K)+\beta K v_f+\mu_m(K-v_f)(1-K) \tag{3-24}$$

式中，K 为纤维与基体未黏结的百分比；β 为与受力状态、脱胶区状态等有关的常数。

当垂直纤维方向承受拉伸或压缩时，在单向范围内，纵向应变与横向应变之比称为横向泊松比，用 μ_{TL} 表示。μ_{TL} 的推导较复杂，由于单向增强的复合材料呈现正交各向异性，横向泊松比与弹性模量之间存在如下关系。

$$\mu_{TL}=\mu_{LT}(E_{cT}/E_{cL}) \tag{3-25}$$

（3）强度。

① 拉伸强度。

纤维增强复合材料的破坏主要是由纤维断裂引起的。当纤维与基体在受力过程中处于线弹性变形且基体的断裂延伸率大于纤维的断裂延伸率时，单向增强复合材料的拉伸强度可由下式计算。

$$\sigma_{cu}=\sigma_{fu}v_f+\sigma_m^* v_m=\sigma_{fu}v_f+\sigma_m^*(1-v_f) \tag{3-26}$$

式中，σ_{fu} 为纤维的拉伸强度；σ_m^* 为对应纤维断裂应变 ε_{fu} 时基体的拉伸应力。用式（3-26）计算得到的拉伸强度值往往大于实测值，考虑纤维与基体的黏结情况，可用下式计算。

$$\sigma_{cu} = k\sigma_{fu}v_f + \sigma_m^* v_m \tag{3-27}$$

式中，k 为常数，小于 1。

纤维增强复合材料的纵向抗压强度的计算比抗拉强度的计算复杂，结果也不如抗拉强度准确。

② 剪切强度。

纤维增强复合材料受剪切力作用时，剪切力方向不同，剪切强度也不同。在沿纤维方向受剪切时，剪应力发生在沿纤维方向的纤维层之间的截面内，这种剪切称为复合材料的层间剪切，其剪切强度取决于基体的剪切强度或界面的剪切强度。如果在垂直纤维方向承受剪切，则剪应力发生在垂直纤维的截面内，这种剪切称为复合材料的面内剪切，剪切应力由纤维和基体共同承担，剪切强度 τ_{LT} 可由混合定律确定。

$$\tau_{LT} = \tau_f v_f + \tau_m(1-v_f) \tag{3-28}$$

2. 短纤维增强复合材料

短纤维增强复合材料与连续纤维单向增强复合材料相比，具有价格低、加工快捷灵活、零件形状限制少的特点，但短纤维的强化效果不如连续纤维的，这与短纤维的受力与承载情况有关。

（1）短纤维增强复合材料的应力分布。

考虑长度为 l 的短纤维嵌入弹性模量比其低的基体上，假设纤维与基体的界面黏结很好且界面很薄，当沿纤维方向施加载荷时，施加在基体上的应力将通过界面传递给纤维。由于基体与纤维的弹性模量不同，因此产生的拉伸应变不同，在纤维末端纤维的应变将小于基体的应变，如图 3.10 所示。应变差异造成纤维上的拉应力和界面上的剪应力分布如图 3.11 所示，即在纤维末端拉应力为零，界面剪应力最大；在纤维中点拉应力最大，界面剪应力几乎趋于零（若纤维足够长）。正是界面剪应力的变化（称为剪切效应）引起了纤维上拉应力的变化。

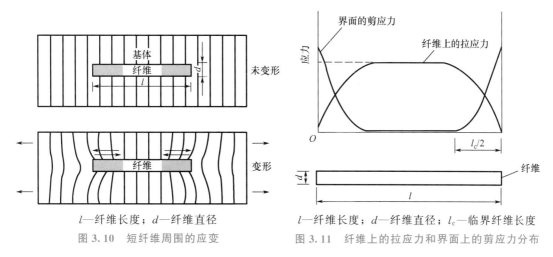

l—纤维长度；d—纤维直径

图 3.10　短纤维周围的应变

l—纤维长度；d—纤维直径；l_c—临界纤维长度

图 3.11　纤维上的拉应力和界面上的剪应力分布

在弹性变形范围内，纤维上的拉应力 $\sigma_f = \varepsilon_m E_f$，随着载荷的增大，基体的应变 ε_m 增大，σ_f 也随之增大。图 3.11 中，l_c 为临界纤维长度，是使应力达到纤维断裂时的最短纤维长度，可定义为在给定纤维长度范围内，引起拉伸失效而不使界面剪切失效的最短纤维长

度。当纤维上的拉应力达到纤维的断裂强度 σ_{fu} 时，受力及临界纤维长度如下。

作用在纤维上的拉力：$\sigma_{fu}(\pi d^2/4)$

作用在界面上的剪力：$\tau\pi dl_c/2$

由力平衡，即 $\sigma_{fu}(\pi d^2/4)=\tau\pi dl_c/2$，可求出临界纤维长度

$$l_c=\sigma_{fu}d/2\tau \tag{3-29}$$

式中，d 为纤维直径。对应于 l_c，l_c/d 称为临界长径比。复合材料体系不同，l_c 和 l_c/d 也不同。典型临界纤维长度 l_c 和临界长径比 l_c/d 见表 3-3。

表 3-3　典型临界纤维长度 l_c 和临界长径比 l_c/d

基　　体	纤　　维	临界纤维长度 l_c/mm	临界长径比 l_c/d
银	氧化铝	0.4	190
铜	钨	38	20
铝	硼	1.8	20
环氧树脂	硼	3.5	35
环氧树脂	碳	0.2	35
聚碳酸酯	碳	0.7	105
聚酯	玻璃	0.5	40
聚丙烯	玻璃	1.8	140
氧化铝	碳化硅	0.005	10

纤维长度不同，作用在纤维上的拉应力也不同。纤维上的拉应力分布见表 3-4。

表 3-4　纤维上的拉应力分布

纤维长度	拉应力分布	最大的拉应力 σ_{fmax}	平均拉应力 σ_f
$l<l_c$		$\sigma_{fmax}=2\tau l/d$	$\overline{\sigma_f}=\tau l/d$
$l=l_c$		$\sigma_{fmax}=\sigma_{fu}=2\tau l_c/d$	$\overline{\sigma_f}=\tau l_c/d$
$l>l_c$		$\sigma_{fmax}=\sigma_{fu}=2\tau l_c/d$	$\overline{\sigma_f}=[1-(l_c/2l)]\sigma_{fu}$

（2）刚度和强度。

目前还没有通过纤维三维取向分布和长度分布的统计表达式来表述弹性模量的公式。对于单向短纤维增强复合材料，加入长度有效系数 η_L，则混合定律可表示为

$$E_{cL} = \eta_L E_f v_f + E_m (1 - v_f) \tag{3-30}$$

式中，$\eta_L = 1 - \left[\dfrac{2 \tanh(\beta l/2)}{\beta l} \right]$。 $\tag{3-31}$

$$\beta = \left[8 G_m / E_f d^2 \log_e (2\lambda/d) \right]^{\frac{1}{2}} \tag{3-32}$$

式中，E_{cL} 为短纤维增强复合材料沿纤维方向（即长度方向）的弹性模量；2λ 为纤维间距离；G_m 为基体的剪切模量。

对于随机取向短纤维增强复合材料，必须考虑纤维取向分布，可引入取向因子（η_0），即式（3-30）表述为

$$E_c = \eta_0 \eta_L E_f v_f + E_m (1 - v_f) \tag{3-33}$$

在简单的纤维取向分布情况下，假设基体与纤维都处于弹性变形且应变相等，则取向因子 η_0 见表 3-5。

表 3-5　取向因子 η_0

纤维取向	取向因子 η_0
径向	1
横向	0
二维取向	0.375
三维取向	0.2

单向短纤维增强复合材料的强度取决于纤维长度 l，若 $l < l_c$，则纤维上的拉应力达不到纤维的断裂强度，纤维只能被拉出，因此沿纤维方向上的拉伸强度

$$\sigma_{cu} = (\tau l/d) v_f + \sigma_m (1 - v_f) \tag{3-34}$$

若 $l > l_c$，纤维将发生断裂，纤维的平均拉应力见表 3-4，沿纤维方向的拉伸强度

$$\sigma_{cu} = \sigma_{fu} [1 - (l_c/2l)] v_f + \sigma_m^* (1 - v_f)$$

或 $\qquad \sigma_{cu} = 2\tau l_c [1 - (l_c/2l)] v_f/d + \sigma_m^* (1 - v_f) \tag{3-35}$

式中，σ_m' 为对应纤维失效应变时基体的应力。实际上纤维长度有一定的范围，因此，可将式（3-34）和式（3-35）综合起来表达单向短纤维增强复合材料的拉伸强度。

$$\sigma_{cu} = \sum_i (\tau l/d) v_i + \sum_j (2\tau l_c/d) [1 - (l_c/2l_j)] v_j + \sigma_m^* (1 - v_f) \tag{3-36}$$
$$(l_i < l_c)$$

式中，$\sum_i v_i + \sum_j v_j = v_f$。

对于任意给定的系统，τ、l、l_c 和 d 都是常数。由式（3-34）至式（3-36）可知，单向短纤维增强复合材料的纵向强度正比于纤维的体积分量。图 3.12 所示为短纤维增强复合材料与连续纤维单向增强复合材料的拉伸强度与纤维长度的关系。由图可知，当 $l > 10 l_c$ 时，短纤维增强复合材料的拉伸强度趋近于具有相同纤维体积分量的连续纤维单向增强复合材料；当 $l < 5 l_c$ 时，短纤维增强复合材料的拉伸强度远远不如连续纤维单向增强复合材料。

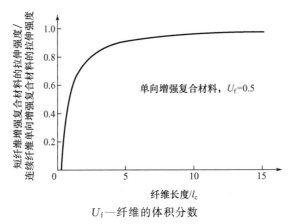

U_f—纤维的体积分数

图 3.12　短纤维增强复合材料与连续纤维单向增强复合材料的拉伸强度与纤维长度的关系

习　　题

3-1　采用混合定律时，在什么情况下需要修正？

3-2　判断功能复合材料性能应采用什么原则？试举例说明。

3-3　复合材料的界面黏结机理有哪些？请举出一种加以说明。

3-4　根据连续纤维增强原理，说明连续纤维单向增强复合材料的性能特点。

3-5　在给定基体材料和增强材料的前提下，如何获得优异性能的复合材料？试举一例说明。

3-6　界面黏结强度表征有哪些方法？你认为哪种方法比较有发展前途？为什么？

第4章
聚合物基复合材料

 本章教学要点

知识要点	掌握程度	相关知识
聚合物基复合材料概述	掌握聚合物基复合材料的性能特点	聚合物基复合材料的性能特点
聚合物基体	掌握聚合物基复合材料基体的种类和性能特点	增强纤维和基体的种类及选择原则
聚合物基复合材料界面	掌握聚合物基复合材料界面的特性；掌握聚合物基复合材料界面的设计原则	聚合物基复合材料的界面表征；聚合物基复合材料的界面增强方法
聚合物基复合材料的制备工艺	了解聚合物基复合材料的制备工艺方法	聚合物基复合材料的制备工艺
纤维增强复合材料的力学性能	了解纤维增强复合材料的力学性能	纤维增强复合材料的力学性能
聚合物基复合材料的应用	了解聚合物基复合材料的应用领域	聚合物基复合材料的典型应用

导入案例

美国军方开发新型聚合物基复合材料

据报道，位于美国俄亥俄州赖特·帕特森空军基地的空军实验室的研究人员正致力于开发先进的高温聚合物基复合材料以取代钛合金，新研究的材料将被应用于F135和F110航空发动机、F-22战斗机、导弹结构和第六代发动机。

用高温聚合物基复合材料构件代替钛合金构件，可使飞机减重达40%。每架飞机每替代1kg钛合金，每年将节省数百美元燃油费。除此之外，还可提高飞机抗疲劳强度，延长服役寿命。

"这项研究成果将有助于提高武器系统性能，降低成本。"该空军实验室项目管理人员Brent Volk说，"目前已完成先进材料'工具箱'的开发，包括高温聚酰亚胺基复合

材料，一个能够集成到现成商用软件包中的材料计算过程模型、复杂几何图形验证过程模型和材料设计允许数据库。"

另据报道，Evolva 公司已经开始与美国海军航空系统司令部合作开发一种新的结构复合材料，这种复合材料以 Evolva 公司的白藜芦醇为聚合物基体。根据该项合作，Evolva 公司已经开发并向海军交付了白藜芦醇的特殊配方。目前利用白藜芦醇制备的复合材料试样正在进行测试。

白藜芦醇是某些植物中处于高温、脱水或感染等极端环境下产生的一种天然成分。Evolva 公司的白藜芦醇是采用天然可持续的原料，利用先进的生物技术和酵母发酵方法生产得到的。

在初期测试中，Evolva 公司用白藜芦醇制成的试样已经表现出比传统耐火材料好的耐火性能。除了能使美国海军受益外，这种复合材料还能用于许多民用领域，如航空航天、汽车、公共交通、制造、电子、储能等。

资料来源：http：//www.dsti.net/Information/News/96289，2015.

http：//www.dsti.net/Information/News/100834，2016.

聚合物基复合材料是由增强材料与聚合物基体复合而成的，最常见的是纤维增强塑料，具有比强度和比模量高、可设计性好、尺寸稳定性好、耐腐蚀、抗疲劳性能好等优点。聚合物基复合材料是现代复合材料中最先发展的，自 20 世纪 40 年代问世以来，在航空航天、交通运输、建筑、化工及民用领域得到迅速发展和广泛应用，在电子、军事等领域有着独特的应用。本章主要介绍聚合物基复合材料的基体、界面、制备工艺。

4.1 聚合物基复合材料概述

聚合物基复合材料是结构复合材料中发展最早、研究最多、应用最广、规模最大的一类。它是由一种或多种微米级或纳米级的增强材料分散于聚合物基体中，按照一定的工艺过程制成的具有优良力学性能和多种功能性的复合材料。同时，聚合物基复合材料具有一些独特的功能性。

聚合物基复合材料作为复合材料家族中的一个重要成员，具有密度低、比强度高、比模量高、热传导性好、可设计性好、尺寸稳定性好、耐腐蚀、抗疲劳性能好等优点，尤其是环境耐受性强，因而适用范围广，如航空航天、交通、化工、建筑、医用等领域，既可作为结构材料承载负荷，又可作为功能材料发挥作用。

聚合物基复合材料的基体决定了复合材料的性能，特别是剪切性能、温度及环境耐受性等，聚合物基体的性质不同使得复合材料的制备工艺较多样。聚合物基复合材料通常以无机材料作为增强体，有机基体与无机增强体之间的界面容易成为复合材料的薄弱环节，一般需要经过界面处理。通过界面处理能够有效提升基体与增强材料之间的相容性，提高界面强度，增强复合材料的力学性能。

聚合物基复合材料自 20 世纪 40 年代问世以来，受到了人们的极大关注，得到了迅速发展，已广泛应用于航空航天、交通、化工、医用等领域。

本节主要介绍聚合物基复合材料的发展历程、分类、结构、性能特点等。

4.1.1 聚合物基复合材料的发展历程

现代复合材料是以 **1942 年聚合物基复合材料——玻璃钢的出现为标志的**。聚合物基复合材料自诞生至今经过了长足发展，基体和增强体的种类得到了极大丰富，由初期的颗粒状、纤维状增强体发展到纳米材料增强体，由最初的主要承担结构性能演变到具有各种功能，大致经历了以下三个发展阶段。

第一个阶段，20 世纪 40 年代初到 60 年代中期。1942 年出现玻璃纤维增强环氧树脂，1946 年出现玻璃纤维增强聚酰胺，之后相继出现其他玻璃钢品种。该阶段主要发展和应用了玻璃纤维增强塑料（Glass Fiber Reinforced Plastic，GFRP）。我国 50 年代末开始研制玻璃纤维增强塑料。然而，玻璃纤维模量低，无法满足航空、宇航等领域对材料的要求，因而人们努力寻找新的高模量纤维。

第二个阶段，从 20 世纪 60 年代中期到 80 年代初，各种纤维增强材料不断涌现。1964 年，研制成功硼纤维，其拉伸强度达 3.45GPa，模量达 400GPa。硼纤维增强塑料（Boron Fiber Reinforced Plastic，BFRP）立即被用于军用飞机的次承力构件，如 F-14 战斗机的水平稳定舵、垂尾等。硼纤维因价格高、工艺性差，其应用规模受到限制。随着碳纤维的出现和发展，硼纤维的生产和使用逐渐减少，除非用于一些特殊场合，如增强金属、卫星、宇航等领域的特殊构件（如受压杆件）。1965 年，碳纤维在美国一诞生，就显示出强大的生命力。1966 年，碳纤维的拉伸强度和模量还分别只有 1100MPa 和 140GPa，其比强度和比模量还不如硼纤维和铍纤维。而到 1970 年，碳纤维的拉伸强度和模量就分别达到 2.76GPa 和 345GPa。自此，碳纤维增强塑料（Carbon Fiber Reinforced Plastic，CFRP）得到迅速发展和广泛应用，碳纤维及其复合材料性能也不断提高。1972 年，美国杜邦公司研制出了高强度、高模量的有机纤维——聚芳酰胺纤维，其拉伸强度和模量分别达到 3.4GPa 和 130GPa，使聚合物基复合材料的发展和应用更迅速。这个阶段是先进复合材料日益成熟和发展的阶段。表 4-1 列出了典型单向连续纤维增强塑料（v_f＝60％）与金属性能的比较。

表 4-1　典型单向连续纤维增强塑料（v_f＝**60％**）与金属性能的比较

性　　能	玻璃纤维增强塑料	碳纤维增强塑料	凯夫拉纤维增强塑料	硼纤维增强塑料	氧化铝纤维增强塑料	碳化硅纤维增强塑料	钢	铝	钛
密度/(g/cm³)	2.0	1.6	1.4	2.1	2.4	2.0	7.8	2.8	4.5
拉伸强度/GPa	1.2	1.8	1.5	1.6	1.7	1.5	1.4	0.48	1.0
比强度/[MPa/(g/cm³)]	600	1120	1150	750	710	650	180	170	210

续表

性　　能	玻璃纤维增强塑料	碳纤维增强塑料	凯夫拉纤维增强塑料	硼纤维增强塑料	氧化铝纤维增强塑料	碳化硅纤维增强塑料	钢	铝	钛
拉伸模量/GPa	42	130	80	220	120	130	210	77	110
比模量/$[GPa/(g/cm^3)]$	21	81	57	104	54	56	27	27	25
热导率/(kcal/mhk)	5	43	2.4	5.4	2		65	160	53
热膨胀系数/$(10^{-6}/K)$	8	0.2	1.8	4.0	4	2.6	12	23	9.0

第三个阶段，20世纪80年代至今。聚合物基复合材料的工艺和理论逐渐完善，除了普遍应用玻璃钢外，先进复合材料在航空航天、船舶、汽车、建筑、文体用品等领域得到全面应用。同时，先进热塑性复合材料（ACTP）以1982年英国帝国化学工业集团（ICI）准出的APC-2为标志，向传统热固性树脂基复合材料提出了挑战，先进热塑性复合材料的工艺理论不断完善，新产品的开发和应用不断扩大。此外，伴随着纳米复合材料的出现与进步，运用在电子、生物、能源等领域的具有电、热、磁、光等功能的聚合物基复合材料也逐渐发展起来。

4.1.2　聚合物基复合材料的分类

聚合物基复合材料有两种分类方式，如图4.1所示。一种是按基体的性质分类，可以根据基体聚合物的性质不同，分为热固性树脂基复合材料和热塑性树脂基复合材料；还可以以基体固化成型方式或者基体材料具备的实用性能分类，按基体的性质分类如图4.1所示。

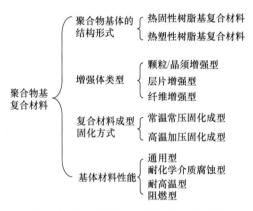

图4.1　聚合物基复合材料的分类方法

另一种是按增强体类型分类，如图4.2所示。在聚合物基体中加入无机增强填料构成的复合材料可以有效改善聚合物的性质，如增大表面硬度、减小成型收缩率、消除成型裂纹、改善阻燃性、改善外观、改进热性能和导电性等，还可以在不明显降低其他性能的基础上大大降低成本。

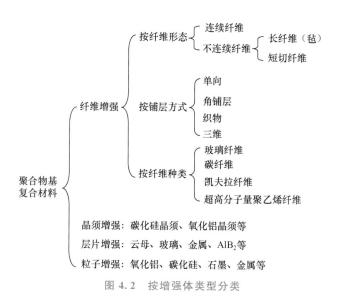

图 4.2　按增强体类型分类

增强体的类型不同，对聚合物基复合材料性能的影响程度不同。

粉末状或颗粒增强复合材料是指将小尺寸的粉末颗粒高度弥散地分布在聚合物基体中的复合材料。与纤维复合材料相比，颗粒复合材料通常是各向同性的，承受载荷的主要是聚合物基体材料，颗粒材料起到阻碍导致塑性变形的分子链运动的作用，因此颗粒复合通常可以同时起到增强和增韧的作用。一般颗粒直径为 $0.01\sim0.1\mu m$ 时增强效果最好，直径过大将引起应力集中；直径小于 $0.01\mu m$ 则近似固溶体结构，作用不大。

粉末状或颗粒状增强复合材料往往不仅能提升复合材料的力学性能，还能起到引入或增强其他功能的作用。例如许多重要的弹性体都添加了炭黑或硅石颗粒以改进强度和耐磨性，同时保持必需的弹性；在热固性树脂中加入金属粉则构成硬而强的低温焊料，或称导电复合材料；在塑料中加入高含量的铅粉可起隔音作用，屏蔽 γ 射线；在碳氟聚合物（作为轴承材料）中加入金属夹杂物可以增强导热性、减小热膨胀系数，并大大地减小磨损率。

不连续纤维增强塑料的性能除了依赖纤维含量外，还强烈依赖纤维长径比和纤维取向。通常二维或三维无规取向短纤维复合材料的强度或模量与基体相比提高几倍，但仍低于传统金属材料。

连续纤维增强塑料可以最大限度地发挥纤维作用，通常具有很高的强度和模量。按照纤维在基体中的分布不同，连续纤维复合材料可分为单向复合材料、双向或角铺层复合材料、三向复合材料及双向织物增强复合材料。通常意义上说的聚合物基复合材料是指纤维增强塑料。

4.1.3　聚合物基复合材料的结构

与其他复合材料相似，聚合物基复合材料也可以通过无规分散、连续纤维、夹层结构等方式组织。最常见的聚合物基复合材料结构形式为层合（或层压）板。层合板中的最小结构单元称为铺层，铺层分为单向铺层和双向铺层两类。单向铺层是由连续纤维浸渍树脂

后形成的单向预浸料（通常标准厚度为 0.13mm）；双向铺层是由织物浸渍树脂后形成的预浸料，一般厚度比单向铺层的大。

由多个铺层按一定方向叠合并热压成型的复合材料板材称为层合板。复合材料的性能通常是通过层合板进行测试的。单向板及准各向同性板的铺层结构如图 4.3 所示。表示层合板时首先要确定一个铺层为主方向（0°层，实际结构中一般为主应力方向），其他铺层以主方向为准，方向角为 0°～±90°。

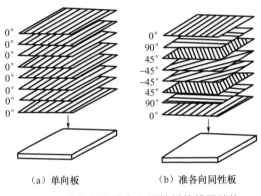

（a）单向板　　　　　　　（b）准各向同性板

图 4.3　单向板及准各向同性板的铺层结构

4.1.4　聚合物基复合材料的性能特点

与传统金属材料相比，聚合物基复合材料有以下特点。

1. 比强度高、比模量高

由表 4-1 中所列数据可知，单向纤维增强复合材料的比强度和比模量都明显高于金属材料的。如标准碳纤维增强塑料的比强度是钛合金、钢、铝合金的五倍多，比模量是其三倍；高强度碳纤维 T800H/环氧复合材料的拉伸强度为 3.0GPa，模量为 160GPa，比强度和比模量分别为钢的 10 倍和 3.7 倍，是铝合金的 11 倍和 4 倍；超高模量碳纤维 P-100S 增强的环氧复合材料的拉伸强度为 1.2GPa，模量为 420GPa 以上，比强度和比模量分别为铝合金的 4 倍和 9 倍。因而用纤维增强复合材料代替金属材料可达到明显的减重效果。

2. 热膨胀系数低，尺寸稳定

纤维增强复合材料具有比金属材料小得多的热膨胀系数，碳纤维增强塑料的热膨胀系数接近零，而且适当的铺层设计可使热膨胀系数进一步减小。利用这一特点及高比模量特征，可以用纤维增强复合材料制造一些尺寸精密、稳定的构件。例如作为量具、卫星及空间仪器结构材料，其不但质量轻，而且可保持尺寸的高精度和高稳定性。

3. 耐腐蚀

纤维增强复合材料的耐腐蚀性（如耐酸碱、耐盐水等）比金属材料（如钢、铅）好得多。常用纤维增强复合材料制造化工设备的防腐管道。玻璃纤维增强塑料在很多场合下的应用主要不是利用其结构特性，而是利用其防腐性能。

4. 耐疲劳

多数金属材料的疲劳极限仅为其拉伸强度的$30\%\sim50\%$，而且金属材料的疲劳破坏是突发性的，事前很难检测和预防。碳纤维增强复合材料的疲劳极限可达其拉伸强度的$70\%\sim80\%$，并且其疲劳破坏有明显预兆，可以事先检测出来。

5. 可设计性

由于影响纤维增强复合材料性能的因素很多，如增强剂类型、基体类型、铺层方式等，因此易于对聚合物基复合材料结构进行最优化设计。如硼纤维增强塑料具有优异的压缩性能（压缩强度高于拉伸强度），可用于制造受压杆体；凯夫拉纤维增强塑料拉伸强度高而压缩性能很差，应避免其承受压缩载荷，而应承受拉伸载荷。根据不同使用温度、断裂韧性、耐腐蚀性等要求，可以选择不同聚合物基体。根据结构实际受力情况，可对铺层进行最优化设计，使纤维发挥最大效能。

此外，纤维增强复合材料还具有减振性好、过载安全性好等优点；同时具有多种性能，如耐烧蚀性能（用于烧蚀材料），良好的摩擦性能［包括摩阻特性及减摩特性（常用于摩阻材料）］，优良的电性能（玻璃纤维增强塑料用于高压输电线的绝缘杆、印制电路板），特殊的光学、电磁学等特性（玻璃纤维增强塑料的透雷达波特性及碳纤维增强塑料的吸收雷波特性）。

除了上述性能特点外，纤维增强复合材料还具有成型工艺多样化的优点，如手糊成型、模压成型、缠绕成型、注射成型、拉挤成型等。良好的工艺性能是纤维增强复合材料获得广泛应用的一个重要原因。

然而，与传统金属材料相比，纤维增强复合材料也存在以下缺点。

（1）材料昂贵。由于原料价格及生产费用高，因此纤维增强复合材料制品成本较高，尤其是丙烯酸酯橡胶极其昂贵，由于纤维增强复合材料组织结构的复杂性，材料设计更加困难，且对其进行质量检测也很复杂和昂贵，因此纤维增强复合材料特别是丙烯酸酯橡胶的应用受到限制。

（2）在湿热环境下性能发生变化。由基体聚合物或增强纤维带来的吸湿及老化现象是纤维增强复合材料的一个明显缺点。吸湿不但增大了结构质量，导致制品尺寸发生变化，而且使材料性能降低，导致对材料的设计和使用更加复杂和困难。

（3）冲击性能差。纤维增强复合材料一般是脆性的，断裂韧性明显低于金属材料，各种能量的冲击会导致纤维增强复合材料出现不可见的内部损伤，甚至可见的破坏，因而加工和使用纤维增强复合材料时必须格外小心。

虽然面临各种问题，但我们也要看到，纤维增强复合材料才诞生半个多世纪，无论是理论还是实践都有待进一步发展和完善。聚合物基复合材料正处于一个高速发展的时期，特别是功能性复合材料的开发为整个材料学科注入了新的活力，将成为未来实用新材料发展的主要领域。

4.2　聚合物基体

4.2.1　概述

1. 聚合物基体的作用

聚合物基体是聚合物基复合材料的一个重要组成部分，甚至在很大程度上决定了复合材料的性能。在聚合物基复合材料成型过程中，基体经过复杂的物理、化学变化过程，与增强材料复合成具有一定形状的整体，基体性能直接影响复合材料的性能。基体在复合材料中的主要作用包括：①将增强材料黏结成整体并使其位置固定，在增强体间传递载荷，并使载荷均衡；②决定复合材料的一些性能，如高温使用性能（耐热性），横向性能，剪切性能，耐介质性能（如耐水、耐化学品性能）等；③决定复合材料成型工艺方法及工艺参数的选择；④使增强体免受各种损伤。此外，还对复合材料的其他性能有重要影响，如纵向拉伸尤其是压缩性能、疲劳性能、断裂韧性等。

2. 聚合物基体的分类

用于复合材料的聚合物基体有多种分类方法。按树脂热行为，聚合物基体可分为热塑性基体和热固性基体两类，如图 4.4 所示。热塑性基体有聚丙烯、聚酰胺、聚碳酸酯、聚醚砜、聚醚醚酮等，它们是一种线形或有支链的固态高分子，可溶、可熔，可反复加工成型而无任何化学变化。按聚集态结构不同，热塑性基体又分为非晶（或无定形）热塑性基体和结晶热塑性基体两类，后者的结晶是不完全的，通常结晶度为 20%～85%。热固性基体有环氧树脂、酚醛树脂、双马来酰亚胺树脂、不饱和聚酯等，它们通常是无定形的，在制成最终产品前，通常为分子量较小的液态预聚体或固态预聚体，经加热或加固化剂发生化学反应固化后，形成不溶、不熔的三维网状高分子。

（a）热塑性基体　　　　　　　　　　　（b）热固性基体

图 4.4　热塑性基体和热固性基体

按树脂特性及用途，聚合物基体可分为一般用途树脂、耐热性树脂、耐候性树脂、阻燃树脂等。

按成型工艺，聚合物基体可分为手糊用树脂、喷射用树脂、腔衣用树脂、缠绕用树脂、拉挤用树脂等。由于不同的成型工艺对树脂的要求不同，如黏度、适用期、凝胶时间、固化温度、增黏等，因此不同的工艺对应于不同型号的树脂。

3. 固态聚合物的力学性能

聚合物存在三个特征温度：玻璃化转变温度 T_g、黏流温度 T_f 和熔点 T_m。图 4.5 所示为聚合物形态与温度的关系。温度在 T_g 以下，聚合物是硬而韧或硬而脆的固体（玻璃态），模量随温度变化很小；温度达到 T_g 附近时，非晶聚合物转变为软而有弹性的橡胶态，半晶聚合物转变为软而韧的皮革态；温度继续升高，达到 T_f（非晶态聚合物）或 T_m（半结晶或结晶聚合物）而成为黏度高的流体（黏流态）。热固性聚合物则由于不能熔融而在比较高的温度下分解。

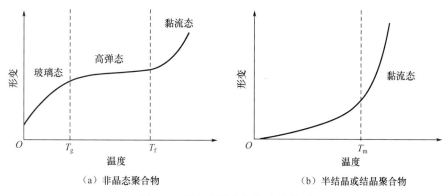

图 4.5　聚合物形态与温度的关系

固态聚合物的力学性能强烈地依赖于温度和加载速率（时间）。图 4.6（a）所示非晶态热塑性聚合物的 T_g 基本是固定的，但是 T_f 会随聚合物分子量的增大而升高，同时模量基本保持不变；图 4.6（b）所示半结晶或结晶热塑性聚合物在 $T_g \sim T_m$ 下的模量随聚合物结晶度的增大而升高；图 4.6（c）所示热固性聚合物的 T_g 随交联度增大而升高，当交联度很大时，热固性聚合物温度达到 T_g 后可能无明显的软化现象，直到达到分解温度 T_d。

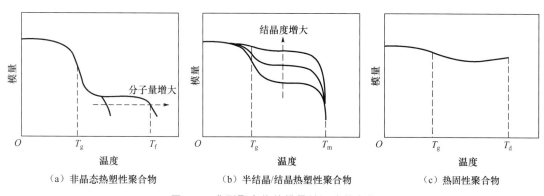

图 4.6　典型聚合物的模量随温度的变化

加载速率对聚合物力学性能和温度的影响是等效的。温度及加载速率对聚合物力学性能的影响如图 4.7 所示。在比较高的加载速率下（应力增大较快），聚合物表现出玻璃态的硬而脆的特征，在很低的应变下即可发生断裂；而在比较低的加载速率下（应力增大较慢），聚合物表现为橡胶态或皮革态的软而韧的特征，呈现较大的应力应变，并且加载速率越低，所能达到的应变越大。

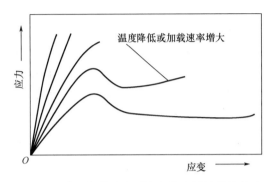

图 4.7　温度及加载速率对聚合物力学性能的影响

4. 聚合物基体的选择

选择聚合物基体时应遵循下列原则。

（1）能够满足产品的使用需要，如使用温度、强度、刚度、耐药品性、耐腐蚀性等。拉伸（或剪切）模量高、拉伸强度高、断裂韧性强的基体有利于提高纤维增强复合材料的力学性能。

（2）对纤维有良好的浸润性和黏结力。

（3）容易操作，如要求胶液有足够长的适用期、预浸料有足够长的储存期、固化收缩率小等。

（4）毒性弱、刺激性弱。

（5）价格合理。

传统的聚合物基体是热固性的，其最大优点是具有良好的工艺性。由于固化前热固性树脂黏度很小，因此适合在常温常压下浸渍纤维，并在较低的温度和压力下固化成型；固化后具有良好的耐药品性和抗蠕变性。其缺点是预浸料需低温冷藏且储存期有限，成型周期长，材料韧性差。

热塑性基体的最大优点是断裂韧性强（断裂应变高和冲击强度高），使得纤维增强复合材料有更高的损伤容限。此外，热塑性树脂基复合材料还具有预浸料不需要冷藏且储存期无限、成型周期短、可再成型、易修补、废品及边角料可再生利用等优点。然而，热塑性基体的应用也因多方面原因而受到一定限制。首先是热塑性基体的熔体或溶液黏度很高，纤维浸渍困难，预浸料制备及制品成型需要在高温高压下进行。此外，像聚碳酸酯或聚酰胺这些工程塑料的应用，因耐热性、抗蠕变性或耐药品性等方面问题而受到限制。聚醚醚酮、聚苯硫醚、聚醚砜、热塑性聚酰亚胺等高性能热塑性基体已用于高性能复合材料结构；以聚丙烯等为基体的玻璃毡增强热塑性复合材料正迅速发展，以满足汽车、船舶、航空航天等领域的需要。

4.2.2　热固性基体

热固性基体（主要是不饱和聚酯树脂、环氧树脂、酚醛树脂）在连续纤维增强聚合物基复合材料中占有一定的地位，不饱和聚酯树脂和酚醛树脂主要用于玻璃纤维增强塑料，其中聚酯树脂用量最大，而环氧树脂一般用作耐腐蚀性或先进复合材料基体。典型热固性树脂的性能见表 4-2。典型热固性树脂的特点和应用见表 4-3。

表 4-2　典型热固性树脂的性能

性　能	聚酯树脂	环氧树脂	酚醛树脂	双马来酰亚胺树脂	聚酰亚胺树脂
密度/(g/cm³)	1.1～1.4	1.2～1.3	1.3～1.32	1.22～1.40	～1.32
拉伸强度/MPa	34～105	55～130	42～64	41～82	41～82
弹性模量/GPa	2.0～4.4	2.75～4.10	～3.2	4.1～4.8	～3.9
断裂伸长率/(%)	1.0～3.0	1.0～3.5	1.5～2.0	1.3～2.3	1.3～2.3
24h 吸水率/(%)	0.15～0.60	0.08～0.15	0.12～0.36	—	—
热变形温度/℃	60～100	100～200	78～82	—	—
线膨胀系数/(10^{-5}/K)	5.5～10	4.6～6.5	6～8	—	—
固化收缩率/(%)	4～6	1～2	8～10	—	—

表 4-3　典型热固性树脂的特点和应用

基体树脂	聚酯树脂	环氧树脂	酚醛树脂	双马来酰亚胺树脂	聚酰亚胺树脂
工艺性	好	好	比较好	好	差～比较好
力学性能	比较好	优秀	比较好	好	好
耐热性	80℃	120～180℃	～180℃	230℃	260～316℃
价格	低	中	低	中	高
韧性	差	差～好	差	比较好	比较好
成型收缩率	中	小	大		
应用范围	主要用玻璃纤维增强，能用于绝大部分玻璃钢制品领域，如汽车、船舶、化工、电子等	使用范围最广，性能最好，用于主承力结构或耐腐蚀性制品等，如飞机、宇航等	多用玻璃纤维增强，发烟率低，用于烧蚀材料、飞机内部装饰电工材料等	具有良好的性能，使用温度中等，部分代替环氧树脂，用于飞机结构材料	耐热性最好，用于耐热高温结构，如卫星空间飞行器构件

1. 环氧树脂

环氧树脂是一种分子中含有两个或两个以上活性环氧基团（ C—C / O ）的低聚物。

环氧树脂具有适应性强（可选择的品种、固化剂、改性剂等种类很多）、工艺性好、黏结力大、成型收缩率小、化学稳定性好等优点，因而用量大、使用广泛。

（1）环氧树脂的类型。

环氧树脂有很多类型，分类方法也很多，如按分子结构可分为缩水甘油醚类环氧树脂、缩水甘油胺类环氧树脂等；按官能团数量可分为普通（二官能团）环氧树脂和多官能（三官能团）环氧树脂；按耐热性可分为通用环氧树脂、耐热环氧树脂、耐高温环氧树脂等。

缩水甘油醚类环氧树脂是由含活泼氢的酚类或醇类与环氧氯丙烷缩聚而成的。其主要品种为双酚 A 型环氧（也称标准环氧）树脂，其次为酚醛多官能环氧树脂。此外，还有丙三醇、季戊四醇、多缩二元醇等环氧树脂。

双酚 A 型环氧树脂是由双酚 A 与环氧氯丙烷缩聚而成的低聚物：

$$CH_2-CH-CH_2 \left(O-\bigcirc-\overset{\overset{CH_3}{|}}{\underset{\underset{CH_3}{|}}{C}}-\bigcirc-O-CH_2-\overset{}{\underset{\underset{OH}{|}}{CH}}-CH_2\right)_n O-\bigcirc-\overset{\overset{CH_3}{|}}{\underset{\underset{CH_3}{|}}{C}}-\bigcirc-O-CH_2-CH-CH_2$$

$$(n=0\sim9)$$

其中 $n=0$ 时为浅黄色液态树脂；$n\geqslant1$ 时为固态成半固态树脂。双酚 A 型环氧树脂约占环氧树脂总产量的 90%，广泛用于浇注、胶黏剂、涂料、油漆、复合材料等，但其使用温度较低。

酚醛环氧树脂是由高邻位线型酚醛环氧树脂上的酚羟基与环氧氯丙烷反应得到的，其固化后的产物交联密度大、耐热性好。

典型缩水甘油胺类环氧树脂是由 4,4'-二氨基二苯甲烷与环氧氯丙烷反应得到的一种液态四官能团环氧树脂。用二氨基二苯砜固化后具有比较好的耐热性，是用于航空领域的主要材料。

$$CH_2-CH-CH_2 \diagdown N-\bigcirc-CH_2-\bigcirc-N \diagup CH_2-CH-CH_2$$

TGMDA

脂环族环氧树脂是一种由脂环族烯烃的双键经环氧化而成的环氧化合物，固化后具有耐热、耐候、强度高等特点，典型品种为二氧化双环戊二烯。

（2）环氧树脂固化。

环氧树脂可以通过催化剂使环氧基相互连接而固化，也可以用含有能与环氧基反应的官能团的反应性固化剂固化。常用固化剂有脂肪族胺类、芳香族胺类、有机多元酸、酸酐等。

脂肪族伯胺固化剂在室温下对双酚 A 型环氧树脂非常活泼，具有交联温度低、价格低、黏度小，但毒性大、易挥发的特点，因而常用于室温固化的双酚 A 型环氧树脂，固化物热变形温度较低，通常不高于 120℃。

芳香族伯胺广泛用作纤维增强复合塑料的固化剂。由它们固化的环氧树脂具有良好的耐热性和耐化学腐蚀性。伯胺固化的原理是胺上的活泼氢与环氧基反应：

$$R-NH_2+CH_2-CH- \longrightarrow R-\overset{\overset{H}{|}}{N}-CH_2-\underset{\underset{OH}{|}}{CH} \longrightarrow R-N \diagdown \begin{matrix}CH_2-CH \\ CH_2-CH\end{matrix}$$

酸酐作为环氧树脂固化剂而广泛用于浇注体、胶黏剂及复合材料中，是一种地位仅次于胺类的固化剂。广泛用于纤维增强复合塑料预浸料的迪克甲基酸酐具有室温使用期长、耐热性好的优点，多用作中温固化系统固化剂。

环氧树脂也可以被路易斯酸或碱催化固化。固化反应是催化剂引发的阴离子或阳离子聚合反应。

单纯的环氧树脂固化后很脆，为了改善这一点，常向体系中加入增韧剂。增韧剂不但能改善环氧树脂的冲击强度和耐热冲击性能，而且能降低固化时的反应热和减小收缩率。但增韧剂会导致环氧树脂的耐热性、电性能、耐化学腐蚀性及某些力学性能的下降。

端羧基液体丁腈橡胶（CTBN）是纤维增强复合塑料基体的常用活性增韧剂，常用于低温或中温固化环氧树脂体系，其结构式如下。

$$HOOC + (CH_2-CH=CH-CH_2)_x (CH_2-\underset{\underset{CN}{|}}{CH})_y]_z COOH$$

通常 $x \approx 5$，$y \approx 1$，$z \approx 10$，分子量为 3600。

在有催化剂的情况下，端羧基液体丁腈橡胶的端羧基与环氧基的反应如下。

$$-COOH + -CH\overset{O}{\frown}CH- \longrightarrow -\overset{\overset{O}{\|}}{C}-O-CH_2-\overset{\overset{OH}{|}}{CH}-$$

试验证明，端羧基液体丁腈橡胶可有效提高环氧树脂的韧性，而对其他性能没有太大影响。

对交联度高的环氧树脂，橡胶增韧的效果不明显，而且橡胶增韧会使树脂高温性能降低、吸湿量增大，故不适用于飞机、宇航等领域的结构复合材料。近些年来，已成功使用耐热性的热塑性树脂增韧热固性树脂，在提高韧性的同时，不降低树脂高温性能。

（3）环氧树脂的性质。

工业上常采用一些技术指标来标称不同环氧树脂的性质，主要如下：①环氧值，是鉴别环氧树脂性质的最主要的指标，工业环氧树脂型号就是根据环氧值来区分的。环氧值是指每 100g 树脂中所含环氧基的物质的量。②无机氯含量，树脂中的氯离子能与胺类固化剂起络合作用而影响树脂的固化，同时影响固化树脂的电性能，因此氯含量也是环氧树脂的一项重要指标。③有机氯（总氯）含量，树脂中的有机氯含量标志着分子中未起闭环反应的氯醇基团的含量，其含量应尽可能小，否则会影响树脂的固化及固化物的性能。④挥发分，表示溶剂或水的脱除情况。⑤黏度或软化点。

环氧树脂是使用最广的热固性树脂基体，主要用于主承力构件和耐腐蚀构件。其性能特点如下：①形式多样，不同树脂、固化剂和改性剂可以适应各种应用要求；②固化方便，选用不同固化剂，可以在 8~180℃下固化；③黏附力强，固有极性的羟基和醚基具有很大的黏附力；④收缩率小，固化是加成反应，没有水或小分子放出，收缩率一般小于 2%；⑤力学性能优良；⑥电学性能良好，是耐表面漏电、耐电弧的绝缘材料；⑦耐化学腐蚀，耐酸、耐碱和耐溶剂性好。

2. 不饱和聚酯树脂

不饱和聚酯是由不饱和二元酸或酸酐、饱和二元酸或酸酐与二元醇经缩聚反应合成的

低聚物，将其溶解在乙烯类单体中，形成的溶液称为不饱和聚酯树脂。

不饱和聚酯树脂是复合材料领域中用量最大的一类树脂基体，其牌号繁多、用途广泛，可用于手糊、模压、缠绕、拉挤等工艺，可根据制品性能要求及成型工艺方法的不同，选用不同类型的树脂。

不饱和聚酯树脂的性能取决于单体类型和比例，饱和二元酸与不饱和二元酸的比例越大，树脂韧性越好，但耐热性越差。通用不饱和聚酯树脂是由顺丁烯二酸酐、邻苯二甲酸酐与 1，2-丙二醇按物质的量的 1：1：2.15 合成的，溶于苯乙烯中得到低黏度树脂。不饱和聚酯树脂结构式如下。

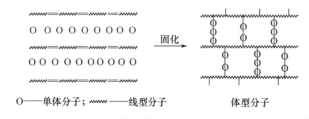

碱土金属氧化物或氢氧化物［如 MgO、CaO、Ca(OH)$_2$ 等］可使不饱和聚酯树脂很快稠化，形成可溶的"凝胶状物"，这些物质称为增稠剂。增稠剂可使不饱和聚酯树脂在短时间内由黏度为 0.1～1.0Pa·s 的黏性液状流体转变成黏度达 10^3 Pa·s 以上甚至不能流动的凝胶状物，该过程称为增稠过程。控制增稠速率及程度，可更好地控制复合材料工艺过程。目前利用该特性生产片状模塑料（SMC）和团状模塑料（BMC）。

不饱和聚酯树脂的固化是由聚酯中的双键在引发剂（如过氧化物）的作用下与固化剂苯乙烯（或甲基丙烯酸甲酯）共聚形成高交联度的三维网状结构完成的，如图 4.8 所示。工业上通用不饱和聚酯树脂中，苯乙烯含量为 33%（质量分数），固化后在两个聚酯链间单体苯乙烯有 1～3 个交联重复单元。

图 4.8 不饱和聚酯树脂的固化过程

与环氧树脂相比，不饱和聚酯树脂的固化收缩率较大、耐热性较差，但由于其价格较低、制造较方便，因此作为通用复合材料仍占市场主导地位，广泛用于电器、建筑、防腐、交通等领域。

此外，20 世纪 60 年代还发展了乙烯基树脂，这是一种聚合物预聚体中含有乙烯基酯端基或侧基的热固性聚合物。它可自身交联，也可与烯类单体共聚固化，其耐腐蚀性优良，兼有不饱和聚酯树脂和环氧树脂的特点，耐热性比不饱和聚酯树脂的好。

3. 聚酰亚胺树脂

聚酰亚胺树脂是一种耐高温树脂，分为热固性聚酰亚胺树脂和热塑性聚酰亚胺树脂两类，使用温度可达 180～316℃，个别甚至高达 371℃。聚酰亚胺树脂是由芳香族四酸二酐与芳香族二胺经缩聚反应合成的。

实际上用于纤维增强复合塑料的聚酰亚胺树脂有两类：一类是由活性单体封端的热固性聚酰亚胺树脂，如双马来酰亚胺树脂、PMR-15；另一类是热塑性聚酰亚胺树脂，如NR-150 系列、聚醚酰亚胺等。

双马来酰亚胺树脂是由马来酸酐与芳香族二胺反应生成预聚体，再高温交联而成的一种热固性聚酰亚胺树脂，密度为 $1.35\sim1.40\mathrm{g/cm^3}$，$T_g$ 为 $250\sim300℃$，断裂伸长率为 $1.0\%\sim2.0\%$。它具有优异的综合性能，使用温度范围宽（$-65\sim230℃$，超过环氧树脂），配方选择范围大，工艺性好，价格较低，已用于飞机结构材料。其缺点是较脆，断裂韧性低。

PMR 聚合物（以单体反应形成的聚合物）是美国国家航空航天局的路易斯研究中心研究出的一种新型加成性聚酰亚胺树脂。它是由四酸二脂、二胺及封端单体二酸单脂溶在低沸点醇类溶剂中形成的一种单体混合物。纤维在这种溶液中浸渍制成预浸料，在复合材料成型过程中单体缩聚、亚胺化成树脂。现已开发的 PMR 树脂有两种牌号，即 PMR-15 和 PMR-Ⅱ。

PMR-15 的 T_g 达 3600℃，可在 316℃ 的高温下使用；PMR-Ⅱ 的耐热性更好，在316℃ 下的使用寿命至少比 PMR-15 的长两倍。

4. 酚醛树脂

酚醛树脂是由酚类（主要是苯酚）和醛类（主要是甲醛）聚合生成的一种树脂，是最早工业化的热固性合成树脂。由于其合成方便、价格低及固化物具有特殊性能，如阻燃性、耐烧蚀性、低发烟性和耐热性等，因此不但在胶黏剂、油漆、电绝缘材料等方面大量应用，而且作为纤维增强复合塑料基体有许多应用，如制造宇宙飞行器的耐烧蚀材料、印制电路板、隔热板、摩擦材料等。很多用于纤维增强复合塑料基体的酚醛树脂是改性的，如硼酚醛、有机硅酚醛等。

4.2.3　热塑性基体

热塑性树脂与热固性树脂在结构上的显著差别是前者的大分子链为线型结构，而后者的大分子链为体型网状结构。这一结构上的差别使热塑性树脂与热固性树脂相比，在力学性能上有以下特点：①具有明显的力学松弛现象；②在外力作用下，形变的能力较强，即当应变速率不大时，可具有相当大的断裂延伸率；③抗冲击性能好。

原则上，所有热塑性树脂（如聚烯烃、聚醚、聚酰胺、聚酯、聚砜等）都可作为复合材料基体。普通热塑性基体包括通用塑料（如聚丙烯、苯乙烯树脂）和工程塑料（如聚甲醛、聚酰胺、聚苯醚、聚酯等）。它们通常用 $V_f=20\%\sim40\%$ 的短纤维增强，拉伸强度和弹性模量可提高 $1\sim2$ 倍，可明显改善蠕变性能，提高热变形温度和导热系数，减小线膨胀系数，增强尺寸稳定性，降低吸湿率，抑制应力开裂，提高疲劳性能。这些短纤维增强的热塑性塑料作为工程材料广泛用于机械零部件、汽车、化工设备等。

1. 聚酰胺

聚酰胺又称尼龙或锦纶，是主链上含有许多重复酰胺基团的一种线型聚合物，品种很多，通常由 ω-氨基酸或内酰胺开环聚合而成，或由二元酸和二元胺经缩聚反应而成。聚酰胺分子链中的酰胺基团可以相互作用形成氢键,如图4.9所示,使聚合物有较高的结晶度和熔点。聚酰胺的熔点因高分子主链上酰胺基团的浓度和间距的不同而不同,约为140~280℃。虽然聚酰胺的熔点较高,但热变形温度较低,长期使用温度低于80℃。

图4.9　聚酰胺分子链中形成氢键

由于聚酰胺存在牢固的氢键,因此具有良好的力学性能,比抗张强度高于金属的,比抗压强度与金属的相近,可作为替代金属的材料。因聚酰胺分子中含有的酰胺基团极性大,故聚酰胺吸水率较高,电绝缘性能较差。抗张强度和抗压强度随吸湿量的增大而降低,伸长率增大。聚酰胺在干态下的抗冲击强度较低,随着含水量的增大,冲击性能提高。聚酰胺树脂用玻璃纤维增强后,其热变形温度会明显升高,线膨胀系数明显减小。当采用玻璃纤维增强后,虽不能保证明显降低吸湿性,但可以明显改善使用性能。弹性模量的增大和蠕变性能的改善,能大大提高聚酰胺吸湿时的尺寸稳定性。聚酰胺对大多数化学试剂有良好的稳定性,耐油性较好(如植物油、动物油及矿物油),对碱的稳定性也较好,但不耐极性溶剂(如苯酚、甲酚等)。

2. 聚碳酸酯

聚碳酸酯是分子链中含有碳酸酯的一种高分子的总称,通式为 $\{O—R—O—CO\}_n$,根据R的不同,可以是脂肪族、脂环族、芳香族、脂肪族-芳香族的聚碳酸酯,但从物理性能和加工性来考虑,只有双酚A型的芳香族聚碳酸酯获得工业化和实际应用。聚碳酸酯的主链由柔软的碳酸酯链与刚性的苯环连接而成。

$$\left[O-\bigcirc-\overset{\overset{CH_3}{|}}{\underset{\underset{CH_3}{|}}{C}}-\bigcirc-O-\overset{O}{\overset{\|}{C}}\right]_n$$

聚碳酸酯是无定形热塑性树脂,透明,透光率为87%~91%,相对密度为1.20,熔点为220~230℃,可溶于二氯甲烷、间甲酚、环己酮和二甲基酰胺等,在乙酸乙酯、四氢呋喃和苯中溶胀。

聚碳酸酯的力学性能十分优良,尤其是具有极好的抗冲击性能,抗冲击强度是热塑性塑料中最好的,注射模塑料的冲击韧性大于20kJ/m²,断裂伸长率为60%,弯曲弹性模量为2.2~2.5GPa,热变形温度达130~140℃,具有良好的耐寒性,脆化温度为−100℃,

使用温度为−100～135℃。它的吸水率很低，在较大温度范围和潮湿条件下，仍具有较好的介电性能；具有良好的电性能及耐寒、耐热、自熄等特点，是性能优异的热塑性塑料之一。

3. 氟树脂

氟树脂是一种由乙烯分子中的氢原子被氟原子取代后的衍生物合成的聚合物。由于氟树脂的分子链结构中有 C—F 键，碳链外又有氟原子形成的空间屏蔽效应，因此具有优异的化学稳定性、耐热性、介电性、耐老化性和自润滑性等。氟树脂的主要品种有聚四氟乙烯（PTFE）、聚三氟氯乙烯（PCTFE）、聚偏氟乙烯（PVDF）和聚氟乙烯（PVF），其中聚四氟乙烯用量占 90％以上。

聚四氟乙烯能在−250～260℃下长期连续使用，不溶解或溶胀于任何已知的溶剂，即使在高温下，王水对它也不起作用，俗称"塑料王"。它还具有极小的静摩擦系数及优异的润滑性、阻燃性和耐大气老化性等，是塑料中摩擦系数最小的。但它不容易成型加工，需用类似于粉末冶金法（冷压与烧结相结合）的方法加工。

聚三氟氯乙烯长期使用的温度范围小于聚四氟乙烯的，为−200～200℃，但具有较高的硬度、较弱的渗透性和良好的耐蠕变性，并且更容易成型加工。

聚偏氟乙烯长期使用的温度范围为−40～150℃，其拉伸强度、抗压强度都比聚四氟乙烯的高得多，是氟树脂中韧性最好的，并且可采用一般热塑性塑料的加工方法进行加工成型。

聚氟乙烯的最高使用温度为120℃，是氟树脂中拉伸强度最高、气体透过系数最小的，且具有极优异的耐气候性，在大气中的使用寿命长达 25 年，是一种极佳的耐老化材料。表面敷贴有聚氟乙烯薄膜的玻璃纤维增强复合材料可大大延长其室外使用寿命。

耐高温的特种工程塑料作为先进复合材料基体，通常用连续纤维增强。高性能热塑性树脂的化学结构式见表 4-4。

表 4-4 高性能热塑性树脂的化学结构式

树脂名称	$T_g/℃$（$T_m/℃$）	化学结构式
聚醚砜	225	
聚醚醚酮	143（334）	
聚苯硫醚	88（280）	
聚酰胺酰亚胺	260	

续表

树脂名称	$T_g/℃$（$T_m/℃$）	化学结构式
聚醚亚胺	210	
聚酰亚胺	254～259	

注：X=—O—⬡—C—⬡—O—。

1. 聚醚醚酮

聚醚醚酮是一种半结晶热塑性树脂，其玻璃化温度为143℃，熔点为334℃，结晶度与其加工热历史有关，一般为20％～40％，最大结晶度为48％。

聚醚醚酮具有优异的力学性能和耐热性，其在空气中的热分解温度达650℃，加工温度为370～420℃，以聚醚醚酮为基体的复合材料可在250℃的高温下长期使用。在室温下，聚醚醚酮的模量与环氧树脂的相当，强度优于环氧树脂，而断裂韧性极高。聚醚醚酮的耐化学腐蚀性可与环氧树脂媲美，而吸湿率比环氧树脂低得多。聚醚醚酮耐绝大多数有机溶剂和酸碱，除液体氢氟酸、浓硫酸等个别强质子酸外，不被任何溶剂溶解。此外，聚醚醚酮还具有优秀的阻燃性、极低的发烟率和有毒气体释放率，以及极好的耐辐射性。

2. 聚苯硫醚

聚苯硫醚是一种结晶聚合物，其耐化学腐蚀性极好，仅次于氟塑料，在室温下不溶于任何有机溶剂。聚苯硫醚还具有良好的机械性能和热稳定性，可长期耐热至240℃。聚苯硫醚的熔体黏度低，易通过预浸渍、层压制成复合材料。但是在高温下长期使用时，聚苯硫醚会被空气中的氧气氧化而发生交联反应，结晶度降低，甚至失去热塑性性质。

3. 聚醚砜

聚醚砜是一种非晶态聚合物，其玻璃化温度高达225℃，可在180℃下长期使用，在－100～200℃下模量变化很小，特别是在100℃以上时比其他热塑性树脂性能好。聚醚砜具有突出的耐蠕变性、优良的尺寸稳定性，热膨胀系数与温度无关，无毒、不燃、发烟率低、耐辐射性好，耐150℃蒸汽，耐酸碱和油类，但可被浓硝酸、浓硫酸、卤代烃腐蚀或溶解，在酮类溶剂中开裂。

聚醚砜是最早作为先进热塑性复合材料基体的耐热树脂。聚醚砜基复合材料通常用溶液预浸或膜层叠技术制造。

4. 热塑性聚酰亚胺

聚醚酰亚胺是一种性能类似于聚醚砜的热塑性聚合物，长期使用温度为180℃，具有良好的耐热性、尺寸稳定性、耐腐蚀性、耐水解性和加工工艺性，可在卤代烷、二甲基甲酰胺等溶剂中溶解，多用于电子产品、汽车领域。

聚酰胺酰亚胺是一种熔体黏度很高的热塑性树脂，也称假热塑性树脂。它具有优异的耐热性，T_g可达280℃，长期使用温度达240℃。

5. 液晶聚合物

液晶聚合物是一种新型先进热塑性复合材料基体。它是各向异性的，具有优异的力学性能、耐腐蚀性和高耐热性。

4.3 聚合物基复合材料界面

由于界面结构与性质直接影响复合材料的性能，因此复合材料的界面表征、控制或改善界面状态是复合材料设计的一项重要内容。聚合物基复合材料因为涉及有机聚合物基体与无机增强体之间的复合，所以不同性状的材料间界面结合的问题显得尤为重要。

4.3.1　聚合物基复合材料界面性质

（1）大多数界面为物理黏结，黏结强度较低。聚合物基复合材料的界面黏结主要来自物理黏结力，如色散力、偶极力、氢键等，因而相对来说，界面黏结强度较低。玻璃纤维表面经偶联剂处理后，可与基体反应，但偶联剂与纤维表面的结合（化学反应或氢键）是不稳定的，可能被环境（水、化学介质等）破坏。碳纤维和芳纶纤维经表面处理后，也能与基体发生局部反应，但反应浓度很低。

（2）聚合物基复合材料一般在较低温度下使用，界面可保持相对稳定。聚合物基复合材料的界面一经形成，除非被水、化学介质等腐蚀，否则一般不再发生变化。

（3）聚合物基复合材料中的增强体一般不与基体反应。

聚合物基复合材料界面层结构主要包括增强剂表面、与基体的反应层或偶联剂参与的反应层，以及接近反应层的基体抑制层。有时增强剂表面吸附的一些物质也可能残留在界面区或由于浸润不完全而在界面上产生孔隙。当然，在界面区还存在残余热应力的作用，可以通过现代分析技术进行界面层的化学结构表征。界面表征的目的是了解增强剂表面的组成、结构、物理性质、化学性质，基体与增强剂表面的作用，偶联剂与增强剂及基体作用，界面层性质，界面黏结强度及残余应力等。

4.3.2　聚合物基复合材料界面设计

聚合物基复合材料界面设计的基本原则是改善浸润性，提高界面黏结强度。

目前研究聚合物基复合材料界面的主要目的是改善增强剂与基体的浸润性，增大界面

黏结力，主要方法如下。

1. 使用偶联剂

对于玻璃纤维增强复合塑料，偶联剂是必不可少的。根据基体性质不同，选择不同的偶联剂，可以使玻璃纤维被基体更好地浸润，同时提高复合材料的耐湿性、耐化学药品性等。

玻璃纤维表面是一种硅醇（Si—OH）结构，表面能很高，一般牢固地吸附一层水膜。为了在纤维的集束、纺织及使用过程中消除静电、增强纤维间润滑以防擦伤及改善纤维与树脂间的黏结性能，通常在拉丝的同时对纤维进行浸润处理。经过处理后，玻璃纤维的耐磨性、耐折性、耐老化性、电绝缘性能及复合材料性能，尤其是抗湿热老化性能有明显改善。

早期使用非活性的浸润剂（如石蜡）对玻璃纤维进行表面处理。在使用前要将石蜡除去，增加了工序，效果也不好。目前基本采用活性浸润剂，也称偶联剂。这是一种既与玻璃纤维表面形成化学键，又与基体有良好相容性或与基体发生反应的化学试剂。

常用偶联剂有有机硅偶联剂、有机铬偶联剂、钛酸酯偶联剂等。其中，有机硅烷偶联剂是品种最多、效果显著、应用最广的偶联剂。有机硅烷偶联剂的结构通式为 $R—Si(OR')_3$，其中 R 为能与树脂相容或反应的有机基团，如 $—CH=CH_2$、$—CH_2—CH=CH_2$、$—CH_3CH_2CH_2NH_2$ 等；R' 为甲基或乙基。改变 R 的结构即可得到适合不同树脂体系的有机硅偶联剂。

常见偶联剂的化学结构式见表 4-5。

表 4-5 常见偶联剂的化学结构式

商品代号	化学名称	化学结构式	适用树脂基体
A-151	乙烯基三乙氧基硅烷	$CH_2=CHSi(OCH_2CH_3)_3$	聚酯，聚乙烯，聚丙烯，聚氯乙烯
KH-550	γ-氨丙基三乙氧基硅烷	$H_2NCH_2CH_2CH_2Si(OCH_2CH_3)_3$	环氧，酚醛，聚酰亚胺，聚氯乙烯
KH-560	γ-(2,3 环氧丙氧基)三甲氧基硅烷	$CH_2—CHCH_2OCH_2CH_2CH_2Si(OCH_3)_3$（环氧基结构）	环氧，聚酰胺
KH-570	γ-甲基丙烯酸丙酯基三甲氧基硅烷	$CH_2=C(CH_3)—COOCH_2CH_2CH_2Si(OCH_3)_3$	不饱和聚酯树脂，聚乙烯，聚丙烯，聚苯乙烯，聚甲基丙烯酸甲酯
KH-580	γ-巯丙基三乙氧基硅烷	$HSCH_2CH_2CH_2Si(OCH_2CH_3)_3$	环氧，酚醛，聚氨酯，聚氯乙烯，聚苯乙烯
KH-843	氨乙基氨丙基三甲氧基硅烷	$H_2NCH_2CH_2NHCH_2CH_2CH_2S(OCH_3)_3$	环氧，酚醛，聚酰亚胺，聚氯乙烯

续表

商品代号	化学名称	化学结构式	适用树脂基体
沃兰	甲基丙烯酸氯化铬盐	$\begin{array}{c} CH_3 \\ | \\ C-C \\ \| \quad \diagdown O-CrCl_2 \\ CH_2 \quad O\rightarrow CrCl_2 \end{array}$	聚酯，环氧，酚醛，聚乙烯，聚丙烯，聚甲基丙烯酸甲酯

有机硅烷偶联剂对玻璃纤维的作用机制包括：偶联剂在玻璃纤维表面上的吸附、水解、自聚及偶联等。有机硅烷偶联剂先水解生成三羟基硅烷，三羟基硅烷中的一个羟基与玻璃纤维表面上的硅羟基进行脱水反应，形成稳定的 Si—O—Si 键；另外两个羟基进行分子间脱水反应，形成聚硅烷。这样在玻璃纤维表面形成以化学键与玻璃纤维牢固连接的聚合物单层膜。

实际上，并非每个偶联剂分子水解后都能有一个硅羟基与玻璃纤维表面反应，在玻璃纤维表面形成的聚硅氧烷也并非完整的单层膜，而是多分子层，并且伴有物理吸附和沉积现象。表 4-6 列出了有机硅烷偶联剂改性前后玻璃纤维增强复合塑料的力学性能对比。可以看出，经过改性，玻璃纤维复合材料的干态抗弯强度和湿态抗弯强度都得到了明显提升。

表 4-6　有机硅烷偶联剂改性前后玻璃纤维增强复合塑料的力学性能对比

聚合物基体	处理情况	干态		湿态	
		抗弯强度/MPa	提高/(%)	抗弯强度/MPa	提高/(%)
环氧树脂	未使用	515	10.0	373	40.1
	A-151 偶联剂	567		525	
不饱和聚酯	未使用	392	29.0	244	69.5
	乙烯基三氯硅烷	504		413	
酚醛树脂	未使用	224	181.0	140	340.0
	NO1-24 偶联剂	630		616	

2. 增强剂表面活化

通过各种表面处理方法，如表面氧化、等离子体处理，可在惰性的碳纤维和芳纶纤维表面引入活性官能团（如—COOH、—OH、⟍C＝O、—NH$_2$ 等）。一方面，这些活性官能团可与基体中的活性基团反应；另一方面，可提高纤维与基体的相容性和黏结强度。

碳纤维的表面由取向的石墨微晶、空洞、杂质等组成。纤维表面的碳原子反应活性强、易被氧化。随着热处理温度的升高，纤维含碳量增大，石墨化程度增大，缺陷和孔洞减少，表面活性降低。由于石墨的表面能低，碳纤维不能很好地被树脂浸润，因此要通过适当的表面处理来改变碳纤维表面形态、结构，使其表面能提高，以改善浸润性或在表面生成一些能与基体树脂反应形成化学键的活性官能团，从而提高纤维与基体的黏结强度，也就是要在碳纤维的表面形成含氧官能团—OH、⟍C＝O 和—COOH。

碳纤维表面处理方法主要有等离子体法、阳极氧化法、电聚合法、臭氧氧化法等。这些方法都可以比较明显地改善纤维增强复合塑料的界面黏结强度。

（1）等离子体法。等离子体使纤维表面形成含氧活性基团（如—COOH、—C＝O、C—OH 等），容易与树脂形成化学键合。

（2）阳极氧化法。碳纤维为阳极，镍板或石墨为阴极，在氢氧化钠、碳酸氢铵、硝酸、硫酸等电解质中通电，用初生态氧对碳纤维表面进行氧化蚀刻，处理时间为几秒至几十分钟。

（3）电聚合法。使单体在电极（碳纤维）上聚合或共聚，形成柔性界面层，松弛界面应力，提高韧性，常用丙烯酸系、丙烯酸酯系、丙烯腈、乙烯基酯、苯乙烯等。

（4）臭氧氧化法。用臭氧对碳纤维表面进行氧化处理，形成含氧活性基团。复合材料层间剪切强度可提高 $36\% \sim 56\%$，达 10.6MPa。

3. 使用聚合物涂层

使用与增强纤维和基体都有良好浸润性的聚合物涂层包覆纤维，也是改善聚合物基复合材料界面黏结强度的一种有效方法。可以用溶液涂敷、电化学聚合或等离子体聚合的方法获得聚合物涂层。

聚合物涂层还可改善界面应力状态，减小界面残余应力。

4.4 聚合物基复合材料的制备工艺

聚合物基复合材料的制备工艺如图 4.10 所示。

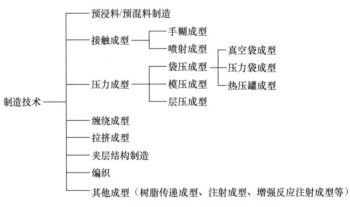

图 4.10　聚合物基复合材料的制备工艺

预浸料或预混料是一种聚合物基复合材料的半成品形式，按基体类型分为热塑性和热固性，按增强剂形态分为连续纤维和不连续（短切）纤维，按产品形态分为带状、片状、团状、粒状等。

手糊成型是手工操作、无压下室温（少数加热）固化的一种聚合物基复合材料制造工艺，是最简单、只适用于热固性聚合物基复合材料制造的工艺。

压力成型是在加压高温（少数室温）下固化成型的一种聚合物基复合材料制造工艺，其中最重要的是袋压成型中的热压罐成型及模压成型。热压罐成型一般用于生产高性能的结构件，一般使用连续纤维预浸料，既适用于热固性聚合物基复合材料，也适用于热塑性聚合物基复合材料；模压成型用于生产高质量聚合物基复合材料制品，一般使用短纤维预混料，一些简单结构制品（如平板）也可使用连续纤维预浸料。层压成型是生产聚合物基复合材料平板（如印制线路板）的最有效的方法，一般使用织物增强的预浸料。

缠绕成型是生产高性能聚合物基复合材料回转体的一种工艺，使用连续纤维纱束、连续纤维纱带或其预浸料。

拉挤成型是高效率生产聚合物基复合材料型材的一种工艺，一般使用连续纤维纱束或连续纤维纱带。

夹层结构主要是指两层高强度薄板夹着一层厚而轻的芯材而形成的三层复合结构，主要用于承受弯曲载荷，具有质量轻的特点。

编织是一种制造多向、三维复合材料的工艺，使用连续纤维，用于制造特殊复合材料结构件，如火箭发动机喉管、喷嘴等。

4.4.1　预浸料及预混料制造工艺

预浸料和预混料是复合材料生产过程中由增强纤维与树脂系统、填料混合或浸渍而成的半成品形式，可由它们直接通过各种成型工艺制成最终构件或产品。

预浸料通常是指定向排列的连续纤维等浸渍树脂后形成的厚度均匀的薄片状半成品。

预混料是指由不连续纤维浸渍树脂或与树脂混合后形成的较厚的片状、团状或粒状半成品，包括片状模塑料、团状模塑料和注射模塑料。

预浸料与预混料的对比见表4-7。

表 4 - 7　预浸料与预混料的对比

项　　目		预浸料		预混料		
		单向织物	纱束	玻璃纤维热塑料	片状模塑料、团状模塑料	颗粒状注射模塑料
适用工艺		袋压、层压、模压	缠绕拉挤	冲压模压	模压	注射、挤出
适用结构		高性能结构		普通结构		中小制品
常用纤维		碳纤维，凯夫拉纤维，玻璃纤维		玻璃纤维	玻璃纤维，碳纤维	
纤维长度		连续		10～50mm	～6mm	
纤维含量	V_f %	50～70		—	—	
	w_f %	—		15～40	15～40	
常用基体类型		热固性：EP、PE、BMI 等；热塑性：PEEK、PPS 等		PP、PC、PET 等	UP、PF 等	多数 TP、少数 TS

1. 预浸料制造

（1）热固性预浸料制造。

预浸料组成简单，通常仅由连续纤维或织物及树脂（包括固化剂）组成，除特殊用途外，一般不加其他填料。

热固性纤维增强复合材料预浸料的制造方法，按浸渍设备或制造方式分为轮毂缠绕法和阵列排铺法；按浸渍树脂状态分为湿法（溶液预浸法）和干法（热熔预浸法）。

轮毂缠绕法是一种间歇式预浸料制造工艺，其浸渍用树脂系统通常要加入稀释剂以保证黏度足够低，因而它是一种湿法工艺。轮毂缠绕法的工艺原理如图 4.11 所示。

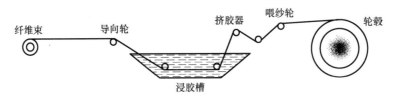

图 4.11　轮毂缠绕法的工艺原理

图 4.11 中，从纱团引出的连续纤维束经导向轮进入浸胶槽浸渍树脂，经挤胶器去除多余树脂后，由喂纱嘴（或轮）将纤维依次整齐排列在衬以隔离膜（脱模纸）的轮毂上，待大部分溶剂挥发后，沿轮毂母线将纤维切断，得到一定长度和宽度的单向预浸料。轮毂缠绕法特别适用于实验室的研究性工作或小批量生产。

阵列排铺法是一种连续生产单向或织物预浸料的制造工艺，分为湿法和干法两种。这种方法具有生产效率高、质量稳定性好、适合大规模生产等特点。

湿法的原理是许多平行排列的纤维束（或织物）同时进入浸胶槽，浸渍树脂后由挤胶器去除多余胶液，经烘干炉去除溶剂后，加隔离纸并经辊压整平，最后收卷。

干法是在热熔预浸机上进行的，其原理是熔融态树脂从漏斗流到隔离纸上，通过刮刀后在隔离纸上形成一层厚度均匀的胶膜，经导向辊与平行排列的纤维或织物叠合，通过热鼓时树脂熔融并浸渍纤维，再经压实辊辊压使树脂充分浸渍纤维，冷却后收卷。干法原理如图 4.12 所示。

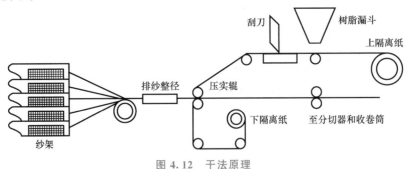

图 4.12　干法原理

（2）热塑性预浸料制造。

热塑性纤维增强复合材料预浸料的制造方法，按照树脂状态分为预浸渍和后浸渍两大类。预浸渍包括溶液预浸和熔融预浸两种，其特点是预浸料中树脂完全浸渍纤维。后浸渍包括薄膜层叠、粉末浸渍、纤维混杂或混编等，如图 4.13 所示，其特点是预浸料中树脂是以粉末、纤维或包层等的形式存在，要在复合材料成型过程中完成纤维的完全浸渍。

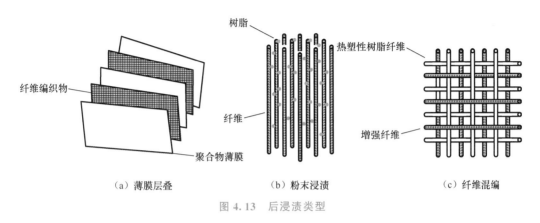

图 4.13 后浸渍类型

① 预浸渍。

a. 溶液预浸是将热塑性高分子溶于适当的溶剂中，使其可以采用类似于热固性树脂的湿法浸渍技术进行浸渍，去除溶剂后即得到浸渍良好的预浸料。溶液预浸的优点是可使纤维完全被树脂浸渍并获得良好的纤维分布，可采用传统的热固性树脂的设备和类似的浸渍工艺；缺点是成本较高且会造成环境污染，很难完全去除残留溶剂，影响制品性能，因而只适用于可溶性聚合物，而这类聚合物由于耐溶剂性差而应用受到限制。

b. 熔融预浸是将熔融态树脂由挤出机挤到有特殊性能的模具中浸渍连续通过的纤维束或织物。原理上，这是一种最简单和效率最高的方法，适合所有热塑性基体。但是，要想使高黏度的熔融态树脂（熔体黏度高达 10^3 Pa·s 以上）在较短时间内完全浸润纤维是困难的。要获得理想的浸渍效果，就要求树脂的熔体黏度足够低，并且在高温下足够长的时间内稳定性好。

② 后浸渍。

a. 膜层叠的工艺原理如下：增强纤维与树脂薄膜交替铺层，在高温、高压下使树脂熔融并浸渍纤维，制成平板或其他形状简单的制品（如雷达罩）。一般采用织物作为增强剂，这样在高温、高压浸渍过程中不易变形。膜层叠具有适用性强、工艺及设备简单等优点；但也存在纤维浸渍状态和分布不良、制品性能不高，需要在高温、高压下长时间成型，以及不能制造复杂形状和大型制品的缺点。

b. 粉末浸渍是将热塑性树脂制成粒度与纤维直径相当的微细粉末，通过流态化床技术可使树脂粉末直接分散到纤维束中，如经热压熔融即可制成充分浸渍的预浸料。一般将热熔浸渍阶段保留在复合材料成型阶段，这样可使预浸料保持一定柔软性以利铺层。粉末浸渍的预浸料有一定柔软性，铺层工艺性好，比膜层叠技术浸渍质量高，成型工艺性好，是一种被广泛采用的热塑性纤维增强塑料制造技术。

c. 纤维混杂或混编是先将基体纺成纤维，再与增强纤维共同纺成混杂纱线或编织成适当形式的织物，在制品成型过程中，树脂纤维受热熔化并浸渍增强纤维。该技术工艺简单，预浸料有柔性、易于铺层操作；但与膜层叠技术相同，在制品成型阶段需要足够高的温度、压力及足够长的时间，而且难以完全浸渍，同时树脂基体能制成纤维是实现这种技术的先决条件。

（3）性能评价。

评价和选择预浸料要考虑如下参数：纤维与基体的类型，预浸料规格（如厚度、宽度、单位面积质量等），性能指标（如树脂含量、黏度、凝胶时间等）。

纤维与基体的类型是决定复合材料性能的因素，要根据制件的使用要求（如强度、刚度、耐热性、耐腐蚀性等）选择预浸料。

同一类型的预浸料通常有不同规格以满足用户需要。预浸料的厚度一般为 0.08～0.25mm，标准厚度为 0.13mm，宽度为 25～1500mm。

性能指标是决定复合材料生产工艺、控制制品质量的重要参数，包括树脂含量、黏度、凝胶时间、储存期、挥发分量等。

2. 预混料制造

（1）片状模塑料（SMC）及团状模塑料（BMC）制造。

片状模塑料及团状模塑料是可直接进行模压成型而不需要先进行固化、干燥等工序的一类纤维增强热固性（通常为不饱和聚酯树脂）模塑料。其组成包括短切玻璃纤维（3.2～32mm）、树脂（常用聚酯树脂）、引发剂、固化剂或催化剂、填料（常用碳酸钙）、内脱模剂（常用硬脂酸锌）、颜料、增稠剂（CaO 或 MgO）、热塑性低收缩率添加剂。

按纤维的形态分布不同，片状模塑料分为无规则纤维（SMC-R）、连续纤维（SMC-C）、无规则/连续纤维（SMC-R/C）、交织纤维（XMC）等，如图 4.14 所示。

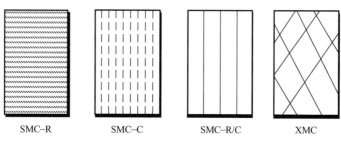

| SMC-R | SMC-C | SMC-R/C | XMC |

图 4.14　4 种片状模塑料

片状模塑料的生产一般是在专用片状模塑料机组上进行的。生产时，一般先把除增强纤维以外的其他组分配成树脂糊，再在片状模塑料机组上与增强纤维复合成片状模塑料。片状模塑料机组如图 4.15 所示。

团状模塑料的生产方法很多，最常用的是捏合法，即在捏合机（桨叶式混合器）中，将短切纤维、填料与液态树脂或树脂溶液充分搅拌混匀，移出后即得产品。

使用连续粗纱或织物浸渍树脂后切断的方法可生产纤维更长、强度更高的团状模塑料。

（2）玻璃纤维热塑料（GMT）及颗粒状注射模塑料（IMC）制造。

玻璃纤维热塑料是一种类似于热固性片状模塑料的复合材料半成品，具有生产过程无

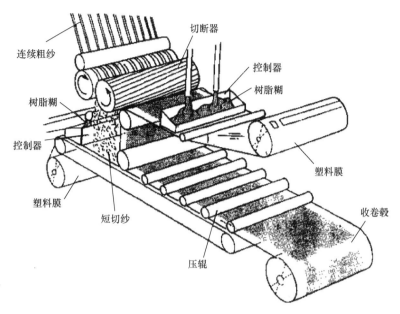

图 4.15　片状模塑料机组

污染、成型周期短、废品及制品可回收利用等优点。

　　玻璃纤维热塑料采用的增强剂是无碱玻璃纤维无纺毡或连续纤维，其玻璃纤维质量含量一般为 20%～45%。最常用的热塑性树脂是聚丙烯，其次为热塑性聚酯和聚碳酸酯，聚氯乙烯等也有应用。制造玻璃纤维热塑料的工艺有两类，即熔融浸渍法和悬浮浸渍法。

　　熔融浸渍法是最普通的玻璃纤维热塑料制造工艺，其工艺原理如图 4.16 所示。两层玻璃纤维毡与三层聚丙烯膜叠合在一起，在高温（树脂熔点以上）、高压下使树脂熔化并浸渍纤维，冷却后即得玻璃纤维热塑料。熔融浸渍可采用不连续的层压方法，也可采用连续的双带碾压机碾压的方法。

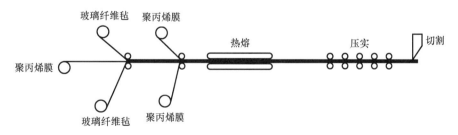

图 4.16　熔融浸渍法的工艺原理

　　悬浮浸渍法也称造纸法，它利用造纸机，采用类似于造纸的工艺。悬浮浸渍法的工艺原理如图 4.17 所示，将玻璃纤维切成长度为 6～25mm 的短切纤维，分散在含树脂粉、乳胶的水中，添加絮凝剂时，各原材料呈悬浮状态，在筛网上凝聚，与水分离、烘干后，于高温、高压下使树脂熔融并浸渍纤维，冷却后即得玻璃纤维热塑料。

　　一般使用双螺杆挤出机制造颗粒状注射模塑料。将连续纤维纱束喂进机器内，与熔融

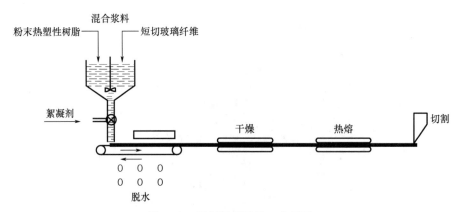

图 4.17 悬浮浸渍法的工艺原理

态树脂混合后挤出,由切割机切断,长度一般为 3~6mm,纤维太长会使后续注射成型困难。

4.4.2 热固性聚合物基复合材料成型工艺

1. 手糊成型

手糊成型是用于制造热固性树脂复合材料的一种最原始、最简单的成型工艺。手糊成型的工艺原理如图 4.18 所示,手工将增强材料的纱或毡铺放在模具中或模具上,然后通过浇、刷或喷的方法加入树脂。也可以在铺放前用树脂浸渍纱或毡,用橡皮辊或涂刷的方法赶出包埋的空气,如此反复添加增强剂和树脂,直至达到所需厚度。固化通常在常压和常温下进行,也可以适当加热,或者常温时加入催化剂或促进剂加快固化。

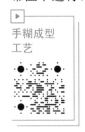

手糊成型
工艺

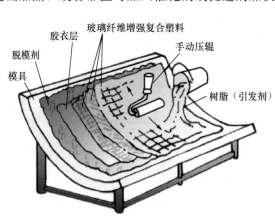

图 4.18 手糊成型的工艺原理

手糊成型是一种劳动密集型工艺,通常用于性能和质量要求一般的玻璃制品,具有操作简单、设备投资少、能生产大型及复杂形状制品、制品可设计性好等优点;但存在生产效率低、制品质量难以控制、生产周期长、制品性能低等缺点。

手糊成型一般使用无碱玻璃纤维,包括无捻粗纱布、短切毡、布带、短纤维等。纤维含量一般较低，短切毡为 $25\%\sim35\%$，粗纱布为 $45\%\sim55\%$，混合成分为 $35\%\sim45\%$。树脂主要为不饱和聚酯树脂，少数用环氧树脂。一般树脂黏度控制在 $0.2\sim0.8\mathrm{Pa\cdot s}$。黏度过高会造成涂胶困难，不利于增强剂浸渍；黏度过低会产生流胶现象，导致制品缺胶，降低制品质量。

2. 袋压成型

袋压成型是最早、最广泛用于预浸料成型的工艺之一，是将铺层铺放在模具中，盖上柔软的隔离膜，在热压下固化，经过一定的固化周期后，材料形成具有一定结构的构件。袋压成型可分为三种：真空袋成型、压力袋成型及热压罐成型。铺放与装袋是生产高质量构件的关键步骤。典型袋系统如图 4.19 所示。

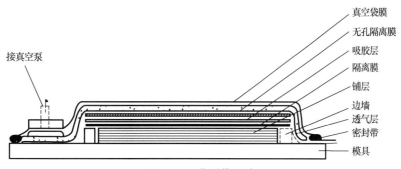

图 4.19 典型袋系统

脱模布一般为不透胶的聚四氟乙烯布或其他塑料膜，用于防止复合材料构件粘在模具表面。透气层与吸胶层中间的是隔离膜，用于防止树脂流入与真空系统相连的透气层。表面层一般为涂有聚四氟乙烯的多孔织物材料，其在铺层上面，用于限制而非防止树脂从层板中流出。吸胶层通常使用玻璃布，用于吸收流出的胶液及排出挥发物。透气层通常为玻璃布或合成纤维布，放在脱模布上面，用于固化时排出铺层间的真空透气、包埋空气或挥发分。真空袋膜是袋压成型中最重要的材料之一，它帮助排出蒸汽、包埋空气或挥发分，促进树脂流动。

热压罐成型的工艺原理如图 4.20 所示，铺层被装袋并抽真空以排除包埋空气或挥发分；在真空条件下，在热压罐中加热、加压固化，固化压力通常为 $0.35\sim0.7\mathrm{MPa}$。

热压罐成型具有构件尺寸稳定、准确，性能优异，适应性强，可制造非等厚层压板及各种形状和尺寸的构件等优点；但存在生产周期长、效率低、袋材料昂贵、制件尺寸受热压罐体积限制等缺点。热压罐成型主要用于制造航空航天领域的高性能纤维增强复合材料结构件。

3. 缠绕成型

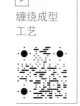

缠绕成型工艺

缠绕成型是将浸渍了树脂的纱或丝束缠绕在回转芯膜上，在常压下于室温或较高温度下固化成型的一种复合材料制造工艺，是一种生产各种尺寸（直径为 $6\mathrm{mm}\sim6\mathrm{m}$）回转体的简单有效的方法。

湿法缠绕是最普通的缠绕方法，其工艺原理如图 4.21 所示。

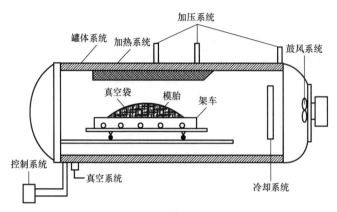

图 4.20　热压罐成型的工艺原理

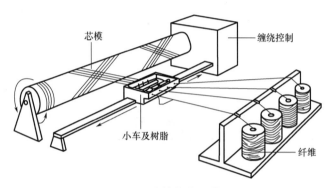

图 4.21　湿法缠绕的工艺原理

缠绕机是缠绕成型的主要设备。从机械式缠绕机、程序控制缠绕机、计算机控制缠绕机到机器人控制（智能）缠绕机，结构由简单到复杂，动能由小到大，各有特色、各有应用。机械式缠绕机结构简单、维修方便、成本低，仍是国内主流缠绕机，大量用于生产结构简单的定型制品。其主要结构是芯模和小车（绕丝头）两部分，根据两个机构的位置或相对运动方式分为卧式缠绕机、立式缠绕机、斜卧式缠绕机等。卧式缠绕机的芯模水平放置，可绕轴线旋转，环链条链轮机构带动小车沿芯模轴线往复运动，能进行基本线型缠绕。

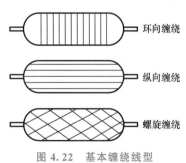

图 4.22　基本缠绕线型

从纱架上引出的纱线经集束后进入浸胶槽浸渍树脂后，经制胶器挤出多余树脂，再由小车上的绕丝头铺放在旋转的芯模上。在缠绕成型过程中，纱线必须遵循一定的路径，满足一定的缠绕线型，基本缠绕线型包括环向缠绕、纵向缠绕和螺旋缠绕（也称测地线缠绕），如图 4.22 所示。

纱片与芯模轴线的交角称为缠绕角，通过调整芯模的旋转速度和小车的移动速度，可使缠绕角在接近 0°（纵向缠绕）至接近 90°（环向缠绕）之间变化。

缠绕成型具有纤维铺放的高度准确性和重复性，能制造小到几十毫米、大到几米的回转体，纤维含量高，原材料消耗少，无废料。

缠绕成型的基本材料是纤维、树脂、芯模和内衬。常用纤维包括连续的玻璃纤维、碳纤维和凯夫拉纤维；常用树脂为环氧树脂［多用于航空航天及军事领域用品和特殊要求制品（如化工管道或容器）］及聚酯树脂（大量用于商业领域）。

湿法缠绕要求树脂系统挥发分含量低，以防止构件内产生气泡，室温下的黏度要在一定范围内，适用期要足够长（至少为几个小时），凝胶时间要适当。

芯模既有简单的结构也有复杂的结构，其所用材料种类繁多，采用的材料及结构取决于制品的形状、体积、质量、内腔表面光洁度、固化规范及生产制品数量，常用隔离板式芯模、分片组合式芯模、管式芯模等。

内衬是在缠绕前加在芯模外部，缠绕固化后黏附于制品内表面的一层材料。其主要作用是防止高压气体逸漏（如高压气瓶），满足制品的高、低温性能要求（如火箭发动机壳体），满足制品的防腐性能要求（如化工储罐）。内衬材料一般为铝、橡胶、塑料等。

缠绕成型应用很广，在航空航天及军事领域用于制造火箭发动机壳体，级间连接件，雷达罩，气瓶，各种兵器（如小型导弹、鱼雷、水雷等），直升机部件（如螺旋桨、起落架、尾部构件、稳定器）。在商业领域用于制造各种储罐（如石油储罐、天然气储罐）、防腐管道、压力容器、烟囱管或衬里、车载升降台悬臂、避雷针、化学储存或加工容器、汽车板簧及驱动轴、汽轮机叶片等。

4. 拉挤成型

拉挤成型是高效率生产连续、恒定截面复合型材的一种自动化工艺技术，其工艺特点是连续纤维浸渍树脂后，通过具有一定截面形状的模具成型并固化。

拉挤成型所用纤维主要为玻璃纤维粗纱；树脂主要为不饱和聚酯树脂。90％以上的拉挤成型制品为玻璃纤维增强不饱和聚酯，少量用环氧树脂、丙烯酸酯树脂、乙烯基酯树脂等，20世纪80年代后也采用热塑性树脂；辅助材料包括碳酸钙等各种填料、颜料及各种助剂。

拉挤成型的工艺原理如图4.23所示，主要工艺步骤包括纤维输送、纤维浸渍、成型与固化、夹持与拉拔、切割。

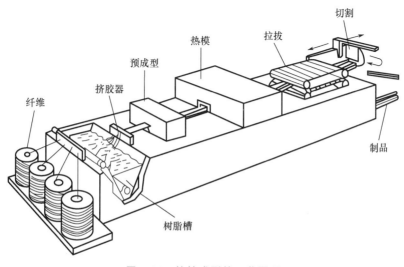

图 4.23　拉挤成型的工艺原理

拉挤成型制品包括各种杆棒、平板、空心管、型材，其应用十分广泛，如绝缘梯子架、电绝缘杆、电缆架、电缆管等电器材料，抽油杆、栏杆、管道、高速公路路标杆、支架、桁架梁等耐腐蚀结构，钓鱼竿、弓箭、撑杆跳杆、高尔夫球杆、滑雪板、帐篷杆等运动器材，以及汽车行李架、扶手栏杆、建材、温室棚架等。

5. 模压成型

对模模压成型是最普通的模压成型技术，如图 4.24 所示，它一般分为坯料模压、片状模塑料模压、块状模塑料模压三种。

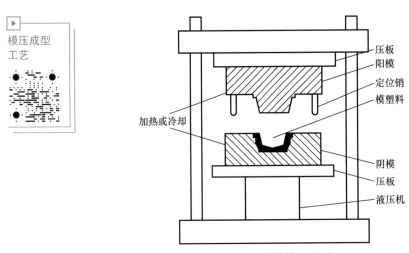

图 4.24　对模模压成型

坯料模压是先将预浸料或预混料做成制品的形状，然后放入模具中压制（通常为热压）成制品，适合生产尺寸精度要求高、需求量大的制品。

片状模塑料模压一般包括在模具上涂脱模剂、片状模塑料剪裁、装料、热压固化成型、脱模、修整等步骤。关键步骤是热压固化成型，要控制好模压温度、模压压力和模压时间三个工艺参数。模压温度取决于树脂体系、制品厚度、制品结构的复杂程度及生产效率。模压温度必须保证树脂有足够的固化速度并在一定时间内完全固化。模压压力取决于片状模塑料增稠强度及制品结构、形状、尺寸。简单制品的模压压力仅为 2～3MPa，复杂形状制品的模压压力高达 14～20MPa。模压时间取决于模压温度、引发体系、固化特征、制品厚度等，一般以 40s/mm 设计，通常为 1～4min。

片状模塑料模压制品性能受纤维类型、含量、分布、长度及树脂类型等因素影响，一般使用碳纤维或环氧树脂的制品性能好，长纤维比短纤维的制品性能好。表 4-8 列出了典型片状模塑料制品的主要性能。

表 4-8　典型片状模塑料制品的主要性能

性能	SMC-R25	SMC-R50	SMC-R65	SMC-C20R30	XMC-3*
密度/(g/cm³)	1.83	1.87	1.82	1.81	1.97
E-GF 含量/(w_t%)	25	50	65	50	75

续表

性能	SMC - R25	SMC - R50	SMC - R65	SMC - C20R30	XMC - 3*
填料含量/(w_t%)	46	16	—	16	—
树脂含量/(w_t%)	29	34	35	34	25
拉伸强度/MPa	82.4	164	227	289/84**	561/70
拉伸模量/GPa	13.2	15.8	14.8	21.4/12.4	35.7/12.4
断裂伸长/(%)	1.34	1.73	1.67	1.73/1.58	1.66/1.54
压缩强度/MPa	183	225	241	306/166	480/160
弯曲强度/MPa	220	314	403	645/165	973/139
弯曲模量/GPa	14.8	14.0	15.7	25.7/5.9	34.1/6.8
层间剪切强度/MPa	30	25	45	41	55
热膨胀系数/(10^{-6}/℃)	23.2	14.8	13.7	11.3/24.6	8.7/28.6

* XMC - 3 含 50%w_t 的连续粗纱（与纵向成±7.5°）和 25%w_t、25.4mm 长的短切纱。

** 斜线前后的数据分别为复合材料纵向性质和横向性质。

6. 热塑性纤维增强塑料成型

热塑性树脂的熔融需要在其熔点（结晶性树脂）或黏流温度（非晶性树脂）以上，并且熔体黏度大、流动性差。因而热塑性纤维增强塑料制品成型的最大特点是需要高温、高压。所需成型时间随半成品形式及所采用的工艺不同而不同，但总体来说比热固性纤维增强复合塑料的成型周期短。

原理上，用于热固性纤维增强复合塑料制品的成型技术大多适用于热塑性纤维增强塑料，但所需辅助材料和工艺过程有较大区别。而有些热固性纤维增强复合塑料制品的成型技术（如手糊成型、喷射成型等）一般不能用于热塑性纤维增强塑料。此外，热压罐成型也适用于热塑性纤维增强塑料制造，主要困难是需要能在400℃高温下及几兆帕压力下使用的袋材料和热压罐。

热塑性纤维增强塑料的缠绕成型与热固性纤维增强复合塑料相比困难得多，要解决的主要问题有两个：一是纤维的浸渍，二是纱片间的黏合。纤维的浸渍可以在缠绕时进行，如使用粉末浸渍纤维束、混杂纤维束或现场熔融浸渍，但很难制得高质量制品，而且缠绕速度受到限制。另外，使用预浸渍纤维束易制得高质量制品，并且缠绕速度较慢。缠绕时要使纱片中的树脂熔化并有足够的流动性，以使纱片与下层及相邻纱片很好地融合，为此，一般采用集中加热及辊压技术。

热塑性纤维增强塑料的拉挤成型是20世纪80年代后才逐渐发展起来的一项新技术，所用基体树脂除了聚丙烯、聚酰胺等普通热塑性树脂外，还有聚醚醚酮、聚苯硫醚、聚醚砜等高性能热塑性树脂以满足航空航天等高科技领域的需要，关键技术是纤维浸渍工艺和模具设计。与热固性纤维增强复合塑料不同的是，热塑性纤维增强塑料拉挤成型模具一般包括加热模具和冷却模具两部分。纤维和树脂在热模中进行充分的融合和预成型后，进入

冷模成型冷却，拉出得到制品。

7. 玻璃纤维热塑料成型技术

玻璃纤维热塑料的模压成型与片状模塑料的类似，但由于玻璃纤维热塑料模压成型包括加热塑化和冷却凝固两个步骤，而片状模塑料的模压成型仅包括加热固化一个步骤，因此玻璃纤维热塑料的模压成型周期一般比片状模塑料的长，而且能量消耗更大。

玻璃纤维热塑料也可采用类似于金属的冲压成型，不同的是其冲压成型前要先加热到基体树脂的熔点或塑化温度以上，然后迅速移到常温下（有时还需冷却）的冲压模具中进行冲压，材料在模具中冷却成型后脱模即得所需制品。冲压成型的最大特点是成型周期极短、生产效率高。

此外，由于玻璃纤维热塑料片材刚硬、无黏性、基体流动性差，因此成型前的剪裁和铺叠较困难，并且不易制造复杂形状制品。

8. 其他成型方法

（1）注射成型。

注射成型是热塑性塑料制品的常用成型方法，如图 4.25 所示，将颗粒状树脂、短纤维送入注射腔内加热熔化、混合均匀，并以一定的挤出压力注射到温度较低的密闭模具中，经过冷却定型后，脱模便得到所需制品。

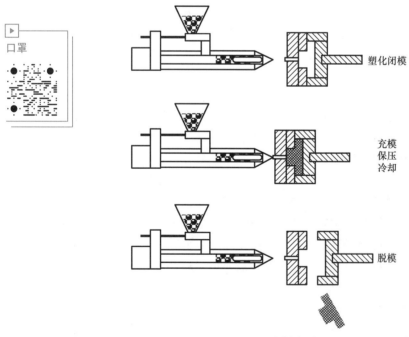

图 4.25　注射成型

注射成型多用于生产短纤维增强塑料（主要为热塑性，少量为热固性）制品，增强纤维主要为短切玻璃纤维，其次为短切碳纤维，纤维含量通常有 20% 和 30% 两种。注射成型的主要控制参数有料筒温度、塑化时间、注射压力、模具温度、锁模力和保压冷却时间。料筒温度由树脂种类决定，纤维增强型比纯树脂稍高；注射压力一般为 $80\sim200\text{MPa}$。

（2）喷射成型。

喷射成型是为提高手糊成型效率、减轻劳动强度而在 20 世纪 60 年代发展起来的一种半机械化成型工艺，如图 4.26 所示。它是将混有引发剂的树脂和混有促进剂的树脂分别从喷枪两侧喷出或混合后喷出，同时用切断器将玻璃纤维粗纱切断并从喷枪中心喷出，与树脂一起均匀地沉积在模具上，待材料在模具上沉积一定厚度后，用手辊压实，去除气泡并使纤维浸透树脂，最后固化成制品。尽管喷射成型机械化程度较高，但仍保留手糊成型的特点。

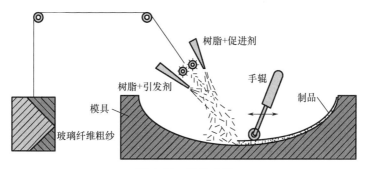

图 4.26　喷射成型

（3）树脂传递成型。

树脂传递成型是先将增强剂置于模具中形成一定形状，再将树脂注射入模具、浸渍纤维并固化的一种复合材料成型工艺，是纤维增强复合塑料的主要成型工艺之一。其最大特点是污染小、为闭模操作系统，另外，制品可设计性、方向性、制品综合性较好。树脂传递成型最常用的树脂为不饱和聚酯树脂，其次为乙烯酯树脂，制品性能要求高时用环氧树脂。树脂系统中还有低收缩剂、引发剂、填料等成分，黏度一般小于 $0.5\text{Pa}\cdot\text{S}$，固化时间一般为 1min。

（4）增强反应注射成型。

增强反应注射成型是将两种能起快速固化反应的原料分别与短切纤维增强材料混合成浆料，在流动性很好的液态情况下混合并注入模具，在模具中两组分迅速反应固化，脱模后得到制品的一种复合材料成型工艺，多用于汽车工业。增强反应注射成型所用树脂多为两组分的聚氯酯，还有聚酰胺树脂、环氧树脂、聚酯树脂等。

4.5　纤维增强复合塑料的力学性能

复合材料的力学性能主要包括静态力学性能和动态力学性能。

主要聚合物基复合材料包括玻璃纤维增强塑料、碳纤维增强塑料及芳酰胺纤维增强塑料。考虑到聚合物基体千变万化，纤维增强聚合物的种类非常多，但决定一种复合材料性能的主要因素是纤维类型、纤维体积分数、纤维形式及基体类型。

4.5.1 纤维增强复合塑料的静态力学性能

典型纤维增强复合塑料的静态力学性能见表4-9。

表4-9 典型纤维增强复合塑料的静态力学性能

性 能	K-49	E-GF	S-GF	T300	BF
纤维体积含量 v_f/(%)	60	60	60	60	50
密度 ρ/(g/cm³)	1.38	1.99	1.97	1.55	2.0
0°拉伸强度 σ_{Lu}/MPa	76	42	50	134	207
0°拉伸模量 E_L/GPa	76	42	50	134	207
伸长率 ε/(%)	1.7	2.7	2.7	1.1	0.65
泊松比 μ_{TL}	0.34	0.27	0.27	0.30	0.21
90°拉伸强度 σ_{Tu}/MPa	30~40	30~50	30~50	40~60	72
90°拉伸模量 E_T/GPa	5	15	16	10	19
0°压缩强度 σ_{Lu}/MPa	~250	765	890	~1200	2100
90°压缩强度 σ_{Tu}/MPa	50	~150	~150	~240	—
面内剪切强度 τ_{LT}/MPa	—	42	55	75	105
面内剪切模量 G_{LT}/MPa	2.3	4.9	5.5	5~7	4.8
层间剪切强度 ILSS/MPa	30~60	40~80	40~80	50~110	90

一般纤维增强复合塑料直到断裂都是完全弹性的，没有屈服点或塑性区。从图4.27所示的应力-应变曲线可以看出，一般纤维增强复合塑料的断裂应变很小（为1%~2%），与金属相比，断裂功小、韧性差，这在工程设计中是一个缺点。

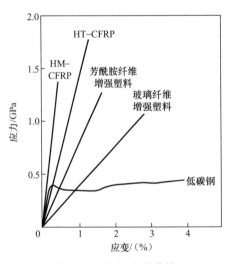

图4.27 应力-应变曲线

与传统材料不同，复合材料因增强体通常是纤维而呈各向异性，其性能取决于受力位置和方向。图 4.28 所示为碳纤维增强复合塑料的拉伸强度与碳纤维方向的关系。可以看到，沿纤维方向的强度最大；在 $0°\sim90°$ 间受力方向与纤维方向的夹角 θ 越大，强度越低。

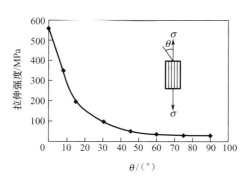

图 4.28　碳纤维增强复合塑料的拉伸强度与纤维方向的关系

1. 纵向力学性能

由脆性纤维增强韧性基体复合而成的纤维增强复合塑料的纵向模量 E_L 及拉伸强度 σ_{Lu} 通常可用混合定律估算。

$$E_L = E_f v_f + E_m v_m$$

$$\sigma_{Lu} = \sigma_{fu} v_f + \sigma_m v_m \quad (v_f + v_m = 1)$$

一般 E_L 的估算值与实测值相差较小；σ_{Lu} 的估算值一般为实测值的上限，即实测值比估算值低，相差幅度在很大程度上取决于基体性质及与纤维的黏结强度。

实际上，在纤维含量一定的条件下，纤维增强复合塑料的纵向拉伸强度和拉伸模量由纤维种类决定。图 4.29 给出了多种纤维增强复合塑料的拉伸强度-拉伸模量和比拉伸强度-比拉伸模量关系。由图可见，碳纤维增强塑料具有最高的拉伸强度和拉伸模量，芳纶纤维增强塑料的比强度与标准碳纤维增强塑料的相当，而比模量低于标准碳纤维增强塑料的；玻璃纤维增强塑料的拉伸强度与标准碳纤维增强塑料接近，而比拉伸强度和比拉伸模量要低得多；超高分子量聚乙烯纤维增强塑料与标准碳纤维增强塑料接近，拉伸模量略低，但比拉伸强度远高于标准碳纤维增强塑料而与超高强碳纤维增强塑料相当，比拉伸模量略高于标准碳纤维增强塑料。硼纤维增强塑料的拉伸强度接近标准碳纤维增强塑料，拉伸模量比标准碳纤维增强塑料高约一倍，但由于其密度较大，因此比拉伸模量只比碳纤维增强塑料略高而比拉伸强度与玻璃纤维增强塑料相当，比标准碳纤维增强塑料低得多。

纤维增强复合塑料的纵向压缩强度受纤维类型、纤维准直度、界面黏结状况、基体模量等因素影响较大。除个别纤维增强复合塑料外，绝大多数纤维增强复合塑料的纵向压缩强度都低于其相应拉伸强度，当 $v_f=60\%$ 时，一般玻璃纤维增强塑料的纵向压缩强度为 $500\sim800\mathrm{MPa}$，碳纤维增强塑料（标准碳纤维）的纵向压缩强度为 $1000\sim1500\mathrm{MPa}$。纵向压缩破坏模式包括横向劈裂、异向屈曲、同向屈曲、纯剪切等，如图 4.30 所示。

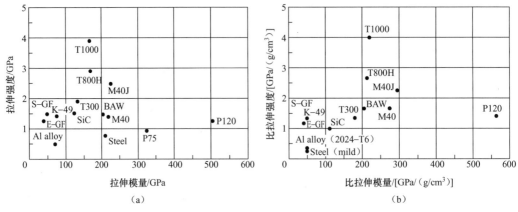

（a）　　　　　　　　　　　　　　　　（b）

图 4.29　多种纤维增强复合塑料的拉伸强度-拉伸模量和比拉伸强度-比拉伸模量关系

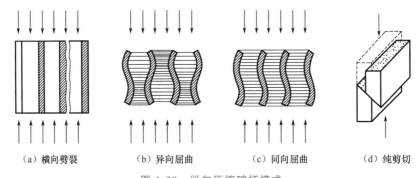

（a）横向劈裂　　　（b）异向屈曲　　　（c）同向屈曲　　　（d）纯剪切

图 4.30　纵向压缩破坏模式

2. 横向力学性能

纤维增强复合塑料的横向拉伸模量 E_T 及剪切模量 G_{LT} 可由半经验的 **Halpin-Tsai** 公式估算。

$$\frac{M}{M_m} = \frac{1 + \xi \eta \upsilon_f}{1 - \eta \upsilon_f} \quad \eta = \frac{M_f/M_m - 1}{M_f/M_m + \xi}$$

式中，M 和 M_m 分别是纤维增强复合塑料和基体的性质，如 E_T 和 E_m 或 G_{LT} 和 G_m。ζ 是增强作用的量度，取决于纤维的几何形状、填充排列方式与载荷状况。一般估算 E_T 时，取 $\zeta=2$；估算 G_{LT} 时，取 $\zeta=1$；当 $\zeta=\infty$ 时，则转化成估算纵向模量 E_L 的公式。

纤维增强复合塑料的横向拉伸强度受基体或纤维与基体界面共同控制，由于存在应力集中，因此低于基体强度，一般碳纤维增强塑料为 40～60MPa，APC-2 的横向拉伸强度最高，可达 80MPa；芳纶纤维增强塑料的横向拉伸强度较低，一般为 30～40MPa；碳纤维增强塑料的横向拉伸强度居中。同样，由基体及界面黏结状况控制的层间剪切强度一般以碳纤维增强塑料为最大（为 100MPa 左右），碳纤维增强塑料次之（为 70～80MPa），芳纶纤维增强塑料最小（为 40MPa）。

3. 高温力学性能

纤维增强复合塑料的高温力学性能主要受基体控制，基体的热变形温度越高、模量的高温保持率越高，其复合塑料的高温性能越好。图 4.31 所示为典型纤维增强复合塑料的弯曲模量保持率和弯曲强度保持率随温度变化的情况。由图可见，随着温度上升，所有纤维增强复合塑料的弯曲模量和弯曲强度都有所下降，但不同基体的下降程度不同。聚酰亚胺和耐热热塑性基体复合材料高温性能最好，不饱和聚酯复合材料耐热性较低；半晶聚合物（如聚醚醚酮、聚苯硫醚）复合材料在其玻璃化温度区间内的性能出现明显下降，但在之后比较高的温度（240℃以上）下仍保持足够高的性能。

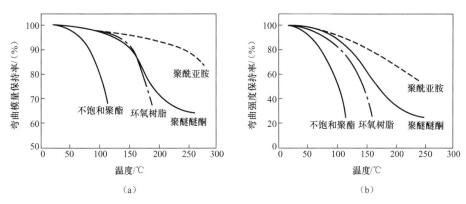

图 4.31　典型纤维增强复合塑料的弯曲模量保持率和弯曲强度保持率随温度变化的情况

4. 典型纤维增强复合塑料的性能

（1）碳纤维增强复合塑料。

碳纤维品种较多，其复合塑料性能各异。表 4-10 给出了典型碳纤维增强复合塑料的性能（$v_f = 60\%$）。标准碳纤维增强复合塑料的纵向拉伸强度为 1.8GPa 左右，模量为 135GPa 左右。中模碳纤维增强复合塑料的纵向拉伸模量比标准碳纤维增强复合塑料的高约 20%，强度和断裂伸长显著高于标准碳纤维增强复合塑料的，其中拉伸强度高 50%～100%，压缩强度高 20%～50%。

表 4-10　典型碳纤维增强复合塑料的性能（$v_f = 60\%$）

性　　能	标准	LM/HS	HM	UHM-Ⅰ	UHM-Ⅱ
	T300	T800H，T40	M40	GY-70	P100S
	AS-4	IM-7	G-50	P-75	
纤维密度/(g/cm³)	1.78	1.81	1.81	2.03	2.16
拉伸强度/MPa	3500	5490	2740	2070	2240
拉伸模量/GPa	230	294	392	517	724
断裂伸长/(%)	1.5	1.9	0.6	0.4	0.31
层板密度/(g/cm³)	1.56	1.58	1.61	1.71	1.8
0°拉伸强度/MPa	1800	2900	1500	930	1210
0°拉伸模量/GPa	140	170	220	325	480

性　　能	标准	LM/HS	HM	UHM－Ⅰ	UHM－Ⅱ
	T300	T800H，T40	M40	GY－70	P100S
	AS－4	IM－7	G－50	P－75	
0°断裂伸长/(%)	1.2	1.7	0.7	0.28	0.24
泊松比	0.33	0.32	0.3	0.3	0.31
90°拉伸强度/MPa	60	60	35	33	18
90°拉伸模量/GPa	9.0	9.0	7.0	6.9	5.3
0°压缩强度/MPa	1500	1650	1200	430	280
面内剪切模量/MPa	6.0	4.2	4.0	—	—
QI 板＊拉伸强度/MPa	458	900	430	—	—
拉伸模量/GPa	46	56	70		
0°短梁剪切强度/MPa	110	110	80	55	35

注：＊QI 板为准各向同性板。

　　总体来说，碳纤维模量越高，复合材料压缩强度、横向性能和剪切性能越低，因为随着碳纤维模量的增大，纤维石墨化程度和微晶的取向度增大，纵向剪切性能和横向性能下降，所以复合材料受压时更易发生剪切破坏，造成压缩强度降低；同时，随着石墨化程度的提高，碳纤维表面上的活性碳原子及含氧官能团减少，与基体黏结力减小，复合材料横向强度及剪切强度降低，并且碳纤维模量越高，复合材料压缩强度、剪切性能及横向性能越差。

　　（2）芳纶纤维增强塑料。

　　芳纶纤维增强塑料纵向拉伸应力-应变曲线基本为直线，拉伸强度与玻璃纤维增强塑料的相当，模量比碳纤维增强塑料的高约70％。芳纶纤维增强塑料压缩应力-应变曲线在约0.4％的应变处表现为"屈服"现象，如图4.32所示。

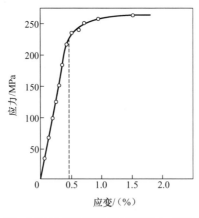

图 4.32　芳纶纤维增强塑料压缩应力-应变曲线

　　芳纶纤维增强塑料的压缩强度较低，不适合做受压构件。由于压缩应力-应变曲线为非线性曲线，因此弯曲应力-应变曲线也为非线性曲线。由于芳纶纤维与基体的黏结强度较低，因此芳纶纤维增强塑料的横向及剪切性能较低，容易发生横向开裂或分层。又由于芳纶纤维具有高韧性，因此芳纶纤维增强塑料的后加工较困难。

（3）硼纤维增强塑料。

硼纤维复合材料几乎都由预浸料制作，是美国最早用于军用飞机承力结构的复合材料。因硼纤维价格高，故使用范围受到一定限制。硼纤维直径较大（为 $100\sim200\mu m$）、不易弯曲，不易制成复杂构件。但是由于硼纤维在基体中不易发生压缩失稳，因此硼纤维增强塑料显示出优异的压缩性能，其压缩强度超过拉伸强度。根据这个特性，硼纤维增强塑料多用于制作受压杆件，如卫星内部支撑杆。

4.5.2 纤维增强复合塑料的动态力学性能

复合材料在应用过程中难免受到冲击载荷或发生高速变形，尤其是表观上不使复合材料破坏的低能冲击，往往造成复合材料的内部损伤，从而使其性能大大下降。因而，受冲击载荷时的力学响应及能量吸收性质或抵抗裂纹扩展能力（断裂韧性）是复合材料的重要性能。常用表征复合材料韧性的方法有三种，即冲击强度、断裂韧性及冲击后压缩强度。

夏比冲击试验和悬臂梁冲击试验是评价复合材料冲击性能的典型方法，它们通过测量破坏一个标准试样所需能量来确定冲击韧性，研究从一定高度自由下落的重锤在复合材料上引起的损伤、破坏及能量吸收能力。其研究都采用仪器化试验设备，可以记录冲击破坏的全过程，因而可以确定裂纹的引发和扩展情况。图 4.33 所示为冲击载荷与时间的关系曲线。全部冲击破坏吸收的能量（Q）等于裂纹引发能（Q_i）与裂纹扩展能（Q_p）之和。

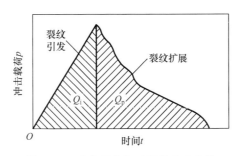

图 4.33　冲击载荷与时间的关系曲线

韧性指数（Ductility Index，DI）的定义为裂纹扩展能与裂纹引发能之比，即

$$DI = Q_p / Q_i \qquad (DI \geqslant 0)$$

对于完全脆性材料，DI＝0。DI 越大，材料韧性越好。

由冲击载荷或能量时间曲线可以确定复合材料的损伤过程。

纤维增强复合塑料受冲击时的能量吸收方式包括纤维破坏、基体变形和开裂、纤维脱胶、纤维拔出、分层裂纹等。纤维增强复合塑料的冲击破坏模式如图 4.34 所示。

（1）纤维破坏。当裂纹不得不在垂直于纤维的方向扩展，层合板完全分离时，将发生纤维破坏。纤维破坏发生在其应变达到断裂应变时，因此纤维的断裂应变越高，吸收的能量越大。虽然纤维增强是复合材料具有高强度的主要原因，但纤维破坏占总能量吸收的比重很小，纤维破坏的数目几乎对总冲击能没有什么影响。

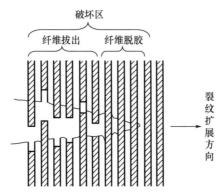

图 4.34　纤维增强复合塑料的冲击破坏模式

（2）基体变形和开裂。基体破坏吸收的总能量包括基体变形能和开裂产生的新表面能。基体变形所做的功正比于单位面积复合材料断裂变形到破坏所做的功与形成单位裂纹表面积的基体体积的乘积。在复合材料中，基体开裂会产生裂纹分支，导致开裂面积较大，这也是提高复合材料韧性的一个有效途径。

（3）纤维脱胶。在基体断裂过程中，由于裂纹平行于纤维扩展，因此纤维将与基体材料分离。在这个过程中，纤维与基体间的化学键与次价键的黏附被破坏，同时形成新表面，当纤维强而界面弱时，就会发生开裂。如果脱胶范围大，则断裂能明显增大，适当降低界面强度会导致大范围脱胶或分层，从而增大冲击能。

（4）纤维拔出。当脆性的或不连续的纤维嵌于韧性基体中时，会发生纤维拔出。纤维脱胶和纤维拔出的区别在于，当基体裂纹不能横断纤维而扩展时，发生纤维脱胶；而纤维拔出是起始于纤维破坏的裂纹没有能力扩展到韧性基体中的结果。纤维拔出通常伴有基体的伸长变形，而这种变形在纤维脱胶中是不存在的。两者的共同点是破坏都发生在纤维基体界面，都可显著地提高断裂能。

（5）分层裂纹。裂纹在扩展过程中穿过层合板的一个铺层，当裂纹尖端达到相邻铺层的纤维时，可能受到抑制。这种裂纹抑制的过程类似于基体裂纹在纤维基体界面上被抑制的情况。邻近裂纹尖的基体中的剪应力很大，裂纹可能分支出来，开始在平行于铺层的界面上扩展，这种裂纹称为分层裂纹。

冲击破坏过程中，纤维断裂的数目对总冲击能虽无直接影响，但非常显著地影响破坏模式，也就影响了总冲击能。通常韧性纤维（如玻璃纤维、凯夫拉纤维）增强塑料具有比较高的冲击强度，而脆性纤维增强塑料的冲击强度较低。因而，常采用韧性的玻璃纤维或芳纶纤维与脆性的碳纤维或硼纤维混杂的方法来改善碳纤维增强塑料或硼纤维增强塑料的脆性。典型材料的冲击强度见表 4-11。

表 4-11　典型材料的冲击强度 *

材料	v_f/（%）	冲击强度/（KJ/m²）
Modmor Ⅱ 石墨/EP	55	114
Kevlar 49/EP	65	693

材料	v_f/(%)	冲击强度/(KJ/m²)
S-GF/EP	72	693
BF/EP	60	78
4130 合金钢	—	592
4340 合金钢	—	215
2024-T3 铝合金	—	84
6061-T6 铝合金	—	153
7075-T6 铝合金	—	67

* 标准带缺口夏比冲击。

基体变形要吸收较多能量，热固性基体通常较脆，变形很小，因而冲击强度低；而热塑性基体通常可产生较大的塑性变形，因而具有比较高的冲击强度。

纤维与基体界面黏结强度强烈影响纤维增强复合塑料的冲击破坏模式，包括纤维的破坏、脱胶、分层等。纤维脱胶会吸收大量能量，因而如果纤维增强复合塑料的脱胶程度较大，则可明显增大冲击能。当纤维破坏的裂纹没有能力扩展到韧性基体中时，纤维可从基体中拔出并引起基体变形，从而明显增大断裂能。分层裂纹通常吸收较多能量，分层的增加会显著提高冲击能。

4.5.3. 纤维增强复合塑料的疲劳性能

所有材料在低于静态强度极限的动载荷的反复作用下，经过不同时间都会破坏，该现象称为材料的疲劳。通常用疲劳寿命 N 或疲劳强度 S 来表示材料的疲劳性能，并以所加应力幅值或最大应力与应力循环次数的关系曲线（S-N 曲线）形式给出。复合材料的 S-N 曲线受各种材料和试验参数的影响，如纤维类型及体积分数、基体类型、铺层形式、界面性质、载荷形式、平均应力、交变应力频率、环境条件。前四种为材料参数，后四种为试验参数。

纤维增强复合塑料的疲劳损伤首先是由在与载荷方向垂直或成大角度的铺层中富纤维区域的裂纹处开始的。损伤起源于纤维与基体的界面脱黏，并且通常沿纤维-基体界面扩展。正交铺层中，裂纹在横向铺层中产生并扩展到整个铺层宽度，但不能穿过相邻的 0°层。横向铺层的裂纹随着载荷循环数或应力水平的提高而增加。对单向层板或角铺层板中的 0°层，疲劳裂纹通常发生在纤维与基体界面，裂纹可沿纤维与基体界面扩展，也可穿过纤维向相邻基体方向扩展或者导致纤维破坏。

疲劳将导致复合材料内部损伤，使复合材料的模量及静强度下降，当内部损伤积累到一定程度时，复合材料就会发生灾难性破坏。通常把复合材料在交变应力作用下完全破坏作为复合材料失效的准则。但在一些情况下，也把复合材料经一定疲劳循环后，静强度或模量下降到某个特定值作为复合材料失效的准则。

图 4.35 所示为典型纤维增强复合塑料的疲劳性能比较。在相同试验条件下，一般纤维增强复合塑料的疲劳性能优于金属的。而高模量的碳纤维增强塑料、芳纶纤维增强塑

料、硼纤维增强塑料的疲劳性能优于玻璃纤维增强塑料的。因为复合材料模量越低，产生相同应力的应变越大，越易发生疲劳损伤。

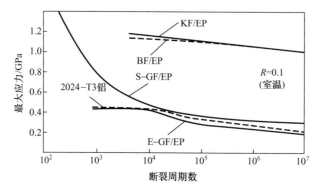

图 4.35　典型纤维增强复合塑料的疲劳性能比较

此外，不同纤维含量 GF/EP 复合材料的疲劳性能随纤维含量的增大而增强（图 4.36），这与纤维增强复合塑料的静强度随纤维含量增大的结论是一致的。

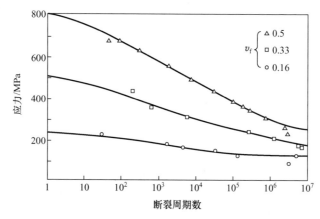

图 4.36　不同纤维含量 GF/EP 复合材料的疲劳性能

4.5.4　其他性能

材料长时期在静载荷作用下保持一定时间不破坏所能承受的最大静载荷，称为材料的持久强度；材料长时期在一定静载荷作用下保持不破坏所能经受的最大时间，称为材料的耐持久性。

复合材料的持久强度比短期载荷作用下的强度低得多。表 4-12 所示是典型玻璃钢在静弯曲载荷作用下的持久强度。可以看出，基体材料不同，复合材料保持强度的能力不同。其本质是，不同基体材料的主链强度不同，交联密度和交联键的强度不同。因为复合材料的持久强度主要取决于基体材料，所以影响复合材料持久强度的主要因素是影响基体材料的因素。如温度升高，持久强度下降；湿度升高，一方面增塑基体材料或使基体主链断裂，另一方面降低纤维强度，从而降低复合材料的持久强度。纤维排列方向、纤维类型等都影响复合材料基体载荷，因而对持久强度也有影响。

表 4-12　典型玻璃钢在静弯曲载荷作用下的持久强度

玻璃钢品种	静弯曲强度/MPa		（持久强度/原强度） /（%）
	短时实验	经 1000h 载荷作用	
聚酯玻璃钢	350～430	230～280	65
环氧玻璃钢	450～520	280～330	62～64
酚醛玻璃钢	540～580	330	57～64
有机硅玻璃钢	220	110	50

金属在长时期静载荷作用下，载荷不变而形变继续增大的现象称为蠕变。复合材料在常温、长时期静载荷不变的条件下，会产生变形继续增大的现象，但是这种变形通常是可恢复的，属于弹性变形。其原因在于，纤维增强复合塑料基体是有黏弹性的聚合物，少数情况下，聚合物基复合材料的基体发生松弛时同样会产生蠕变。基体的交联密度越大、主链的柔顺性越低，越不容易发生蠕变。聚合物基复合材料的蠕变有以下特性：①碳纤维增强塑料的蠕变比玻璃纤维的小；②沿纤维方向拉伸作用下的蠕变现象不易发生；③沿与纤维成一定角度的方向拉伸时，容易出现蠕变现象，沿45°方向拉伸时最明显；④持久弯曲载荷作用下的蠕变比持久拉伸载荷作用下的蠕变明显；⑤温度升高，蠕变现象趋于明显。

4.6　聚合物基复合材料的应用

从现代复合材料诞生到现在，聚合物基复合材料得到了迅速发展和大规模应用，其中最典型的当属玻璃纤维增强塑料，已经广泛用于石油化工、交通运输、建筑、环境保护及国防军工等领域。20 世纪 80 年代，先进复合材料的发展与应用更是突飞猛进，推动了航空航天领域高速发展。进入 21 世纪，除了各种先进复合材料进一步发展外，具有其他功能的聚合物基复合材料不断涌现，成为科技进步的助推器。

4.6.1　聚合物基复合材料的结构性应用

1. 在航天领域的应用

减重对宇宙飞行器至关重要。若宇宙飞船、人造卫星能减重 1kg，则发送它们的火箭可减重数百千克。

从 20 世纪 50 年代开始就以硼纤维增强塑料作为火箭发动机壳体，结构质量减轻50%～60%，射程大大增加；此后，逐渐由碳纤维增强塑料和芳纶纤维增强塑料代替，如美国"三叉戟Ⅰ"型导弹、"MX"导弹，法国 M-4 潜地导弹等都采用 K-49/EP 制作发动机壳体，"三叉戟Ⅱ"及"侏儒"型导弹更多采用 CF/EP。

美国和欧洲国家的卫星广泛采用先进复合材料，其结构质量不到总质量的 10%，卫星上的天线、支承结构、太阳能电池翼及壳体、卫星发射时的保护罩等，基本都由复合材料制造。一方面是基于复合材料高比强度和高比模量、具有明显的减重效果，另一方面是基于复合材料优异的尺寸稳定性。宇宙空间的气候条件变化很大，温度可为 $-200\sim100℃$，因而要求宇宙飞行器具有较强的环境适应性，能在剧烈的环境变化中保持结构高度稳定。碳纤维增强塑料的热膨胀系数比金属材料的低得多，经过合理设计甚至可接近零，加之其比模量高，尺寸高度稳定。哈勃望远镜镜筒由高模量碳纤维增强塑料制造，不但质量减轻，而且尺寸稳定性提高，使望远镜具有更高的精度。

美国航天飞机使用复合材料减重 1220kg，其中包括由硼纤维增强的铝合金管制造的中机身桁架、KF/EP 复合材料压力容器，由铝蜂窝和 CF/EP 制造的飞机舱门，由超高模量碳纤维/环氧复合材料制造的长度为 6.1m 的遥控机械臂。

2. 在航空领域的应用

航空领域是使用纤维增强复合塑料最早、用量最大的领域之一，聚合物基先进复合材料可使飞机显著轻量化，并提高飞机的一些性能，如提高隐身性能、降低噪声、提高可靠性。

从 20 世纪 70 年代中期开始服役的战斗机就开始使用先进复合材料且用量逐渐增大。如在美国的 F-14A、F-15 战斗机上占 2%（BF/EP），F-16 上占 4.2%（CF/EP），F-18 上占 12.1%。AV-8B 鹞式垂直起落战斗机上先进复合材料的质量已为结构质量的 26.3%；在美国先进战术战斗机 ATF（如 YF-22、YF-23）中，先进复合材料的用量接近 40%；美国潜隐战斗机（如 F-117A）、战略轰炸机则采用先进复合材料更多，V-22 鱼鹰式倾转旋翼飞机机体结构几乎全部使用先进复合材料制造，其全部结构质量为 6120kg，其中 CF/EP 复合材料为 3100kg，约占 50%，GF/EP 占 13%，金属占 25%，其他材料占 12%。具有良好隐身性能和独特结构设计的 B-2 轰炸机，其结构材料绝大部分为先进复合材料，估计每架 B-2 轰炸机上使用的碳纤维增强塑料高达 18~22.5t。现代商用飞机也使用先进复合材料，并逐渐由次承力构件向主承力构件过渡。波音飞机、空中客车飞机等的方向舵、垂尾副翼、升降舵等大多采用先进复合材料制造。

3. 在交通运输领域的应用

由于玻璃纤维增强塑料具有质量轻、强度高、耐腐蚀、抗微生物附着等优点，因此普遍用来制造汽艇、游艇、救生艇等小型船舶，国外大部分小型船舶（如渔船）都是玻璃钢结构。近些年，碳纤维增强塑料也越来越多地用于船舶工业。

对能源消耗的限制和环保的要求迫使各国都在寻求减少汽车能量消耗的途径，其中一项重要措施是采用复合材料结构以减轻汽车质量。目前通过片状模塑料模压、增强反应注射模塑和树脂传递模塑等技术制造的纤维增强复合塑料结构件已在汽车制造业中得到大量应用，如轻型汽车外壳、保险杆、板簧等。在铁路车辆特别是高速列车上已制成车身、窗门、水箱等。同时，碳纤维增强塑料大量用于运动用车和竞技用车，如用碳纤维增强塑料制造赛车底盘。

4. 在石油化工领域的应用

由于玻璃纤维增强塑料具有耐酸、耐碱、耐油、耐有机溶剂等性能，因此用于各种化工管道、阀门、泵、储槽、塔器等。

5. 在民用文化体育领域的应用

除了在工业设备上的使用，玻璃纤维增强塑料还用于很多民用设施、家居装饰、工艺美术品等，其制品强度高、质量轻、美观。文体用品是纤维增强复合塑料的最大应用市场之一，文体用碳纤维产量超过世界碳纤维总产量的 1/3，主要用于高尔夫球杆、网球拍、钓鱼竿、羽毛球拍、滑雪板、赛车、弓箭、赛艇、船桨、冰球拍、垒球棒等。玻璃纤维增强塑料用量更大，主要用于制造登山滑雪鞋、越野滑雪鞋、网球拍、帆船等。

6. 在建筑领域的应用

玻璃纤维复合材料已大量用于建筑材料，如国内外已有多座玻璃纤维增强塑料桥。透明的玻璃纤维增强塑料波形瓦用于农业透明暖房。一般的门窗框架、落水斗管等都可用玻璃纤维增强塑料制造，人造大理石、人造玛瑙卫生间浴缸等皆为玻璃纤维增强塑料制品。

此外，纤维增强复合塑料还用于医疗卫生领域，如制造医疗卫生器械、人造骨骼、人造关节等。

4.6.2　聚合物基复合材料的功能性应用

1. 吸波隐身特性

现代军用装备发展的最显著特点是全复合材料化并具有隐身性能。由于玻璃纤维增强塑料或芳纶纤维增强塑料无磁、可透磁和声波、吸收振动，因此美国先进隐身战斗轰炸机、战略轰炸机、战斗机及先进巡航导弹大量采用碳纤维、碳/凯夫拉纤维或碳/玻璃纤维混杂纤维作为增强材料的结构吸波材料。据报道，一种蜂窝状结构隐形复合材料用于F-22战斗机的蒙皮壁板、机翼中间梁、机身中间梁、机身隔框、舱门等，涂料和结构型隐身复合材料还用于制造扫雷快艇。

2. 电气特性

将金属颗粒混入高分子聚合物，复合材料的电阻率就会发生变化，可以将绝缘聚合物改性为导电材料，制作成抗静电材料，广泛用作矿山、油、气田、化工等的干粉及易燃、易爆液体的输送管材、矿用传送带；集成电路、印制电路及电子元件的包装材料，通信设备、仪器仪表及计算机的外壳；医院手术室、火药厂、制药厂等净化室的地板、操作台垫板及壁材等；高压电缆的半导电屏蔽层、结构泡沫材料、化工容器等。

利用结晶性高分子复合导电材料电阻率的正温度系数效应，即电阻率不仅随温度升高而增大，而且在高分子树脂基体的熔化温区内急剧跃增，从而自动调节功率，实现温度自控。

介电/压电复合材料是将介电/压电陶瓷（导体）相与聚合物相按一定的连通方式、一定的体积/质量及一定的空间分布制作而成的，可以成倍地提高材料的介电/压电性能。其可以应用的领域包括电子技术方面，如继电器、储能元件、谐振加速计、振荡器、谐振电路、电子脉冲探测器；海洋工程方面，如水声换能器、声呐发射与接收器；医学方面，如

映像诊断器；制成气氛探测装置用于环保监测。

3. 光学特性

透光复合材料主要是指玻璃纤维增强透明基体的复合材料，其透明基体是透明的聚合物。透明复合材料的透光率高达85%～90%，与普通玻璃近似，而且具有足够的强度和刚度，是一种能采光又能承受载荷的多功能材料。透明复合材料属于非均质透光材料，光线透过时能产生散射作用，而使室内光线均匀，也可以用于制作眼镜，轻便、不易破碎。

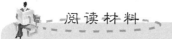 阅读材料

国家技术发明奖一等奖：高性能碳纤维复合材料构件高质高效加工技术与装备

航空、航天、交通等领域的高端装备是一个国家制造水平的集中体现。"这些要跑、要飞的高端装备质量越轻，跑得越快、飞得越远，有效载荷也越大。"贾振元介绍说，航空航天飞行器和高铁装备的质量一般按"克"计算。研究结果表明，飞机结构质量每降低1%，燃油消耗可以减少3%～4%；高铁减重1%，能量消耗可减少6%～7%。

减轻质量有两种途径：一是设计巧妙，二是材料轻量化。目前既轻巧又有刚度、强度的材料当属碳纤维材料，其强度比钢强，比重比铝小，导电性能比铜好。因此，由碳纤维为增强相制备的树脂基复合材料不仅轻量质、强度高，而且易实现材料与结构整体同步制造、省时省工，已成为航空航天、交通等领域高端装备减重增效的优选材料。

"一代材料一代装备，但光有好材料还不行，加工技术必须跟得上。"贾振元说，只有先经过切边、制孔等系列机械加工，复合材料构件才能连接装配、用到高端装备上。让企业头疼的是，复合材料构件在加工过程中很容易产生毛刺、撕裂、分层等损伤，这些加工损伤会影响构件的承载性能、疲劳寿命和可靠性，属于重大安全隐患。由于加工技术落后，因此发达国家应用多年的碳纤维复合材料在我国难以派上用场。

自2010年起，贾振元团队研制的新型刀具和技术装备投入应用，把碳纤维复合材料的加工损伤控制在0.1mm内，实现了从无法加工、手工加工到低损伤数字化加工的跨越，高性能碳纤维复合材料构件终于在航空航天和交通等领域的高端装备上"大显身手"。

资料来源：http://www.sohu.com/a/215390130_120000，2018.

习　题

4-1　简述聚合物基复合材料的界面特点。

4-2　简述热塑性树脂与热固性树脂的优缺点。

4-3　聚合物基复合材料的制备方法有哪些？若制作储水罐，应该选用哪种方法？

4-4　制备热固性基复合材料的方法是否都可用于制备热塑性基复合材料？两者有何不同？

4-5　简述聚合物基复合材料的主要性能。

4-6　使用聚合物基复合材料时要考虑哪些问题？

第5章
金属基复合材料

本章教学要点

知 识 要 点	掌 握 程 度	相 关 知 识
金属基复合材料的基体	掌握金属基复合材料的分类及基体的选用原则	基体的选用原则；各类金属基体
金属基复合材料的制造方法	了解各类金属基体的特点	固态法、液态法、原位复合法
金属基复合材料的界面	熟悉金属基复合材料的制造方法	界面类型与结合、界面结构及界面反应、界面对金属基复合材料性能的影响、界面优化及界面反应控制途径
金属基复合材料的性能	掌握金属基复合材料的界面类型、结构及界面优化和界面反应的控制途径	金属基复合材料的性能；铝基复合材料；钛基复合材料；镍基复合材料

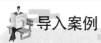导入案例

英研新材料可造"不沉之船"

美国的研究人员开发出一种新的能浮在水上的轻质金属基复合材料。研究人员称，这种材料质量轻、耐热，有利于减少燃料的使用，有潜力用于打造永不沉没的船及用于汽车行业。

尽管复合泡沫塑料已经存在很多年，但开发出轻质金属基复合泡沫塑料尚属首次。该项研究工作是由美国的 DST 公司和纽约大学工程工艺学院共同实施的。他们采用的是碳化硅空心颗粒增强的镁合金基复合材料，密度仅为 $0.92g/cm^3$，低于水的 $1g/cm^3$，同时这种材料的强度足以应对严苛的海洋环境。

这种新型复合泡沫塑料的轻量化和高浮力将使很多水陆两栖的车辆受益，例如美国海军陆战队研发的超重型两栖登陆艇。

研究人员称，这种超轻金属基复合材料的开发将再次引起大众对金属材料的关注。

这种复合泡沫塑料既有泡沫的超轻特性，又有较好的强度。该材料的特殊之处始于镁合金基体，之后这种基体通过添加轻质高强的碳化硅空心球体形成泡沫。

单个球体的壳体在破碎前能够承受超过 1723MPa 的压力，大约是消防软管可以忍受的最大压力的 100 倍。由于每个壳体在断裂时类似于能量吸收体，因此空心颗粒也能为复合泡沫塑料提供冲击防护。该复合材料的密度和其他性能可通过改变球形颗粒的数量来调节。这个概念也能用于不易燃的其他镁合金。

这种新的复合材料的潜在应用包括船地板、汽车零部件和浮力模块及车辆装甲。

资料来源：http://view.inews.qq.com/a/MIL 2015 051801231701，2015.

5.1　概　　述

金属基复合材料是以陶瓷（连续长纤维、短纤维、晶须及颗粒）为增强材料，以金属（如铝、镁、钛、镍、铁、铜等）为基体材料制备而成的。由于金属基复合材料具有比强度高、比模量高、耐高温、耐磨损、热膨胀系数小、尺寸稳定性好等优异的物理性能和力学性能，克服了树脂基复合材料在宇航领域中使用时存在的缺点，因此得到了令人瞩目的发展，成为各国高新技术研究开发的重要对象。

金属基复合材料的范畴界定是一个长期以来存在争议的话题。广义上讲，从复合材料的定义出发，凡是包含金属相在内的双相材料和多相材料都可归于金属基复合材料，通常包括定向凝固共晶层片或纤维组织（如 Al_3Ni-Al、$Al-CuAl$、$Ni-TaC$、$Ni-W$），双相金属间化合物层片组织（如 $\gamma-TiAl$），珠光体钢，高硅铝合金（$Al-Si$）等。上述材料通常被看作金属合金，而不是金属基复合材料。然而随后出现的非晶/初晶复合组织（如 Zr 基非晶合金）通过控制凝固和固态相变，在非晶基体中原位形成的晶相可以发挥增韧/增塑的作用，有望帮助人们冲破传统观念的束缚。采用复合的思想发展金属材料具有巨大潜力，而合金与复合材料的争议本身无关紧要。本章涉及的仍然是比较狭义的金属基复合材料，其增强体是从外部引入金属基体当中，或者在金属基体内部由一种或多种原位生成的反应产物，这种反应产物作为增强相始终独立存在。

5.1.1　金属基复合材料的发展

金属基复合材料是在 20 世纪 60 年代开始出现的。Mortensen A 等人认为最早在杂志上提出金属基复合材料的是 1965 年的 Kelly A 及 Cratchley D 等人。1961 年由 Koppenaal 和 Parikk 试制的短切碳纤维和铝粉末的复合产物，可能是最早的碳纤维增强金属基复合材料。

1924 年 Schmidt 混合金属铝和氧化铝粉，掀起了二十世纪五六十年代人们对金属基复合材料的研究热潮。人们开始用钨纤维或硼纤维增强铝或铜制备含有体积分数为 30%～70% 的连续钨纤维或硼纤维增强铝或铜的丝线。近代金属基复合材料发展历程见表 5-1。

表 5 - 1　金属基复合材料及其制备方法的发展历程

年　份	国　家	复合材料系统	技　术
1965 年	美国	Al - Cr	气吸及搅拌
1968 年	印度	Al - Al$_2$O$_3$	搅拌铸造
1974 年	印度	Al - SiC，Al - Al$_2$O$_3$	搅拌铸造
1975 年	美国	Al - Mg - Ca	搅拌铸造
1979 年	印度	Al - Al$_2$O$_3$，Al - SiO$_2$	搅拌铸造
1980 年	美国	Al - TiO$_2$/ZrO$_2$	搅拌铸造
1981 年	日本	Al - SiC	压力铸造
1982 年	美国	Al - Cr	压力铸造
1983 年	日本	Al - Al$_2$O$_3$	挤压铸造
1984 年	印度	Al - Saffil 纤维	搅拌铸造
1985 年	挪威	Al -孔 Al - SiC	搅拌铸造
1985 年	美国	Al - TiC	原位铸造
1986 年	美国	Al - SiC	压力浸渗
1987 年	澳大利亚	Al - Al$_2$O$_3$	搅拌铸造
1988 年	法国	Al - SiC	搅拌铸造
1989 年	日本	Al - Al$_2$O$_3$ - C	压力铸造
1989 年	美国	Al - Al$_2$O$_3$ -碳化物	无压浸渗

　　连续纤维增强金属基复合材料出现于 20 世纪 60 年代，但因生产成本过高及工艺复杂而难以进行规模化生产，20 世纪 70 年代其发展减缓。金属基复合材料的真正发展是在 20 世纪 80 年代，当时美国的复合材料开始转入实用化阶段，复合材料大量用于航空航天领域。1981 年美国发射的哥伦比亚号航天飞机上的货仓桁架使用的就是硼纤维增强铝基复合材料。20 世纪 80 年代以来，价格低廉的复合材料增强体的大量出现以及复合材料制备工艺的发展，促进了铝基复合材料在汽车工业上的应用。这个时期金属基材料经过几十年的发展较成熟，在加工工艺方面生产成本降低且工艺稳定。

　　日本在 20 世纪 80 年代初期开始了对金属基复合材料的研究。在美国应用金属基复合材料两年后，日本本田公司在世界上首先将氧化铝短纤维增强铝基复合材料应用到汽车缸体活塞上，并实现了大规模工业化生产。此外，日本还大规模制造了长纤维、晶须等多种类型的金属基复合材料增强体。

　　俄罗斯在金属基复合材料研究生产和应用方面也具有很强的实力，其研究和应用主要集中在硼纤维增强铝基复合材料方面。

　　金属基复合材料市场根据应用领域不同，可细分为陆上运输、电子/热控、航空航天、工业、消费产品五部分。

　金属基复合材料的分类

金属基复合材料是以金属或合金为基体，以高性能的第二相为增强体的复合材料。金属基复合材料的主要体系如图5.1所示。

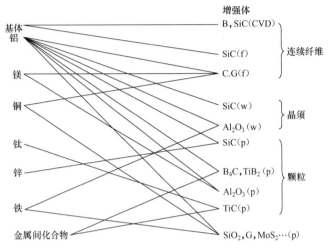

图 5.1　金属基复合材料的主要体系

金属基复合材料品种繁多，分类方式各异，可大致按以下三种方式分类。

1. 按增强体类型分类

（1）颗粒增强复合材料。颗粒增强复合材料是指弥散的增强体以颗粒的形式存在的复合材料。在这种复合材料中，增强体是主要承载相，而基体的作用主要在于传递载荷。颗粒复合材料的强度通常取决于增强颗粒的直径、间距和几何比，但基体性能也很重要。除此之外，界面性能及颗粒形状对其性能也有明显影响。

（2）片层复合材料。片层复合材料是指在韧性和成型性比较好的金属基体材料中含有重复排列的高强度、高模量片层状增强物的复合材料。片层的间距是微观的，所以在正常的比例下，材料按结构组元看，可以认为是各向异性的和均匀的。

（3）纤维增强复合材料。纤维增强复合材料是指增强体为纤维的复合材料。根据长度的不同，可将纤维分为长纤维和短纤维。长纤维又称连续纤维，其增强方式可以是单向纤维、二维织物或三维织物，复合材料的性能可呈现各向异性，取决于纤维的排列方式。纤维是承受载荷的主要组元，纤维的加入不但大大改善了材料的力学性能，而且提高了材料的耐温性能。

短纤维和晶须随机均匀地分散在金属基体中，因而其性能在宏观上是各向同性的；在特殊条件下，短纤维也可定向排列，如对材料进行二次加工（挤压）即可。

当韧性金属基体用高强度脆性纤维增强时，基体的屈服和塑性流动是复合材料性能的主要特征，但纤维对复合材料弹性模量的增强有相当大的作用。

2. 按基体类型分类

金属基复合材料按基体类型分，主要有铝基、镁基、锌基、铜基、钛基、镍基、耐热金属基、金属间化合物基等复合材料。目前以铝基、镁基、镍基、钛基复合材料发展较成熟，已在航空航天、电子、汽车等领域应用。

3. 按用途分类

（1）结构复合材料。结构复合材料主要用作承力结构，其基本上由增强体和基体组成，具有高比强度、高比模量、尺寸稳定、耐热等特点，用于制造航空航天、电子、汽车、先进武器等的高性能构件。

（2）功能复合材料。功能复合材料是指除力学性能外还有其他物理性能［电、磁、热、声、力学（指阻尼、摩擦）等］的复合材料。其可用于电子、仪器、汽车、航空航天、武器等领域。

5.2 金属基复合材料的基体

研究、开发金属基复合材料的基础是金属材料。随着现代科学技术的发展，尤其是航空航天技术的发展，对金属材料的要求越来越高，不仅要求其强度高，还要求质量轻、高温性能好等。由于铝、镁、钛及其合金的比强度和比模量具有优势，因此作为结构材料在航空航天领域得到了广泛的应用，并且常作为金属基复合材料的主要金属基体。

与聚合物相比，金属材料具有高强度、高模量、高韧性和耐冲击性能，对温度变化敏感性低，对热冲击敏感性低，导电性、导热性优异，高温下不变形、尺寸稳定、不老化、不吸湿、不放气、耐磨损。

与陶瓷材料相比，金属材料的高强度，尤其是在蠕变和疲劳载荷条件下能得到充分利用，其高韧性与耐冲击性能是陶瓷材料无法比拟的。陶瓷材料的抗热冲击性能也远比金属材料的差，其缺口敏感性和对表面、内部裂纹敏感性也是致命弱点。而工程应用的金属材料塑性好，可以借助塑性变形使缺口和裂纹钝化，防止了材料的灾难性破坏。

上述金属及其合金的性能特点决定了其可以成为优异的工程结构材料，而金属基复合材料兼有上述金属及其合金的优良性能。下面主要对当前研究比较集中的铝基复合材料、钛基复合材料和镁基复合材料中经常使用的基体作简单介绍。

5.2.1 基体的选用原则

用作金属基复合材料的金属有铝及铝合金、镁合金、钛合金、镍合金、铜及铜合金、锌合金、铅、金属间化合物等。对于不同形状、不同类型的增强体，在选择金属基体材料时，除了要考虑复合材料的使用要求外，还应考虑基体与增强物之间的相容性、基体的性能特点及复合材料的组成特点。正确选择基体金属，才能有效复合，并充分发挥基体金属和增强材料的性能特点，获得预期的优异性能，满足使用要求。选择基体时主要考虑以下三方面。

（1）金属基复合材料的使用要求。金属基复合材料构件的使用性能要求是选择金属基体材料最重要的依据。例如高性能发动机要求复合材料不仅有高比强度、高比模量，还要求复合材料具有优良的耐高温性能，能在高温、氧化性气氛中正常工作。一般不宜选用

铝、镁合金，而需选择钛基合金、镍基合金及金属间化合物作为基体材料，如碳化硅/钛基合金复合材料和钨丝/镍合金复合材料可用于喷气发动机叶片、转轴等重要零件。

（2）金属基复合材料的组成特点。由于增强体的性质和增强机理不同，因此在基体材料的选择原则上有很大差别。对于连续纤维增强金属基复合材料，纤维是主要承载物体，纤维本身具有很高的强度和模量。

（3）基体金属与增强体的相容性。由于金属基复合材料需要在高温下成型，因此在金属基复合材料制备过程的金属基体与增强体在高温复合过程中，处于高温热力学不平衡状态下的纤维与金属之间很容易发生化学反应，在界面形成反应层。

5.2.2 金属基体的类型

金属基复合材料的基体类型很多。表5-2为常用基体金属的主要性能。

表5-2 常用基体金属的主要性能

基体金属	密度/(g/cm³)	熔点/℃	拉伸强度/MPa	弹性模量/GPa	线膨胀系数/K⁻¹	热导率/[W/(m·℃)]
铝	2.7	580	310	70	23.4×10^{-6}	171
铜	8.9	1080	340	120	17.6×10^{-6}	391
铅	11.3	320	20	10	28.8×10^{-6}	33
镁	1.7	570	280	40	25.2×10^{-6}	76
镍	8.9	1440	760	210	13.3×10^{-6}	62
铌	8.6	2470	280	100	6.8×10^{-6}	55
钢	7.8	1460	2070	210	13.3×10^{-6}	29
超合金	8.3	1390	1100	210	10.7×10^{-6}	19
钽	16.6	2990	410	190	6.5×10^{-6}	55
锡	7.2	230	10	40	23.4×10^{-6}	64
钛	4.4	1678	1170	110	9.5×10^{-6}	7
钨	19.4	3410	1520	410	4.5×10^{-6}	168
锌	6.6	390	280	70	27.4×10^{-6}	112

1. 铝及铝合金

铝是元素周期表中第三周期主族元素，属面心立方晶体，无同素异构转变。铝的密度为2.7g/cm³，熔点为661℃，拉伸强度为80MPa，延伸率约为45%。铝具有优良的导电性和导热性，其导电性仅次于银和铜，为纯铜导电率的62%。铝在大气中具有优良的耐蚀性，室温下能与氧化合，表面生成一层致密的氧化膜，阻止氧向金属内部扩散而起保护作用。但铝在碱和盐的水溶液中耐蚀性不好。铝的氧化膜在热的稀硝酸和稀硫酸中极易被溶解。纯铝的强度不高，不适合做承力大的结构材料，在金属基复合材料中很少采用纯铝做基体。

根据金属成分和加工工艺性能特点，铝及铝合金可分为纯铝、铸造铝合金、变形铝合金三种。

（1）纯铝。纯铝按纯度分为高纯铝、工业高纯铝和工业纯铝。工业纯铝（铝含量为 $99.0\% \sim 98.0\%$）的牌号有 1A50、1A80、1A95、1A97、1A99，编号越大，纯度越低，主要用于配制铝基合金及制造导线、电缆和电容器。

（2）铸造铝合金。铸造铝合金按加入的主要合金元素分为 Al-Si 系、Al-Cu 系、Al-Mg 系、Al-Zn 系四种合金。合金牌号用 ZL 后加三位数字表示。第一位数字表示合金系列，1 为 Al-Si 系合金，2 为 Al-Cu 系合金，3 为 Al-Mg 系合金，4 为 Al-Zn 系合金；第二位、第三位数字表示合金顺序号，如 ZL101 表示 1 号铝硅系铸造合金，依此类推。铸造铝合金具有良好的铸造性能和力学性能，合金元素含量较大。

Al-Si 系合金强度和塑性都很低，通常用来制作力学性能要求不高而形状复杂的铸件。Al-Cu 系合金耐热性强，铸造性和耐蚀性较差，适合铸造高温铸件。Al-Mg 系合金耐蚀性强、密度小，强度和韧性较高，切削加工性好，表面粗糙度低；铸造性能差，容易氧化和形成裂纹；耐热性较低，工作温度不超过 200℃，主要用于造船、食品和化学工业。Al-Zn 系合金具有良好的铸造性、切削性、焊接性和尺寸稳定性，强度较高，耐蚀性差，主要用于制作形状复杂的压铸件。

（3）变形铝合金。变形铝合金按性能特点和用途分为防锈铝、硬铝、超硬铝和锻铝四种，分别用 5A、2A、7A、6A 及其后顺序号表示。如 2A12 表示 12 号硬铝。

防锈铝主要包括 Al-Mn 系合金和 Al-Mg 系合金，主要性能特点是具有优良的抗蚀性、良好的塑性和焊接性，适合制造需深冲、焊接和在腐蚀性介质中工作的零部件。硬铝主要是 Al-Cu-Mg 系合金，强度高、硬度高，主要用于制造中等强度的零件和构件，如骨架、螺旋桨、叶片、铆钉等。超硬铝主要是 Al-Zn-Mg-Cu 系合金，是变形铝中强度最高的一类合金，其强度高达 $588 \sim 686$MPa，具有良好的热加工性，广泛应用于各种类型和规格的半成品，成品用于制造飞机蒙皮、桁条和梁、动力骨架、建筑结构等。锻造铝合金主要是 Al-Mg-Si-Cu 系合金，具有优良的热塑性，适合生产各种锻件和模锻件。

铝基复合材料中常用铝合金的成分及性能见表 5-3。

表 5-3 铝基复合材料中常用铝合金的成分及性能

中国牌号		2A12	6A02	2A14	7A04	ZL101	ZL104
对应美国牌号		2024	6061	2014	7075	A356	A360
化学成分 /（%）	铜	3.8~4.9	0.2~0.6	3.8~4.9	1.4~2.0	<0.2	<0.3
	镁	1.2~1.8	0.45~0.9	0.4~0.8	1.8~2.8	0.2~0.4	0.17~0.3
	锰	0.4~1.0	0.15~0.35	0.4~1.0	0.2~0.6	<0.5	0.2~0.5
	硅	<0.5	0.5~1.2	0.6~1.2	<0.5	6.0~8.0	8.0~10.5
	锌	—	—	—	5.0~7.0	—	—
	铝	余量	余量	余量	余量	余量	余量

中国牌号		2A12	6A02	2A14	7A04	ZL101	ZL104
对应美国牌号		2024	6061	2014	7075	A356	A360
性能	抗拉强度/MPa[①]	500	320	480	600	230	230
	伸长率/(%)[①]	10~13	16	12	12	1	2
	密度/(g/cm³)	2.80	2.69	2.80	2.85	—	—
	20~300℃线膨胀系数/K⁻¹	24.8×10⁻⁶	25.5×10⁻⁶	24.5×10⁻⁶	26.0×10⁻⁶	24.5×10⁻⁶	23.5×10⁻⁶

注：①抗拉强度和伸长率是在热处理状态、淬火＋时效处理后测定的。

2. 钛及钛合金

纯钛的熔点为1668℃，密度为4.5g/cm³，其线膨胀系数低，仅为（7.35~9.5）×10⁻⁶/K⁻¹。钛的导电性和导热性差，其导热系数只有铜的1/17、铝的1/10，比电阻是铜的25倍。钛及钛合金具有优异的耐蚀性，在硫酸、盐酸、硝酸和氧化钠等介质中都很稳定。

纯钛的塑性极好，容易加工成型，强度偏低，但含氢、碳、氧、铁、镁等杂质元素的工业纯钛的拉伸强度可提高到700MPa，并仍能保持良好的塑性和韧性。纯钛的强度可通过冷作强化和合金强化得到明显提高，如50%的冷变形可使强度提高60%，适当合金化和热处理可使拉伸强度达1200~1400MPa，因此钛合金的比强度高于其他常用金属材料的，这也是钛合金作为金属基复合材料基体的重要原因。虽然纯钛的高温性能差，但化合后的耐热性显著提高，可以作为高温结构材料使用，如航空航天领域的压气转子叶片等，长期使用温度已达540℃。

钛在固态下具有同素异晶转变。在882.5℃以下为α-Ti，具有密排六方晶体结构；在882.5℃以上直至熔点为β-Ti，具有体心立方晶体结构。钛具有比强度高、耐热性好、抗蚀性优异等优点。

纯钛又分为高纯钛和工业纯钛。高纯钛不常用作复合材料，工业纯钛按杂质含量及力学性能分为TA1、TA2、TA3三个牌号。牌号增大，杂质含量增大，钛的强度提高、塑性降低。工业纯钛是航空、船舶、化学等工业的常用一种α-Ti合金，其板材和棒材可以制造在350℃以下工作的零件，如飞机蒙皮、隔热板、热交换器等。

钛合金按合金元素加入后在退火组织中的作用，分为α型、β型和α＋β型，我国牌号分别为TA、TB和TC加上编号，即α-Ti合金（牌号有TA4-TA8，Ti-5Al-2.5Sn）、β-Ti合金（牌号有TB1-TB2，Ti-3Al-Mo-11Cr）、α＋β-Ti合金（牌号有TC1-TC10、Ti-6Cr-4V）。钛基复合材料中常用钛及钛合金的成分及性能见表5-4。

表5-4　钛基复合材料中常用钛及钛合金的成分及性能

中国牌号	TA3	TA7	TB1	TC4
对应美国牌号	Ti75A	Ti-5Al-2.5Sn	Ti-13V-11Cr-3Al	Ti-6Al-4V
合金类型	α	α	β	α＋β

中国牌号		TA3	TA7	TB1	TC4
对应美国牌号		Ti75A	Ti－5Al－2.5Sn	Ti－13V－11Cr－3Al	Ti－6Al－4V
主要化学成分/（%）	钛	99	余量	余量	余量
	铝	—	4.0～6.0	2.0～4.0	5.5
	铬	—	—	10.5～12.0	—

3. 镁及镁合金

镁具有密排六方晶体结构，纯镁的熔点为 651℃，密度为 1.74g/cm³，约为铝的 2/3。由于镁的密度很低，比强度和比刚度较高，减震性能好，能承受较大的冲击振动负荷，因此在航空航天、光学仪器、电子工业、机械和汽车领域得到广泛应用。

金属镁的弹性模量仅为 44.6GPa，在金属材料中是最低的，但比模量与铝、钛的接近。纯镁的强度低，尤其是屈服强度很低，不适合做结构材料使用。合金化后，镁合金的屈服强度明显提高。镁的合金化原理与铝合金的相近，均利用固溶强化和时效强化来提高合金的常温性能和高温性能。所选择的合金化元素一般在镁基体中有较高的固溶度，并随温度有明显变化，在时效强化过程中能形成强化效果较突出的第二相。镁合金的合金化元素有铝、锌、锆、锰和稀土等，其中铝和锌是主要合金化元素。铝和锌高温时在镁中溶解度较大，而在室温时较小，经固溶处理后都有第二相析出。

镁合金可以分为铸造镁合金和变形镁合金两大类。铸造镁合金的牌号用 ZM 加序号表示，如 ZM1、ZM3、ZM5 等。变形镁合金的牌号用 MB 加序号表示，如 MB1、MB2、MB3 等。镁基复合材料中常用镁合金的成分及性能见表 5－5。

表 5－5 镁基复合材料中常用镁合金的成分及性能

中国牌号		MB2	MB5	MB7	MB15	YM5	ZM5	
对应美国牌号		AZ31	AZ61	AZ80	ZK60	AZ91	AZ91	
合金类型		变形	变形	变形	变形	变形	变形	
化学组成成分/（%）	镁	余量	余量	余量	余量	余量	余量	
	铝	3.0～4.0	5.5～7.0	7.8～9.0	—	7.5～9.0	7.5～9.0	
	锌	0.2～0.8	0.5～1.5	0.2～0.8	5.0～6.0	0.2～0.8	0.2～0.8	
	锰	0.15～0.5	0.15～0.5	0.15～0.50	—	—	0.15～0.50	
	锆	0	0	—	0.3～0.9	—	—	
力学性能	状态	板材退火	锻件退火	挤压件退火	人工时效	—	铸态	淬火 / 淬火时效
	拉伸强度/MPa	235	260	300	315	230	145	230 / 230

中国牌号		MB2	MB5	MB7	MB15	YM5		ZM5	
对应美国牌号		AZ31	AZ61	AZ80	ZK60	AZ91		AZ91	
力学性能	屈服强度/MPa	125	165	200	245	160		80	110
	伸长率/（%）	12.0	8.0	8.0	6.0	3.0	2.0	5.0	2.0

4. 铁及铁合金

金属基复合材料中使用的铁主要是铁基高温合金，可在 600～900℃ 下使用，按加工工艺分为变形高温合金和铸造高温合金。

铁基变形高温合金是奥氏体可塑性变形高温合金，主要成分为铁（15%～60%）、镍（25%～55%）、铬（11%～23%），还有多种其他合金元素。铁基变形高温合金按强化方式可分为三类：碳化物、氮化物和碳氮化物强化合金（Ⅰ类），其镍含量较小（不低于25%），添加钨、钼、铌、钒等合金元素，用于早期航空发动机热端部件，但其综合强度较低、热稳定性差，使用温度在 650℃ 以下；金属间化合物强化合金（Ⅱ类），通过加入钛、铝形成强化相，使用温度达 750℃ 左右，其中温强度较高、易于加工、价格低廉，广泛应用于燃气涡轮发动机和汽轮机的叶片、涡轮盘等主要构件；固溶强化合金（Ⅲ类），通过加入铬元素（20%），与钨、钼、铝、钛、铌等合金元素进行强化，其使用温度可在800～950℃ 之间，但综合力学性能较低。

铁基铸造高温合金是面心立方体结构的奥氏体，是通过铸造工艺成型制备得到的高温合金。铁基铸造高温合金可与钨、钼、钛、铝等合金元素发生固溶强化和沉淀强化，与硼元素发生晶界强化，其使用温度为 600～900℃。

5. 镍基高温合金

镍基高温合金以镍铬为主要成分。金属基复合材料中使用的镍基高温合金与铁基合金类似，按加工工艺分为变形高温合金和铸造高温合金两类。

镍基变形高温合金是以金属镍为主，具有可塑性的变形高温合金，其在 650～1000℃ 具有良好的强度、抗氧化性和耐燃气腐蚀能力。镍基变形高温合金按强化方式可分为固溶强化型和沉淀强化型。固溶强化的元素有钨、钼、钴等，其合金用于制造工作温度较高的燃气轮机燃烧室。沉淀强化的元素有铝、钛、铌等，其合金具有较高的高温蠕变强度、抗疲劳强度，良好的抗氧化、抗腐蚀性能，用于制造发动机叶片、涡轮盘等。

镍基铸造高温合金使用铸造工艺成型的高温合金，可在 600～1100℃ 的氧化和燃气腐蚀气氛中承受复杂应力，并能长期可靠地工作。由于其具有优异的高温性能，因此在燃气涡轮发动机上得到了广泛应用，主要作为涡轮转子叶片和导向叶片。镍基铸造高温合金按强化方式分为固溶强化型、沉淀强化型和晶界强化型。不同的强化类型通过添加不同的合金元素来实现：固溶强化型主要添加铬、钴、钨、钼、铌、钽等合金元素；沉淀强化型主要添加铝、钛、铌、钽、铪等合金元素；晶界强化型主要添加硼、锆和稀土元素等，通过填补晶界的原子空位，提高晶界合金化程度，减缓晶界扩散，在高温应力作用下使合金的薄弱环节得以加强。

高温金属基复合材料所有基体合金的成分及性能见表5-6。

表5-6 高温金属基复合材料所有基体合金的成分及性能

基体合金及成分	密度（1100℃，100h）/（g/cm³）	持久强度（1100℃，100h）/MPa	高温比强度（1100℃，100h）/10³ MPa
Zh36（Ni—12.5%，Cr—7%，W—4.8%，Mo—5%，Al—2.5%Ti）	12.5	138	112.5
EPD-16（Ni—11%，W—6%，Al—6%，Cr—2%Mo—1.5%Nb）	8.3	51	63.5
Nimocast713C（Ni—12.5%，Cr—2.5%，Fe—2%，Nb—4%，Mo—6%，Al—1%Ti）	8.0	48	61.3
Mar-M322E（Co-21.5% Cr-25% W-10% Ni-3.5% Ta-0.8%Ti）	—	48	—
Ni-25% W-15% Cr-2% Al-2% Ti	9.15	23	25.4

6. 金属间化合物

在合金中，除了固溶体外，还可能形成金属间化合物。金属间化合物是合金组元间发生相互作用而形成的一种新相，又称中间相。其晶格类型及性能均不同于任一组元，一般可以用分子式来大致表示其组成。在金属间化合物中，除离子键、共价键外，金属键也参与作用，因而它具有一定的金属性质，如金属光泽、导电、导热、熔点高、硬度高。金属间化合物可以作为合金的强化相定向凝固共晶复合材料中的强化相，用于制作耐高温、多功能复合材料。

金属间化合物品种繁多，而用于金属基复合材料的金属间化合物通常是高温合金（如铝化物、硅化物、铍化物等，其中以铝化物研究最多），使用温度可达1600℃。金属间化合物高温合金是晶体结构中组成元素的原子以长程有序的方式排列，兼有金属较好的塑性和陶瓷良好的高温强度的一种高温合金。与铁基高温合金和镍基高温合金相比，其原子间结合力大，除金属键外，还有一部分共价键，因而具有一系列优异的性能，如高强度、高弹性模量、较低的蠕变速率、较高的形变硬化率、较低的自扩散系数、稳定的组织结构。有些金属间化合物还具有屈服强度反常温度关系和良好的抗氧化腐蚀性能，使用温度仅次于高温结构陶瓷材料。金属间化合物的缺点是韧性较低，原因在于组织中低的对称性导致滑移系不足和晶体界面结合较弱。在冶金过程中采用快速凝固法和在 Ni_3Al 等金属间化合物中添加硼元素，以增强金属间化合物的韧性。表 5-7 为部分金属间化合物的性能。

表 5-7 部分金属间化合物的性能

金属间化合物	熔点/℃	密度/(g/cm³)	弹性模量/GPa
FeAl	1250～1400	5.6	263
Fe_3Al	1540	6.7	—
NiAl	1640	5.9	206
Ni_3Al	1390	7.5	33.7
TiAl	1460	3.9	94
Ti_3Al	1600	4.2	210
$MoSi_2$	2030	6.3	—

以金属间化合物为基体的金属基复合材料分为结构类复合材料（如 Al/NiAl、Al/Al-Cu₂、Ni/Ni₄W）和功能类复合材料（如铁磁性 MnBi/Bi、磁阻性 InSb/NiSb、半导体效应 SnSe/SnSe₂）。

上述各类金属基体中，由于用于航空航天、汽车、先进武器等构件的复合材料一般要有高的比强度和比刚度，因此大多选用铝及铝合金、镁及镁合金作为基体金属。在发动机特别是燃气轮机中需要热结构材料，要求复合材料零件在高温下连续安全工作，工作温度为 650～1200℃，同时要求复合材料有良好的抗氧化性、抗蠕变性、耐疲劳性和良好的高温力学性质。铝、镁复合材料一般只能在 450℃ 左右下使用，钛合金基体复合材料可以在 650℃ 下使用，而镍、钴基复合材料可在 1200℃ 下使用。

根据使用温度的不同，金属基复合材料的基体大致可分为轻金属基体和耐热合金基体两大类。

（1）用于 450℃ 以下的轻金属基体。在这个温度范围使用的金属基体主要是铝、镁及其合金。由于纯金属存在缺陷，因此使用中铝、镁金属基体主要以合金形式出现。

（2）用于 450～1000℃ 的复合材料的金属基体。在这个温度范围内使用的金属基体主要有钛、铁及其合金。

（3）用于 1000℃ 以上的高温复合材料的金属基体。耐热合金也称高温合金，是指在高温下具有抗氧化性、抗腐蚀性、抗蠕变性和耐疲劳的金属材料。在 1000℃ 以上使用的金属基体材料主要有镍基高温合金、金属间化合物等，铌基合金作为更高温度下使用的复合材料基体正处于研究阶段。

5.3 金属基复合材料的制造方法

要得到具有指定性能和与之相应的组织结构的金属基复合材料，复合手段和制备技术至关重要。从某种意义上讲，制备技术的发展水平在很大程度上制约着金属基复合材料的功能发挥，同时制约着金属基复合材料在更广泛领域、更关键场合的应用。

用于制造金属基复合材料的方法很多，在选择金属基复合材料的制备工艺时，必须注意以下三点：①使用工艺能使增强体均匀分布于基体中，能够满足复合材料结构和强度设计的要求，充分发挥增强体的增强功能，提升材料的综合性能，制备出具有理想界面结构和性能的复合材料；②尽可能避免在制造过程中，在界面处产生有害的化学反应；③设备投资少，工艺简单，便于规模化生产，尽可能制造出接近最终产品的形状、尺寸和结构，减少后续加工工序。金属基复合材料的增强体、复合工艺和成本如图 5.2 所示。金属基复合材料的制备方法及适用范围见表 5-8。为了便于介绍金属基复合材料的制备工艺，根据各种制备方法的基本特点，主要把金属基复合材料的制备工艺分为四类，即固态法、液态法、喷涂与喷射共沉积法、原位复合法。

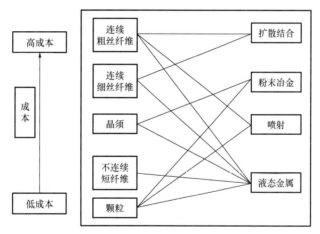

图 5.2　金属基复合材料的增强体、复合工艺和成本

表 5-8　金属基复合材料的制备方法及适用范围

制备方法		适合增强材料的类型	典型金属基复合材料
固态法	粉末冶金法	连续、短纤维、颗粒、晶须	SiC_f/Al；SiC_w/Al；SiC_p/Al
	固态扩散结合法	连续纤维	B_f/Al；C_f/Al；$Borsic/Ti$
液态法	压铸	连续、短纤维、颗粒、晶须	Al_2O_{3f}/Al；SiC_p/Al；SiC_w/Al；C_f/Al
	半固态复合铸造	颗粒	SiC_p/Al；Al_2O_{3f}/Al
喷涂与喷射共沉积法		颗粒	SiC_p/Al
原位复合法		连续纤维、颗粒、晶须	NbC_f/Ni；TiC_p/Al

5.3.1 固态法

固态法是指在金属基体处于固态下制造金属基复合材料的方法。它是先将金属粉末或金属箔与增强体（纤维、晶须、颗粒等）以一定的含量、分布、方向混合排列在一起，再经过加热、挤压将金属基体与增强体复合黏结在一起。在整个制造过程中，金属基体与增强体均处于固态，其温度控制在基体合金的液相线与固相线之间。在某些方法（如热压法）中，为了使金属基体与增强体之间复合得更好，有时也希望存在少量液相。固态法的特点如下：加工温度较低，不发生严重的界面反应，能较好地控制界面反应的热力学和动力学过程。在整个反应过程中，为了避免金属基体与增强体之间的界面反应，尽量将温度控制在较低范围内。固态法包括粉末冶金法、固态扩散结合法、爆炸焊接法等。

1. 粉末冶金法

粉末冶金法是用于制备与成型非连续增强型金属基复合材料的一种传统的固态工艺法。它是利用粉末冶金原理，将基体金属粉末与增强材料（晶须、短纤维、颗粒等）按设计要求的比例在适当的条件下均匀混合，然后压坯、烧结或挤压成型，或直接用混合粉料进行热压、热轧制、热挤压成型，也可将混合料压坯后加热到基体金属的固-液相温度区内进行半固态成型，从而获得复合材料或其制件。粉末冶金法既可适用于连续、长纤维增强的金属基复合材料，又适用于短纤维、颗粒或晶须增强的金属基复合材料。

粉末冶金法

粉末冶金成型主要包括混合、固化、压制三个过程。粉末冶金工艺过程如下：先采用超声波或球磨等方法，将基体金属粉末与增强体均匀混合除气；然后冷压成型，得到复合坯件；最后通过热压烧结致密化获得复合材料成品，如图5.3所示。

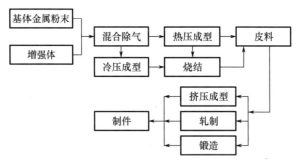

图 5.3　粉末冶金工艺过程

基体金属粉末与颗粒（晶须）的混合均匀程度及基体金属粉末防止氧化的问题是整个工艺过程的关键。粉末冶金法的主要优点如下：增强体与基体金属粉末有较宽的选择范围，颗粒的体积分数可以任意调整，并可不受颗粒尺寸与形状的限制，可以实现制件的少切削或近净成型。其主要缺点如下：制造工序繁多，工艺复杂，制造成本较高，内部组织不均匀，存在明显的增强相富集区和贫乏区，不易制备形状复杂、尺寸大的制件。此外，在制备铝基复合材料时，还要防止铝粉引起的爆炸。由于粉末冶金法制备金属基复合材料具有上述优点，国内外仍然在致力于发展粉末冶金法生产金属基复合材料。

2. 固态扩散结合法

固态扩散结合法是将固态的纤维与金属适当地组合，在加压、加热条件下，使它们相互扩散结合成复合材料的方法。固态扩散结合法可以一次制成预制品、型材和零件等，但主要应用于预制品的进一步加工制造。

固态扩散结合法制造连续纤维增强金属基复合材料主要有三个关键步骤：第一步，将纤维或经过预浸处理的表面涂覆有基体金属的复合丝与基体合金的箔片有规则地排列、堆叠起来；第二步，真空封装复合材料；第三步，通过加热、加压使它们紧密扩散结合成整体。固态扩散结合法制备金属基复合材料主要有扩散结合法、变形法等。

（1）扩散结合法。

扩散结合法也称扩散焊接或固态热压法，是一种制造连续纤维增强金属基复合材料的传统工艺方法。早期研究与开发的硼纤维增强铝或钛基复合材料和钨丝增强镍基高温合金都是采用扩散结合法制备的。在较长时间高温及塑性变形不大的作用下，利用金属粉末之间或金属粉末与增强体之间接触部位的原子在高温下相互扩散，通过加热和加压，使表面发生变形、移动、表面膜（通常是氧化膜）破坏；随着时间的进行，发生界面扩散和体扩散，使接触面紧密结合；由于热扩散结合界面最终消失，结合过程完成。

扩散结合法

影响扩散结合过程的主要参数有温度、压力和一定温度及压力下维持的时间，其中温度是最重要的，气氛对产品质量也有一定影响。对于扩散结合法，由于基体的变形受到刚性纤维的限制，为了使基体材料充分填满纤维的所有间隙，因此要求基体必须具有较高的软化程度，即要求有较高的黏结温度。对于合金，一般要求温度稍高于固相线，有少量的液相最佳。但是，为了防止纤维的软化或与基体金属的相互作用，其温度又不能过高。

扩散结合工艺中，增强纤维与基体的结合主要分为三个关键步骤：纤维的排布，复合材料的叠合和真空封装，热压。

在扩散结合工艺中，增强纤维的排布有以下四种方法。第一种方法是采用有机黏结剂（如聚苯乙烯），将增强纤维的单丝或多丝分别浸入加热后易挥发的有机黏结剂中，按复合材料设计要求的间距排列在金属基体的薄板或箔片上形成预制件。第二种方法是采用带槽的薄板或箔片，将纤维排布其中（图5.4）。第三种方法是采用等离子喷涂，即先在金属基体箔片上用缠绕法排布好一层纤维，然后喷涂一层与基体金属相同的金属，将增强纤维与基体金属黏结固定在一起。第四种方法是将与基体润湿性差的增强纤维预先进行表面化学或者物理处理（如碳纤维涂层），然后通过基体金属熔池，使金属充分地浸渍到纤维表面或纤维束中，形成金属基复合丝，这种复合丝既可与金属基体箔片交互排布，也可直接排布成预制件。

扩散结合法分为热压扩散法和热等静压法。

① 热压扩散法。热压扩散法是制备和成型连续纤维增强金属基复合材料及其制件的典型方法之一。其工艺过程一般如下：先将经过预处理的连续纤维按设计要求在某方向堆垛排列好，用金属箔基体夹紧、固定；然后将预成型层合体在真空或惰性气体中加热至基体金属熔点以下，进行热加压，通过扩散焊接的方式实现材料的复合和成型。热压扩散法制备金属基复合材料的工艺过程如图5.5所示。

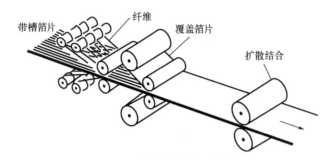

图 5.4 带槽箔片的纤维排布

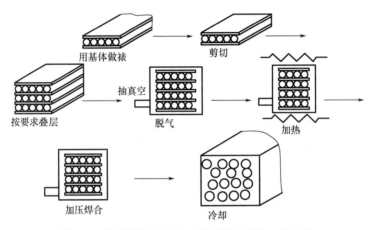

图 5.5 热压扩散法制备金属基复合材料工艺过程

热压扩散法的特点如下：利用静压力使金属基体产生塑性变形、扩散而焊合，并将增强纤维固结在其中，成为一体。复合材料的热压温度比扩散焊接高，但不能过高，以免纤维与基体之间发生反应，影响材料的性能，一般控制在稍低于基体合金的固相线以下。有时为了能更好地使材料复合，用易挥发黏结剂将纤维黏在金属箔上制得的预制片最好存在少量的液相，温度控制在固相线与液相线之间。压力可以在较大的范围内变化，但是过高容易损伤纤维，一般控制在 10MPa 以下。压力的选择与温度有关，温度高，则压力可适当降低，时间为 10～20min 即可。为了得到性能良好的金属基复合材料，要同时防止界面反应，就要控制温度的上限。

热压扩散法制备纤维增强金属基复合材料的条件，因所用的材料种类、部件的形状等不同而有所不同。其纤维的热稳定性好时，可以将基体金属加热到固相线以上半固态成型，这样可以不用高压和不用大型压力机，设备规模减小，制造成本降低。

② 热等静压法。热等静压法所用的压力是等静压，工件的各个方向上都受到均匀压力的作用。热等静压的工艺过程如下：在高压容器内装置加热器，将金属基体（粉末或箔）与增强纤维（纤维、晶须、颗粒）按一定的比例混合排列（或用预制片叠层）放入金属包套中，抽气密封后装入热等静压装置中加热、加压，得到金属基复合材料。热等静压装置如图 5.6 所示。

热等静压工艺有三种：①先升压后升温，其特点是无须将工件压力升高到最终要求的最高压力，随着温度的升高，气体膨胀，压力不断升高，达到所需压力，这种工艺适用于

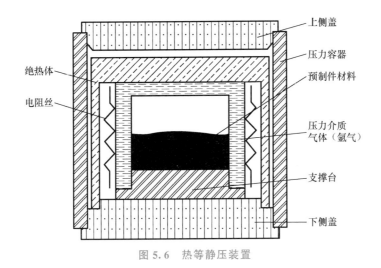

图 5.6　热等静压装置

金属包套工件的制造；②先升温后升压，适用于用玻璃包套制造复合材料，因为玻璃在一定温度下软化，加压时不会发生破裂，又可有效传递压力；③同时升温升压，适用于低压成型、装入量大、保温时间长的工件的制造。

在用热等静压法制造金属基复合材料的过程中，主要工艺参数有温度、压力、保温保压时间。温度是保证工件质量的关键因素，一般选择的温度低于热压温度，以防止强烈的界面反应。热等静压装置的温度可在数百摄氏度到 2000℃ 范围内选择。压力是根据基体金属在高温下变形的难易程度而定的，一般高于扩散黏结压力，工作压力为 100～200MPa。对于易变形的金属，选择的压力应低一些；对于难变形的金属，选择的压力高一些。保温保压时间主要根据工件的尺寸而定，工件尺寸越大，保温时间越长，一般为半小时到数小时。

由于所用压力是等静压，因此用较简单的模具和夹具就能压制出形状复杂的部件。与热压扩散法相比，热等静压法可以进行大型部件的复合成型，但是设备费用高。热等静压法适用于多种复合材料的管、筒、柱及形状复杂零件的制造，特别适用于钛、金属间化合物、超合金基复合材料。热等静压法的优点是产品的组织均匀致密，无缩孔、气孔等缺陷，形状、尺寸精确，性能均匀；缺点是设备投资大，工艺周期长，成本高。

扩散结合工艺中，基体金属箔或薄板在压力作用下发生塑性变形，经一定时间和温度的作用扩散而焊合在一起，形成金属基复合材料。热压应有压力下限，如压力不足，金属的塑性变形无法达到与纤维的界面，会形成"鱼眼"形空洞，如图 5.7 所示。

（2）变形法。

变形法就是利用金属具有塑性成型的工艺特点，通过热轧、热拉、热挤压等加工手段，使复合好的颗粒、晶须、短纤维增强金属基复合材料进一步加工成型。由于变形法在固态下进行加工，因此速度快，纤维与基体作用时间短，纤维的损伤小，但是不一定能保证纤维与基体的良好结合，而且在加工过程中产生的高应力容易造成脆性纤维的破坏。

① 热轧法。

热轧法主要用来将已用粉末冶金或热压工艺复合的颗粒、晶须、短纤维增强金属基复

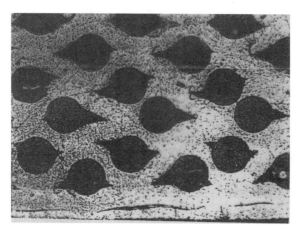

图 5.7   "鱼眼"形空洞

合材料锭坯进一步加工成板材，或直接将纤维与金属箔材热轧成复合材料，也可以将半固化带、喷涂带夹在金属箔材之间热轧。由于增强纤维塑性变形困难，在轧制方向上不能伸长，因此轧制过程主要完成纤维与基体的黏结过程。为了提高黏结强度，常对纤维进行涂层处理，如银、铜、镍等涂层。

在用热轧制造碳/铝复合材料时，将铝箔和涂银纤维交替铺层，然后在基体的固相点附近轧制；也可以用等离子喷涂法做成预制带，叠层后热轧。制造铍/铝复合材料时，先将铍丝缠绕在钛箔上，用等离子喷涂 9091 铝合金或用黏结剂固定，然后叠层热轧制。与金属材料的轧制相比，长纤维-金属箔轧制时的变形量小，轧制道次多。颗粒或晶须增强的金属基复合材料，先经粉末冶金或热压成坯，再经轧制成复合材料板材。

② 热拉和热挤压。热拉和热挤压主要用于将颗粒、晶须、短纤维增强金属基复合材料进一步加工成各种形状的管材、型材、棒材等。其工艺要点是在金属基体材料上钻孔，将金属丝（或颗粒、晶须）插入其中，然后封闭，再挤压或拉拔成复合材料。经过挤压、拉拔，复合材料的组织变得更均匀，减少或消除缺陷，性能明显提高；如果增强体是短纤维或晶须，则它们还会在挤压或拉拔过程中沿着材料流动方向择优取向，从而提高复合材料在该方向上的模量和强度。此外，热拉还可与后面的熔浸法组合。将用熔浸法制成的预浸线束封入真空不锈钢型中，加热到一定温度后经拉模拉拔，即可制造出复合棒或复合管。其拉拔温度应取基体金属的固相线下或固相线上，因为此时金属基体的塑性变形阻力极小，可以将纤维的机械损伤控制在最小的限度内，同时减小拉拔力。对于用熔浸法制备的预浸线束，热拉不是为了减小材料的断面面积，而是为了消除预成型体内的空隙，使其致密化。热拉金属复合材料工艺如图 5.8 所示。

在利用变形压力加工制造复合材料时，若增大基体金属的塑性变形，纤维与基体将在界面处产生很大的应力，容易造成界面的削离、纤维表面损伤甚至破断，而且在复合材料中将产生大量残余应力，影响复合材料的性能。热拉与其他变形压力加工相比，可以将全部基体金属的塑性变形控制在比较小的程度，此外，由于在拉拔加工过程中纤维主要受到拉的作用，几乎不产生弯曲应力，因此可避免纤维的断裂和界面的削离。

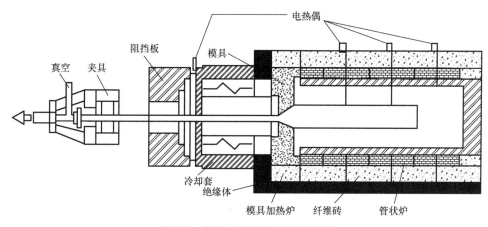

图 5.8 热拉金属基复合材料工艺

3. 爆炸焊接法

爆炸焊接法，又称爆炸复合法，是以炸药的爆炸为能源，在炸药的高速引爆和冲击作用下（7～8km/s），在微秒级时间内使两块金属板在碰撞点附近产生高达 $10^4 \sim 10^7 \, \mathrm{s}^{-1}$ 的应变速率和 $10^4 \, \mathrm{MPa}$ 的高压，使材料发生塑性变形，在基体中和基体与增强体的接触处发生焊接，从而成型复合材料。爆炸焊接前，应将金属丝等编织或固定好，必须去除基体与金属丝表面的氧化膜和污物。爆炸焊接用的底座材料的密度和声学性能应尽可能与复合材料的接近，一般将金属平板放在碎石层等上作为焊接底座。爆炸焊接法适合制造金属层合板和金属丝增强金属基复合材料，如钢丝/铝、钼丝/钛、钨丝/钛、钨丝/镍等。

爆炸焊接法的工艺特点如下：加载压力和界面高温持续时间短，阻碍了基体与增强体之间界面的化合反应，焊合区的厚度常在几十微米以内；复合界面上看不到明显的扩散层，不会产生脆性的金属间化合物，产品性能稳定；可以制造形状复杂的零件和大尺寸的板材，还可以一次作业制得多块复合材料板；采用块式法生产，无法连续生产宽度较大的复合坯料，而且难以控制爆炸带来的振动和噪声。

5.3.2　液态法

液态法是金属基体处于熔融状态下与固体增强物复合在一起的方法。金属在熔融状态下的流动性好，在一定的外界条件下容易进入增强体间隙中。如果金属基体与增强物浸润性差，则可采用加压浸渗；也可通过纤维、颗粒表面涂层处理使金属液与增强物自发浸润。液态法的加工过程温度高，易发生强烈的界面反应，有效控制界面反应是液态法的关键。液态法可用来直接制造复合材料零件，也可用来制造复合丝、复合带、锭坯等作为二次加工零件的原料。液态法主要包括液态金属浸渗法、液态金属搅拌铸造法等。

1. 液态金属浸渗法

液态金属浸渗法是指在一定条件下，将液态金属浸渗到增强材料多孔预制件的孔隙中并凝固，获得复合材料的制备方法。根据浸渗条件的不同，液态金属浸渗法可分为真空浸

渗法、压力浸渗法、真空压力浸渗法、无压浸渗法等。

增强体（纤维、颗粒）预制件应具有一定的抗变形能力，以防止在浸渗过程中发生位移而造成增强材料在基体中分布不均匀，同时保证有一定量的连通孔隙，以保证液态金属的浸渗。连通孔隙通常通过有机黏结剂的高温挥发来实现。预制件的制作方法主要有干法和湿法两种。预制件湿法制备过程如图5.9所示。

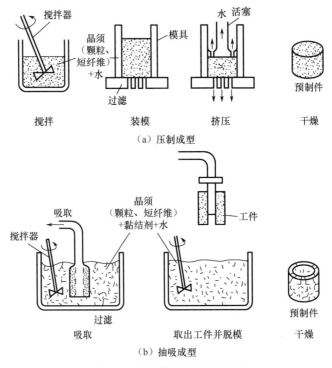

图 5.9　预制件湿法制备过程

（1）真空浸渗法。

真空浸渗法是指通过抽真空将液态金属抽吸到预制件孔隙中并凝固，获得金属基复合材料的方法。真空浸渗法制备金属基复合材料的过程如图5.10所示。先用绕线机把连续纤维缠在圆筒上，用聚甲基丙烯酸甲酯等能热分解的有机高分子化合物黏结剂制成半固化带，再把多片半固化带叠在一起压成预制件。把预制件放入铸型中并加热到500℃，使有机高分子分解去除。将铸型的一端浸入基体金属液内，另一端抽真空，使液体金属抽入铸型内含浸纤维，待冷却凝固后将复合材料从铸型内取出。也有将不锈钢丝直接装入钢管中，使一端浸入 Mg‐Li 合金熔体，另一端抽真空，待凝固后去除钢管，获得不锈钢丝增强 Mg‐Li 基复合材料。真空浸渗法主要适用于制造形状简单的板、管、棒等。

（2）压力浸渗法。

压力浸渗法是指在一定的压力下将液态金属浸渗到增强体预制件孔隙中，并在压力下凝固以获得复合材料的方法，因其与挤压铸造相近，故又称挤压铸造法。压力浸渗法制备金属基复合材料的过程如图5.11所示。先把预制件预热到适当温度，然后将其放入预热的铸型中，浇入液态金属并加压，使液态金属浸渗到预制件的孔隙中，保压，直到凝固完毕，从铸型中取出即获得复合材料零部件。

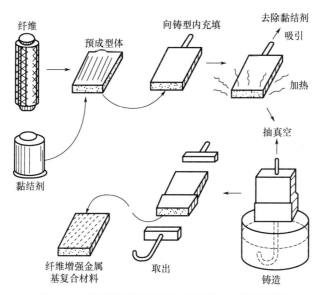

图 5.10　真空浸渗法制备金属基复合材料的过程

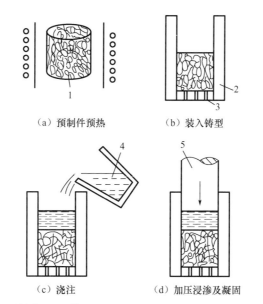

（a）预制件预热　　　（b）装入铸型

（c）浇注　　　（d）加压浸渗及凝固

1—预制件；2—铸型；3—出气孔；4—金属液；5—压头

图 5.11　压力浸渗法制备金属基复合材料的过程

　　压力浸渗法的主要工艺参数是预制件预热温度、熔体温度、压力。预制件的预热温度要高于基体金属的凝固温度，以防阻塞孔隙通道。挤压铸造的压力要比真空压力浸渍的压力高得多（为 $70 \sim 100 \text{MPa}$），因此要求模具有足够的强度，同时要求预制件具有足够的强度。在制备纤维预制件时加入少量颗粒可以提高预制件强度和防止纤维在挤压过程中发生不均匀移位。通过磁场或静电处理，使短纤维和晶须在预制件中定向排列，从而提高复合

材料某个方向的性能。

压力浸渗法主要优点如下。

① 可以制备较复杂的复合材料零部件，也可以实现局部增强复合材料及块状复合材料坯料的制备，用于二次加工成型，适应性较强。

② 在压力下复合，增强体与金属基体结合牢固，力学性能较高。

③ 增强材料及其预制件不需要进行表面预处理，便于工业化生产。

压力浸渗法是一种常用的制备高体积分数颗粒/短纤维增强复合材料的方法，也可用于局部增强。

（3）真空压力浸渗法。

真空压力浸渗法是指在真空和高压惰性气体共同作用下，将液态金属压入增强材料制成的预制件的孔隙中，制备金属基复合材料制品的方法。其兼备真空浸渗法和压力浸渗法的优点。熔体进入预制件有三种方式，即底部压入式、顶部注入式和顶部压入式。

浸渗炉（图 5.12）由耐高压的壳体、熔化金属的加热炉、预制件预热炉、坩埚升降装置、真空系统、控温系统、气体加压系统和冷却系统组成。金属熔化过程和预制件预热过程可在真空或惰性气体条件下进行，以防止金属氧化和增强材料损伤。真空压力浸渗法制备金属基复合材料的工艺流程如图 5.13 所示。

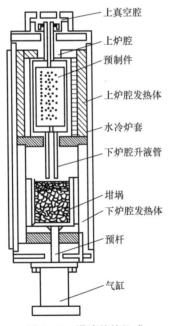

图 5.12 浸渗炉的组成

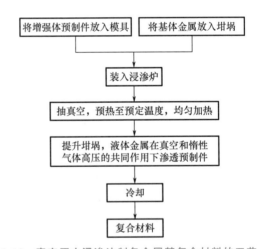

图 5.13 真空压力浸渗法制备金属基复合材料的工艺流程

真空压力浸渗法制备金属基复合材料的过程中，预制件的制备和工艺参数的控制是获得高性能复合材料的关键。复合材料中，纤维、颗粒等增强材料的含量、分布、排列方向是由预制件决定的，应根据需要采取相应的方法制造满足设计要求的预制件。

真空压力浸渗的主要工艺参数包括预制件预热温度、金属熔体温度、浸渗压力和冷却速度。预制件预热温度和熔体温度是影响浸渗完成程度和界面反应程度的主要因素。

真空压力浸渗法的主要特点如下。

① 适用面广，可用于多种金属基体及连续纤维、短纤维、晶须、颗粒等增强材料的复合，增强材料的形状、尺寸、含量基本不受限制；也可用来制造混杂复合材料。

② 可直接制成复合零件，特别是形状复杂的零件，基本无须进行后续加工。

③ 浸渗在真空中进行，在压力下凝固，无气孔、疏松、缩孔等铸造缺陷，组织致密，材料性能好。

④ 易控制工艺参数，可根据增强材料和基体金属的物理化学特性，严格控制温度、压力等参数，避免产生强烈的界面反应。

⑤ 真空压力浸渗法的设备比较复杂，制造大尺寸的零件要用大型设备，投资费用高，工艺周期长，效率较低。

真空压力浸渗法适合制造 C/Al、C/Cu、C/Mg、SiC_w/Al、SiC_p/Al 等复合材料零部件、板材、锭坯等。常用的增强材料为各种纤维、晶须、颗粒等增强材料。常用的基体材料为铝、镁、铜、钛、镍等及其合金。

（4）无压浸渗法。

无压浸渗法是指金属熔体在无外界压力作用下，自发浸渗固体颗粒多孔预制件制备金属基复合材料的方法，故又称自发浸渗法。其是近年发展起来的新方法，主要作用解决复合材料制备过程中要求高温、高压，工艺设备要求高，工艺周期长，成本高等问题。

为了实现自发浸渗，金属熔体及固体颗粒需要满足如下条件。

① 金属熔体应对固体颗粒润湿。

② 粉体预制件应具有相互连通的浸渗通道。

③ 体系组分性质需匹配。

④ 浸渗条件不宜苛刻。

比较容易实现自发渗入的体系起初产生于相对低熔点延展性好的金属对高熔点（耐高温）金属粉体预制件的自发渗入。

某些金属/陶瓷体系在一定条件下也可以实现自发浸渗，如 Ai/B_4C，Al/AlN 等。由于金属熔体与陶瓷颗粒的润湿性较差，难以实现自发浸渗，因此通常可采用如下措施来改善润湿性。

① 基体金属合金化。基体金属合金化的基本原理是通过适当的界面反应来改善润湿性。研究表明，Al-40％Si 合金熔体能自发浸渗 SiC 预制体，其原因是熔体与 SiC 的反应生成 Al_4SiC_4，而且该反应只限于界面。

② 陶瓷表面金属化改性。例如，用化学镀法在 SiC 晶须上镀镍，可实现 Al-Mg、Al-Mg-Si 熔体的自发浸渗。

③ 改变浸渗气氛。如对于基体金属铝，氮气气氛下能够通过生成 AlN 的反应改善润湿性；在适当的氧气气氛下，能够通过氧在铜中的溶解来实现 Cu/Al_2O_3 的自发浸渗。

无压浸渗法具有工艺简单、成本较低、可实现近终成型等优点，主要适用于润湿性良好的体系，已成功用于低熔点韧性金属/高温金属复合，金属/陶瓷的复合、金属间化合物/陶瓷的复合正在研究中。

2. 液态金属搅拌铸造法

（1）旋涡法。

旋涡法是指利用高速旋转的搅拌器的桨叶搅动金属熔体，使其强烈流动，并形成以搅

拌旋转轴为对称中心的旋涡，将颗粒加入旋涡中，依靠旋涡的负压抽吸作用，颗粒进入金属熔体中，经过一段时间的强烈搅拌，颗粒逐渐均匀分布在金属熔体中，并与之复合在一起的复合方法。旋涡法的工艺原理如图 5.14 所示。

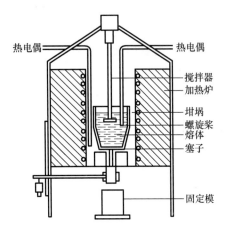

图 5.14　旋涡法的工艺原理

旋涡法的主要工序有基体金属烧化、除气、精炼、颗粒预处理、搅拌复合、浇注等，其中最主要的工序是搅拌复合。旋涡法的主要工艺参数是搅拌复合工序的搅拌速度、搅拌时金属熔体的温度、颗粒加入速度等。其主要工艺参数和优缺点如下。

① 搅拌速度：$500\sim1000r/min$。

② 温度：基体金属液相线以上 $100℃$。

③ 搅拌器形状：螺旋桨形。

④ 搅拌器与坩埚直径比：$0.6\sim0.8$

⑤ 优缺点：工艺简单，成本低，适合制造含较大颗粒（直径为 $50\sim100\mu m$）的耐磨复合材料，但不适合制造高性能的结构用颗粒增强金属基复合材料。

（2）Duralcon 液态金属搅拌法。

Duralcon 液态金属搅拌法是 20 世纪 80 年代中期由美国爱尔康公司研究开发的一种颗粒增强铝基复合材料、镁基复合材料、锌基复合材料的方法。利用这种方法可制造高质量的 SiCp/Al、Al_2O_3p/Al 等复合材料。Duralcon 液态金属搅拌法的工艺装置如图 5.16 所示。

Duralcon 液态金属搅拌法的主要工艺过程是将熔炼好的基体金属熔体注入可抽真空或通惰性气体保护并能保温的搅拌炉中，加入颗粒增强物，搅拌器在真空或氩气条件下进行高速搅拌。搅拌器由主搅拌器和副搅拌器组成。主搅拌器有同轴多桨叶，旋转速度高，高速旋转对金属熔体和颗粒起剪切作用，使细小的颗粒均匀分散在熔体中，并与金属基体湿润复合。副搅拌器沿蒸器壁缓慢旋转，起消除旋涡和将黏附在器壁上的颗粒分离带入金属熔体中的作用。搅拌器的形状结构、搅拌速度和温度是该方法的关键，需要根据基体合金的成分、颗粒的含量和尺寸等因素决定。Duralcon 液态金属搅拌法的主要工艺参数和优缺点如下。

① 主搅拌器转速：$1000\sim2500r/min$。

② 副搅拌器转速：$<100r/min$。

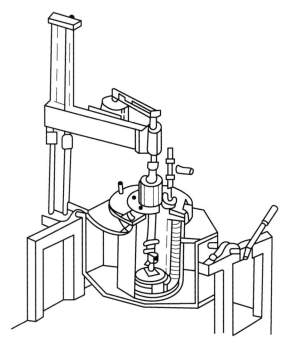

图 5.15　Duralcon 液态金属搅拌法的工艺装置

③ 熔体温度：高于熔体液相线 50℃。

④ 搅拌时间：20min 左右。

⑤ 优点和适用范围：金属基复合材料熔体中气体含量小，颗粒分布均匀，铸成的锭坯的气孔率小于 1%，组织致密，性能好，适用于多种颗粒和基体，但主要用于铝合金，包括形变铝合金 LD2、LD10、LY12、LG4 和铸造铝合金 ZL101、ZL104 等，能够生产的最大铸锭达 600kg。

（3）半固态复合铸造法。

半固态复合铸造法也是采用机械搅拌方法将颗粒混入金属熔体中，但其特点是搅拌不在完全液态的金属中进行，而在半固态的金属中进行。颗粒加入半固态金属中，通过这种熔体中固相的金属粒子将颗粒带入熔体中。通过控制加热温度将金属熔体中的固相粒子的含量控制在 40%～60%，加入的颗粒在半固态金属中与固相金属粒子相互碰撞和摩擦，促进了与液态金属的湿润复合，在强烈的搅拌下逐步均匀地分散在半固态熔体中，形成均匀分布的复合材料。材料复合结束后，加热升温到浇注温度，浇注成零件或坯料。半固态复合铸造法的工艺原理如图 5.16 所示。整个工艺过程的关键因素是搅拌速度和搅拌器的形状。搅拌速度应不产生涡流，以防止空气裹入，使熔体中枝晶破碎形成固态颗粒，降低熔体的黏度以利增强颗粒的加入。由于浇注时金属基复合材料处于半固态熔体，直接浇注成型或压铸成型所得的铸件几乎没有缩孔或孔洞，组织细化和致密。半固态复合铸造法的主要工艺参数、适用范围及缺点如下。

① 材料体系：金属能够在某温度下析出 40%～60% 的初晶相。

② 搅拌温度：使金属析出大量初晶相。

③ 适用范围：颗粒较细小、含量大的颗粒增强金属基复合材料和晶须、短纤维复合材料。

④ 缺点：受材料体系限制很大，主要用于颗粒增强金属基复合材料，其他增强材料不易分散。

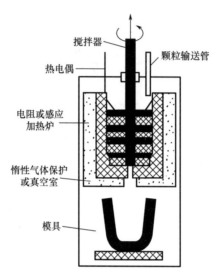

图 5.16　半固态复合铸造法的工艺原理

5.3.3　喷涂与喷射共沉积法

　　喷涂与喷射共沉积法大多由金属材料表面强化处理方法衍生而来。喷涂沉积主要用于制备纤维增强金属基复合材料预制层，也可以获得层状复合材料的坯料。喷射沉积则主要用于制备颗粒增强金属基复合材料。喷涂与喷射共沉积法的最大特点是增强材料与基体金属的润湿性要求低；增强材料与熔融金属基体的接触时间短，界面反应量小。喷涂沉积制备纤维增强金属基复合材料时，纤维分布均匀，获得的薄的单层纤维增强预制层可以很容易地通过扩散结合工艺，形成复合材料结构形状和板材。使用喷涂与喷射共沉积法，许多金属基体（如铝、镁、钢、高温合金）可以与各种陶瓷纤维或颗粒复合，即基体金属的选择范围广。

　　1. 喷涂沉积

　　喷涂沉积的原理是利用电弧或等离子体高温加热金属基体或增强材料的粉末，将其分别或间隔喷涂到基板上，形成金属基复合材料。电弧或等离子体喷涂形成单层复合材料示意如图 5.17 所示。将增强纤维预先按复合材料设计要求缠绕在已经包覆一层基体金属箔片且可以转动的滚筒上。基体金属粉末、线或者丝通过电弧喷枪或等离子喷涂枪加热成熔滴。电弧或等离子喷枪是利用直流电源和一种混合气体（喷涂气体，一般由氩气或者氮气与 2%～15% 的氦气组成），在电弧或等离子喷涂枪内部形成电弧或等离子体。等离子体温度为 10000～20000K。基体金属熔滴直接喷涂在沉积滚筒上，与纤维结合并快速凝固。滚筒经过控制电动机转动和移动，以保证金属熔滴均匀地沉积在纤维上，形成薄的单层复合材料预制层。

静电喷涂

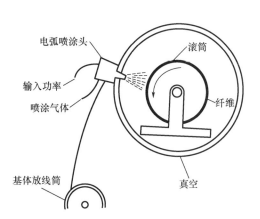

图 5.17　电弧或等离子体喷涂形成单层复合材料示意

　　还有一种喷涂工艺是 20 世纪 80 年代末开发的低压等离子沉积。利用低压等离子沉积法可以制备含有不同体积含量的增强材料，以及不同基体、不同分布相结合的层状金属基复合材料。金属粉末或增强材料的粉末在等离子体高温下熔化（或熔融），并分别在沉积基板上迅速固化，固化（凝固）速度可达 $10^5 \sim 10^6 \mathrm{K/s}$。低压等离子沉积法的工艺原理如图 5.18 所示。用低压等离子沉积法制备的 50% Al_2O_3/高温合金层状复合材料如图 5.19 所示。

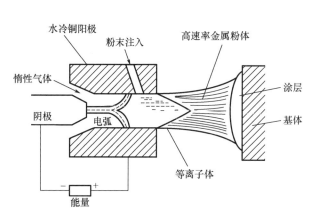

图 5.18　低压等离子沉积法的工艺原理

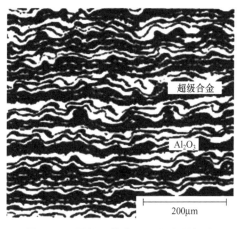

图 5.19　用低压等离子沉积法制备的 50% Al_2O_3/高温合金层状复合材料

2. 喷射共沉积法

　　喷射共沉积法是指液态金属基体通过特殊的喷嘴，在惰性气体气流的作用下雾化成细小的液态金属液滴，同时加入增强颗粒，共同喷向成型模具的衬底上，凝固形成金属基复合材料的方法。喷射共沉积法实际上是在喷射沉积（一种快速凝固工艺）的基础上开发的一种新型颗粒增强金属基复合材料制备技术。

　　喷射共沉积法的工艺原理如图 5.20 所示，其装置主要由熔炼室、雾化沉积室、颗粒

加入器、气源、控制台等组成。喷射共沉积法装置的核心部分是雾化沉积室中雾化用喷嘴和沉积用衬底。喷射共沉积工艺过程包括基体金属熔化、液态金属雾化、颗粒加入及与金属雾化流的混合、沉积和凝固等。其主要工艺参数有熔融金属温度，惰性气体压力、流量、速度，颗粒加入速度、沉积衬底温度等。这些参数都对复合材料的质量有重要影响。

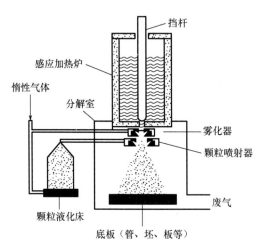

图 5.20　喷射共沉积法的工艺原理

　　液态金属雾化是喷射共沉积法制备金属基复合材料的关键工艺过程，它决定了液态金属雾化液滴的尺寸和分布、液滴的冷却速度。雾化后金属液滴的尺寸一般为 $10\sim300\,\mu\mathrm{m}$，呈非对称性分布。金属液滴的尺寸和分布主要决定于金属熔体的性质、喷嘴的形状和尺寸、喷射气流的参数等。液态金属在雾化过程中形成的液滴在气流作用下迅速冷却，尺寸不同的液滴的冷却速度不同，颗粒越小，冷却速度越快，小于 $5\,\mu\mathrm{m}$ 的液滴的冷却速度可高达 $10^{6}\,\mathrm{K/s}$。液态金属雾化后最细小的液滴迅速冷却凝固，大部分液滴处于半固态（表面已经凝固、内部仍为液体）和液态。为了使颗粒增强材料与基体金属复合良好，要求液态金属雾化后液滴的尺寸有一定的分布，使大部分金属液滴在到达沉积表面时保持半固态和液态，在沉积表面形成厚度适当的液态金属薄层，以利于填充到颗粒之间的孔隙，获得均匀致密的复合材料。

　　颗粒连续均匀地加入雾化金属液滴中对其在最终复合材料中的均匀分布十分重要，因此必须选择合适的加入方式、加入方向和颗粒喷射器的结构。加入量和加入速度应该稳定，颗粒加入量的波动直接影响金属基复合材料中颗粒含量的变化和分布的均匀性，造成材料组织及性能的不均匀性。

　　雾化金属液滴与颗粒的混合、沉积和凝固是最终形成复合材料的关键过程之一。沉积和凝固是交替进行的过程，为使沉积和凝固顺利进行，沉积表面应始终保持一薄层液态金属膜，直到过程结束。为了达到沉积—凝固的动态平衡，要求控制雾化金属流与颗粒的混合沉积速度和凝固速度，主要可通过控制液态金属的雾化工艺参数和稳定衬底的温度来实现。

　　喷射共沉积法作为一种制备颗粒增强金属基复合材料的新方法已逐步受到各国科学界和工业界的重视，正逐步发展成为一种工业生产方法，它具有下述特点。

（1）适用面广。可用于铝、铜、镍、钴等有色金属基体，也可用于铁、金属间化合物基体；可加入碳化硅、氧化铝、碳化钛、氧化铬、石墨等多种颗粒；产品可以是圆棒、圆锭、板带、管材等。

（2）生产工艺简单、效率高。与粉末冶金法相比不必先制成金属粉末，然后与颗粒混合、压型、烧结等，而是快速一次复合成坯料，雾化速度可达 $25\sim200\text{kg/min}$，沉积凝固迅速。

（3）冷却速度大。金属液滴的冷却速度可高达 $10^3\sim10^6\text{K/s}$，所得复合材料基体金属的组织与快速凝固相近，晶粒细、无宏观偏析、组织均匀。

（4）颗粒分布均匀。在严格控制工艺参数的条件下，颗粒在基体中分布均匀。

（5）复合材料中的气孔率较大。气孔率在 $2\%\sim5\%$ 之间，但经挤压处理后可消除气孔，获得致密材料。

喷射共沉积是一个较复杂的过程，与金属的雾化情况、沉积凝固条件和增强相的送入角度等有关，过早的凝固不能复合，过迟的凝固使增强相发生上浮下沉而分布不均。其特点在于：工艺快速，沉积速度可以达到 $4\sim10\text{kg/min}$，可获得较大的毛坯；工艺过程连续，便于实现自动化；应用快速凝固技术，增大了合金元素的固溶度，金属的大范围偏析和晶粒粗化可以得到抑制；增强颗粒与基体间无界面反应过渡层，不存在偏聚现象；界面结合主要为机械结合，避免复合材料发生界面反应，界面反应完全受到控制。增强相分布均匀，可以获得细小的非平衡组织，而且颗粒加入量可以随时控制和调整；在惰性气体气氛中进行，材料氧化程度小；增强相与基体混合充分、均匀。但该方法还存在很多问题，出现原材料被气流带走和沉积在设备器壁上等现象而损失较大，还存在复合材料气孔率高及容易出现疏松情况；特别是增强相的体积百分比难以提高等，有待进一步解决；另外，设备的一次性投资很大，难以推广使用。

5.3.4　原位复合法

原位复合的概念来源于原位结晶和原位聚合。原位复合法是指增强材料在复合材料制造过程中在基体中生成和生长的方法。增强材料可以共晶的形式从基体中凝固析出，也可通过元素之间的反应、合金熔体中的组分与加入的元素或化合物之间的反应生成。前者得到定向凝固共晶复合材料，后者得到反应自生复合材料。原位自生复合材料中，基体与增强材料间相容性好、界面干净、结合牢固，特别当增强材料与基体之间有共格或半共格关系时，能够有效地传递应力，界面上不生成有害的反应产物，因此这种复合材料有较优异的力学性能。目前，实现原位复合的技术有以下几种。

1. 共晶合金定向凝固法

共晶合金定向凝固法是由单晶和定向凝固制备方法衍生而来的，20 世纪 60 年代初就已经开始把定向凝固技术应用于共晶合金的定向凝固过程。共晶合金定向凝固法制备的材料称为定向凝固共晶复合材料。

共晶合金定向凝固法要求合金成分为共晶或接近共晶成分，开始时是二元合金，后扩展为三元单变度共晶，以及有包晶或偏晶反应的两相结合。定向凝固时，参与共晶反应的 α 和 β 两相同时从液相中生成，其中一相以棒状（纤维状）或层片状规则排列生成。

定向凝固共晶复合材料的原位生长必须满足三个条件：①有温度梯度（G_L）的加热方式；②平面凝固条件；③两相的成核和生长协调进行。二元共晶材料的平面凝固条件为

$$\frac{G_L}{V_I} \geqslant \frac{m_L(C_E - C_O)}{D_L} \qquad (5-1)$$

式中，G_L 为液相温度梯度；V_I 为凝固速度；m_L 为液相线斜率；C_E 为共晶成分；C_O 为合金成分；D_L 为溶质在液相中的扩散系数。

定向凝固共晶复合材料的凝固组织是层片状还是棒状（纤维状）取决于共晶中含量较小的组元的体积分数（vol%），在二元共晶中，当 $v_f < 32\%(1/\pi)$ 时呈纤维状，当 $v_f > 32\%$ 时呈层片状。

在一定温度梯度的条件下，层片（纤维）间距 λ 与凝固速度 V_I 之间存在如下关系：

$$\lambda^2 V_I = K \qquad (5-2)$$

式中，K 为常数。

在满足平面凝固生长的条件下，增大定向凝固时的温度梯度 G_L 可以增大定向组织生长速度 V_I，同时可以减小层片或纤维间距，有利于提高定向凝固共晶复合材料的性能。

定向凝固共晶复合材料制备方法主要有精密铸造法、连续浇注法、布里奇曼-斯托克布格尔法、区域熔炼法和丘克拉斯基法等。为了提高定向凝固设备的温度梯度，还可使用功率降低法（G_L 为 30～50℃/cm）、快速凝固法（G_L 约为 100℃/cm）、液态金属冷却法（G_L 约为 300℃/cm）、流态床急冷法（G_L 约为 300℃/cm）和区域熔炼液态金属冷却法（G_L 约为 1200℃/cm）。

定向凝固共晶复合材料主要作为高温结构材料研制的发动机叶片和涡轮叶片用材料，不但要求共晶有好的高温性能，而且基体应该有优良的高温性能。到目前为止，研究得比较多的仍是镍基和钴基合金，有三元共晶合金 Al-Ni-Nb，形成的 α 相和 β 相分别为 Ni₃Al 和 Ni₃Nb；单变度共晶合金 C-Co-Cr，形成的 α 相和 β 相分别为（Co，Cr）和（Cr，Co）₇C₃。其增强材料主要是耐热性能好、热强度高的金属间化合物、镍基、钴基定向凝固共晶复合材料。此外，定向凝固共晶复合材料可作为功能复合材料，主要应用于磁、电和热相互作用或叠加效应的压电、电磁和热磁等功能元器件，如 InSb-NiSb 定向凝固共晶复合材料可以制作磁阻无触点开关，不接触位置和位移传感器等。金属间化合物基定向凝固共晶复合材料还处于研究阶段。

定向凝固共晶复合材料存在的主要问题如下：为了保证对微观组织的控制，需要非常低的共晶生长速率，材料体系的选择和共晶增强材料的体系分数有很大的局限性，这些问题限制了进一步的研究及其应用。

2. Lanxide 法

Lanxide 法利用了气—液反应法的原理，由金属直接氧化法和金属无压浸渗法组成。Lanxide 法制备复合材料示意如图 5.21 所示。

（1）DIMOXTM 法。

DIMOXTM 法的原理是使高温金属液（如 Al、Ti、Zr 等）暴露于空气中，使其表面先氧化生成一层氧化膜（如 Al₂O₃、TiO₂、ZrO₂ 等），里层金属再通过氧化层逐渐向表层扩散，暴露于空气之中被氧化，如此反复，最终形成金属氧化物增强的 MMCs 或 CMCS。

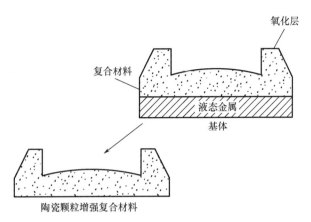

图 5.21　Lanxide 法制备复合材料示意

Murthy V. S. R. 等运用该法制备了 Al_2O_3 增强 Al‐Mg‐Si 合金的复合材料，并通过阶段性生长实验研究了微观结构的演化过程。Dhandapani S. P. 和 Narciso J. 利用 DIMOXTM 法制备了 Al_2O_3‐SiC 增强的铝基复合材料。为了保证金属的氧化反应不断进行下去，Newkitk M. S. 等人研究了铝中加入一定量的镁、硅等元素，可破坏表层 Al_2O_3 膜的连续性，以保持铝液与形成的 Al_2O_3 之间的显微通道畅通，并可降低液态铝合金的表面能，从而增强生成的 Al_2O_3 与铝液的相容性，使氧化反应能不断进行下去。

DIMOXTM 法的优点如下：①产品成本低，因为原料是价格便宜的铝，氧化气氛用空气，加热炉可以用普通电炉；②Al_2O_3 是在压坯中生长的，压坯的尺寸变化在 10% 以下，后续加工很简单；③可以制成形状复杂的产品，而且可以制备较大型复合材料部件；④调节工艺条件可以在制品中保留一定量的铝，从而提高制品的韧性；⑤改变反应气氛和合金系可以进行其他组合；⑥该技术可以克服当今陶瓷制造中成本高、加工难度大和大型化困难的缺点。其缺点是氧化物的生长量和形态分布不易控制，分布均匀性也不太高。

表 5 - 9　DIMOXTM 法制造的复合材料

典型的复合材料	强　化　相	典型的复合材料	强　化　相
Al_2O_3/Al	Al_2O_3、SiC、$BaTiO_3$	ZrN/Zr	ZrN、ZrB_2
AlN/Al	AlN、Al_2O_3、B_4C、TiB_2	TiN/Ti	TiN、TiB_2、Al_2O_3

（2）PRIMEXTM 法。

PRIMEXTM 法与 DIMOXTM 法的不同之处在于，其使用的气氛是非氧化性的。其工艺原理如下：基体合金放在可控制气氛的加热炉中加热到基体合金液相线以上温度，将增强体陶瓷颗粒预压坯浸在基体熔体中。在大气压力下，同时发生两个过程：一是液态合金在环境气氛的作用下向陶瓷预制体中渗透；二是液态合金与周围气体反应而生成新的粒子。M. Hunt 将含有 3%～10% Mg 的铝锭和 Al_2O_3 预制件一起放入（N^{2+} Ar）混合气氛炉中，当加热到 900℃ 以上并保温一段时间后，上述两个过程同时发生，冷却后即获得了原位形成的 AlN 粒子与预制件中原有的 Al_2O_3 粒子复合增强的铝基复合材料。研究发现，原位形成的 AlN 的数量和大小主要取决于铝液渗透速度，而铝液的渗透速度又与环境气

氮中氮气分压、熔体的温度和成分有关。因此，复合材料的组织和性能容易通过调整熔体的成分、氮气分压和处理温度而得到有效的控制。

PRIMEXTM 法的优点为工艺简单、原料成本低，可近终形成型。用 PRIMEXTM 法制备的热导电性是传统封装材料的数倍，可用作电子封装材料和载体基板材料，目前正向宇航材料、涡轮机叶片材料和热交换机材料方向发展。但由于该技术要把增强体粒子冷压成坯，金属或合金熔体在其中依靠毛细管力的作用渗透而制备金属复合材料，因此要求压坯的材质必须能够在金属或合金之间润湿，而且要求在高温下热力学稳定。

目前，Lanxide 法主要用于制备铝基复合材料或陶瓷基复合材料，强化相的体积分数可达 60%，强化相种类有 Al_2O_3、AlN、SiC、MgO 等粒子，工艺简单、原材料成本低、可近净形成型，其制品已在汽车、燃气涡轮机和热交换机上得到一定的应用。

3. VLS 法

VLS 法是由 Koczak 等人发明并申请的专利技术。其原理是将含碳或含氮惰性气体通入高温金属熔体中，利用气体分解生成的碳或氮与合金中的钛发生快速化学反应，生成热力学稳定的微细 TiC 或 TiN 粒子。VLS 法的装置简图如图 5.22 所示，反应原理可由下面方程说明。

$$CH_4 \longrightarrow [C] + 2H_2(g) \tag{5-3}$$
$$M-X+[C] \longrightarrow M+XC(s) \tag{5-4}$$
$$2NH_3(g) \longrightarrow 2[N] + 3H_2(g) \tag{5-5}$$
$$M-X+[N] \longrightarrow M+XN(s) \tag{5-6}$$

式中，M 为金属；X 为合金元素；M-X 为基体合金。

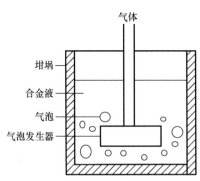

图 5.22 VLS 法的装置简图

目前已成功用 VLS 法制备出 Al/AlN、Al/TiN、Al-Si/SiC 及 Al/HfC、TaC、NbC 的 MMCP。在该技术中使用的载体惰性气体为 Ar，含碳气体一般用 CH_4，也可用 C_2H_6 或 CCl_4；含氮气体一般采用 N_2 或 NH_3。不同的气体需要不同的分解温度，但都能在 1200~1400℃ 充分分解。Lanxide 公司利用 N_2（或 NH_3）通过铝钛合金液中，制成 AlN、TiN 复合增强的铝基复合材料，并发现添加适量的镁、锂元素可降低铝液表面能，提高增强体与基体液的界面相容性。我国崔春翔等人在真空熔炼条件下，利用气动布风板将含有氮和碳的混合气体注入 Al-Ti 合金液，获得了原位 AlN（0.2~1.2μm）和 TiC（2~5μm）粒子复合增强的铝基复合材料。研究还发现，通过控制气体中氮气分压和合金熔体中碳的活度及加入一定量的合金元素，可抑制 Al_3Ti 和 Al_4C_3 等有害化合物的生成。

VLS 法的优点如下：①生成粒子的速度快、表面洁净、粒度细（$0.1\sim5\mu m$）；②工艺连续性好；③反应后的熔体可进一步近净形成型；④成本低。但其也存在以下不足之处：①强化相的种类有限；②颗粒体积分数不够高（一般小于 15%）；③需要的处理温度很高，一般为 1200~1400℃。

4. 自蔓延高温合成法

1967 年，苏联 Borovinskaya 等人在研究以钛和硼的压坯作为火箭固态燃料的过程中，发现钛-硼混合物反应时不但放热量大，而且存在燃烧合成现象，即所谓的"固态火焰"。20 世纪 60 年代末，他们发现了许多金属和非金属难熔化合物的燃烧合成现象，并通过对其燃烧机理等方面的研究，逐渐将这种依靠自身反应放热来合成材料的技术称为自蔓延高温合成（Self-propagating High-temperature Synthesis，SHS）。

自蔓延高温合成法又称燃烧合成（Combution Synthesis，CS）法，是用外部能量诱发高放热反应体系局部发生化学反应（即点燃），依靠化学反应自身放热来维持反应以燃烧波的形式完全完成，同时反应物转变为新材料的一种新兴材料合成方法。自蔓延高温合成反应按反应状态分为固态-固态反应、气态-固态反应；按合成性质分为简单反应、金属置换还原反应。其一般表达式为

$$\sum X_i A_i \ + \sum X_j B_j \ + \sum X_k C_k \ = \sum X_m D_m \ + \sum X_n E_n \qquad (5-7)$$

式中，A_i 为 Al、Ti、Zr、Mg、Ca 等；B_j 为 C、Si、B、N_2、SiO_2、B_2O_3 等；C_k 为 TiO_2、ZrO_2、SiO_2、B_2O_3 等；D_m 为碳化物、硼化物、氮化物、硅化物等；E_n 为氧化物、卤化物等；X 为各物质的摩尔分数。

自蔓延高温合成法与常规方法相比，主要有以下优点：①化合反应以燃烧波的形式快速进行，整个过程在几秒至几分钟之间完成，节省时间，效率高；②除点燃反应所需极少的能源外，材料合成靠自身反应放出的热量进行，不需要外部热量的加入，因而能节省大量能源；③在合成反应过程中，原料中的有害杂质在高温下挥发逸出，所有产品纯度易于提高；④通用性明显，适合制造各类无机材料，如各类陶瓷、金属间化合物、复合材料等；⑤设备和工艺相对简单，投资少；⑥燃烧反应过程中产生高温梯度和很高的冷却速度，易于生成新的非平衡相和亚稳相；⑦利用反应物本身的化学能，辅以其他手段，可以使合成和致密化同步完成。

正因为自蔓延高温合成具有这些优点，所以引起了全世界材料领域的重视。目前，用自蔓延高温合成法制备的材料已超过 600 种，如陶瓷材料、金属间化合物、硬质合金、梯度功能材料、形状记忆合金、耐磨材料、复合材料、发热元件及固体润滑剂等，应用领域十分广泛。

5. 放热弥散法

放热弥散（Exothermic Desposition，XD）法是 19 世纪 80 年代由美国的 Martin Marietta 实验室开发的一种金属基复合材料制备方法。放热弥散法是在自蔓延高温合成技术的

基础改进而来的。放热弥散法制备金属基复合材料的原理如图 5.23 所示。其基本原理是将预期构成增强材料（通常为金属的化合物、陶瓷相）的两种组分（元素）的粉末（如钛、碳）与基体金属粉末（如铝）均匀混合，然后加热到反应温度以上，发生化学反应，生成粒径小于 1μm、均匀分布的弥散颗粒，反应放出热量，温度迅速升高，使反应继续下去。加热温度通常高于基体的熔点，但低于陶瓷相 X、Y 的名义生成温度。

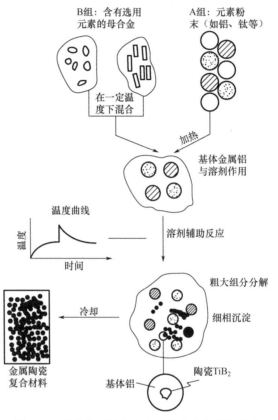

图 5.23　放热弥散法制备金属基复合材料的原理

　　在用放热弥散法制备金属基复合材料的过程中，其增强相的形成有三种反应模型：一是元素粉末与元素粉末之间的反应，把多种粉末按照一定比例混合均匀并加热，使其中两种能反应的元素固溶到其他粉末元素中，并发生化学反应生成细小的颗粒，弥散地分布在合金基体中；二是合金中的元素与合金中的元素之间反应，将两种分别含有第一反应元素和第二反应元素的合金粉末按照一定比例混合均匀，在加热过程中，由于浓度差的作用，第一反应元素向另一种粉末合金中扩散，同时第二种反应元素向含第一种反应元素的合金粉末中扩散，在扩散过程中，两种能起反应的元素原子相互碰撞，发生化学反应，生成硬质相颗粒，均匀弥散地分布在合金基体中；三是元素与合金中元素发生反应，把元素粉末与合金粉末按照一定比例混合均匀，加热过程中，元素向合金粉末中扩散，发生化学反应，生成增强相颗粒。反应生成颗粒的量可通过加入反应元素的量来控制。

　　从制备原理上讲，放热弥散法实际上是有辅助加热的自蔓延高温合成法。通过辅助加热提供热量，以弥补因反应放热量较小无法实现反应持续进行的不足，因此这种方法有时也称自蔓延高温合成法。但其适应范围大大扩大，无须受到反应放热量的限制，可以制备多种细小颗粒增强金属基复合材料。用这种方法能制造碳化物（TiC、SiC），硼化物（TiB_2），氮化物（TiN）等颗粒增强的铝基、钛基、镍基及 NiAl、TiAl 等金属间化合物基复合材料，如 TiC/Al、SiC/Al、TiB_2/HiAl、TiB_2/TiAl、SiC/$MoSi_2$ 等；常用这种方法制备颗粒含量很高的中间复合材料，然后与主要合金混合重熔，得到需要颗粒含量的复合材料，并通过各种复合材料成型工艺获得复合材料零部件产品。

例如，先将钛、铝、硼混合粉末用冷等静压（压力 200MPa）压实，再在 723K 的真空条件下脱气 1h。然后将 Al-Ti-B 压实体在氩气气氛下加热到 1073K 并保温 15min，获得 TiB_2 粒子的尺寸约为 $1\mu m$ 的复合材料；用该方法还成功制备了平均粒子尺寸为 $1.3\mu m$ 的 TiB_2/2024Al 复合材料、平均粒子尺寸为 $0.7\mu m$ 的 TiC/Al 复合材料，以及平均粒子尺寸为 $3.3\mu m$ 的 TiC/2219Al 复合材料。

5.4　金属基复合材料的界面

金属基复合材料中增强体与金属基体接触构成的界面，是具有一定厚度（纳米以上）、结构随基体和增强体而异、与基体有明细差别的新相——界面相（界面层）。它是增强体与基体相连的"纽带"，也是应力及其他信息传递的桥梁。界面是金属基复合材料极其重要的微结构，其结构与性能直接影响金属基复合材料的性能。复合材料的增强体无论是纤维、晶须还是颗粒，在成形过程中都将与金属基体发生程度不同的相互作用和界面反应，形成各种结构的界面。因此，深入研究金属基复合材料界面的形成过程、界面层性质、界面黏合、应力传递行为对宏观力学性能的影响规律，从而有效地进行控制，是获取高性能金属基复合材料的关键。

5.4.1　界面类型与结合

1. 金属基复合材料的界面类型

金属基复合材料的界面类型是比较复杂的，一般根据基体与增强体之间的物理和化学相容性，即溶解与反应程度来区分，界面可以分为三大类，见表 5-10。

表 5-10　金属基复合材料的界面类型

界面类型	第Ⅰ类界面	第Ⅱ类界面	第Ⅲ类界面
界面特征	基体与增强材料之间既不相互反应，也不相互溶解	增强材料与基体之间不反应，但能相互溶解	增强材料与基体之间相互反应，生成界面反应产物
界面形貌	微观是平整的，而且只有分子层厚度，界面除了原组成物质外，基本上不含其他物质	由于原子的扩散—渗透、相互溶解，界面呈犬牙交错的溶解扩散层	有微米级和亚微米级的界面反应物质层

续表

界面类型	第Ⅰ类界面	第Ⅱ类界面	第Ⅲ类界面
典型例子	钨丝/Cu，Al_2O_{3f}/Cu，* B_f/Al，SiC_f/Al	镀铬的钨丝/Cu，C_f/Ni，铬丝/Ni，定向凝固共晶复合材料合金	C_f/Al，B_f/Ti，SiC_f/Ti，钨丝/Cu-Ti

*为准一类界面，从热力学观点看可能形成第Ⅲ类界面。

第Ⅰ类界面：增强体与基体既不发生反应又不发生扩散，典型的体系有Cu-W、Cu-Al_2O_3、Ag-Al_2O_3、Al-不锈钢、Al-SiC等。这种界面的特点是比较平整，厚度处于分子层的范围。这一类型的界面结合主要靠机械摩擦力。表中带"*"的复合材料，从热力学观点看可能形成第Ⅲ类界面，但采用扩散结合的方法复合，可以形成第Ⅰ类界面。如采用液态法形成复合材料，则其界面为典型第Ⅲ类界面，存在明显的反应层。因此，表中带"*"的复合材料体系称为准Ⅰ类界面。

第Ⅱ类界面：增强体与基体不发生反应但存在溶解扩散，典型的体系有CuCr-W、Nb-W、Ni-C等。这种界面的特点是比较粗糙，犬牙交错，厚度大于分子层的范围。这一类型的界面结合主要靠范德华力。

第Ⅲ类界面：增强体与基体发生界面反应，常见的体系有CuTi-W、Ti-B、Ti-SiC、Al-C等。这种界面的特点是界面厚度不均匀，厚度处于亚微级的范围。第Ⅲ类界面的结合主要靠化学键力。这种类型的界面微观结构有两种结构类型：一种是有界面反应物的界面微结构，另一种是有元素偏聚和析出相的界面微结构。

2. 界面的结合机制

界面的结合力有三类：机械结合力、物理结合力和化学结合力。机械结合力就是摩擦力，它取决于增强体的比表面和表面粗糙度及基体的收缩，比表面和表面粗糙度越大，基体收缩越大、摩擦力越大。机械结合力存在于所有复合材料中。物理结合力包括范德华力和氢键，存在于所有复合材料中，但在聚合物基复合材料中占有很重要的地位。化学结合力就是化学键，在金属基复合材料中有重要作用。

根据上面的三种结合力，金属基复合材料中的界面结合形式可以分为如下四种。

（1）机械结合。

机械结合是基体与增强物之间纯粹靠机械连接的一种结合形式，它由粗糙的增强物表面及基体的收缩产生的摩擦力完成。具有这类界面结合的复合材料的力学性能差，不宜作结构材料使用。例如，以机械结合的纤维增强复合材料除承受不大的纵向载荷外，不能承受其他类型的载荷。事实上，由于材料中总有范德华力，纯粹的机械结合很难实现。机械结合存在于所有复合材料中。

（2）溶解和润湿结合。

溶解和润湿结合是基体与增强物之间发生润湿（润湿角＜90℃），并伴随一定程度的相互溶解（也可能基体和增强物之一溶解于另一种中）而产生的一种结合形式。这种结合是靠原子范围内电子的相互作用产生的，因此要求复合材料各组元的原子彼此接近到几个原子直径的范围内才能实现。因为增强体表面吸附的气体和污染物都会妨碍这种结合的形成，所以必须进行预处理，除去吸附的气体和污染膜。

（3）化学反应结合。

化学反应结合是基体与增强物之间发生化学反应，在界面上形成化合物而产生的一种结合形式。其中典型的代表为 Al－C 和 Ti－B 系。但在 Al－C 和 Ti－B 系中，如果工艺参数控制不当，没有采取相应的措施，则导致在界面上生成过量的脆性反应产物，材料强度极低。像这一类不能提供有实用价值的复合材料的结合，不能称为化学反应结合。可见化学反应结合中必须严格控制界面反应产物的数量。

（4）混合结合。

混合结合是最重要、最普遍的结合形式之一，因为在实际的复合材料中经常同时存在多种结合形式。例如 Al－B 系中如果制造温度较低，氧化膜不破坏，则形成机械结合；如果温度较高（高于基体的熔点），氧化膜部分破坏，形成反应结合，就变成混合结合了。

5.4.2　界面结构及界面反应

1. 金属基复合材料界面中的典型结构

金属基复合材料界面中的典型结构主要有以下几种。

（1）有界面反应产物的界面微结构。

多数金属基复合材料在制备过程中发生不同程度的界面反应。轻微的界面反应能有效地改善金属基体与增强体的浸润和结合，是有利的；严重的界面反应将造成增强体的损伤和形成脆性界面相等，十分有害；界面反应通常是在局部区域中发生的，形成粒状、棒状、片状的反应产物，而不是同时在增强体与基体接触的界面上发生层状物。只有严重的界面反应才可能形成界面反应层。

碳（石墨）/铝复合材料是研究发展最早的性能优异的复合材料之一。碳（石墨）纤维的密度小（$1.8 \sim 2.1 g/cm^3$）、强度高（$3500 \sim 7000 MPa$）、模量高（$250 \sim 910 GPa$）、导热性好、线膨胀系数接近于零。用它来增强铝、镁组成的复合材料，综合性能优异。但是碳（石墨）纤维与铝基体在 500℃ 以上发生界面反应。制备时温度过高，冷却速度过慢将发生严重的界面反应，形成大量条块状 Al_4C_3。

碳（石墨）/铝、碳（石墨）/镁、氧化铝/镁、硼/铝、碳化硅/铝、碳化硅/钛、硼酸铝/铝等金属基复合材料都存在界面反应的问题。它们的界面结构一般都有界面反应产物。有效地控制界面反应十分重要。

（2）有元素偏聚和析出相的界面微结构。

金属基复合材料的基体常选用金属合金，很少选用纯金属。基体合金中含有各种合金元素，以强化基体合金。有些合金元素能与基体金属生成金属化合物析出相，如铝合金中加入铜、镁、锌等元素会生成细小的 Al_2Cu、Al_2CuMg、Al_2MgZn 等时效强化相。由于增强体表面有吸附作用，基体金属中合金元素在增强体的表面富集，为在界面区生成析出相创造了有利条件。在碳纤维增强铝或镁复合材料中均可发现界面上有 Al_2Cu、$Mg_{17}Al_{12}$ 化合物析出相。

（3）增强体与基体直接进行原子结合的界面结构。

增强体与基体直接进行原子结合，形成清洁、平直界面，界面上既无反应产物也无析

出相。该种界面结构常见于自生增强体金属基复合材料。

（4）其他类型的界面结构。

金属基复合材料基体合金中，不同合金元素在高温制备过程中会发生元素的扩散、吸附和偏聚，在界面微区形成合金元素浓度梯度层。合金元素浓度梯度层的厚度和大小与合金元素的性质、加热过程的温度和时间有密切关系。如用电子能量耗损谱测定经加热处理的碳化钛颗粒增强钛合金复合材料中的碳化钛颗粒表面，存在明显的碳浓度梯度。碳浓度梯度层的厚度与加热温度有关。经 800℃ 加热 1h，碳化钛颗粒中碳浓度由 50％ 降低到 38％，其梯度层的厚度约为 1000nm；而经 1000℃ 加热 1h，其梯度层厚度为 1500nm。

金属基体与增强体的强度、模量、线膨胀系数有差别，在高温冷却时还会产生热应力，在界面区产生大量位错。位错密度与金属基复合材料体系及增强体的形状有密切关系。

由于金属基复合材料组成体系和制备方法的特点，多数金属基复合材料的界面结构比较复杂，即使是同一种复合材料也存在不同类型的界面结构，既有增强体与基体直接原子结合的清洁、平直界面结构，也有界面反应产物的界面结构，还有析出物的界面结构等。

2. 界面反应与界面结合强度

界面反应的主要行为有以下几种。

（1）增强了金属基体与增强体界面结合强度。界面结合强度随界面反应的强度而变，强界面反应将造成强界面结合。同时界面结合强度对复合材料的残余应力、应力分布、断裂过程均产生极重要的影响，直接影响复合材料的性能。

（2）产生脆性的界面反应产物。界面反应结果一般形成脆性金属化合物，如 Al_4C_3、AlB_2、$MgAl_2O$ 等。界面反应物在增强体表面上呈块状、棒状、针状、片状，严重反应时则在纤维、颗粒等增强体表面形成围绕纤维的脆性层。

（3）造成增强体损伤和改变基体成分。如碳化硅与铝液反应使铝合金中的硅含量明显增大。

除界面反应外，在高温和冷却过程中，界面区还可能发生元素偏聚和析出相。例如在界面区析出 Al_2Cu、$Mg_{17}Al_{12}$ 等新相。析出的脆性相有时将相邻的增强体连接在一起，形成脆性连接，导致脆性断裂。

综上所述，可以将界面反应程度分为以下三类。

第一类为弱界面反应。它有利于金属基体与增强体的湿润、复合和形成最佳界面结合。由于这类界面反应轻微，因此无大量界面反应产物，不会发生纤维等增强体损伤和性能下降；界面结合强度适中，能有效传递载荷和阻止裂纹向纤维内部扩散；界面能起到调节复合材料内部应力分布的重要作用，因此希望发生这类界面反应。

第二类为中等程度界面反应。它会产生界面反应产物，但没有损伤纤维等增强体的作用。同时增强体性能无明显下降，而界面结合明显增加。由于界面结合较强，因此在载荷作用下不发生因界面脱黏使裂纹向纤维内部扩展而出现的脆性破坏。界面反应的结果会造成纤维增强金属的低应力破坏。应控制制备过程工艺参数，避免这类界面反应发生。

第三类为强界面反应。该类反应有大量界面反应产物，形成聚集的脆性相和界面反应产物脆性层。造成纤维等增强体严重损伤，强度下降，同时形成强界面结合。复合材料的性能急剧下降，甚至低于没有增强的金属基体的性能，这种情况下不可能制成有用的金属基复合材料零件。

界面反应程度主要取决于金属基复合材料组分的性质、工艺方法和参数。随着温度的升高，金属基体和增强体的化学活性迅速提高。温度越高和停留时间越长，反应的可能性越大，反应程度越严重。因此在制备过程中，严格控制制备温度和高温下的停留时间是制备高性能复合材料的关键。

由以上分析可知，制备高性能金属基复合材料时，界面反应程度必须控制到形成合适的界面结合强度。

一些学者在研究界面层对力学性能的影响时，提出了不同界面反应层厚度对金属基复合材料强度的影响，实际上界面反应往往发生在局部区域，反应产物分布在增强体表面，将明显提高界面的结合强度，并足以使复合材料发生脆性破坏。所以并不能用反应层厚度说明力学性能的情况。

5.4.3　界面对金属基复合材料性能的影响

在金属基复合材料中，界面结构和性能是影响基体及增强体性能充分发挥，形成最佳综合性能的关键因素。

不同类型和用途的金属基复合材料界面的作用及最佳界面结构性能有很大差别。如连续纤维增强金属基复合材料和非连续纤维增强金属基复合材料的最佳界面结合强度就有很大差别。

对于连续纤维增强金属基复合材料，增强纤维均具有很高的强度和模量，纤维强度比基体合金强度要高几倍甚至一个数量级，纤维是主要承载体。因此要求界面能起到有效传递载荷、调节复合材料内的应力分布、阻止裂纹扩展、充分发挥增强纤维性能的作用，使复合材料具有好的综合性能。界面结构和性能要满足以下要求：界面结合强度必须适中，过弱不能有效传递载荷，过强则会引起脆性断裂，不能发挥纤维作用。当复合材料中某根纤维发生断裂，产生的裂纹到达相邻纤维的表面时，裂纹尖端的应力作用在界面上。若界面结合适中，则纤维和基体在界面处脱黏，裂纹沿界面发展，钝化了裂纹尖端，当主裂纹超过纤维继续向前扩展时，纤维成"桥接"现象；当界面结合极强时，界面处不发生脱黏，裂纹继续发展穿过纤维，造成脆断。

颗粒、晶须等非连续纤维增强金属基复合材料的基体是主要承载体，增强体的分布基本上是随机的，因此要求有足够强的界面结合，才能发挥增强效果。

1. 连续纤维增强金属基复合材料的低应力破坏

大量研究发现，连续纤维增强金属基复合材料存在低应力破坏现象，即在制备过程中纤维没有受损伤，纤维强度没有变化，但复合材料的抗拉强度远低于理论计算值。纤维的性能和增强作用没有充分发挥。例如，碳纤维增强铝基复合材料在纤维没有受损伤并保持原有强度的情况下，抗拉强度下降 26%。

导致低应力破坏的主要原因是，$500℃$ 加热处理所发生的界面反应使铝基体界面结合增强，强界面结合使界面失去调节应力分布、阻止裂纹扩展的作用；裂纹尖端的应力使纤维断裂，造成脆性断裂。解决的方法如下：通过适当冷热循环处理、松弛改善界面结合，改善低应力破坏现象。复合材料经冷热循环处理以后，由于碳纤维与铝基体的线膨胀系数相差较大，在循环过程中界面处产生热应力交变变化，松弛和改善了界面结合，经 10 次热循环以后，减弱了强的界面结合，使材料抗拉强度比循环处理前提高 25％～40％，比较充分地发挥了纤维的增强作用，使实测抗拉强度接近混合率估计值。这证明了界面结合强度对断裂过程的影响。

导致低应力破坏的另一个重要原因是，纤维在基体中分布不均匀，特别是某些纤维相互接触，使复合材料内部应力分布不均匀。当纤维相互接触时，在拉伸状态中特别容易造成应力集中，一根纤维断裂，会使相邻接触的纤维发生连锁状断裂，裂纹迅速扩展并导致断裂，造成复合材料低应力破坏。

纤维与基体之间存在脆性界面也是复合材料低应力破坏的原因之一。一般在受载时，界面反应形成的脆性化合物和合金中析出的金属间化合物首先断裂成裂纹源或在增强体之间形成脆性连接，导致低应力破坏。

2. 界面对金属基复合材料力学性能的影响

界面结合强度对复合材料的弯曲、拉伸、冲击和疲劳等性能有明显影响，界面结合适中的碳/铝复合材料的弯曲压缩载荷高，是弱界面结合的 2～3 倍，材料的弯曲刚度也大大提高。

弯曲破坏包括材料下层的拉伸破坏区和材料上层的压缩破坏区。在拉伸破坏区出现基体与纤维之间脱黏及纤维轻微拔出现象；在压缩破坏区发生明显的纤维受压崩断现象。可见界面结合适中，纤维不但发挥了拉伸增强作用，还充分发挥了其高的压缩强度和刚度。由于纤维的压缩强度和刚度比其拉伸强度和刚度大，因此对提高弯曲性能更有利。强界面结合的复合材料弯曲性能最差，受载状态下边缘处一旦产生裂纹，便迅速穿过界面扩展，造成材料脆性弯曲破坏。

界面结合强度对复合材料的冲击性能影响较大。纤维从基体中拔出，纤维与基体脱黏后，不同位移造成的相对摩擦都会吸收冲击能量，并且界面结合会影响纤维和基体的变形能力。三种复合材料的冲击载荷—冲击时间关系曲线如图 5.24 所示。

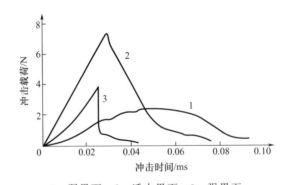

1—弱界面；2—适中界面；3—强界面

图 5.24　三种复合材料的冲击载荷—冲击时间关系曲线

（1）虽然弱界面结合的复合材料具有较大的冲击能量，但其冲击载荷值比较低，刚性很差,整体抗冲击性能差。

(2) 适中界面结合的复合材料,冲击能量和最大冲击载荷都比较大。冲击能量具有韧性破坏特征,界面既能有效传递载荷,使纤维充分发挥高强、高模作用,提高抗冲击能力,又能使纤维与基体脱黏,使纤维产生大量拔出和相互摩擦,提高塑性能量吸收。

(3) 强界面结合复合材料明显呈脆性破坏特征,冲击性能差。

界面区存在脆性析出相对复合材料的性能也有明显影响。如铝合金的时效强化相在复合材料制备中从界面处析出,甚至在两根纤维之间析出,形成连续两根纤维的脆性相,易使复合材料发生脆性断裂。所以纤维增强铝合金时一般不选择时效强化型高强度铝合金为基体。

3. 界面对金属基复合材料内微区域性能的影响

界面结构和性能对复合材料内微区域特别是近界面微区域的性能有明显影响。由于金属基体与增强体的物理性能及化学性质等有很大差别,通过界面将其结合在一起,会产生性能的不连续性和不稳定性。强度、模量、线膨胀系数、热导率的差别会引起残余应力和应变,形成高位错密度区等,界面特性对复合材料内性能的不均匀分布有很大的影响。

复合材料内,特别是近界面微区明显存在性能的不均匀性分布。对复合材料界面区域和基体区域的显微硬度测定表明,复合材料内存在微区显微硬度分布的不均匀性,硬度的分布有一定规律。界面结构和性能对其有明显影响。显微硬度值在界面区明显升高,越接近界面,硬度值越高,并与界面结合强度和界面微结构有密切关系。采用冷热循环处理,界面结合松弛后,近界面微区的显微硬度值与基体的硬度值趋于一致。

5.4.4 金属基复合材料界面稳定性

一种性能优良的金属基复合材料,一方面要在制备过程中获得良好的界面与结合,并且不削弱增强材料;另一方面要在使用过程中,尤其是在高温长时间使用条件下,保持良好的界面与结合,以保持其性能的稳定性。界面稳定性研究是金属基复合材料界面优化的重要组成部分。界面稳定性研究表明,影响金属基复合材料界面稳定性的因素主要有物理因素和化学因素。因此,必须注意选择合适的基体与增强材料的组分、处理方式,同时制定合理的制备工艺方式和条件,以提高复合材料的性能稳定性。

1. 界面的溶解与析出

界面的溶解与析出是影响金属基复合材料第Ⅱ类界面稳定性的物理因素。具有第Ⅱ类界面的复合材料在制备过程和高温使用过程中,增强材料与金属基体在界面会发生相互溶解,也可能发生溶解后析出现象,因此采取适当的措施使增强材料减少发生严重损伤的溶解,可提高复合材料的性能稳定性。

增强材料表面溶入基体中,必然会损伤纤维,降低增强材料的增强作用,结果会降低复合材料的强度。如采用熔融浸渍法制备的钨丝增强镍基高温合金,在制备时会造成钨丝严重损伤。如采用粉末冶金法或快速浸渍后又快速凝固的工艺,复合成形温度低或钨丝与熔融合金接触时间短,就能有效防止严重的界面互溶现象。尽管制备时注意了防止纤维的损伤,但在高温条件下,仍然会造成溶解损伤纤维。如粉末冶金制备的钨丝/镍在1100℃

左右使用 50h 后，钨丝发生溶解，造成钨丝直径仅为原来的 60%，大大影响钨丝的增强作用。为此，可采用钨丝涂覆阻挡层或在镍基合金中添加少量合金元素，如钛和铝，可以起到一定的防止钨丝溶入镍基合金的作用。

界面互溶后，有的复合材料还会出现先溶解后析出的现象，使增强材料的表层聚集形态和结构发生变化。在金属基复合材料中，最典型的例子是碳纤维增强镍基复合材料。在600℃ 高温下，在界面碳先溶入镍，而后又析出，析出的碳是石墨结构，密度增大而在界面留下空隙，给镍提供了渗入碳纤维扩散聚集的位置。而且随着温度的提高，镍掺入量增大，在碳纤维表层产生镍环（图 5.25），严重损伤了碳纤维，使其强度严重下降。如何解决碳在镍中先溶解后析出的问题，就成为获得性能稳定的碳/镍的关键。

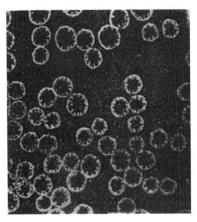

图 5.25　C$_f$/Ni 的碳纤维中镍环

2. 界面反应

界面反应是影响有第Ⅲ类界面的复合材料界面稳定性的化学因素。当界面发生化学反应，形成大量脆性化合物时，就会削弱增强材料的增强作用，尤其是在高温使用条件下，这种界面反应的不稳定性会造成复合材料的脆性破坏。因此，实际应用中界面反应的不稳定性造成的复合材料强度降低的问题很突出。

增强材料与金属基体界面间的化学反应可以通过以下方式进行：①发生在基体与反应产物界面层之间的边界上；②发生在反应产物界面层与增强材料之间的边界上；③在上述两种边界上同时发生。在基体—反应产物界面层边界上发生反应时，增强材料的原子扩散穿过界面层；在反应产物界面层—增强材料边界上发生反应时，基体原子扩散通过界面层，或增强材料和基体原子的扩散同时进行。

金属基复合材料的界面化学反应包括连续界面反应、交换式反应、暂稳态界面的变化。

（1）连续界面反应。

金属基复合材料在制备过程中要进行必要的热处理，以提高复合材料的性能，同时在使用时会经历不同的热过程，因此界面反应可连续进行。影响界面反应的主要因素是温度与时间。界面反应物的量（或界面层厚度）会随温度的变化和时间的长短发生变化。例如碳纤维增强铝的界面层是由铝基体中铝原子扩散侵入碳纤维表面，造成对碳纤维表面的刻蚀，并形成界面反应产物 Al_2C_3。图 5.26 为 C_f/Al 在真空和不同热处理温度下 1h 后界面反应产物 Al_4C_3 的量的变化。图中表明，在温度低于 400℃ 左右时，Al_4C_3 的量基本是稳定的；高于 400℃ 时，随着温度的上升，反应产物量急剧上升。同时可以看出，采用不同碳纤维增强铝，其界面反应程度也不相同，采用强度较低的 T300，起始反应物量较大，随着温度升高，变化趋势相对较小；而采用高模量纤维，起始反应产物量较小，但高温时界面反应急剧增强，反应产物量也随之急剧增大。

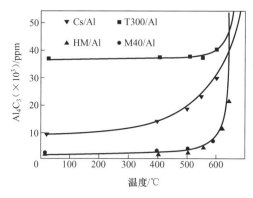

图 5.26　C_f/Al 在真空和不同热处理温度下 1h 后界面反应产物 Al_4C_3 的量的变化

　　硼纤维增强钛基复合材料中的界面反应是由硼纤维的硼原子向基体扩散，在硼纤维外层形成一层白色的反应产物——TiB_2。由于硼原子向外扩散，在纤维的表层内部留下孔洞，孔洞面积可达 10% 以上，对硼纤维的强度产生极不利影响（图 5.27）。图 5.28 为硼纤维增强钛基复合材料在不同温度下界面反应层（二硼化物）的厚度与时间的关系。由图可以看出，B_f/Ti 界面反应受扩散过程控制，界面反应层厚度（X）与反应时间的平方根成线性关系：

$$X = K\sqrt{t} \tag{5-8}$$

式中，K 为反应速度常数；t 为反应时间（s）。从图 5.28 可以看出，随着反应温度的升高，反应速度常数 K 明显增大；随着反应时间的增加，反应层厚度增大，高温时在很短时间内就可以达到足以引起破坏的厚度。

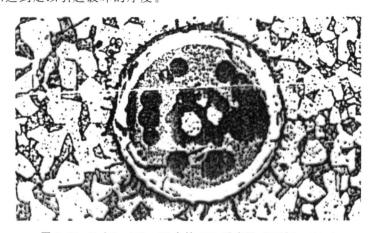

图 5.27　$B_f/Ti-6Al-4V$ 中的 TiB_2 反应层（850℃，100h）

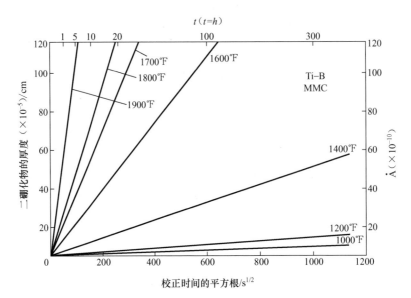

图 5.28　硼纤维增强钛基复合材料在不同温度下界面反应层（二硼化物）的厚度与时间的关系

（2）交换式反应。

当增强材料与含有两种以上元素的金属基体之间发生化学反应，形成反应产物后，反应产物还会与其他基体元素发生交换反应，产生界面的不稳定。

界面的交换式反应过程如下：增强材料与基体中某个元素优先发生反应，该元素的化合物将富集于界面层。同时化合物中该元素与基体中的其他元素不断发生交换式反应，直到平衡。然后界面层附近的合金基体由于参与了界面反应，必然会缺乏已形成界面化合物的某个元素，从而使合金基体中的其他元素在界面层基体一侧富集，甚至这些元素的富集可能形成它们的金属间化合物。

例如，硼纤维增强含铝较高的钛合金（Ti-8Al-1Mo-1V）在硼纤维与基体界面上会发生交换式反应。先是含铝的钛合金与硼反应：

$$\text{Ti(Al)} + \text{B} \longrightarrow \text{(Ti,Al)B}_2 \tag{5-9}$$

形成（Ti，Al）B_2 界面反应产物后，该反应产物可能与钛继续进行交换反应：

$$\text{(Ti,Al)B}_2 + \text{Ti} \longrightarrow \text{TiB}_2 + \text{Ti(Al)} \tag{5-10}$$

这样，界面反应物中的铝又会重新富集于基体合金一侧，甚至形成 Ti_3Al 金属间反应物。$B_f/Ti(Al)$ 界面交换式反应如图 5.29 所示。

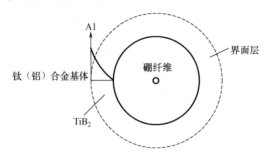

图 5.29　B_f/Ti（Al）界面交换式反应

在碳纤维增强含钛、铜的铝合金中也会发生交换式反应。由于钛与碳的反应自由能低，在碳纤维/铝合金界面上优先形成 TiC，使得界面附近基体中铜富集。通过实验观察到在界面基体一侧附近有 $CuAl_2$ 金属间化合物的存在。

（3）暂稳态界面的变化。

暂稳态界面的变化是一种影响界面稳定性的因素，一般是由增强材料表面局部氧化造成的。在硼纤维增强铝中，由于硼纤维上吸附氧，并与之生成 BO_2，该层氧化物在扩散结合时未受到破坏，但它是不稳定的。在一定温度下，铝与氧亲和力强，可以还原 BO_2，生成 Al_2O_3，这种界面结合也称氧化结合。在长期热效应的作用下，界面上的 BO_2 氧化膜会发生球化，这与硼纤维上的氧化层的残余表面能有关。这种界面上出现的局部球化会影响复合材料的性能。

5.4.5　界面优化及界面反应控制途径

1. 增强材料的表面处理

纤维表面改性及涂层处理可有效地改善浸润性和阻止严重的界面反应。国内外学者进行了大量的研究，选用化学镀或电镀在增强体表面镀铜、镀银，选用化学气相沉积法在纤维表面涂覆 Ti-B、SiC、TiC、B_4C 等涂层及 C/SiC、C/SiC/Si 复合涂层，选用溶胶—凝胶法在纤维等增强体表面涂覆 Al_2O_3、SiO_2、SiC、Si_3N_4 等陶瓷涂层。涂层厚度一般为几十纳米到 $1\mu m$，有明显改善浸润性和阻止界面反应的作用。其中效果较好的是 Ti-B 等涂层、梯度复合涂层。

在给定温度和基体为钛的情况下，有 B_4C 涂层的硼纤维与钛的反应性最小，因此 B（B_4C）/Ti 复合材料的性能较好；而未涂层的硼纤维由于与钛的界面化学反应而使复合材料性能最差。研究表明，B/Ti、B（SiC）/Ti、B（B_4C）/Ti 的反应动力学都遵循式（5-8）的规律。反应动力学由扩散过程控制。硼纤维/钛合金反应层厚度平方与反应时间的关系如图 5.30 所示。

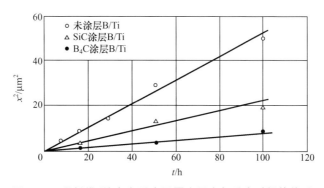

图 5.30　硼纤维/钛合金反应层厚度平方与反应时间的关系

在 C_f/Al 系中，润湿性差是一个主要问题。提高制造温度至约 $1000℃$ 以上虽然可以改善润湿性，但是在高于 $500℃$ 时，碳纤维与铝间就会发生有害化学反应，界面生成脆性相 Al_4C_3，因此不宜采用提高温度的方法来改善润湿性。工程中有效的改善途径是进行纤维涂层，使 Ti-B 共沉积于碳纤维表面是常见的碳纤维表面处理方法。这种涂层可促进熔融铝对碳纤维润湿。涂层碳纤维浸渗铝后，成为 C_f/Al 预制丝。但是，Ti-B 涂层在熔融铝中很不稳定，会引起纤维降级并削弱复合材料性能。进行碳纤维表面处理时，为了提高效率，可以采用多个纱线架，同时在涂层过程中，可以对纤维施加张力。首先要除去碳纤维表面涂覆的聚乙烯醇保护膜，然后净化、活化碳纤维表面，再用化学气相沉积 Ti-B 涂层，最后与熔融铝复合制成预制丝。Ti-B 涂层的碳纤维适用于制备铝基复合材料。

在制备镁基复合材料时存在如下问题：Ti-B 涂层在空气中易氧化，镁与氧化层不润湿。因此，碳纤维增强镁时的表面处理不采用 Ti-B 而采用 SiO_2 涂层。其工艺如下：使纤维经过一种金属有机化合物先驱体溶液，通过金属有机化合物的水解或裂解作用，在纤维表面形成 SiO_2 沉积层。SiO_2 涂层碳纤维与镁复合，提高了与镁基体的润湿性；通过俄歇电镜判定碳纤维表面有 Mg、Si、O 存在，这种混合氧化物增强了纤维与基体的结合。

在碳纤维上进行多层涂层，不仅可以解决碳纤维与基体的化学相容性问题，而且可以解决由碳纤维与基体之间线膨胀系数不匹配带来的热残余应力问题。如碳纤维轴向线膨胀系数接近于零，铝的线膨胀系数为 $2.4\times10^{-4}\,℃^{-1}$。先在碳纤维表面进行热解碳涂层，在外层进行 Si 涂层，则两层之间为 C+Si 过渡层，使碳纤维表面涂层具有 C+SiC+Si 梯度浓度变化，从而缓和了线膨胀系数的陡变，减小了界面残余应力。由于对增强体的涂覆处理需要专用装置和严格的工艺，因此增加了工艺复杂性和制造成本。

2. 金属基体合金化

在某些金属基复合材料体系中，采用在基体合金中添加某些合金元素的方法来改善增强材料与基体之间的浸润条件或有效控制界面反应的方法为基体改性。基体改性方法有两种：第一种是控制界面反应，在某种确定的增强材料基体体系中，选择的改性合金元素应使界面发生反应时的反应速度常数尽可能小，以保持第Ⅲ类界面的稳定性；第二种是改善界面浸润性，在基体合金中添加可与增强材料表面进行一定程度界面反应，从而形成一层很薄的反应层的合金元素，通过形成这层界面层，增加增强材料的表面能，以增强其与基体的润湿性，或者在基体中添加的合金元素尽可能不与增强材料表面发生界面反应，但可降低基体液相的表面能。一般基体改性合金化元素应考虑为与增强材料组成元素化学位相近的元素，因为化学位相近的物质亲和力大，容易发生润湿。此外，化学位是推动反应的位能，差别小，发生反应的可能性也小。

在硼纤维增强钛基复合材料研制中，硼纤维与钛的界面反应强烈，界面反应产物 TiB_2 又是脆性物质，在达到一定临界厚度后，在远低于硼纤维撕裂应变条件下，硼化物界面层破裂，引起硼纤维的开裂。硼纤维/钛界面层开裂示意如图 5.31 所示。为了控制界面硼化物的厚度，在钛中添加各种合金元素，如 Si、Sn、Cu、Ge、Al、Mo、V 和 Zr 等。结果发现，对 B 与 Ti 的界面反应速度常数的作用，以上元素可分为三类：第一类合金元素对反应速度常数没有影响，合金似乎仍保留钛的单一活性，硅和锡就属于这类合金元素；第二类合金元素可使反应速度稍有下降，下降量与元素添加量成正比，因此这类元素可看作一种稀释剂，铜和锗属于这类合金元素；第三类合金元素与第二类合金元素相比，反应速度常数降低更明显，铝、钼、钒和锆属于这类合金元素。

表 5-11 为钛添加合金元素后与硼纤维界面反应速度常数（760℃）。图 5.32 为碳纤

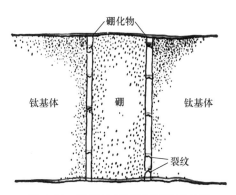

图 5.31　硼纤维/钛界面层开裂示意

维与不同组分态合金在 760℃时的界面反应速度。由表 5-11 和图 5.32 可以看出，第三类合金元素可以明显降低硼化物生成速度，尤其是当铝、钼、钒和锆综合合金化时（总量达 30.5%），其反应速度常数仅为 $0.2 \times 10^{-7}\,\mathrm{cm \cdot s^{-1/2}}$。反应速度的降低可能与这些合金元素对硼化物的组成作用有关。

表 5-11　钛添加合金元素后与硼纤维界面反应速度常数（760℃）

基体	反应速度常数 $K/(10^{-7}\,\mathrm{cm \cdot s^{-1/2}})$
纯 Ti	5.2
Ti-0.5Si	5.2
Ti-20Si	5.3
Ti-2Ge	5.1
Ti-10Cu	4.7
Ti-8Al-1Mo-1V	3.6
Ti-6Al-4V	3.4
Ti-10Al	3.8
Ti-30Mo	1.8
Ti-17V	2.0
Ti-30V	0.6
Ti-30.5（Al、Mo、V、Zr）	0.2

通过基体改性来改善增强材料与基体润湿性的典型例子是 Al_2O_{3f}（FP）增强铝。Al_2O_3 纤维与铝的浸润性很差，当铝熔点在 660℃时，它们之间的接触角为 180°，完全不浸润；当温度提高到 980℃时，接触角才降为 60°。研究中人们发现 Al_2O_3 与许多二价过渡金属氧化物可以形成类似尖晶石 $MgAl_2O_4$（$MgO \cdot Al_2O_3$）结构的铝酸盐。尖晶石或类似的化合物可以与金属、陶瓷类增强材料形成结合性强的界面。此外，合金元素镁作为活性元素，添加到铝中后（如添加 3%Mg）可使液态铝的表面能下降。因此，在铝中加入一定量的镁可以起到增强浸润性和提高界面结合的效果。

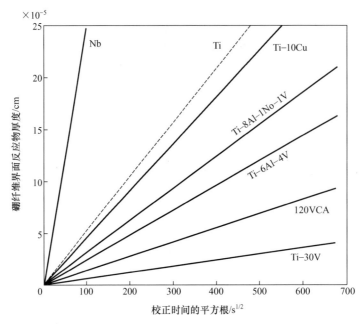

图 5.32　硼纤维与不同组分钛合金在 760℃ 时的界面反应速度

在 Al_2O_3 型 FP 纤维（长纤维）或 Saffil（短纤维）增强 $Al-4.5Cu-3Mg$ 铝基复合材料中，在纤维周围发现富镁区，界面形成的富镁区中的反应物为 $MgAl_2O_4$。当 $MgAl_2O_4$ 层不超过 170nm 时，有利于提高界面的结合；但当 $MgAl_2O_4$ 层厚度增大时，则影响复合材料的断裂韧性。

在铝基体中加锂进行基体改性，如在铝中加入 2%～3% 锂，可使 FP 纤维与铝在真空下润湿，从而使纤维束真空浸渍铝复合丝工艺成为可能。铝基体中的锂优先于 FP 纤维发生界面反应：

$$6Li + Al_2O_3 \longrightarrow 3Li_2O + 2Al \tag{5-11}$$

$$Li_2O + Al_2O_3 \longrightarrow 2LiAlO_2 \tag{5-12}$$

研究结果表明，由于在界面发生了上述反应，FP 纤维与铝基体形成了界面的冶金结合。在真空 FP 纤维浸渍铝工艺中，铝中锂含量、浸渍温度及时间（浸渍速度）是获得良好界面结合的关键因素。通过基体改性和选择合适的工艺参数，可以控制界面反应，不造成 Al_2O_3 纤维的退化，形成浸润良好、均匀镀铝的复合丝。但铝中的锂含量超过 3% 后，会使界面反应层厚度增大，如锂含量达 3.5%～4% 时，就会明显降低 FP/Al 复合材料的性能。

此外，在铝合金基体中加入少量的 Ti、Zr、Mg 等元素，对抑制碳纤维和铝基体的反应，形成良好的界面结构，获得高性能复合材料有明显作用。在相同制备方法和工艺条件下，含有 0.34% 钛的铝基体与 P55 石墨纤维反应轻微，在界面上很少看到 Al_4C_3 反应产物，抗拉强度为 789MPa；而纯铝基体界面上有大量反应产物 Al_4C_3，抗拉强度只有 366MPa，仅为前者的一半。

表 5-12 为不同锆含量对碳/铝复合材料拉伸性能的影响。可见，在铝合金中加入

0.5%锆，可明显提高界面稳定性，抑制高温下的界面反应，使复合材料在较高的温度下仍能保持高的力学性能。

表 5-12　不同锆含量对碳/铝复合材料拉伸性能的影响

材　　　料	抗拉强度/MPa		
	室　　温	400℃，1h	600℃，1h
纯铝	1155.4	1014.3	748.7
Al+0.1%Zr	1095.6	1032.1	862.4
Al+0.5%Zr	1224	1232.8	1102.5

　　总之，在基体金属中加入少量的合金元素，并应用相应的制备工艺是一种经济有效、简单可行的优化界面结构和控制界面反应的途径。

3. 优化制备工艺方法和参数

　　由于金属基复合材料界面反应程度主要取决于制备方法和工艺参数，因此优化制备方法和严格控制工艺参数是优化界面结构和控制界面反应最重要的途径。由于高温下金属基体和增强体元素的化学活性均迅速增加，温度越高，反应越剧烈，在高温下停留时间越长，反应越剧烈，因此在制备方法和工艺参数的选择上首先考虑制备温度、高温停留时间和冷却速度。在确保复合完好的情况下，制备温度尽可能低，复合过程和复合后在高温下保持时间尽可能短，在界面反应温度下冷却尽可能快，低于反应温度后冷却速度应减小，以免造成大的残余应力，影响材料性能。其他工艺参数（如压力、气氛等）也不可忽视，应综合考虑。

　　金属基复合材料的界面优化和界面反应的控制途径与制备方法有紧密联系，因此必须考虑方法的经济性、可操作性和有效性，要对不同类型的金属基复合材料有针对性地选择界面优化和控制界面反应的途径。

5.5　金属基复合材料的性能

　　金属基复合材料是以金属及其合金为基体制备而成的，因此它具有与金属及其合金相似的性能特点。但由于采用的金属基体或增强材料不同，并且在工艺制备上有显著差别，因此不同类型的金属基复合材料具有各自的性能特点。正是因为有了这些共同的和各自的性能特点，金属基复合材料才有可能作为结构材料或有一些特殊要求的性能材料在航空航天、军事工业和民用工业中得到广泛应用。下面分别介绍几种金属基复合材料的性能特点。

5.5.1　金属基复合材料的性能特点

　　金属基复合材料作为结构材料的一种，具有一系列与金属性能相似的特点，金属基复合材料能成为工程动力结构材料正是借助这些金属性能。随着现代科学技术的发展，单一的金属或者合金已经难以满足人们对材料性能提出的要求，而金属基复合材料通过与高强度、高模量、耐热性好的纤维或颗粒、晶须等复合后，可以获得比其基体金属或合金在比强度、

比模量、高温性能更好的新型工程材料。下面介绍金属基复合材料的共同性能特点。

1. 高比强度、高比模量

与结构陶瓷和聚合物材料相比，金属材料的高强度在复合材料中能得到更好的利用。图 5.33 为常用金属基复合材料与常用金属材料的比强度和比模量对比。可以看出，纤维增强金属基复合材料的比强度和比模量明显优于金属材料的；而颗粒增强复合材料的比强度虽无明显增大，但比模量有显著提高。

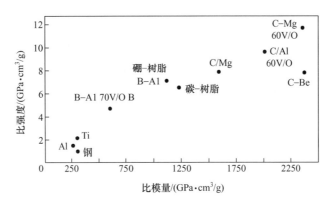

图 5.33　常用金属基复合材料与常用金属材料的比强度和比模量对比

在纤维增强复合材料中，金属基体强度对非纤维增强方向（如横向强度、抗扭强度及层间剪切强度）等性能起到关键的作用。研究结果表明，不但在静载条件下，而且在蠕变和疲劳条件下也是如此。金属基体的模量比聚合物材料高 1～2 个数量级，这对要求高模量的复合材料来说显得特别重要。尤其是在飞行器和飞机发动机风扇叶片、垂直尾翼和机身骨架等动力结构中要求的横向模量和剪切模量，金属基复合材料远高于聚合物基复合材料。

表 5－13 为典型金属基复合材料的强度与模量。

表 5－13　典型金属基复合材料的强度与模量

复合材料	增强材料/(vol%)	抗拉强度/MPa	拉伸强度/GPa	密度/(g/cm³)
B_f/Al	50	1200～1500	200～220	2.10
CVD SiC_f/Al	50	1300～1500	210～230	2.85～3.0
Nicalon SiC_f/Al	35～40	700～900	95～110	2.10
C_f/Al	35	500～800	100～150	2.4
FP Al_2O_{3f}/Al	50	650	220	3.3
Sumica Al_2O_{3f}/Al	50	900	130	2.9
SiC_w/Al	18～20	500～620	96～138	2.8
SiC_p/Al	20	400～510	～100	2.8
CVD SiC_f/Al	35	1500～1750	210～230	3.9
B_f/Ti	45	1300～1500	220	3.7

由表 5-13 可知，金属基复合材料在强度与模量上大致可分为以下三种水平。

（1）高性能水平。如硼纤维与 CVD 碳化硅纤维增强的铝和钛，单向增强的抗拉强度在 1200MPa 以上，模量在 200GPa 以上。

（2）中等性能水平。如纺丝碳化硅纤维与碳纤维增强铝等，抗拉强度为 600～1000MPa，模量为 100～150GPa。

（3）较低性能水平。如晶须、颗粒或短纤维增强铝等，拉伸强度为 400～600MPa，模量为 95～130GPa。

2. 高韧性和高冲击性能

一般金属基复合材料中采用的增强材料，无论是纤维或是颗粒都比较脆，其本身的耐冲击性能差。但像铝、钛等金属及其合金属于韧性基体，受到冲击时能通过塑性变形来接收能量，或使裂纹钝化，减少应力集中而改善韧性。因此金属基复合材料相对聚合物基、陶瓷基复合材料而言，具有高韧性和耐冲击性能。

在硼纤维增强铝基复合材料中，铝中扩展的裂纹尖端应力可达到 350MPa，而纤维的局部强度接近 4.2GPa。当裂纹在垂直于外张力载荷方向扩展时，会受到纤维/基体界面的阻滞。因为基体中的裂纹顶端的最大应力接近基体的抗拉强度，而小于纤维的断裂应力时，裂纹或在界面扩展钝化，或因基体的塑性剪切变形而钝化，从而改善了复合材料的断裂韧性。金属基复合材料中裂纹钝化示意如图 5.34 所示。

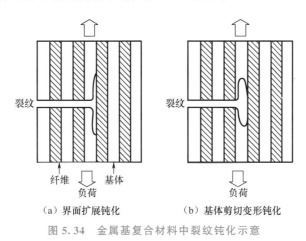

（a）界面扩展钝化　　　　（b）基体剪切变形钝化

图 5.34　金属基复合材料中裂纹钝化示意

3. 对温度变化和热冲击的敏感性低

与聚合物基复合材料相比，金属基复合材料的物理性能与机械性能具有高温稳定性，即对温度变化不敏感，这是作为高温结构材料很重要的性质。图 5.35 所示为硼纤维增强铝和增强环氧树脂复合材料及金属合金的高温性能的比较。硼纤维增强铝在近 400℃温度下仍有较令人满意的高温比强度。而硼纤维增强环氧树脂复合材料虽然在室温时具有比金属基复合材料更高的比强度，但在约 150℃时的比强度已显著下降。树脂基复合材料不仅在中温下会变软，而且高温下的抗氧化和抗腐蚀性能大大降低。

由图 5.35 还可以看出，硼纤维增强铝与其基体材料相比，复合材料可以提高其使用温度 100℃ 以上。图中 2024 铝在 316℃ 时的比强度损失已达 70％ 以上，而硼纤维增强铝可以在 350～400℃ 下工作。在可使用工作温度下，硼纤维增强铝的比强度甚至可以超过钛合金和镍基高温合金的比强度，因而可代替昂贵的钛及镍作为航空发动机风扇叶片材料。

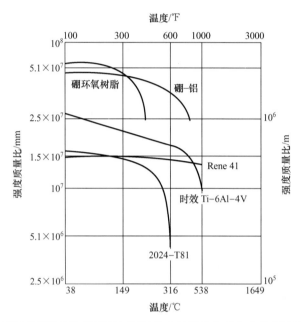

图 5.35　硼纤维增强铝和增强环氧树脂复合材料及金属合金的高温性能的比较

金属抗热冲击性能优良，而聚合物复合材料中的树脂基体的抗热冲击性能对温度变化十分敏感，特别是在接近聚合物玻璃化温度时更明显。陶瓷基复合材料中的陶瓷基体的抗热冲击性能因陶瓷的导热性差而比金属基复合材料的差，常在高温结构材料应用中受到限制，因此如何提高陶瓷基复合材料的抗热冲击性能也是值得研究的。

4. 表面耐久性好，表面缺陷敏感性低

金属基复合材料中，金属基体对表面裂纹的敏感性比聚合物和陶瓷的小得多，表面坚实耐久，尤其是颗粒/晶须增强金属基复合材料常可以作为工程构件中的耐磨件使用。在陶瓷基复合材料中，由腐蚀或擦伤等引起的小裂纹可使其强度剧烈降低。这是由于陶瓷的弹性模量高，但塑性和韧性低，不能像金属基复合材料中的基体那样可以借助塑性变形来使缺口或裂纹钝化，而造成应力集中，引起破坏。聚合物基复合材料基体的强度和硬度与金属基体的相比都相当低，擦伤、磨损等对其表面都有显著影响。

5. 导热、导电性能好

金属基复合材料的导热、导电性能是聚合物基/陶瓷基结构复合材料无法相比的，它可以使局部的高温热源和集中电荷很好地扩散消除。如碳纤维加入铝合金基体后，基体的导热、导电性能不会受到大的损失，在有的方向上反而有所增强。因此，碳纤维增强铝基复合材料除可作为航空航天技术领域中的结构材料外，还可以作为空间装置的热传导和散热器面板。

6. 良好的热匹配性

尽管多数金属及其合金的热膨胀系数与各种增强材料的相差较大，但有些纤维（如硼纤维与钛合金）的热膨胀系数接近，在硼纤维增强钛基复合材料中，热应力可以降至很低。碳纤维增强铝基复合材料经过设计后，热膨胀系数接近于零。这样，复合材料在质量上比铝轻，但强度和刚度有很大的提高，而且不会因温度差造成变形。因此，C_f/Al 可以作为空间站吊臂和太阳能板的结构材料。我们知道，太空结构的向阳面与避阳面之间的温差可达数百摄氏度，若采用普通铝及其合金，由于其热膨胀系数为 $2.4 \times 10^{-5}/℃^{-1}$，可能产生极大的变形。

7. 性能再现性好，制备工艺可借鉴金属材料

金属基体的特性之一就是其性能再现性好。金属基体在物理性能、机械性能方面可以得到精确控制。这种特性对高强度、高模量复合材料尤为重要，可以根据复合原理来设计和预测材料的性能。

许多金属材料的制备方法都在金属基复合材料制备中得到了应用，并且为开发新的制备方法开拓新的前景。如何提高金属材料的强度等性能方面的许多宝贵经验也在金属基复合材料的加工和热处理等方面得到了应用，这对提高复合材料的性能起到非常重要的作用。

金属基复合材料在制备过程中工艺参数的控制等因素，造成金属基复合材料性能的再现性并不理想。尤其是如何提高金属基体与增强材料之间的结合性能和界面控制，成为提高金属基复合材料性能稳定性和再现性的关键。可以相信，人们在金属材料的成分设计、制备和加工处理等方面的丰富经验，帮助人们不断总结和加深对金属基体与增强材料之间化学相容性和物理相容性等问题的认识，把金属基复合材料的研究推向新的阶段。

5.5.2　纤维增强金属基复合材料的性能

自 20 世纪 60 年代中期首次研制成功硼纤维增强铝基复合材料以来，纤维增强金属基复合材料引起了研究人员的兴趣和重视，开展了更加广泛、深入的研究，相继开发了碳化硅纤维（包括 CVD 碳化硅纤维和纺丝碳化硅纤维）、氧化铝纤维及各种高强度金属丝等增强纤维，所采用的金属基体不仅是铝及铝合金，而且有镁合金、钛合金和镍基合金等。纤维增强金属基复合材料的主要性能特点是比强度、比模量和高温性能好等，特别适用于航空航天工业，如航天飞机主舱骨架支柱、飞机发动机风扇叶片、飞机尾翼、空间站结构材料。在汽车结构、保险杠、活塞连杆、自行车（赛车）车架及其他器械上也得到了应用。下面分别介绍纤维增强金属基复合材料的各种性能。

1. 强度与模量

纤维增强金属基复合材料中除金属丝增强外，其中大多数增强纤维属无机非金属材料，如硼纤维、碳纤维和陶瓷纤维（SiC、Al_2O_3）等。一般它们的密度低，强度和模量

高，耐高温性能好，但断裂应变与金属基体相比要低得多，在 0.01～0.02 之间。因此在沿纤维轴向（纵向）拉伸时，对于脆性纤维增强金属基复合材料的抗拉强度会偏离复合混合法则，可用下式表示：

$$\sigma_{cu} = \sigma_{fu} V_f + \sigma_m^\sigma (1 - V_f) \tag{5-13}$$

式中，σ_{cu}、σ_{fu} 和 σ_m^σ 分别表示复合材料、纤维和基体对应纤维断裂应变处的抗拉强度；V_f 表示纤维体积含量。而纵向拉伸模量也可由混合法则来确定，即

$$E_c = E_f V_f + E_m (1 - V_f) \tag{5-14}$$

式中，E_c、E_f 和 E_m 分别表示复合材料、纤维和基体的模量。

由式(5-13)和式(5-14)可以认为，纤维增强金属基复合材料的纵向抗拉强度和模量随复合材料中纤维的体积百分比含量的增大而增大。实际上，纤维增强金属基复合材料的抗拉强度及模量与理论预测的结果非常吻合。图 5.36 所示为 Al_2O_3（FP）/Al-Li 的纵向拉伸强度、横向拉伸强度、弹性模量与纤维体积含量的关系。只要纤维强度的重复性好，复合材料的纵向拉伸强度、横向拉伸强度和弹性模量随纤维体积含量的增大而线性增大，并基本取决于纤维的强度。一般纤维增强金属基复合材料的横向拉伸强度降低显著，而弹性模量下降相对少一些。如图 5.36 中，在 Al_2O_3 纤维体积含量为 20%～60% 时，复合材料的横向拉伸强度比纵向时下降了 60%～70%，但横向弹性模量只降低了 20%～30%。在纤维体积含量为 50% 的硼纤维增强铝时，其横向抗拉强度只有纵向的 10%～15%，而横向弹性模量约为纵向的 60%。

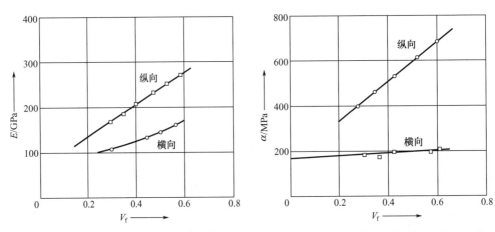

图 5.36　Al_2O_3（FP）/Al-Li 的纵向拉伸强度、横向拉伸强度、弹性模量与纤维体积含量的关系

由于复合材料在纵向拉伸强度、横向拉伸强度上具有大的各向异性，因此往往会造成同时承受横向应力的构件的破坏，这是纤维增强复合材料采用多向复合（像聚合物基复合材料一样，进行多向铺层）增强的主要原因。图 5.37 所示为 10%B_f/Mg 在纤维不同排布时的应力-应变曲线。可以看出，纤维不同排布方向对复合材料的强度和模量甚至塑性均会产生较大的影响。采取 0°～90° 方向排布时，材料的强度和模量与纵向相比虽有降低，但不十分显著。而 ±45° 方向铺层强度和模量均有十分显著的下降，甚至低于横向模量，但复合材料的塑性有很大的提高，这主要是由基体的塑性变形造成的。在碳化硅纤维（SCS-2）增强铝的不同铺层复合材料中同样可以看到这种趋势，见表 5-14。

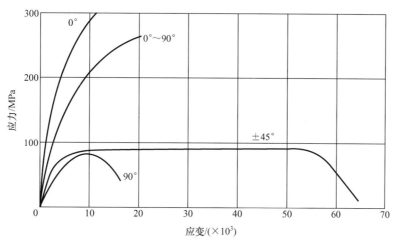

图 5.37　10% B_f/Mg 在纤维不同排布方向时的应力-应变曲线

表 5-14　47vol%SiC（SCS-2）纤维增强铝基复合材料的拉伸性能

纤维位向	铺层数	抗拉强度/MPa	弹性模量/GPa	延伸率/（%）
0°	6.8.12	1462	204.1	0.89
90°	6.12.14	86.2	118	0.08
[0°/90°/0°/90°]	8	673	136.5	0.90
[0°/90°/0°]	8	1144	180	0.92
[90°/0°/90°]	8	341.3	96.5	1.01
±45°	8.12.40	309.5	94.5	10.6
[0°/±45°/0°]	8.16	800	146.2	0.86
[0°/±45°/90°]	8	572.3	127	1.0

　　纤维增强金属基复合材料可以作为高温下应用的工程动力构件。一般来说，纤维增强金属基复合材料在高温下的强度会有所降低，降低的程度与金属基体及增强纤维类型有关。如图 5.38 所示，硼纤维增强铝基复合材料的纵向拉伸强度和弹性模量在 371℃时与室温相比下降约 30%，但横向性能却有显著降低。B_f/Al 的纵向拉伸强度、横向拉伸强度、弹性模量与温度的关系如图 5.38 所示。在 CVD 碳化硅纤维增强钛基复合材料中，由于碳化硅纤维和钛合金的耐高温性能优良，即使是在 500℃温度下，复合材料的拉伸强度、弹性模量与室温下相比仅有少许的降低，甚至在 650℃的温度下拉伸强度和弹性模量只下降了 10%~15%。虽然纤维增强金属基复合材料在高温下的拉伸强度与弹性模量有所下降，但与基体金属相比，其拉伸强度和弹性模量有显著提高，实际工作温度也有明显提高。如 40%W-2%ThO₂，钨丝增强镍基高温合金在 1100℃下、100h 高温持久强度要比基体合金高 8.4 倍，持久强度也要高 6 倍。

　　纤维增强金属基复合材料的强度尤其是其高温强度与纤维/基体界面结合及稳定性有密切关系，如图 5.26 中的高模量碳纤维增强铝经过 600℃、1h 加热后，界面反应产物 Al_2C_3 量剧增，其拉伸强度与未加热前相比降低了 75%。

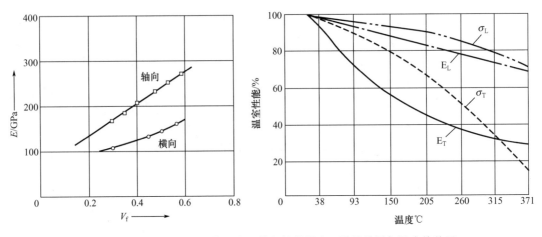

图 5.38　B_f/Al 的纵向拉伸强度、横向拉伸强度、弹性模量与温度的关系

2. 冲击性能

使用纤维增强金属基复合材料时，有时要考虑其在高应变速率下的冲击性能，尤其是在航空蒙皮或构件中，或作为体育运动器械时。对金属材料而言，工业试验一般采取缺口冲击方法来评估材料的耐冲击性能。在材料受冲击时，单位面积所能吸收的能量越多，其耐冲击能力越强。

一般来说，纤维增强金属基复合材料的抗冲击性能与纤维的分布位向及纤维的含量有关。在金属材料中，材料通过热加工，如锻轧、挤压加工，杂质或夹杂物会沿加工方向分布形成所谓的"流线"。当冲击负载垂直于流线方向时，材料的冲击性能会得到提高，而平行于流线方向会使材料冲击性能变差。同样在单向纤维增强金属基复合材料中，纤维所起的作用类似于流线。图 5.39 所示为直径为 $100\mu m$ 的 Borsic 纤维增强 6061 铝在制造状态下 V 形缺口的冲击性能与纤维取向和纤维体积含量的变化曲线。图中 LT 为缺口垂直于纤维方向，TT 为缺口平行于横向增强纤维方向，TL 为缺口平行于纵向增强纤维方向。可以看出，LT 缺口取向吸收的冲击能量最大，并且随纤维含量的增大而增大。对 TT 和 TL 缺口取向，其吸收的冲击能少得多，而且几乎不取决于纤维的含量。

对纤维增强金属基复合材料的冲击性能结果进行研究的结果表明，纤维增强金属基复合材料在 LT 方向的冲击断裂机制有两种：一种是受最大弯曲应力（σ_{max}）控制，另一种受最大剪应力（τ_{max}）控制。可以通过简单梁理论推导得出：

$$\frac{\sigma_{max}}{\tau_{max}} = \frac{2L}{h} \tag{5-15}$$

式中，h 和 L 分别为冲击试样的厚度和长度。对缺口试样而言，h 不包括缺口深度。如果金属基复合材料的弯曲强度与剪切强度已知，可以计算得出，L/h 比值越大，最大弯曲应力 σ_{max} 越大，此时会发生弯曲断裂；相反，L/h 越小，就会发生剪切断裂。由此可用式（5-16）来估算不同的纤维增强金属基复合材料的冲击性能，即

$$\overline{Q} = C \frac{\sigma_f^2 d v_f}{12\sigma_{90}} \tag{5-16}$$

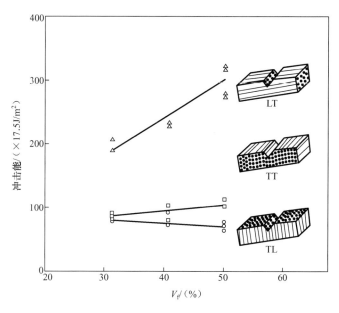

图 5.39　直径为 100μm 的 Borsic 纤维增强 6061 铝在制造状态下 V 形缺口的冲击性能
与纤维取向和纤维体积含量的变化曲线

式中，$\bar{Q}$ 为单位面积冲击吸收能量；σ_f、d、v_f 分别为纤维强度、直径和体积含量；σ_{90} 为复合材料的横向抗拉强度；C 为常数。也就是说，纤维增强金属基复合材料的冲击性能与纤维 σ_f^2、d、v_f 的乘积成正比，而与复合材料横向抗拉强度成反比。图 5.40 所示为不同类型的纤维增强金属基复合材料的单位面积冲击能与 $\sigma_f^2 d v_f$ 的关系，两者基本呈线性关系。由式(5-16)可知，为了获得韧性较好的纤维增强金属基复合材料，在相同增强纤维及含量情况下，尽量采用大直径纤维或纤维束，以增大纤维间距，尽可能利用金属基体的韧性。

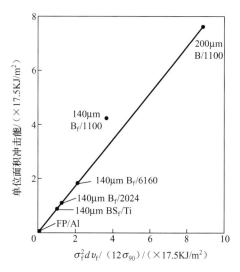

图 5.40　不同类型的纤维增强金属基复合材料的单位面积冲击能与 $\sigma_f^2 d v_f$ 的关系

纤维增强金属基复合材料的高温冲击性能相应地会比室温时有较大提高，这主要是由金属基体韧性在高温下的提高造成的。图 5.41 所示为 W－2％ThO₂ 增强钴基高温合金（Mar M 322）与未增强的基体合金在高温下的缺口冲击性能的比较。可以看出，随着试验温度的提高，复合材料的耐冲击性能有了非常显著的提高。但值得注意的是，如果复合材料经历一定的热过程后，其抗冲击性能会有明显的降低，但仍然高于基体。如图 5.41 中复合材料及基体都在 1090℃下加热 500h 后再进行冲击试验，结果发现复合材料的冲击性能仅为未经历热过程的 1/3。这反映了复合材料在热经历过程中纤维与基体界面产生了不稳定，形成了降低材料性能的界面反应，影响了复合材料的性能。因此，在设计、使用纤维增强金属基复合材料时应注意热经历过程对界面的影响。

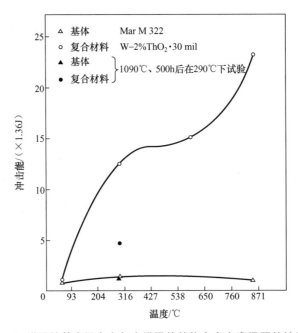

图 5.41　W－2％ThO₂ 增强钴基高温合金与未增强的基体合金在高温下的缺口冲击性能的比较

3. 蠕变与疲劳

纤维增强金属基复合材料（如硼纤维增强铝、碳化硅纤维增强钛、钨丝增强高温合金及高温定向凝固共晶复合材料）常作为航空航天动力结构材料（如发动机叶片等），一般需要在高温下能长时间经受应力作用，因此纤维增强金属基复合材料的蠕变与疲劳性能是重要性能。

材料的蠕变是材料在恒定负载（应力）作用下产生的与时间有关的形变，蠕变所产生的构件尺寸变化可能构成对材料的破坏。金属材料的蠕变行为一般分为三类，其蠕变曲线如图 5.42 所示。当温度较低时（图中 a 曲线），ε_1 为瞬时应变，随着时间的延长，最后趋于一定值 ε_2。当温度较高时（图中 b 曲线），蠕变分为三个阶段：第一个阶段蠕变速率 $\dot{\varepsilon}$ 随时间减小；第二个阶段 $\dot{\varepsilon}$ 为常值；第三个阶段 $\dot{\varepsilon}$ 随时间延长而增大。一般称 a 曲线和 b 曲线第二个阶段为稳态蠕变。而在温度更高时（图中 c 曲线），稳态蠕变时间很短，第三个阶段（加速阶段）很快到来。材料要绝对没有蠕变现象是不可能的，尤其是在高温工作条件下，一般希望材料的蠕变速率小，稳态蠕变延续时间长。在 b 曲线的稳态蠕变中，人们发现其蠕变速率与应力和温度有关，可用阿累尼乌斯方程来表示：

$$\varepsilon = A\sigma^n \exp(-Q/RT)$$

式中，A、n 为材料常数；Q 为自扩散激活能；R 为气体常数；T 为温度；σ 为所受应力。

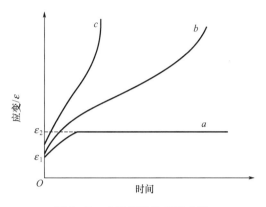

图 5.42　金属材料的蠕变曲线

在纤维增强金属基复合材料中，如果金属基体和增强材料的熔点相差不大，如钨丝增强高温合金、定向凝固高温共晶复合材料的纤维和基体都会在高温发生蠕变。图 5.43 所示为 45vol%W - 1vol%ThO$_2$ 增强 Fe - Cr - Al - Y 分别在 1040℃、1090℃ 和 1150℃ 时和不同应力下的蠕变曲线。可以看出，这三个温度下的复合材料蠕变行为与图 5.42 中的 a、b、c 曲线类似，在 1040℃ 时，材料虽在 345MPa 应力作用下，但蠕变速率很快趋于零，达到稳定状态；在 1090℃、240MPa 时，蠕变曲线出现稳态蠕变；当温度提高到 1150℃ 时，虽然应力为 207MPa，但在约 300h 后出现了加速蠕变现象。由于 Fe - Cr - Al - Y 基体合金在这些温度下的蠕变强度很低，因此复合材料的蠕变主要取决于钨丝。

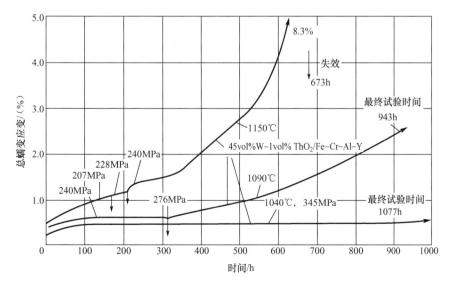

图 5.43　45vol%W - 1vol%ThO$_2$ 增强 Fe - Cr - Al - Y 分别在 1040℃、1090℃
和 1150℃ 时和不同应力下的蠕变曲线

在含有陶瓷纤维的金属基复合材料（如 SiC_f/Al 或 Al_2O_{3f}/Al）中由于相应工作使用温度范围相对纤维和基体的熔点分别为 $0.1\sim0.3T_f$ 和 $0.4\sim0.7T_m$。此时金属基体蠕变要比纤维高几个数量级，蠕变基体中的纤维呈弹性变形，因此在蠕变曲线上无法观察到蠕变速率达到稳定值，而是逐渐下降，在蠕变应变趋于一个平衡值后趋于零。由于硼纤维和其他陶瓷纤维的抗蠕变性能优异，因此陶瓷纤维增强金属基复合材料的抗蠕变性能要比基体合金的好。

金属材料制成的构件，在经过多次循环应力的作用下，加在构件上的应力远小于材料的断裂应力，甚至比屈服应力还小时，机械构件常常会突然断裂。材料在循环应力作用下发生断裂的现象称为疲劳。材料疲劳所引起的断裂往往是在没有明显预兆的情况下发生的，很容易造成灾难性事故。纤维增强金属基复合材料在航空航天或汽车等构件中使用广泛，因此对其疲劳性能的研究具有十分重要的现实意义。

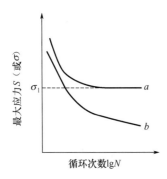

图 5.44　一般材料的疲劳曲线

一般金属材料的疲劳曲线如图 5.44 所示，因为是用应力极大值 S（或 σ）对疲劳至断裂时循环次数 N 的对数值所作的图，所以又称疲劳曲线为 S-N 曲线。图中 a 曲线在应力低于 σ_1 时，无论循环多少次都不会造成材料的疲劳断裂，所以 σ_1 称为疲劳极限。图中 b 曲线不存在疲劳极限，为方便起见，我们规定一个应力，即在指定的循环次数后，产生疲劳断裂时所需的应力称为耐久极限。

纤维增强金属基复合材料的疲劳性能，一般会因加入了高强度的纤维而得到改善和提高。图 5.45 所示为硼纤维和 Al_2O_3（FP）纤维单向增强铝基、镁基复合材料在沿纤维方向的疲劳曲线，图中同时标出了相应基体的耐久极限及其与抗拉强度的比值。可以看出，复合材料的疲劳性能优于基体合金的，在循环次数达 10^7 后，复合材料的疲劳强度与抗拉强度的比值可达 $0.6\sim0.7$，约为基体的 2 倍。

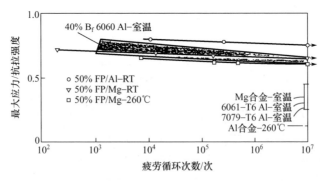

图 5.45　硼纤维和 Al_2O_3（FP）纤维单向增强铝基、镁基复合材料在沿纤维方向的疲劳曲线

复合材料的疲劳强度会随加入的纤维的强度及体积含量的增大而提高。在钨丝增强 4%Cu - Al 合金复合材料中，当钨丝含量由 0% 增至 24% 后，复合材料的疲劳强度也随之提高。但单向纤维增强复合材料的循环应力方向与纤维轴向偏离时，材料的疲劳强度会随

角度的增大而降低。虽然纤维含量能提高轴向循环疲劳的寿命，但在离轴方向只有少量提高，甚至没有改善。复合材料的疲劳性能与疲劳裂纹的产生与扩展有关。研究结果表明，在纤维与基体强度比值大时，疲劳裂纹往往在纤维/基体界面起裂，并成为影响复合材料疲劳寿命的主要原因。当纤维与基体强度比值小时，则主要是裂纹扩展速率影响复合材料的疲劳寿命，而且裂纹将穿越纤维，使疲劳性能降低。

材料的疲劳裂纹扩展可以由 $da/dN - \Delta K$ 曲线来描述，一般 da/dN 与 ΔK 的关系为

$$da/dN = A(\Delta K) \tag{5-17}$$

式中，da/dN 为疲劳裂纹扩展速率；a 为裂纹长度；N 为循环次数；ΔK 为循环应力强度因子差值（$\Delta K = K_{max} - K_{min}$）；$A$ 取决于材料和试验条件。并且

$$\Delta K = Y\Delta\sigma\sqrt{a} \tag{5-18}$$

式中，Y 为试样形状因子；$\Delta\sigma$ 为循环应力幅。

典型的纤维增强金属基复合材料的疲劳裂纹扩展曲线如图 5.46 所示。图中比较了涂覆 B_4C 的硼纤维增强 $Ti - 6Al - 4V$ 复合材料与其基体合金的疲劳裂纹扩展特性。可以看出，当 $\Delta K < 50MPa \cdot m^{1/2}$ 时，复合材料具有较高 ΔK 门槛值和小得多的裂纹扩展速率，因而其疲劳寿命比其基体合金的高。这也进一步证明了图 5.46 的结论。当然，从图 5.46 中也可以看出 $Ti - 6Al - 4V$ 合金在高 ΔK 值时的优异疲劳性能。

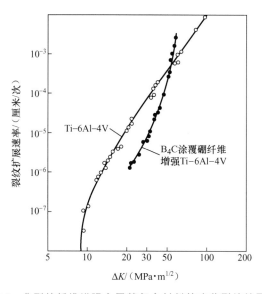

图 5.46　典型的纤维增强金属基复合材料的疲劳裂纹扩展曲线

一般金属基复合材料在经过高温长时间加热后，其疲劳性能会有所降低，这是由纤维的性能退化、纤维/基体界面脱黏及基体脆性增加等因素造成的。但是 $B_f/Ti - 6Al - 4V$ 在 850℃下加热 10h 后，抗疲劳裂纹的扩展能力得到了改善，因为裂纹尖端附近的显微开裂会引起能量的消散效应。

纤维增强金属基复合材料的疲劳性能还与纤维在基体中的均匀分布、纤维表面缺陷等因素有关。此外，纤维/基体界面结合也会影响复合材料的疲劳性能，有时甚至可以改善材料的疲劳性能。如当界面结合为弱结合时，疲劳裂纹可能形成二次裂纹或改变方向，此

时可以延缓疲劳裂纹的扩展。

5.5.3　颗粒、晶须增强金属基复合材料的性能

　　颗粒及晶须增强金属基复合材料是目前应用范围最广、开发前景最广的一种金属基复合材料。这类复合材料的金属基大多采用密度较低的铝、镁和钛合金，以便提高复合材料的比强度和比模量，其中较成熟、应用较多的是铝基复合材料。这类复合材料所采用的增强材料为碳化硅、碳化硼、氧化铝颗粒或晶须，其中以碳化硅为主。颗粒及晶须增强金属基复合材料除了用于军事工业，如制造轻质装甲、导弹飞翼和直升机部件外，还主要用于汽车工业，如发动机气缸活塞、喷油嘴部件、制动装置等，见表5-15。

表 5-15　颗粒及晶须增强金属基复合材料的应用范围

金属基复合材料	应　用	特　点	制造厂家
25vol%SiC 颗粒增强 6061 铝基复合材料	航空结构导槽、角材	代替 7075Al，密度下降17%，弹性模量提高65%	美国 DWA 特种复合材料公司
17vol%SiC 颗粒增强 2124 铝基复合材料	飞机和导弹零件用薄板材料	拉伸模量在 100000MPa以上	英国 BP 金属复合材料
40vol%SiC 晶须或颗粒 增强铝基复合材料	三叉戟导弹制造元件	代替机加工铍元件，成本低，无毒	英国航空航天公司
35vol%SiC 晶须 增强 2124 铝基复合材料	超轻量航天望远镜	热膨胀系数为 5.2ppm/℃	美国 ACMC 公司
Al_2O_3 短纤维 增强铝基复合材料	汽车发动机活塞抗磨环	耐磨，成本低，发动机性能好	日本丰田
不锈钢长纤维 增强铝基复合材料	汽车连杆	强度高，发动机性能好	日本丰田
SiC 晶须增强铝 基复合材料	汽车连杆	强度高，发动机性能好	日本日产
Al_2O_3 长纤维 增强铝基复合材料	汽车连杆	强度高，发动机性能好	日本丰田
70vol%AlN 颗粒增强 2124 铝基复合材料	汽车连杆	刚度高，不与 Al 反应	美国 ART 公司
15vol%TiC 颗粒增强 2219 铝基复合材料	汽车制动器卡钳、连杆、活塞	模量高，颗粒与基体界面获得改善	美国 MM-Amax 公司
55~60vol%Al_2O_3增强铝基复合材料（含 3%~10%Mg）	燃料注入零件	可得净成型铸件	美国 Lanxide 公司

颗粒及晶须增强金属基复合材料在制备工艺上有相似之处，基本由粉末冶金、压铸、半固态复合铸造等液相法及喷射沉积法等制备，并且可以进行挤压、锻轧等二次成形加工。尤其是采用液态法制备的颗粒及晶须增强金属基复合材料，与纤维增强金属基复合材料相比，制备工艺简化，成本有显著下降。下面主要介绍颗粒及晶须增强铝基复合材料的性能。

1. 强度与模量

在颗粒及晶须增强金属基复合材料中，与纤维增强复合材料不同，其基体和增强材料（颗粒与晶须）都承担载荷。但是，颗粒与晶须在复合材料中的增强效果不完全相同。颗粒增强金属基复合材料的屈服强度与颗粒在基体中分布的平均间距 D_p 有关，即

$$\sigma_{cy} \propto D_p^{1/2} \tag{5-19}$$

随着颗粒间距的增大，复合材料的强度下降。也就是说，在相同的 v_p 下，颗粒直径越大，其强度效果越差。但是颗粒形状不完全是圆形，因此按照混合法则，颗粒增强金属基复合材料的抗拉强度可以表示为

$$\sigma_{cu} = v_p \sigma_{my} \frac{l_p}{4d_p} + v_m \sigma_{mu} \tag{5-20}$$

式中，σ_{mu}、σ_{my} 分别为基体的抗拉强度和屈服强度；l_p/d_p 为颗粒长径比；v_p、v_m 分别为颗粒体积含量和基体体积含量。

晶须增强金属基复合材料的强度可以按照类似短纤维增强复合材料的强度来预测，即当 $l > l_c$ 时，

$$\sigma_{cu} = \sigma_{wu}\left(l - \frac{l_c}{2l}\right)v_w + \sigma'_m v_m \tag{5-21}$$

式中，σ'_m 为对应晶须断裂应变时的基体强度；σ_{wu} 为晶须抗拉强度；v_w、v_m 分别为晶须体积含量和基体体积含量；l、l_c 分别是晶须实际长度与临界长度。当 $l < l_c$ 时，晶须增强金属基复合材料的强度为

$$\sigma_c = C\sigma_{my} \frac{l_w}{d_w} v_w + \sigma_{mu} v_m \tag{5-22}$$

式中，l_w/d_w 为晶须长径比；C 为晶须分布位向因子，一般取 0.25～0.5。

我们知道，晶须在强度和长径比值上远高于颗粒，因此晶须的增强效果明显比颗粒的大。图 5.47 所示为 SiC 颗粒与晶须增强 6061 铝基复合材料的强度与增强材料体积含量之间的关系。可以看出，晶须对复合材料的增强效果明显，而颗粒虽然有增强效果，但不明显。由图还可以看出，无论是颗粒增强还是晶须增强，复合材料的强度都是随着增强材料体积含量的增大而增大的。

颗粒或晶须增强金属基复合材料的模量基本符合混合法则，即在纵向拉伸时

$$E_c = E_{p,w} v_{p,w} + E_m v_m \tag{5-23}$$

式中，$E_{p,w}$、$v_{p,w}$ 分别为颗粒或晶须的模量及体积含量。由于晶须和颗粒增强材料在模量上差别并不大，因此对模量的增强效果是接近的，如图 5.48 所示。由图可以看出，晶须与颗粒增强 6061Al 的模量随体积含量的增大而增大。与对强度的增强效果相比，颗粒对

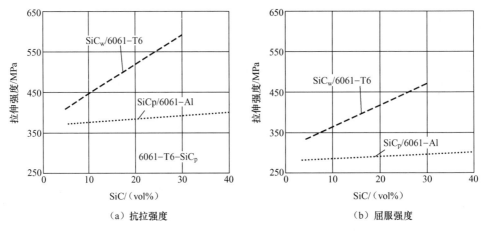

（a）抗拉强度 （b）屈服强度

图 5.47　SiC 颗粒与晶须增强 6061 铝基复合材料的强度与增强材料体积含量之间的关系

复合材料的增强效果十分明显，这也是金属基复合材料的一个特点。但是同时可以看出颗粒对模量的增强仍然低于晶须，这是由于颗粒形状对模量增强效果的影响。图 5.49 所示为 SiC 颗粒形状及体积含量对铝基复合材料模量的影响，可以看出，颗粒增强复合材料的模量值偏离了混合法则。图中 S 为颗粒长径比，随着 S 的增大，对混合定律的偏差逐渐减小。可以采用 Tsai-Halpin 方程表示颗粒增强金属基复合材料的模量：

$$E_w = \frac{E_m(1+2Sqv_p)}{1-qv_p} \qquad (5-24)$$

其中：

$$q = \frac{E_p/E_m - 1}{(E_p/E_m)+2S} \qquad (5-25)$$

式中，E_p 和 E_m 分别表示颗粒和基体的模量。

　　此外，颗粒的尺寸、基体、热处理方式、二次加工方法，以及采用制备颗粒与晶须增强复合材料的工艺方法等都会对强度等性能产生显著影响。

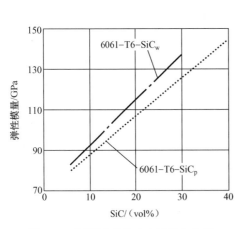

图 5.48　不同含量的 SiC 颗粒与晶须
增强 6061Al 复合材料的模量

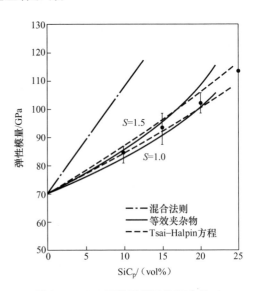

图 5.49　SiC 颗粒形状及体积含量对
铝基复合材料模量的影响

晶须与颗粒增强金属基复合材料往往应用于高温部件，这类复合材料在高温下的强度及模量一般要比基体合金的高，如图 5.50 所示。图中为 21vol％SiC 晶须增强 2024 Al 与基体高温性能的比较，可以看出复合材料具有较好的高温性能，特别是高温模量。与室温相同，颗粒与晶须增强金属基复合材料的高温强度及模量也随颗粒或晶须的体积含量的增大而提高，如图 5.51 所示。

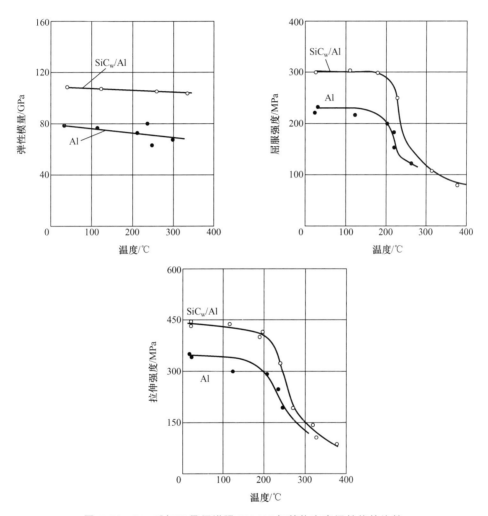

图 5.50　21vol％SiC 晶须增强 2024Al 与基体在高温性能的比较

2. 断裂韧性

颗粒与晶须增强金属基复合材料在提高强度与模量的同时，还降低了塑性与韧性。研究结果表明，影响颗粒或晶须增强金属基复合材料的断裂韧性的因素主要有颗粒的尺寸、颗粒及晶须的取向、复合材料的加工状态，以及热处理等。

如采用三点弯曲法对含 15vol％SiC/6061Al 进行断裂韧性 K_{IC} 测试，当 SiC$_P$ 直径分别为 2.5μm 和 10μm 时，K_{IC} 值分别为 20.5 和 27.2MPa·m$^{1/2}$。说明大颗粒增强

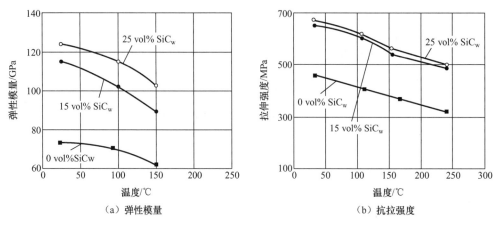

（a）弹性模量 （b）抗拉强度

图 5.51 不同 SiC 晶须增强 2024Al 的高温性能

铝基复合材料具有较高的断裂韧性。这与相同体积含量的颗粒直径大、粒子间距大、裂纹扩展在韧性基体中的概率高有关。同理，颗粒体积含量增大时，复合材料的断裂韧性降低。虽然颗粒增强复合材料的断裂行为比较复杂，但可用下式来估算其断裂韧性：

$$K_{IC} = \left[2\sigma_{my} E_m (\pi/6)^{1/3} d_p \right]^{1/2} v_p^{1/6} \qquad (5-26)$$

由式（5-26）可以看出，随着颗粒直径 d_p 的增大、颗粒体积含量的减小，复合材料的韧性增强。

一般颗粒增强金属基复合材料的断裂韧性要优于晶须增强复合材料的，因为在晶须增强复合材料中晶须前沿会造成应力集中，容易引发裂纹的扩展。图 5.52 所示为 SiC_p 和 SiC_w 增强 2124Al 的断裂韧性比较，虽然试样的尺寸（厚度）对复合材料韧性有较大影响，但还是可以看出相同体积含量的 $25vol\% Si_i C_p - 2124Al$ 的韧性要远高于 $20vol\% SiC_w - 2124Al$ 的，甚至比 $15vol\% SiC_w - 2124Al$ 的韧性还高。

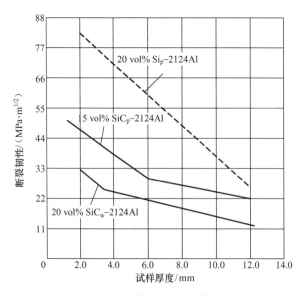

图 5.52 SiC_p 和 SiC_w 增强 2124Al 的断裂韧性比较

一般晶须的长径比远超过颗粒的，晶须在复合材料中存在分布位向，特别是经过挤压或轧制加工后，因此晶须增强金属基复合材料的力学性能呈各向异性（类似的有短纤维增强金属基复合材料），其韧性也是如此。表5.15为25vol％SiC$_p$与SiC$_w$增强6061Al（T6）在室温时的断裂韧性比较，可以看出颗粒增强复合材料的韧性是各向同性的，其纵向（LT）与横向（TL）韧性基本相同；而晶须增强时的纵向韧性高于横向韧性。

表5-16　25vol％SiC$_p$与SiC$_w$增强6061Al（T6）在室温时的断裂韧性比较

类型	取向	$K_{IC}/$（MPa·m$^{1/2}$）
SiC$_p$	L-T	11.5
	T-L	11.1
SiC$_w$	L-T	8.6
	T-L	7.9

通过二次加工后，颗粒与晶须增强复合材料的韧性有明显的改善，尤其是晶须增强复合材料的纵向韧性。研究表明，断裂韧性提高的主要原因包括：①基体经加工后提高了韧性；②晶须在沿加工方向（纵向）的平均自由程增大，利于晶须的拔出；③晶须的顺向排列的可能性增大，在断裂时可能造成复合材料的分层，增加了断裂所需的能量。

有关颗粒与晶须增强复合材料的断裂韧性测试方法也引起了人们的注意，因为采用传统金属材料的三点弯曲方法需要预制裂纹，这对这类复合材料来说比较困难，因裂纹一旦萌生就可能迅速扩展。此外，颗粒与晶须分布的均匀性也明显影响断裂韧性的测试稳定性，如图5.52所示，试样的尺寸已有显著的影响，更不用说采用液态法制备时，复合材料界面结合及制备中产生其他缺陷，如气孔、孔隙等均会引起内应力分布和均匀性的变化。

3. 蠕变与疲劳

颗粒与晶须增强金属基复合材料的蠕变行为与纤维增强时的相同，与试验温度、所加载荷有关，见式(5-17)。在颗粒增强时，当试验温度较低、颗粒含量较小时，其蠕变特征没有减速第一阶段，其稳态蠕变较长，可达200h，然后进入加速蠕变阶段。13vol％SiC$_p$增强2014Al的蠕变曲线如图5.53所示。当试验温度达648K，蠕变应力为14.1MPa时的30％SiC$_p$增强6061Al有三个阶段特征，但稳态蠕变延续时间较短，约为6h，然后进入加速蠕变阶段，其稳态蠕变速率为$9 \times 10^{-6} s^{-1}$。30vol％SiC$_p$增强6061Al的蠕变曲线如图5.54所示。

25vol％SiC$_w$-2124Al的蠕变曲线如图5.55所示。25vol％SiC$_w$-2124Al在573K、48MPa下，蠕变呈现三个阶段，其稳态蠕变阶段较长，而且蠕变速度较慢。但在更高应力的作用下，其稳态蠕变阶段较短，很快就进入加速蠕变阶段。这是晶须增强复合材料蠕变的一个特征，主要是因为晶须增强时，在高应力作用下晶须末端会引起空洞，从而加速了蠕变，并且晶须长径比越大，蠕变速率增大得越快。

在相同试验条件，如一定温度和相同的蠕变速率下，颗粒与晶须增强金属基复合材料要比其基本合金蠕变强度高。与颗粒增强相比，晶须增强金属基复合材料在同等应力条件

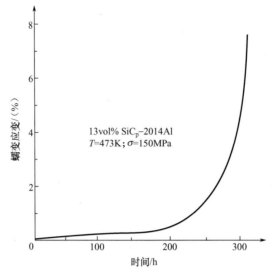

图 5.53　13vol％SiC$_p$ 增强 2014Al 的蠕变曲线

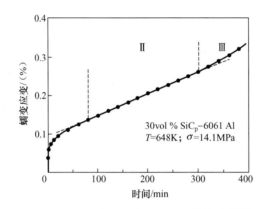

图 5.54　30vol％SiC$_p$ 增强 6061Al 的蠕变曲线

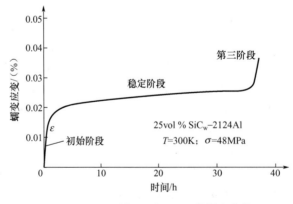

图 5.55　25vol％SiC$_w$/2124Al 的蠕变曲线

下的蠕变速率更低，因而更稳定。图 5.56 所示为 20vol％SiC$_w$、SiC$_p$ 增强 6061Al 在不同应力作用下的蠕变性能。由图可以看出，在相同应力作用（如 50MPa 左右）下，颗粒增强复合材料的最小蠕变速率要比基体合金的低两个数量级；在相同的蠕变速率下可比未增强的基体的蠕变应力大一倍左右，即复合材受的应力提高了一倍。晶须增强时又比颗粒增强复合材料的蠕变性能好。一般复合材料的应力指数 n［式(5-17)］，即图中直线斜率明显高于基体的，基体的应力指数为 $4\sim5$，而复合材料的应力指数为 $9\sim20$。这反映出复合材料蠕变速率对应力的敏感程度更大。

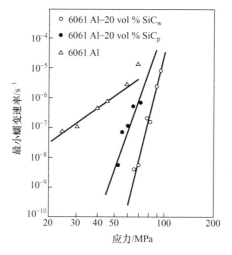

图 5.56 $20\text{vol}\%SiC_p$、SiC_w 增强 6061Al 在不同应力作用下的蠕变性能

不同 SiC_w 含量增强 2124Al 的蠕变性能如图 5.57 所示。图 5.57 除进一步证实了图 5.56 的晶须增强蠕变特性外，还可以看出，当晶须体积含量由 $15\text{vol}\%$ 增大至 $25\text{vol}\%$ 时，复合材料的蠕变性能有明显的改善。两种不同晶须含量的复合材料的应力指数基本是相同的。这反映了晶须增强铝基复合材料在高蠕变应力下，晶须与基体界面部分脱黏对蠕变性能的影响，可见复合材料的蠕变速率增大，与基体相比应力指数也随之增大。

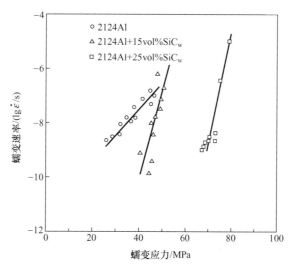

图 5.57   不同 SiC_w 含量增强 2124Al 的蠕变性能

颗粒与晶须增强金属基复合材料的疲劳强度和疲劳寿命一般比基体金属的高。图 5.58 所示为 SiC_w、SiC_p 增强 6061Al 及其基体的疲劳曲线。可以看出，复合材料的疲劳强度要

明显高于其基体的，在相同的疲劳应力作用下，复合材料的疲劳寿命比基体的高一个数量级，而晶须增强与颗粒增强的复合材料疲劳性能基本接近。复合材料疲劳性能的提高可能与其强度与刚度的提高有关。

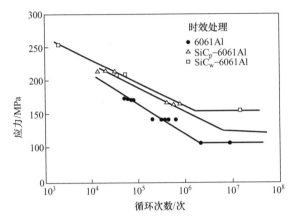

图 5.58　SiC_p、SiC_w 增强 6061Al 及其基体的疲劳曲线

　　不同 SiC_w 增强铝基复合材料的疲劳曲线如图 5.59 所示。14vol％SiC_w 增强 Al（含 Li）复合材料在制备时增加了一部分 Al，形成"复合基体"和 20vol％SiC_w 增强 2024Al 相比，其疲劳性能有了明显提高。这与晶须增强复合材料疲劳裂纹的形成与扩展有关。疲劳裂纹在晶须增强复合材料中，在晶须的端部或是与基体的界面处形成，当 SiC_w 分布不均匀时，在 SiC_w 密集处或是基体中的一些显微缺陷处也容易萌生疲劳裂纹。由于 SiC_w 与基体在强度和变形能力上有显著的差别，因此在疲劳过程中，其界面将产生较大内应力，可能导致界面开裂，形成疲劳裂纹；而基体的显微缺陷及晶须密集处同样存在较大内应力，空穴的积累而形成疲劳裂纹。疲劳裂纹的扩展是由裂纹前沿所形成的微孔洞的连接引起的，当裂纹遇到 SiC_w 时，裂纹扩展会停止，而等待附近其他微孔洞的积累、连接再引发裂纹形成及扩展。含有复合基体的 SiC_w 增强复合材料的裂纹形成及扩展受基体韧化的影响，因而提高了疲劳性能。

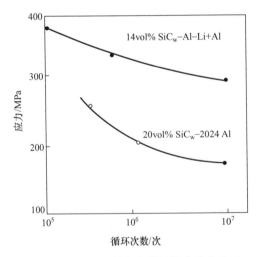

图 5.59　不同 SiC_w 增强铝基复合材料的疲劳曲线　（$R=0.1$）

颗粒增强复合材料的疲劳裂纹的产生同样与基体/颗粒界面有关，同时和硬颗粒的脆性断裂与基体的循环微裂纹生长之间的相互作用有关。其疲劳裂纹的扩展可以有多种方式，如图 5.60 所示。在疲劳过程中，颗粒的断裂、界面分离等都需要消耗能量，因而可以延缓疲劳裂纹的扩展速率，从而提高复合材料的疲劳性能。颗粒增强金属基复合材料的疲劳裂纹扩展速率还受增强颗粒的尺寸、分布及应力强度变化 ΔK（$K_{max}-K_{min}$）的影响。图 5.61 所示为已经过 171℃、15h 时效处理的两种体积含量（15vol%、25vol%）和两种粒度（粗 $16\mu m$ 和细 $5\mu m$）SiC_p 增强 Al‑Zn‑Mg‑Cu 铝基复合材料在不同应力强度范围的疲劳裂纹扩展速率比较，图中用实线表示了基体合金的疲劳性能特征。由图可以看出，$5\mu m$ 直径的细 SiC_p 增强复合材料的疲劳裂纹扩展与 ΔK 的关系基本和未增强基体合金相似，应力强度变化范围的门槛值 ΔK_{th} 较低（疲劳裂纹在低于 ΔK 时基本处于稳定状态，不再扩展），而粗颗粒增强时的 ΔK_{th} 较高。根据式(5‑27)的修正关系：

$$da/dN = A(\Delta K - \Delta K_{th})^m \tag{5-27}$$

可以认为细颗粒增强比粗颗粒增强复合材料的疲劳裂纹扩展速率增大，表明裂纹更易扩展。在低 ΔK 时，疲劳裂纹扩展路径可能会绕过细颗粒，在基体中扩散，而粗颗粒在裂纹前沿或裂纹弹性区内破裂或界面脱黏，吸收了部分能量，延缓了裂纹的扩展（图 5.61）。当 K_{max} 趋近复合材料的断裂韧性 K_{IC} 时，ΔK 很大，疲劳裂纹的扩展明显加快，此时粗、细 SiC_p 增强复合材料的裂纹扩展速率都迅速增大，疲劳裂纹进入快速不稳定扩展阶段。

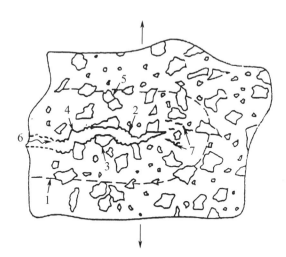

1—弹性区的变形；2—沿疲劳裂纹形成的空穴；3—颗粒的断裂；
4—基体与颗粒之间界面分离；5—弹性区颗粒的开裂；6—疲劳裂纹；7—主裂纹沿基体显微开裂

图 5.60　颗粒增强金属基复合材料疲劳裂纹扩展的方式

由图 5.61 还可以看出不同含量的粗 SiC_p 增强复合材料的疲劳裂纹扩展的 ΔK_{th} 略有差别。含量较低的复合材料的 ΔK_{th} 较高，在疲劳裂纹稳定扩展阶段的裂纹扩展速率有所减小，疲劳性能有所提高，其原因还有待进一步研究。

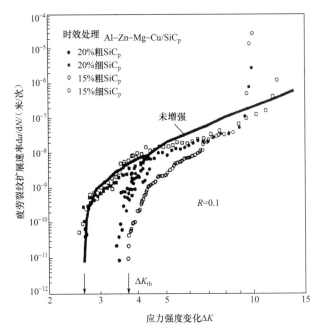

图 5.61　两种不同体积含量和粗细的 SiC 颗粒增强 Al‑Zn‑Mg‑Cu
铝基复合材料的疲劳裂纹扩展速率与应力强度范围 ΔK 的关系

5.6　金属基复合材料举例

5.6.1　铝基复合材料

1　铝基复合材料的特点

在众多金属基复合材料中，铝基复合材料发展最快且成为当前该类材料发展和研究的主流，这是因为铝基复合材料具有密度低、基体合金选择范围广、热处理性好、制备工艺灵活等优点。另外，铝或铝合金与许多增强相都有较好的接触性能，如连续状硼、Al_2O_3、SiC 和石墨纤维及其各种粒子短纤维和晶须等。在长纤维硼增强的铝基复合材料、颗粒碳化硅（SiC）增强的铝基复合材料和短纤维 Al_2O_3 增强的铝基复合材料等中，人们普遍重视颗粒增强铝基复合材料的开发应用，这是因为这种材料具有比强度高、比模量高、耐磨性好、热膨胀系数可根据需要调整等优异性能，还可以采用传统的金属成型加工工艺方法，如热压、挤压、轧制、旋压及精密铸造等。连续纤维增强金属基复合材料具有制备工艺简单、原材料来源较广、生产率高、成本低等优点。大部分工业金属基复合材料都集中在铝基复合材料上，并且部分铝基复合材料已进入商业化生产阶段，因此铝基复合材料具有很大的应用潜力。

目前普遍使用的铝合金有变形铝合金、铸造铝合金、焊接铝合金和烧结铝合金等。但是，在铝基复合材料中，并不是所有的铝合金都对每类增强体完全适应。例如，在用铝箔和等离子喷涂预制合金粉末制造复合材料时，使用较多的是多种变形铝合金。铝基体合金的性能见表 5‑17。

表 5-17　铝基体合金的性能

合金	弹性模量/GPa	屈服强度/MPa	抗拉强度/MPa	断裂应变量/（%）
1100	63	43	86	20
2024	71	128	240	13
5052	68	135	265	13
6061	70	77	136	16
Al-7Si	72	65	120	23

1000 系列和 3000 系列的铝合金容易购买，其延展性和可焊接性极好，但抗拉强度和蠕变强度低。7000 系列和 4000 系列的铝合金的断裂韧性一般低于平均水平。5000 系列的铝合金的断裂韧性较好，用于制造高强度的硼纤维增强的铝基复合材料。6061 和 2024 铝合金因能够进行热处理而受到普遍的重视。2024 合金 Al-4.5Cu-1Mg 的优势在于：箔材和粉末有现成供应的，时效硬化后强度高，高温蠕变强度好，以及在结构应用上有丰富的经验。6061 铝合金是最常用的结构合金之一，可以热处理形成很细的镁硅化合物沉淀，但由于合金含量较低，因此熔点较高，而塑性使得缺口敏感性较低，这在硼纤维系列的金属基复合材料中表现得最为明显。6061 铝合金还具有抗蚀性好和应力腐蚀敏感性低的优点，而且这种材料在低温条件下也表现出较好的韧性。强度较低的铝合金（如 2024 铝合金和 7075 铝合金）更容易成型，因而受到了普遍的关注。

2. 铝基复合材料的制备与应用

铝基复合材料的研究主要集中在两个方面：一是采用连续纤维增强的复合材料，二是采用不连续颗粒增强的复合材料。

（1）长纤维增强铝基复合材料。

对于长纤维增强铝基复合材料，目前主要采用的长纤维有硼纤维、碳纤维、碳化硅和氧化铝等。

① 硼/铝复合材料。

硼/铝复合材料具有很高的抗拉强度，这主要是由于增强纤维的抗拉强度高，其他因素（如成分和残余应力）则影响较小。研究显示，随着硼纤维体积分数的增大，铝基复合材料的抗拉强度和弹性模量都有较大的提高。$1100Al/B_w$ 复合材料的纵向抗拉强度和弹性模量与直径为 95μm 的硼纤维的体积分数的关系如图 5.62 所示。

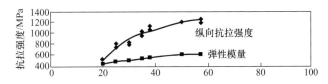

图 5.62　$1100Al/B_w$ 复合材料的纵向抗拉强度和弹性模量与直径为 95μm 的硼纤维的体积分数的关系

如果纤维强度的重复性好，那么复合材料的轴向抗拉强度随纤维的含量的变化呈现出线性关系。但是，在实际中，由于不同试样之间纤维强度有所变化和其他的测试影响因素，因此所得图像显示结果与线性有很大的偏离。

硼/铝长纤维复合材料的室温性能见表 5-18。硼/铝复合材料有优异的疲劳强度，含硼纤维体积分数为 47％时，循环后室温的疲劳强度约为 550MPa。

表 5-18　铝/硼长纤维复合材料的室温性能

基体	硼纤维体积分数/(%)	抗拉强度/MPa	弹性模量/GPa	纵向断裂应变/(%)
2024	47	1421	222	0.795
	64	1528	276	0.72
2024（T6）	46	1459	229	0.81
	64	1924	276	0.755
6061	48	1490	217	
	50	1343		
6061（T6）	51	1417	232	0.735

要应用于航空航天领域方面，材料不仅要有高的强度，而且要有很好的高温抗蠕变性能和良好的持久强度。硼/铝复合材料在高温条件下长时间暴露的性能比许多单一材料复杂得多，不仅有每种组元单独在冶金上的变化，而且有残余应力的变化及纤维与基体材料之间的反应等。在 500℃以下，单向增强的硼/铝复合材料的轴向蠕变和持久强度超过目前所有的工程合金。这主要是由于硼纤维具有良好的高温性能和特殊的抗蠕变性能。它在 600℃时仍保持 75％的强度，直到 650℃下才能测到蠕变，815℃时的蠕变率仍大大低于冷拉钨丝的。

② 铝/碳化硅复合材料。

碳化硅纤维具有优异的室温、高温力学性能和耐热性，与铝的界面状态较好。由于有芯碳化硅纤维单丝的性能突出，因此复合材料的性能较好。有芯 SCS-2 碳化硅长纤维增强 6061 铝合金基复合材料的碳化硅体积分数为 34％时，室温抗拉强度为 1034MPa；无芯Nicalon 碳化硅纤维增强铝基复合材料的碳化硅体积分数为 35％时，其室温抗拉强度为800～900MPa，拉伸弹性模量为 100～110GPa，抗弯曲强度为 1000～1100MPa，在 25～400℃能保持很高的强度。因此铝/碳化硅复合材料可用于飞机、导弹结构件及发动机构件。

③ 铝/氧化铝复合材料。

氧化铝长纤维增强铝基复合材料具有高强度和高刚度，并有高蠕变抗力和高疲劳抗力。氧化铝纤维的晶体结构有 $\alpha - Al_2O_3$ 和 $\gamma - Al_2O_3$ 两种。不同结构的氧化铝纤维增强的铝基复合材料的性能有差别。体积分数均为 50％的 $\alpha - Al_2O_3$ 和 $\gamma - Al_2O_3$ 纤维增强的铝基复合材料的性能比较见表 5-19。

表 5-19　体积分数均为 50％的 $\alpha - Al_2O_3$ 和 $\gamma - Al_2O_3$ 纤维增强的铝基复合材料的性能比较

纤维种类	体积质量/（g/cm³）	抗拉强度/MPa	弹性模量/GPa	弯曲模量/GPa	弯曲强度/MPa	抗压强度/MPa
$\alpha - Al_2O_3$	3.25	585	220	262	1030	2800
$\gamma - Al_2O_3$	2.9	860	150	135	1100	1400

含少量铝锂合金可以抑制界面反应和改善对氧化铝的润湿性。氧化铝纤维增强铝基复合材料在室温到 450℃ 范围内仍保持很高的稳定性。例如，体积分数为 50％ 的 $\gamma-Al_2O_3$ 纤维增强的铝基复合材料，在 450℃ 时抗拉强度仍保持为 860MPa，拉伸弹性模量也只从 150GPa 降低到 140GPa。

连续纤维增强金属基复合材料的低应力破坏现象，即增强纤维没有受损伤、性能没有下降、纤维与基体复合良好，但是材料的抗拉强度远低于理论计算值，纤维的性能与增强作用没能充分发挥。碳-铝基复合材料经加热后纤维和复合材料的弯曲强度如图 5.63 所示。可以看出，碳-铝基复合材料经 500℃ 加热 1h 后，脱除铝基体的碳纤维强度没有下降（2.6GPa），而复合材料强度下降了 26％。其主要原因是，处理时发生的界面反应使得纤维与铝基体的界面结合增强，但是

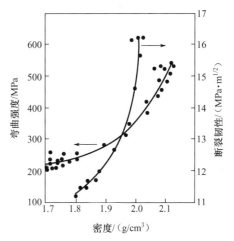

图 5.63　碳-铝基复合材料经加热后纤维和复合材料的弯曲强度

界面没能起调节应力分布和阻止裂纹扩展的作用，造成复合材料低应力破坏。可以采用热循环处理等方法改善界面性能，使复合材料性能有所提高。

（2）晶须和颗粒增强铝基复合材料。

晶须和颗粒增强铝基复合材料由于具有优异的性能，生产制造方法简单，因此应用规模越来越大。目前人们主要应用的晶须和颗粒是碳化硅和氧化铝。氧化铝短纤维增强的铝合金复合材料的室温强度并不比基体铝合金的高，但是在较高温度范围内，其强度明显优于基体铝合金的强度。短纤维增强铝基复合材料的优点主要表现为在室温和高温下的弹性模量较高，耐磨性有所改善，有良好的导热性，热膨胀系数有所下降。氧化铝短纤维增强 $Al-Si-Cu$ 合金抗拉强度与温度的关系如图 5.64 所示。可以看出，温度在 200℃ 以上随机取向的氧化铝短纤维仍具有很好的高温强度。

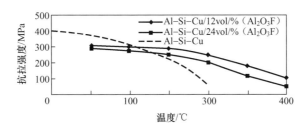

图 5.64　氧化铝短纤维增强 $Al-Si-Cu$ 合金抗拉强度与温度的关系

氧化铝颗粒增强的铝基复合材料同样密度低、比刚度高，其韧性也满足要求。用体积分数为 20％Al_2O_3 颗粒增强的 6061 铝合金复合材料制造汽车驱动轴，主要考虑其具有高刚度和低密度，复合材料的坯料由芯杆穿孔后以无缝挤压成管状轴杆，使轴杆的最高转速

提高约 14%。

SiC 晶须是目前已合成出的晶须中硬度最高、模量最大、抗拉强度最大的,它有 α-SiC 和 β-SiC 两种类型,其中 β-SiC 的性能优于 α-Sic 的。SiC 晶须增强铝基复合材料具有高比强度、高阻尼、高比模量、耐磨损、耐疲劳、尺寸稳定性好及热膨胀系数小等优点,因此被用于制造导弹和航天器的构件及发动机部件,汽车的气缸、活塞、连杆,以及飞机尾翼平衡器等,具有广阔的应用前景。SiC 颗粒增强的铝基复合材料的强度也随着碳化硅颗粒的体积分数的增大而提高。

SiC 颗粒增强的 6061 铝合金复合材料的强度和弹性模量与 SiC 体积分数的关系如图 5.65 所示。随着碳化硅颗粒体积分数的增大,其复合材料的强度和弹性模量均有不同程度的提高。对 SiC 颗粒增强的铝基复合材料晶须强化热处理之后,随着 SiC 颗粒体积分数的增大,其复合材料的强度和弹性模量也同样有不同程度的提高。

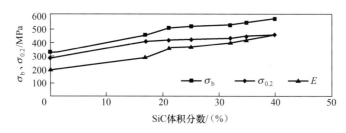

图 5.65　SiC 颗粒增强的 6061 铝合金复合材料的强度和弹性模量与 SiC 体积分数的关系

SiC 颗粒增强的铝基复合材料有优异的耐磨性,远优于稀土铝硅合金、高镍奥氏体铸铁和氧化铝长纤维增强铝基复合材料。研究表明,以 2024 铝合金为基体,含有 20%(体积)的 SiC 颗粒的复合材料在刚性表面做无润滑滑动时,其磨损率比 2024 铝合金的明显降低,量纲一的磨损系数 B 从 2.0×10^{-3} 降低到 1.0×10^{-4}。从德国新型引进的铝合金 Mahle142 是一种新型的活塞用共晶 Al-Si 合金,具有较好的常温性能和高温性能,以它为基体的 SiC 颗粒增强复合材料具有更低的线膨胀系数、更好的尺寸稳定性及耐磨性,能更好满足低能耗、长寿命、大功率柴油机活塞对材料性能的要求。Mahle142 铝合金 SiC 颗粒增强的复合材料的磨损性能与其他材料的磨损性能的比较如图 5.66 所示。

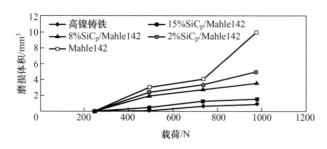

图 5.66　Mahle142 铝合金 SiC 颗粒增强的复合材料的磨损性能与其他材料的磨损性能的比较

由图 5.66 可以看出,材料的磨损体积均随载荷的增加呈现增大的趋势,但增大的速率不同。在试验载荷范围内,基体合金的磨损体积增大速率最快。在 245~735N,增大速率较平稳;在 980N,磨损体积增大速率加剧。复合材料在试验载荷范围内,随着含 SiC

体积分数的增大而表现出磨损体积减小的现象，其中尤其以含 SiC_p 体积分数为 15% 的复合材料的磨损体积最小，并且表现出与高镍铸铁相当的优良耐磨性。

由于 SiC 增强铝基复合材料比强度和比刚度很高，因此可用于制造导弹和航天器的结构、发动机部件，汽车的气缸、活塞、连杆，以及飞机尾翼平衡器等。如洛克希德公司用 $6061Al-25\%SiC_p$ 复合材料制造飞机上放置电器设备的架子，其刚度比所用的 7075 铝合金高 65%，以防止在飞机转弯和旋转时重力引起的弯曲。由于其耐磨性好、密度低、导热性好，因此用来制作制动器转盘。也可以用 2124Al/20vol% SiC 复合材料制造自行车车架，车架不仅比刚度好，而且疲劳持久良好。另外，微电子器件基座要求机械的、热的和电的稳定性好，体积分数为 20%~65% 的 SiC_p 颗粒增强的铝基复合材料，由于热膨胀系数匹配、热导率高、密度低、尺寸稳定性好并适合钎焊，因此用来制造支撑微电子器件的 Al_2O_3 陶瓷基底的基座，从而使集成件质量减轻很多。

5.6.2 镍基复合材料

金属基复合材料最有前途的应用之一是做燃气涡轮发动机的叶片。由于这类零件在高温和接近现有合金所能承受的最高应力下工作，因此成为复合材料研究开发的一个主要方向。而镍合金作为一种耐高温材料，具有很强的抗氧化、抗腐蚀、抗蠕变等高温特性，因此被视为一种很有潜力的复合材料的基体材料。

欧洲 THERM 和德国 MARCKO 项目已将电站锅炉的蒸汽参数设定为 37.5MPa 和 700℃，在此温度和压力下，奥氏体钢和镍基高温合金不能同时满足长期使用过程中的强度和耐蚀性的要求。而且，目前使用的汽车阀门钢材料（如 5Cr8Si2、21-2N 及 RS914、Incone1751、Incone180A 等）不能同时满足废气温度达 800℃ 以上时的高负荷汽车发动机阀门在强度、耐蚀性和耐磨性上的要求。美国特殊金属公司为此开发出一种新的镍基高温合金，以满足 37.5MPa 及 700℃ 过热器管材和 850℃ 汽车发动机阀门长期使用的需求。

对于在高温条件下使用的零件，由于存在各种综合的因素，因此制造这类金属基复合材料的难度和纤维与基体之间的反应的可能性都增加了。同时要求必须在高温下仍具有足够的强度和稳定性的增强纤维，符合这些要求的纤维有氧化物、碳化物、硼化物和难熔金属。镍基复合材料界面相容性见表 5-20。

表 5-20　镍基复合材料界面相容性

体系	产物	稳定性	备注
Ni/W	Ni_4W	971℃时分解，在常温下稳定；在 1000℃ 以上使用的复合材料，只要使用的温度条件稳定，可以认为 Ni 与 W 在热力学上是相容的	Ni_4W 中的 W 含量为 17.6%~20.0%
Ni/Mo	$MoNi$、$MoNi_3$、$MoNi_4$	Ni 与 Mo 在热力学上是不相容的，生成三种化合物。化合物在常温都稳定，MoNi 在 1364℃ 分解，可以认为 $MoNi_3$ 和 $MoNi_4$ 分别在 911℃ 和 876℃ 分解，两者都是固相反应产物	—

续表

体系	产物	稳定性	备注
Ni/SiC	镍的硅化物，如 Ni_2Si、$NiSi$ 及更复杂的化合物	Ni 和 SiC 不相容，在 500℃时两者作用即发生明显反应，在 1000℃两者已完成反应，SiC 作为增强物将消失	—
Ni/TiN		Ni 和 TiN 不发生化学反应，它们在热力学上是相容的	液态 Ni 对 TiN 的湿润性差
Ni/金属碳化物	含 Ti、Cr、Nb、Mo、W 等镍基高温合金中的碳总是与过渡元素结合成碳化物	一定的温度和时间范围内，某些碳化物纤维或碳化物涂层能与镍基体稳定共存	—
Ni/C		Ni 与 C 不发生化学反应	Ni 能促进碳纤维再结晶

目前较常用的增强纤维是单晶氧化铝（α - Al_2O_3 蓝宝石），它的优点是弹性模量高、密度低、纤维形状的强度高、熔点高、具有良好的高温强度和抗氧化性。但是，在高温条件下，氧化铝和镍或镍合金将发生反应，除非这个反应能均匀地消耗材料或纤维表面形成一层均匀的反应产物，否则就会因局部表面变粗糙而降低纤维的强度，因此，这很大程度地影响到制备的复合材料的性能。为了得到最高的纤维强度并在复合材料中充分利用它，必须对纤维进行一定的处理，以防止或阻滞纤维与基体发生不利反应。

5.6.3 钛基复合材料

钛基复合材料一般按照增强相的特征，分为纤维增强钛基复合材料（FTMCs）和颗粒增强钛基复合材料（PTMCs）。钛基复合材料中最常用的增强体是硼纤维，这是由于钛与硼的热膨胀系数比较接近。基体与增强体的热膨胀系数见表 5 - 21。

表 5 - 21　基体与增强体的热膨胀系数

基体	热膨胀系数（$\times 10^{-6}$）/℃	增强体	热膨胀系数（$\times 10^{-6}$）/℃
铝	23.9	硼	6.3
钛	8.4	涂碳化硅硼	6.3
铁	11.7	碳化硅	4.0
镍	13.3	氧化铝	8.3

1. 纤维增强钛基复合材料

目前国内外都在考虑利用碳化硅纤维连续增强的钛合金基复合材料做高性能涡轮发动机和特超音机飞行器等现代航空航天用途的结构材料。与钛合金和镍合金相比，纤维增强的钛合金复合材料在比强度和刚度方面比较优异；而且，通过选择复合材料的适当结构能够改善与温度有关的各种性能，提高抗裂纹生长能力。

2. 颗粒增强钛基复合材料

与纤维增强钛基复合材料相比，颗粒增强钛基复合材料由于制造工艺简单、价格较低、工程化应用前景良好，因此成为近年研究热点。颗粒增强钛基复合材料制备工艺方法很多，如机械合金化法、自蔓延燃烧合成法、放热合成法、熔铸法和粉末冶金法。

将钛基复合材料应用在高温环境下，应首先考虑其高温蠕变特性。在过去多年的研究中，由于钛基复合材料的蠕变的研究仍处于起步阶段，因此研究成果多建立在较窄的蠕变速率范围内，通常为 2～3 个数量级，而且多数钛基复合材料的蠕变研究都在 848K 以上，这对分析钛基复合材料的蠕变行为带来了很大不便。

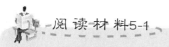

阅读材料5-1

先进铝基复合材料研究的新进展

1. 前言

近年来，随着能源环境问题凸显，工业设计、制造及应用对金属材料性能的要求越来越高，金属基复合材料特别是以铝等轻金属为基体的复合材料因密度低，机械性能优异，还兼具多种功能特性，而成为军事国防、航空航天等高技术领域不可缺少的轻量化结构材料和功能材料，并在交通、电子、能源、环境等国民经济和高新技术领域获得了越来越多的应用。

然而，各种与铝基体性质差异巨大的增强体的引入，导致了铝基复合材料塑韧性差、制备过程难以控制、二次加工成型困难等一系列问题。因此，目前铝基复合材料研究的主要目标是在继续提高其综合性能的同时，还能保持较好的塑韧性、稳定性和可加工性。为了达到该目标，在新型铝基复合材料的组分、结构的设计中，呈现出纳米化、构型化的趋势，引入高性能纳米增强体，利用铝基复合材料中增强体、基体的纳米尺寸效应，以及设计多峰分布、层状、网状等有序的复合构型等方式，在新型铝基复合材料中起到了良好的综合性能强化效果；在新型铝基复合材料的制备加工工艺研究中，一方面为了实现其组分和结构的新型设计，另一方面为了解决其制备过程控制、二次加工困难的问题，新型粉末冶金技术、大塑性变形工艺、增材制造技术等也得到了许多研究者的关注。下面将主要介绍近年来铝基复合材料在这几个方面的新进展，并对未来的发展趋势进行展望。

2. 铝基复合材料的纳米化

随着纳米技术的发展，人们发现了碳纳米管（Carbon Nanotubes，CNTs）、石墨烯（Graphene，GR）、氮化硼纳米管（Boron Nitride Nanotubes，BNNTs）等在微观尺度上具有十分优异的刚度、强度和功能特性的纳米材料，将它们与铝基体复合，有望在宏观上发挥这些优异性能，获得很高的增强效率和增强效果。另外，纳米尺寸的增强体和

基体结构能够在铝基中发挥尺寸效应，通过发挥材料中的位错、晶界等微观缺陷、应力-应变分配行为等方面的作用来调控材料性能。

（1）高性能纳米相增强铝基复合材料。

进入 21 世纪以来，将碳纳米管等高性能纳米材料作为增强体的铝基复合材料受到了全世界研究者的广泛关注。这些纳米增强体性能优异，具有颗粒、纤维、片层等多种几何形态，由于它们十分细小、具有很高的总表面能、易于团聚，因此对于各种高性能纳米相增强铝基复合材料而言，首先要考虑的是在基体中实现增强体的充分分散，以避免团聚造成的缺陷；再者，由于纳米相增强铝基复合材料中的界面体积分数非常大，必须对界面进行严格的控制；此外，还要尽可能地保持增强体几何形态和结构的完整性，以获得最好的增强效果。因此，制备技术研究是目前为止高性能纳米相增强铝基复合材料的主要研究内容。

碳纳米管是目前研究较深入的一种高性能纳米增强体，其密度约为铝的 60%，而模量、强度、热导率等性质远远高于铝基体和各种传统增强体，是目前性能最优的纳米纤维增强体。研究证明，仅仅 2%（质量分数）的结构完好、界面结合良好、均匀分散的 CNTs 就可以提高铝基复合材料的强度（超过 200MPa），模量约为 20GPa，还能使材料保持较好的断裂应变。这是由于碳纳米管不仅力学性能优异，还具有很高的长径比，利于载荷的传递；碳纳米管能够约束晶粒尺寸，起到细晶强化的效果；碳纳米管作为纳米第二相存在于基体中，可以促进铝基体储存位错、阻碍位错运动，起到强韧的效果。

经过了多年的发展，人们对碳纳米管增强铝基复合材料的制备工艺已经达成了一些共识：首先，为了防止碳纳米管和铝熔体发生严重的界面反应而生成大量脆性的 Al_4C_3 相，必须使用粉末冶金等能够在相对较低的温度下控制界面反应的固相方法；然后，必须引入合适的分散工艺，或者通过在铝基体中均匀地原位合成来保证碳纳米管在铝基体中的分散性。

目前，能够获得高性能碳纳米管增强铝基复合材料的方法主要包括高能球磨、溶液辅助分散法、片状粉末冶金等外加碳纳米管方法，以及化学气相沉积、聚合物热解等原位合成碳纳米管方法。这些方法基本能满足碳纳米管增强铝基复合材料的要求，但各有不足之处。碳纳米管增强铝基复合材料制备技术研究的主要目标是使其在具有优异力学性能的同时，还具有良好的塑韧性、稳定性和产业化的潜力。

除碳纳米管外，另一些高性能纳米材料（如石墨烯、氮化硼纳米管等）也已被应用于铝基复合材料中，展现出了显著的增强效果。二维形态的石墨烯在铝基复合材料中展现出很高的增强效率，仅 0.3%（质量分数）就能将铝基复合材料的强度提高约 100MPa，这种增强效率甚至优于碳纳米管。而氮化硼纳米管与碳纳米管的力学性能相近，与铝的界面反应产物主要是硬度高、化学性质稳定的 AlN 相和 AlB_2 相，避免了不良界面产物 Al_4C_3 对材料性能的损害，因而得到了一些研究者的关注。但总体说来，这些纳米相增强铝基复合材料的研究还不成熟，如片层状的石墨烯向铝基体中引入较困难，目前只有片状粉末冶金等少数几种方法能够将少量石墨烯平整、完好地引入铝基体中，起到较好的增强效果；氮化硼纳米管对铝基体的增强效果与碳纳米管相比还有较大的差距。此外，大部分高性能纳米增强体的产业体系还远不如碳纳米管完备，较低的产能和较高的价格也制约了其研究和应用的进程。

总体来说，高性能纳米相增强铝基复合材料的研究正处于快速发展时期。一方面，各种增强体的铝基复合材料最优化的制备工艺、界面控制和增强机制正在受到深入的研究；另一方面，人们也正致力于以碳纳米管增强为主的较成熟的高性能纳米增强体铝基复合材料的宏量制备的研究，希望能够在实际工程中获得广泛的应用。

（2）铝基复合材料中的纳米尺寸效应。

增强体和基体结构的纳米化都会为复合材料带来特殊的尺寸效应，给材料性能带来显著的影响，这引起了人们对传统增强体纳米化、传统基体晶粒纳米化、超细晶化的研究兴趣。目前，许多研究者正致力于通过纳米增强体，超细晶（Ultrafine Grain，UFG）、纳米晶（NanoGrain，NG）基体的设计等对复合材料的变形行为、应力-应变分配、热稳定性等性质进行调控，以获得全面提高铝基复合材料性能的效果。

① 增强体纳米化的尺寸效应。与传统的微米增强体相比，纳米增强体与基体中的位错、晶界、析出相等微结构的尺寸接近，能通过其相互作用产生很多在传统微米增强体中少见的新现象。

首先，晶粒中的纳米弥散增强体既能够作为位错源产生位错，又能阻碍位错运动，储存位错，起到 Orowan 强化的作用，其高的比表面积为材料提供了高的位错容量，能同时提高铝基复合材料性能，特别是以超细晶、纳米晶为基体的复合材料的强度和韧性。

其次，增强体在基体中造成的应变硬化区域与增强体的尺寸有关。相同体积分数下，纳米增强体的尺寸远小于传统增强体的，造成的硬化区域小而分散，能够减小复合材料中的应力集中。

此外，纳米增强体通常在较高的温度下性质稳定，还能起到钉扎晶界、阻碍晶界迁移的作用，有益于复合材料的高温力学性能、蠕变、组织热稳定性等。

因此，除了上面所述的高性能纳米材料增强体外，纳米尺度下的传统增强体（如纳米 Al_2O_3、纳米 SiC 等）也开始受到广泛的关注。通过原位反应形成的纳米 Al_3Ti 等金属间化合物增强体因优异的刚度、硬度和热稳定性而成为研究的热点之一。

② 基体晶粒纳米化的尺寸效应。除了增强体纳米化外，基体晶粒的纳米化也是目前铝基复合材料的前沿研究内容之一。对于金属材料而言，当材料晶粒细化到亚微米、纳米尺寸时，晶界强化作用大大增强，材料可以获得很高的强度，将超细晶、纳米晶的铝作为基体与增强体复合，有望获得力学性能更优异的复合材料。

然而，由于超细晶和纳米晶金属中位错的产生和储存能力相比常规尺寸晶粒明显下降，材料的塑韧性则会明显损失，增强体的引入会造成材料承载过程中严重的应力集中，导致局部失稳、裂纹形核扩展，也会损害材料的塑韧性。因此，大部分情况下，超细晶、纳米晶基体与增强体的共同作用赋予复合材料高的强度，但使其塑韧性变得很差。目前，研究者们正通过一些特殊的结构设计来解决这个问题。Kai 等在 B_4C 增强的超细晶的铝基复合材料中引入存在于晶内的纳米弥散 Al_2O_3，提高了材料位错产生和储存能力，明显提高了材料加工硬化能力，最终实现了材料强韧性的提高；加州大学戴维斯分校的 Vogt 等在微米增强体周围引入超细晶基体晶粒，将增强体造成的基体应变硬化区域局限在超细晶内，限制由于应力集中造成的材料局部失稳。

3. 铝基复合材料的构型化设计

一般来说，在铝基复合材料的制备过程中往往要尽可能地追求增强体在基体中的均匀分散，以避免增强体聚集造成的材料缺陷、应力集中等现象对材料性能造成的损害。然而，对于大部分复合材料体系而言，增强体均匀分散并不是最优化的构型。相反，合理地控制复合材料各组分的空间分布，调控材料结构在空间上的不均匀性，更有机会使其整体性能最大化。这种空间分布在尺度上既不同于材料构件的宏观结构，也不同于复合材料中的位错、晶界、界面等微观结构，而是在中间尺度上对材料结构的一种构筑，因而被称为材料的"构型"（图 5.67）。

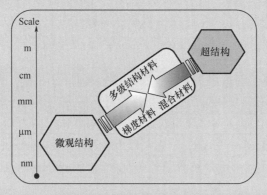

图 5.67　材料构型的尺度

近年来，人们逐渐重视铝基复合材料中构型的作用，设计出了一系列具有特殊构型的复合材料，希望通过结构效应对材料性能进行调控。目前已经报道的铝基复合材料构型包括岛状、双峰、多峰分布、层状、多芯、网络等。但总体说来，目前尚没有一种成熟、普遍的原则来指导不同铝基复合材料的构型设计，需要针对材料体系和性能目标进行独立的设计和研究。考虑到实际材料性能调控效果和制备上的易行性，在诸多构型中，双峰、多峰分布构型，层状构型和网络构型具有较高的实用性和较大的发展潜力，因此受到了研究者们的广泛关注。

（1）双峰、多峰分布构型。

传统的铝基复合材料中，增强体尺寸、基体晶粒尺寸等参数通常是以正态分布等单峰方式分布的，在不同尺寸下，增强体、基体晶粒的性质有很大的差异。双峰、多峰分布构型应用了尺寸匹配的思路，在复合材料中混杂不同尺寸的增强体或基体晶粒，结合其在不同尺寸下的性质，可以获得良好的增强效果。

对于铝基复合材料的导热、热膨胀等功能特性而言，增强体的体积分数起到决定性的作用。尺寸单峰分布的增强体在空间中的最大体积分数有限，限制了材料性能的优化。Arpon 等通过将两种尺寸的 SiC 颗粒按比例匹配后复合到铝基体中 [图 5.68 (a)]，使制得的铝基复合材料中 SiC 的体积分数明显高于两种尺寸各自单峰分布的复合材料，具有更高的热导率、更低的热膨胀和电导率。

除了增强体尺寸外，铝基复合材料基体晶粒尺寸的双峰、多峰分布能匹配超细晶、纳米晶的高强度和粗晶粒的塑韧性，获得综合力学性能优异的复合材料。加州大学戴维斯分校的 Ye 等制得的晶粒双峰分布的 B$_4$C/5083 铝合金复合材料 [图 5.68 (b)] 在具有高达约 1058MPa 的抗压屈服强度的同时，还保持了约为 2.5% 的断裂应变。这是由于在材料受载过程中，较软的粗晶所受载荷迅速传递到较硬的细晶和 B$_4$C 中，使粗晶中所受载荷很小，不会先于细晶基体屈服，而材料的应变却能集中在粗晶中，为材料提供较好的塑韧性。

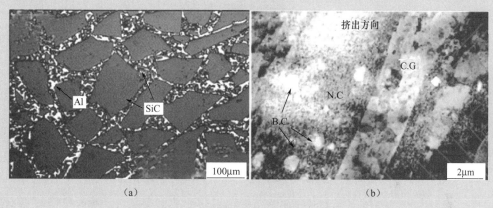

(a)   (b)

图 5.68　SiC 颗粒尺寸双峰分布的 SiC 颗粒/Al 复合材料及基体晶粒尺寸双峰分布的 B$_4$C 颗粒/Al 复合材料

（2）层状构型。

层状构型是目前铝基复合材料中发展较成熟的一种构型。多相材料的层状构型最接近混合法则的假设，能够在沿着层方向上充分发挥不同层材料的性能，因而较早受到研究者的关注。通过箔板轧制或锻压、多层薄膜制备、累积叠轧、冷冻铸造、片状粉末冶金等方法，可获得从纳米到宏观的不同尺度的层状铝基复合材料，这些层状构型不仅能充分发挥两相材料的性能，还为复合材料带来了一些特殊的结构效应。

首先，不同层之间能通过变形的协调匹配实现材料综合性能的匹配。Chawla 等研究层厚为 25～50nm 的 SiC/Al 纳米多层膜时发现，这种复合多层膜在受载过程中，能通过铝层的剪切变形在层间传递载荷 [图 5.69 (a)、图 5.69 (b)]，使得载荷主要由硬质的 SiC 层承担，而应变主要集中在铝层内，使得复合薄膜有很高的硬度的同时，还能具有良好的塑韧性。

然后，软而韧的层与硬而脆的层之间的交叠能够提高材料中裂纹传播过程的能量耗散，提高材料的韧性。加州大学伯克利分校的 Launev 等在其制备的 Al_2O_3/铝硅合金层状复合材料断裂过程中，发现在 Al_2O_3 层的约束下，铝合金层中的裂纹桥接、偏转现象大大增加了裂纹路径 [图 5.69 (c)]，提高了材料的裂纹容量，其断裂韧性明显高于铝硅合金和 Al_2O_3 通过混合法则计算的理论值。

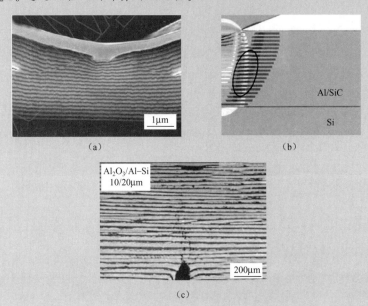

图 5.69 SiC/Al 多层薄膜受压痕测试时的 SEM 图像、SiC/Al 多层薄膜受压时应力分布的有限元模拟结果及 Al_2O_3/Al-Si 合金层状复合材料的裂纹

尽管层状构型在铝基复合材料中起到很好的强化效果，但层状块体材料的宏量制备仍是一个难题。上海交通大学开发出一种片状粉末冶金方法制备纳米、亚微米尺度层厚的层状构型铝基复合材料。这种方法是通过球磨球状铝粉获得纳米和亚微米厚度的片状铝粉，然后与纳米增强体复合，再通过后续的粉末致密化和变形加工过程，得到块体的纳米增强体-铝层状复合材料。这种方法能实现纳米 Al_2O_3、碳纳米管、石墨烯增强铝和铝合金等纳米、亚微米层状复合材料的块体制备，并且有望实现大块材料的宏量制备，具有广阔的发展前景。

（3）网络构型。

对于要求各向同性的复合材料而言，其某项性能在增强体呈空间网络连续分布时达到理论极值。例如，根据 Hashin-Shtrikman 模型，增强体呈空间网络连续分布时，各向同性复合材料弹性模量最大。

早期的铝基复合材料中的网络构型一般将 Al_2O_3、SiC 等增强体的连续网络与铝基体复合，获得具有增强体和铝基体的双连续互穿结构。由于连续的增强体网络能够不经过界面传递而直接进行承载、热传导等行为，因此连续网络构型的铝基复合材料具有优异的刚度、硬度和导热等性能。

然而，连续网络增强的铝基复合材料中连续的脆性增强体使材料的塑性非常差，材料加工十分困难。因此，增强体空间网络分布但非连续分布的铝基复合材料也逐渐受到人们的关注。

哈尔滨工业大学的 Kaveendran 等在增强体网络分布的铝基复合材料研究的基础上，通过在球形铝粉表面的原位反应制得了呈空间网络分布 Al_3Zr 颗粒、Al_2O_3 纳米颗粒增强的铝基复合材料（图 5.70），与通过球磨均匀分散增强体的复合材料相比，这种网络分布构型复合材料的模量提高了 4.8%，强度提高了 12.5%，而通过网络构型引导裂纹扩展路径，提高了材料的裂纹容量，使材料的塑性提高了 76.9%，展现出了增强体非连续网络分布构型在铝基复合材料中的巨大发展潜力。

4. 铝基复合材料的先进制造技术

随着铝基复合材料的迅速发展，传统的铸造、浸渗、塑性成型、切削加工等方法已难以满足新型铝基复合材料制备和加工成型方面的要求。新型粉末冶金技术、大塑性变形、增材制造等方法在铝基复合材料的制备、加工过程中具有很高的可控制性和独特的作用，受到先进铝基复合材料研究者们的广泛重视。

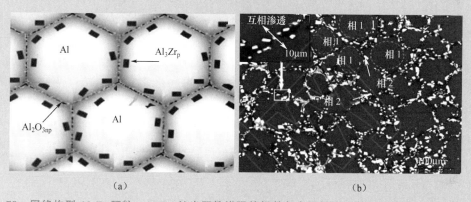

图 5.70　网络构型 Al_3Zr 颗粒、Al_2O_3 纳米颗粒增强的铝基复合材料的示意图（a）和 SEM 图像（b）

（1）新型粉末冶金技术。

粉末冶金技术可在铝基体熔点以下的温度控制复合界面，从而避免微小增强体在熔体中的自然团聚及由增强体与熔体间的密度差异造成的增强体漂浮或沉降，组织均匀，同时使铝基复合材料具有比液相方法晶粒更细小的基体组织，因而在新型铝基复合材料中得到了十分重要的应用。粉末作为粉末冶金技术中的基本单元，对其的控制是各种新型粉末冶金技术的关键。

一些技术利用粉末的高比表面积和外部输入的能量所带来的反应活性，通过原位反应引入弥散的纳米增强体，如使用雾化液滴与反应剂反应的反应喷射沉积、通过高能球磨促使粉末和反应剂反应的机械化学反应等。

还有一些粉末冶金技术通过球磨过程的高变形量起到分散增强体、控制粉末形貌、细化粉末晶粒的作用，如通过长时间高能球磨分散增强体的机械合金化、低温球磨等。

总体来说，大部分新型粉末冶金技术是基于实现新的铝基复合材料组分设计或结构设计而被开发出来的。例如，3.铝基复合材料的构型化设计（2）中所述的片状粉末冶金是一种典型的通过低能球磨对粉末形状进行精细控制，进而实现复合材料结构制备的方法。通过将球型粉末球磨得到的片状铝粉，既具有非常高的比表面积和平整的表面，为表面原位反应和表面分散引入增强体提供充分的空间，又能够在粉末中形成片状的超细晶或纳米晶，并保留到块体材料中。根据在粉末固结过程中破坏或不破坏片型，还能分别形成纳米增强体弥散结构和层状构型。

（2）大塑性变形。

在各种大塑性变形工艺中，材料的应变量很高，并常常伴随着强烈的压、弯、剪、扭变形，使得大塑性变形不仅能起到细化晶粒的作用，还能减少铝基复合材料中的缺陷，提高其致密度，同时提高增强体在基体中分布的均匀性。在铝基复合材料中，主要应用的大塑性变形方法可分为高能球磨、低温球磨、片状粉末冶金等粉末大塑性变形方法和等通道转角挤压高压扭转、累积叠轧、搅拌摩擦等块体大塑性变形方法。

粉末大塑性变形法都属于3.1中所述的新型粉末冶金技术，大多是通过对球磨过程的控制，通常是复合材料制备的第一步。由于粉末SPD方法在微观上对粉末进行加工，在晶粒细化、增强体分散等方面与块体相比具有一定优势，但由于还必须有后续的粉末固结、致密化过程，因此需要解决晶粒长大、材料缺陷等较多的问题。

块体大塑性变形方法直接对块体进行大塑性变形加工，一般是复合材料制备的最后一步。使用块体SPD方法可以直接获得超细晶、纳米晶的铝基复合材料，促进增强体分散。例如，中国科学院沈阳材料科学国家实验室的Liu等对机械混合后热压制得的CNT/Al复合材料进行多道次的搅拌摩擦加工，显著减少了材料中的孔隙等缺陷，均匀分散碳纳米管并将晶粒细化到超细晶尺寸，有效提高了材料的力学性能。

（3）增材制造。

由于增强体硬度高、变形能力差，易导致基体在制备和变形加工过程中开裂，加工成型问题一直是铝基复合材料的难题。近年来，通过计算机控制，采用材料逐渐累加的方式直接制造材料的增材制造技术发展迅速。在铝基复合材料中，增材制造技术能够直接、精确、快速地控制构件成型，不仅避免了铝基复合材料塑性加工、切削加工困难的问题，还能节省物料、获得常规制造加工手段无法获得的精密结构，甚至能够制备传统方法难以复合在一起的材料体系。

澳大利亚昆士兰大学的Sercombe等使用选择性激光烧结的方法，将6061铝合金粉末直接烧结成具有复杂形状的疏松坯体，通过其与氮气的反应，在坯体中的孔隙表面形成AlN刚性骨架，然后向坯体中浸渗铝合金，获得致密的复合材料构件（图5.71）。与模铸、机械加工、粉末冶金等方法相比，这种方法成型快，可以制造结构更复杂的构件。

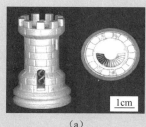

（a）　　　　　　　　　（b）

图 5.71　选择性激光烧结技术制备的铝基复合材料构件

英国拉夫堡大学的 Kong 等采用超声固结的方法，通过铝合金箔和增强体纤维的逐层超声焊接，避免了复合材料的整体热加工、变形加工过程，成功制得了对温度非常敏感的形状记忆合金纤维、强度低且脆的光纤等无法用传统手段与铝复合的 3003 铝合金复合材料。

5. 结语

随着人们对铝基复合材料性能要求的不断提高，先进铝基复合材料的研究得到了迅速的发展。在铝基复合材料中，碳纳米管、石墨烯、氮化硼纳米管等高性能纳米增强体的应用引起了人们广泛关注，而增强体和基体晶粒尺寸的纳米化带来的尺寸效应也为铝基复合材料综合性能提高提供了新的途径；通过铝基复合材料中间尺度上的构型设计优化材料性能，正越来越受到研究者的重视；为了实现新型铝基复合材料的制备和加工，人们正在不断开发先进的新型制造技术。这些研究探索体现出当前铝基复合材料的以下重要发展趋势。

（1）应用更高性能的增强体以获得更好的增强效率和增强效果。

（2）重视复合材料中的尺寸效应和结构效应，通过对铝基复合材料增强体、基体的尺寸和构型的控制，达到全面提高铝基复合材料综合性能的目标。

（3）根据不同的复合体系和复合构型设计先进的制备技术，实现新型复合材料的制备和加工的精密控制。

总之，近年来在先进铝基复合材料的复合思想、复合原理和技术方面产生了很多新的研究进展。随着研究进一步的发展，具有更优异综合性能的铝基复合材料将广泛应用于现代社会的各个领域。

资料来源：曾星华，徐润，谭占秋，等，2015. 先进铝基复合材料研究的新进展 [J]. 中国材料进展，34（6）：417-424.

习　　题

5-1　选择金属基体的主要原则是什么？

5-2　改善金属基复合材料界面润湿性采取的方法有哪些？

5-3 制备金属基体复合材料时，制备工艺的选择原则是什么？金属基复合材料的制造难点是什么？

5-4 金属基复合材料界面的结合形式有哪几种？

5-5 为什么铝基体是最常用的金属基复合材料的金属基体？铝基复合材料有哪些种类？常见的增强体有哪些？

第6章

陶瓷基复合材料

 本章教学要点

知识要点	掌握程度	相关知识
陶瓷基复合材料的基体和增强材料的选择、陶瓷基复合材料的设计理论	掌握陶瓷基复合材料基体和增强材料的种类及选择原则； 掌握陶瓷基复合材料的设计理论	陶瓷基体的种类及特点； 陶瓷基复合材料的设计理论
陶瓷基复合材料的增韧机理、界面情况及制备工艺	掌握陶瓷基复合材料的增韧机理； 熟悉陶瓷基复合材料的制备工艺； 了解陶瓷基复合材料的界面情况	陶瓷基复合材料的增韧方式及机理； 陶瓷基复合材料的典型制备工艺； 陶瓷基复合材料的两种界面
典型的陶瓷基复合材料、陶瓷基复合材料的性能及应用	熟悉几种典型的陶瓷基复合材料； 了解典型陶瓷基复合材料的性能及应用	典型陶瓷基复合材料举例； 陶瓷基复合材料的性能； 陶瓷基复合材料的应用

导入案例

美公司造出适合高超声速飞行器的陶瓷基复合材料

对于最极端的环境，如高超声速和超声速飞行器的前缘，必须承受超过2000℃的温度、腐蚀性大气等离子体和极端温度变化的冲击，通常需要非氧化物超高温（UHT）陶瓷基复合材料。虽然陶瓷基复合材料行业中大部分开发工作集中在氧化物陶瓷基复合材料，但非氧化物陶瓷基复合材料非常适用于固体火箭发动机推进系统、导弹的结构件和热保护系统、高超声速和超音速飞行器的外轮廓。

　　"硅基或氧化物陶瓷基复合材料是针对更长寿命（100000h 和更多循环时间）的应用；而超高温陶瓷基复合材料被用于更热且任务持续时间很短的领域。"MATECH 公司首席执行官 Edward J. A. Pope 解释说。MATECH 公司是氧化物纤维、非氧化物纤维及陶瓷基复合材料零件制造商。

　　"非氧化物具有孔隙度低、耐磨、基体密度高和耐极高温的性能，"Lancer LP 公司总裁 Bill Meiklejohn 解释说，"非氧化物陶瓷基复合材料是所有陶瓷基复合材料中耐热能力最高的，可以从基体获得大量力学性能。"

　　"我们的超高温陶瓷基复合材料用于温度大于 1650℃ 小于 2760℃ 的情况，"Pope 说，"除了难熔金属合金，并没有太多的材料系统能够承受这个温度范围，"他继续说道，"但这些金属是很重的，在温度范围的上端韧性变强。相比之下，我们的材料是非常轻量级的。"MATECH 公司的非氧化物陶瓷基复合材料的密度为 $2\sim3g/cm^3$，相比之下氧化物陶瓷基复合材料的密度为 $10\sim22g/cm^3$。

　　超高温陶瓷基复合材料具有令人印象深刻的性能，但其价格昂贵，它们一般都是通过化学气相沉积法加工，原材料价格是氧化物基材料的 10 倍。非氧化物基材料比氧化物基材料需要更长的加工时间。

　　"我们在导弹防御方面的工作主要是考虑在超高温度下的应用，"Pope 说。MATECH 公司开发的其他超高温材料包括碳化钽（TaC）陶瓷纤维和碳化铪（HfC）陶瓷纤维，两者都适用于固体推进剂火箭喷口。该公司还生产氧化物材料及其他高温陶瓷基复合材料。借助美国空军研究实验室，该公司发明了一种化学计量碳化硅陶瓷纤维，这是针对轻水反应堆的核燃料，元件包壳管、燃气轮机热端组件和高超音速前缘材料。该公司还生产氮化硅/碳化硅纤维，以连续的 $50\sim500$ 丝牵引熔纺。据报道，氮化硅/碳化硅纤维改善了蠕变强度；在温度高达 1350℃ 时可以保持化学性能稳定，氧含量低于 2%。

　　资料来源：https://pmbiz.com.cn/news/info.asp? id=1811201328380，2013.

6.1　概　　述

　　陶瓷是用天然或人工合成的粒状化合物，经过成型和高温烧结制成，它是由金属元素和非金属元素的无机化合物构成的多相固体材料。人们对陶瓷并不陌生，日常使用的瓷茶具、瓷碗及瓷砖、瓷盥洗池等均为陶瓷所制，但这些陶瓷均采用黏土等天然材料经成坯烧结而成，称为普通陶瓷或传统陶瓷。还有一种是具有特殊性能的特种陶瓷（也称现代陶瓷、先进陶瓷、高级陶瓷和技术陶瓷），它是采用高纯度的人工合成原料（如氧化物、氮化物、碳化物、硅化物、硼化物等）和传统陶瓷工艺方法制造的新型陶瓷，具有强度高、硬度高、熔点高（大多在 2000℃ 以上）等优异的物理性能。陶瓷的分类如图 6.1 所示。

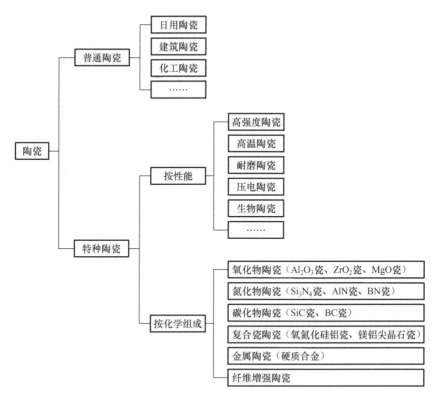

图 6.1　陶瓷的分类

特种陶瓷具有高强度、高模量、超高硬度、耐磨性好、耐高温、耐腐蚀等优良的性能，已广泛用于制作剪刀、网球拍及工业上的切削刀具、耐磨件、发动机部件、热交换器、轴承等。然而，陶瓷材料的致命缺点是脆性大、抗热震性差，而且陶瓷材料对裂纹、气孔和夹杂物等细微的缺陷很敏感，严重限制了其作为结构材料的应用。为此，陶瓷材料的强韧化问题成为研究的重点。

科学试验表明，第二相的引入可以改善陶瓷材料的力学性能。材料科学家通过向陶瓷中加入颗粒、晶须或纤维、层状材料等，使其韧性大大地改善，而且强度及弹性模量有了提高。陶瓷基复合材料的主要类型如图 6.2 所示。整体陶瓷与陶瓷基复合材料的力-位移曲线如图 6.3 所示。由图 6.3 可知，颗粒增强陶瓷复合材料的弹性模量及强度都比整体陶瓷的高，但力-位移曲线形状不发生变化；而纤维增强陶瓷基复合材料不仅使弹性模量及强度大大提高，而且改变了力-位移曲线的形状，表现出非弹性变形行为，因此此类复合材料的缺口敏感性低，强度几乎不依赖试样尺寸。换句话说，纤维增强陶瓷基复合材料在断裂前吸收大量的断裂能量，使韧性得以大幅度提高。

表 6-1 列出了陶瓷基复合材料与整体陶瓷的断裂韧性和临界裂纹尺寸，明显看出连续纤维的增韧效果最佳，其次为晶须增韧、相变增韧和颗粒增韧。

与金属基复合材料和聚合物基复合材料不同的是，制备陶瓷基复合材料的主要目的之一是提高陶瓷的韧性。制约陶瓷基复合材料发展的主要因素有两个：一是高温增强材料出现较晚；二是陶瓷基复合材料的制造过程及制品都涉及高温，由于陶瓷基体与增强材料的热膨胀系数有差异，因此在制备过程中及在之后的使用过程中易产生热应力。20 世纪 70

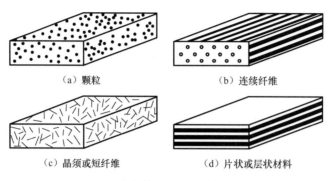

（a）颗粒　　　　　　　　　　　（b）连续纤维

（c）晶须或短纤维　　　　　　　（d）片状或层状材料

图 6.2　陶瓷基复合材料的主要类型

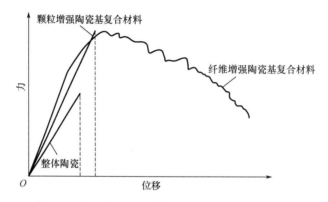

图 6.3　整体陶瓷与陶瓷基复合材料的力－位移曲线

年代末至 80 年代初，Si－C－O 系列纤维的商品化促进了连续纤维增强的陶瓷基复合材料的发展。从陶瓷基复合材料的制备工艺、力学性能及强韧化理论到实际部件的开发，美国、日本及法国等国家投入了大量的人力和财力，取得了突破性进展。目前，美国、日本及欧洲国家有许多专门从事陶瓷基复合材料研究和应用的研究机构，我国中国科学院上海硅酸盐研究所、清华大学、哈尔滨工业大学等也在陶瓷基复合材料的制备与应用领域取得了许多研究成果。

表 6-1　陶瓷基复合材料与整体陶瓷的断裂韧性和临界裂纹尺寸

材料		断裂韧性/（MPa·m$^{1/2}$）	裂纹尺寸/μm
整体陶瓷	Al_2O_3	2.7～4.2	13～36
	SiC	4.5～6.0	41～74
颗粒增韧陶瓷	Al_2O_3－TiC	4.2～4.5	36～41
	Si_3N_4－TiC	4.5	41
相变增韧陶瓷	ZrO_2－MgO	9～12	165～292
	ZrO_2－YO	6～9	74～165
	ZrO_2－Al_2O_3	6.5～15	86～459

续表

材料		断裂韧性（MPa·m$^{1/2}$）	裂纹尺寸大小/μm
晶须增韧陶瓷	SiC‑Al$_2$O$_3$	8～10	131～204
	纤维增韧陶瓷		
	SiC‑硼硅玻璃	15～25	
	SiC‑锂铝硅玻璃	15～25	
	铝	33～44	
	钢	44～66	

6.2 陶瓷基体

按照组成化合物元素的不同，用于复合材料的陶瓷基体主要有氧化物陶瓷（Al$_2$O$_3$、ZrO$_2$、3Al$_2$O$_3$·2SiO$_2$、董青石、钛酸铝等）、非氧化物陶瓷（氮化硅、碳化硅、氮化铝、氮化硼等）、玻璃陶瓷等。

6.2.1 氧化物陶瓷

（1）氧化铝陶瓷。

以氧化铝（Al$_2$O$_3$）为主要成分的陶瓷称为氧化铝陶瓷，也称高铝陶瓷，其主要成分是 Al$_2$O$_3$ 和 SiO$_2$。根据主晶相的差异，氧化铝陶瓷可分为刚玉陶瓷、刚玉‑莫来石陶瓷及莫来石陶瓷等。氧化铝含量越高，陶瓷的性能越好。按氧化铝的含量，可将氧化铝陶瓷分为 75 瓷、95 瓷和 99 瓷。其主晶相为 α‑Al$_2$O$_3$，属六方晶系，体积密度约为 3.9g/cm^3，熔点达 2050℃，为稳定晶型。氧化铝具有 α、β、γ 等多种晶型。除 α‑Al$_2$O$_3$ 外，其他均为不稳定晶型。γ‑Al$_2$O$_3$ 为低温型，具有面心立方体晶格结构，在 950～1200℃ 可转化为 α‑Al$_2$O$_3$，并同时伴有约 13% 的体积收缩。在氧化铝陶瓷制备过程中，一般先预烧原料，使 γ‑Al$_2$O$_3$ 转化为 α‑Al$_2$O$_3$。制备氧化铝陶瓷时常用的助烧剂有 TiO$_2$、MgO 等。

氧化铝陶瓷的硬度很高，约为 2000MPa，仅次于金刚石、氮化硼和碳化硅的硬度，有很好的耐磨性。它的耐高温性很好，含 Al$_2$O$_3$ 高的刚玉陶瓷能在 1600℃ 下长期工作，而且蠕变很小。由于铝氧之间键合力很大，氧化铝又具有酸碱两重性，因此氧化铝陶瓷耐腐蚀性很强。此外，它还具有很好的电绝缘性能。因此，采用氧化铝制备的氧化铝陶瓷具有较高的室温和高温强度、高的化学稳定性和介电性能，但热稳定性不高，而且脆性大、抗热震性能差，不能承受环境温度的突然变化。氧化铝陶瓷的主要性能见表 6‑2。

表 6‑2 氧化铝陶瓷的主要性能

性 能	刚玉‑莫来石陶瓷（75 瓷）	刚玉陶瓷（95 瓷）	刚玉陶瓷（99 瓷）
Al$_2$O$_3$ 含量/（wt%）	75	95	99
主晶相	α‑Al$_2$O$_3$ 和 3Al$_2$O$_3$·2SiO$_2$	α‑Al$_2$O$_3$	α‑Al$_2$O$_3$

续表

性　　能	刚玉-莫来石陶瓷（75瓷）	刚玉陶瓷（95瓷）	刚玉陶瓷（99瓷）
密度/（g/cm³）	3.2～3.4	3.5	3.9
抗拉强度/MPa	140	180	250
抗弯强度/MPa	250～300	280～350	370～450
抗压强度/MPa	1200	2000	2500
热膨胀系数（×10⁻⁶）/℃	5～5.5	5.5～7.5	6.7
介电强度/（kV/mm）	25～30	15～18	25～30

（2）氧化锆陶瓷。

氧化锆陶瓷是以氧化锆（ZrO_2）为主要成分的陶瓷材料。ZrO_2有三种晶型：单斜相（m）、四方相（t）及立方相（c）。在1170℃时单斜相转变为四方相，此可逆转变同时伴随着7%～9%的体积变化，使陶瓷烧成时容易开裂，需加入适量的CaO、MgO、CeO_2、Y_2O_3等氧化物作为稳定剂。加入适量的稳定剂后，四方相可以部分或全部以亚稳定状态存在于室温，分别称为部分稳定氧化锆（PSZ）或四方相氧化锆多晶体（TZP）。$t-ZrO_2 \rightarrow m-ZrO_2$的马氏体相变可以使陶瓷材料韧性增强，生成氧化锆增韧陶瓷材料（ZTC）。

氧化锆陶瓷呈弱酸性或惰性，导热系数小［在100～1000℃，导热系数$\lambda=1.7～2.0W/(m \cdot K)$］，推荐使用温度为2000～2200℃，主要用于耐火坩埚、炉子和反应堆的绝热材料，金属表面的热障涂层，固体离子导体等。

（3）莫来石陶瓷。

莫来石陶瓷是以莫来石为主晶相的陶瓷材料。莫来石是$Al_2O_3-SiO_2$系中唯一稳定的二元化合物，其组成在$3Al_2O_3 \cdot 2SiO_2 \sim 2Al_2O_3 \cdot SiO_2$之间变化，其中$3Al_2O_3 \cdot 2SiO_2$为化学计量莫来石。莫来石属于斜方晶系，由硅氧四面体有规则、交替连接成双链式的硅铝氧结构团，由六配位的铝离子把一条条双链连接起来，构成莫来石整体结构。由于莫来石为不饱和的具有有序分布氧空位的网络结构，其结构空隙大，比较疏松，因此具有许多独特的性能，如较低的热膨胀系数、低热导率、低热容、低弹性模量等，从而具有良好的绝热性、抗热震性及耐腐蚀性。高纯莫来石还表现出低的蠕变特性，是制备莫来石窑具的极佳材料。

莫来石一般由人工合成，工业上多用天然高铝矾土、黏土或工业氧化铝等为原料，常用烧结法和电熔法合成莫来石熔块，然后破碎成各种粒度的莫来石粉料。一般其合成温度高于1700℃。实验室一般用化学法（如Sol-gel法）合成高纯、超细的莫来石粉体。莫来石陶瓷通常在1550～1600℃下常压烧结而成，纯莫来石陶瓷通常要在1750℃左右烧结而成。

6.2.2　非氧化物陶瓷

（1）氮化硅陶瓷。

氮化硅的分子式为Si_3N_4，其有两种晶型——$\alpha-Si_3N_4$和$\beta-Si_3N_4$，均属于六方晶系，两者都是由［SiO_4］四面体共顶连接而成的三维空间网状结构。$\alpha-Si_3N_4$可在高温

（～1650℃）下转变为β- Si_3N_4。α- Si_3N_4 多为等轴状晶粒，对材料的硬度和耐磨性有利；β- Si_3N_4 多为长柱状晶粒，对材料的强度和韧性有利。

由于 Si_3N_4 是共价键很强的化合物，原子自扩散系数非常小，很难烧结，因此常用两种方法达到其烧结致密化：一种是加入烧结助剂（如 MgO、Al_2O_3、Y_2O_3、La_2O_3、AlN 等），在高温下发生低共熔反应，形成液相，促进烧结；另一种是用压力辅助烧结，如热压烧结、气压烧结、热等静压烧结等。

① 反应烧结法。

反应烧结法是以硅粉为原料或加入一部分 Si_3N_4，用一般陶瓷的成型方法制成所需形状，然后在 $95\%N_2+5\%H_2$ 的气氛下预氮化 1～1.5h，氮化温度为 1180～1210℃。预氮化后有一定的强度，可进行坯样机械加工，以达到所需的尺寸。最后，在 1350～1450℃下氮化 18～36h，直到所有的硅都变成氮化硅，得到尺寸精密的制品。与一般陶瓷烧结发生体积收缩不同，在反应烧结时，硅与氮发生反应，体积增大 22%，使得制品致密，而尺寸很少变化。

② 热压烧结法。

热压烧结法是以 Si_3N_4 粉为原料，加入少量添加剂（如 MgO 等），混合均匀后，装入石墨制成的模具中，在 1600～1700℃下热压烧结，烧结压力为 200～300 个大气压。

氮化硅陶瓷的优点是强度高，反应烧结氮化硅室温抗弯强度为 200MPa，直到 1200～1350℃仍能保持很高的强度；由于热压氮化硅组织致密，气孔率近于零，因此强度比反应烧结氮化硅的高得多。它的抗热震性和抗高温蠕变性也比其他陶瓷的好。氮化硅硬度高、摩擦系数小（只有 0.1～0.2），是一种极优良的耐磨材料。氮化硅还具有自润滑性，可在无润滑剂的磨损条件下工作。由于 Si_3N_4 是极强的共价键结合，因此结构稳定，具有良好的耐腐蚀性，除氢氟酸外，能耐所有的无机酸和某些碱溶液的腐蚀，并能抵抗熔融有色金属（如铝、锡、锌、镍、金、银、铜等）的侵蚀，其抗氧化温度可达 1000℃，并且电绝缘性也很好。

在 Si_3N_4 结构中固溶一定数量的 Al 和 O 形成的以 Si-Al-O-N 为主要元素的 Si_3N_4 固溶体，称为赛隆陶瓷。这种陶瓷在常压下烧结就能达到热压烧结氮化硅的性能，是强度较高的陶瓷材料，并且具有良好的耐腐蚀性、耐磨性和热稳定性。根据结构和组成成分的不同，可分为β'- Sialon、α'- Sialon、O'- Sialon 等。β'- Sialon 是β- Si_3N_4 固溶体，其化学通式为 $Si_{6-z}Al_zO_zN_{8-z}$（$0<z<4$）。物理性能、力学性能与β- Si_3N_4 的类似，硬度、强度稍低于β- Si_3N_4 的，但韧性比β- Si_3N_4 的好。α'- Sialon 是α- Si_3N_4 固溶体，其化学通式为 $Me_xSi_{12-(m+n)}Al_{m+n}O_nN_{16-n}$（$x\leqslant 2$，$Me=Li^+$、$Mg^{2+}$、$Ca^{2+}$、$Y^{3+}$ 或稀土离子）。α'- Sialon 硬度高，耐磨性、抗热震性和抗氧化性好。

氮化硅陶瓷和赛隆陶瓷的性能见表 6-3。

表 6-3　氮化硅陶瓷和赛纶陶瓷的性能

性能指标	热压烧结氮化硅陶瓷	反应烧结氮化硅陶瓷	赛隆陶瓷
密度/（g/cm^3）	3.24	2.4～2.6	2.9
气孔率/（%）	<2	13～18	<5
抗拉强度/MPa	490～590	166～206	350

续表

性能指标		热压烧结氮化硅陶瓷	反应烧结氮化硅陶瓷	赛隆陶瓷
抗弯强度/MPa	室温	650~900	~200	600~900
	1000℃	550~620	~350	500~700
	1370℃	250~350	~380	300~500
断裂韧性/（MPa·m$^{1/2}$）		4~6	2~3	5~8
弹性模量/GPa		280~320	150~200	280~320
硬度，努氏硬度/2.9kg		1489	786	1313
热膨胀系数（×10^{-6}）/℃ （20~1000℃）		3.28	2.99	3
热导率/[W/(m·K)]		15~40	3~10	20~40
电阻率/ （Ω·m）	20℃	10^{15}	10^{15}	—
	1050℃	10^8	—	—

（2）碳化硅陶瓷。

碳化硅的分子式是 SiC。碳化硅变体很多，但作为陶瓷材料的主要有两种晶体结构：一种是 α-SiC，属六方晶系；另一种是 β-SiC，属立方晶系，具有半导体特性。多数碳化硅陶瓷以 α-SiC 为主晶相。

碳化硅粉是把石英、碳和木屑装入电弧炉中，在 1900~2000℃的高温下合成的。碳化硅陶瓷也有反应烧结法和热压烧结法两种制备方法。

① 反应烧结法。

反应烧结法是将一种高温型碳化硅（α-SiC）粉末与碳混合，加入黏结剂后压制成所需形状，放入盛有硅粉的炉子中，加热到 1600~1700℃，使熔融的硅和硅的蒸气渗透到制件中，与碳反应生成低温型碳化硅（β-SiC），把原来高温型碳化硅紧密地结合在一起。这种反应烧结碳化硅又称自组合碳化硅。

② 热压烧结法。

热压烧结法是在碳化硅中加入烧结促进剂，如 B$_4$C、Al$_2$O$_3$ 等，然后热压烧结，热压的温度和压力随加入的烧结促进剂的不同而不同。

碳化硅的最大特点是高温强度高，其他陶瓷材料的强度到 1200~1400℃时显著降低，而碳化硅在 1400℃时抗弯强度仍保持 500~600MPa 的较高水平。

碳化硅具有很高的热传导能力，在陶瓷中仅次于氧化铍陶瓷。碳化硅陶瓷还具有较好的热稳定性、耐磨性、耐腐蚀性和抗蠕变性。碳化硅陶瓷及其他陶瓷的主要性能见表 6-4。

表 6-4　碳化硅陶瓷及其他陶瓷的主要性能

种类	密度 /(g/cm³)	热膨胀系数 (×10^{-6})/K	抗拉强度 /MPa	抗压强度 /MPa	抗弯强度 /MPa	弹性模量 /GPa
反应烧结碳化硅陶瓷	3.09~3.12	5.0			160~450	380~420
热压烧结碳化硅陶瓷	3.19~3.20	4.8			700~800	400~440

种类	密度 /(g/cm³)	热膨胀系数 (×10⁻⁶)/K	抗拉强度 /MPa	抗压强度 /MPa	抗弯强度 /MPa	弹性模量 /GPa
氧化铝陶瓷	3.85～3.98	8.5	265	2100～5000		360～400
氧化镁陶瓷	3.0～3.6	13.8	60～80	780		210～300
氧化锆陶瓷	5.7		140	144～2100		
氧化铍陶瓷	2.9		97～130	800～1620		
反应烧结氮化硅陶瓷	2.44～2.6		141	1200		
热压烧结氮化硅陶瓷	3.10～3.18	2.25～2.87	150～275			310
热压烧结六方氮化硼陶瓷	2.15～2.2		25	315		

6.2.3　玻璃陶瓷

玻璃态是亚稳定状态，在一定条件下玻璃可晶化成一定量的微晶体。并不是所有的玻璃都可以晶化，只有某些特定成分的玻璃经热处理后可晶化成大量的微晶体，这种含有大量微晶体的玻璃称为微晶玻璃或玻璃陶瓷。玻璃陶瓷中的微晶体一般取向杂乱，微晶尺寸为 $0.01\sim0.1\mu m$，体积结晶率达 $50\%\sim98\%$，其余部分为残余玻璃相。常用的玻璃陶瓷有锂铝硅（Li_2O - Al_2O_3 - SiO_2，LAS）玻璃陶瓷、镁铝硅（MgO - Al_2O_3 - SiO_2，MAS）玻璃陶瓷等。

锂铝硅玻璃陶瓷的主晶相为 $Li_2O \cdot Al_2O_3 \cdot 4SiO_2$ 或 $Li_2O \cdot Al_2O_3 \cdot 2SiO_2$，热膨胀系数几乎为零，耐热震性好。

镁铝硅玻璃陶瓷的主晶相为 $2MgO \cdot 2Al_2O_3 \cdot 5SiO_2 Li_2O$、$MgO \cdot SiO_2$ 或莫来石（$3SiO_2 \cdot 3Al_2O_3$），具有硬度高、耐磨性好等特性。

玻璃陶瓷的性能受晶相的数量、晶粒尺寸、界面强度，以及玻璃相与晶相之间机械和物理相容性的影响。玻璃陶瓷的密度为 $2.0\sim2.8g/cm^3$，弯曲强度为 $70\sim350MPa$，弹性模量为 $80\sim140GPa$，远远高于玻璃的弯曲强度 $55\sim70MPa$ 和弹性模量 $70MPa$。

6.3　陶瓷基复合材料的设计理论

陶瓷基复合材料的设计理论包括增强材料和基体材料的选择、增强材料和基体材料的物理相容性、增强材料和基体材料的化学相容性及增强材料与基体界面的调控等方面，下面以晶须增韧补强陶瓷基复合材料为例进行说明。

6.3.1　晶须和基体材料的选择原则

（1）应选择高强度、高弹性模量的晶须；晶须的长径比应适当大一些；与基体晶粒相比，晶须的直径不宜太小。

（2）在满足致密化的条件下，晶须的体积分数应尽可能大。

（3）晶须-基体界面结合应适中。也就是说，界面结合应有利于裂纹尖端解离区的形成，便于晶须的桥接和拔出；同时界面结合要有一定的强度，以便能有效地将作用载荷传递给晶须。

6.3.2　晶须和基体材料的物理相容性

晶须与基体之间的物理作用导致了晶须-基体界面的物理结合。晶须与基体之间的物理匹配将对界面的应力状态、负荷的传递及整个复合材料的性能产生影响。物理匹配包括弹性模量的匹配和热膨胀系数的匹配两个方面。

（1）弹性模量。

晶须与基体之间弹性模量的匹配问题直接影响了两相对负荷的分担程度。为了获得较好的增韧补强效果，应选用弹性模量较高的晶须。

如果 $E_w > E_m$（E_w、E_m 分别为晶须、基体的弹性模量），则晶须既可起到补强效果，又可起到增韧效果；如果 $E_w < E_m$，则晶须的主要作用是增韧。

（2）热膨胀系数。

晶须与基体之间热膨胀系数的匹配主要影响晶须-基体之间的残余应力状态，从而影响复合材料的力学性能。根据 Selsing 模型：

$$\sigma_r = -(\alpha_m - \alpha_w)\Delta T\left(\frac{1+v_m}{2E_m} + \frac{1-2v_w}{E_w}\right) \tag{6-1}$$

$$\sigma_L = 2v_w\sigma_r + E_w(\alpha_w - \alpha_m)\Delta T \tag{6-2}$$

式中，σ_r 和 σ_L 分别是晶须径向和轴向所受的残余热应力；α_m、E_m 和 v_m 分别为基体的热膨胀系数、弹性模量和泊松比；α_w、E_w 和 v_w 分别为晶须的热膨胀系数、弹性模量和泊松比；ΔT 为温差；$\Delta a = \alpha_m - \alpha_w$。

对于不同的晶须和基体，热膨胀系数的匹配问题可能存在以下几种情况：若沿晶须长度方向的 Δa 为正，则基体的收缩大，晶须通过界面沿晶须方向在基体一侧产生张应力。此张应力超过基体的抗拉强度时，在垂直于轴向发生微细裂纹，直至形成网状裂纹结构。若沿晶须长度方向 Δa 为负，则根据晶须与基体的结合状态存在两种情况：一种是晶须与基体界面结合十分紧密，沿晶须轴向方向基体受压应力作用，晶须受拉应力作用，导致材料的强度增大。此时，复合材料的最大强度依赖于晶须的断裂强度。另一种是晶须-基体界面的结合强度不够大，则在界面上就会产生剪切滑动。若沿晶须直径方向 Δa 为正，则晶须与基体的界面承受压应力；若沿晶须直径方向 Δa 为负，则界面承受张应力，在界面处易产生剥离而形成空隙。

6.3.3　晶须和基体材料的化学相容性

晶须与基体之间的化学作用主要是指晶须与基体之间在界面上的化学反应。如果晶须与基体之间存在化学反应，则形成的界面层将是与晶须、基体都不同的新相。这种界面结合一般都是比较强的，不利于晶须—基体界面的解离和晶须的增韧作用；如果形成的新界面相与反应物的体积、热膨胀系数不同，则在界面上就会存在残余应力，影响界面的剪切强度。晶须与基体之间的化学反应还可能使晶须的性能下降。因而在大多数情况下，晶须与基体之间界面的化学反应都是不利的，应该设法避免。

6.3.4 晶须与基体之间界面的设计和调控

晶须与基体之间界面的结合状态直接影响晶须的增韧补强作用，因此对复合材料的性能起决定作用。界面结合太强，晶须对补强有贡献但无增韧效果，呈脆性断裂特性；界面结合力太弱，晶须不能有效地承担外界负载，既无补强效果又无增韧效果。只有当界面结合力适当时，界面才能有效地将载荷由基体传递给晶须，晶须—基体界面发生适当的解离，进而晶须起到明显的增韧补强作用。

界面的结合状态与基体和晶须本身的特性、二者之间的物理和化学相容性及晶须表面特性等因素有关。另外，晶界和界面的组成也严重影响界面的结合状态和晶须的增韧补强效果。界面调控一般包括以下三方面内容。

（1）助烧剂的选择和优化。

助烧剂的选择和优化包括助烧剂的种类和含量两方面的内容，因为助烧剂的种类和含量直接影响晶须补强陶瓷基复合材料的性能，助烧剂的种类决定了玻璃相的强度和软化点温度，助烧剂的含量决定了玻璃相的体积分数。例如，在 SiC_w/Si_3N_4 复合材料的研究中，主要采用以下几种助烧剂体系。

① 含 Mg 元素的助烧剂体系。

含 Mg 元素的助烧剂体系有 MgO、$MgO-Al_2O_3$、$MgAl_2O_4$、$Mg_2Al_4Si_5O_{18}$（堇青石）、$MgO-Y_2O_3$ 等。这类助烧剂体系的特点如下：烧结时液相形成温度低，液相黏度小，复合材料容易致密化，室温性能好，晶须的增韧和补强作用较明显。但玻璃相的熔点低，使得复合材料的高温性能急剧下降。

② 含 La、Y 等稀土氧化物的体系。

含 La、Y 等稀土氧化物的体系如 $Y_2O_3-Al_2O_3$、$La_2O_3-Y_2O_3-Al_2O_3$、$La_2O_3-Y_2O_3$ 及 $La_2O_3-Y_2O_3-Al_2O_3$。这类助烧剂体系的特点如下：形成的玻璃相耐火度较高，在晶界上还可能析出高熔点的结晶相，大大提高了复合材料的高温性能。

③ $Y_2O_3-Al_2O_3-AlN$ 和 $Y_2O_3-Al_2O_3-SiO_2$ 等赛隆系助烧剂体系。

这类助烧剂体系的特点如下：助烧剂在烧结过程中形成液相，促进烧结；在烧结后期液相与基体 Si_3N_4 形成 $\alpha'-$ 或 $\beta'-Si_3N_4$ 固溶体，即形成 $\alpha'-$ Sialon 或 $\beta'-$ Sialon，这就是所谓的过渡液相烧结机制。采用这类助烧剂体系制备的 $SiC_w/$ Sialon 复合材料中，晶界相含量很小，基本上全是结晶相，因而高温性能尤其是高温下的蠕变性能很好。但是这类助烧剂体系形成的 $SiC_w/$ Sialon 复合材料室温性能较差。

④ 非氧化物助烧剂体系，如碱土金属氮化物（Be_3N_2、Mg_3N_2、Ca_3N_2、$BeSiN_2$）、AlN、YN、ZrN 以及 $ZrN-AlN$ 复合助烧剂。

这类非氧化物助烧剂的特点是不仅能减小玻璃相的含量，而且能减小玻璃相的氧含量，提高玻璃相的软化温度，从而提高复合材料的高温力学性能，特别是高温下的抗蠕变性能。但是，采用这类助烧剂使得 Si_3N_4 的烧结致密化较困难。

（2）晶须的表面状态处理。

晶须的表面状态处理包括晶须的酸洗、氧化和表面涂层等处理。

酸洗的主要目的是去除在制备过程中晶须表面所含的富氧层（如 SiO_2 等）和杂质离子（如 Ca、Mg、Al 等）。采用 1N HF＋1N HNO_3 的混合酸浸泡晶须 24h，能有效地去除晶须表面的杂质和杂质引起的晶须黏结和团聚现象。

为了防止晶须—基体之间的界面反应，改善晶须的表面状态，可对晶须进行涂层处理。晶须表面涂层可以改变晶须表面的粗糙程度，调节晶须—基体之间界面的热膨胀系数，调节二者之间的界面结合力，因而对晶须和基体之间的热膨胀系数失配严重的复合材料体系更有效。张宗涛（1992）采用溶胶—凝胶法成功地在 SiC 晶须表面涂覆 Al_2O_3 和莫来石涂层。晶须涂层对含 15vol％晶须的 SiC_w/TZP 复合材料力学性能产生了显著的影响，对晶须进行 Al_2O_3 涂层后，复合材料的抗弯强度和断裂韧性分别为 1000MPa 和 7.2MPa·$m^{1/2}$；晶须含有莫来石涂层的复合材料的抗弯强度和断裂韧性分别为 1450MPa 和 14.5MPa·$m^{1/2}$；而无涂层的 SiC_w/TZP 复合材料只有 700MPa 和 10.5MPa·$m^{1/2}$。Matsui 等人（1991）用硬脂酸铝分解的方法在晶须表面涂上一层 Al_2O_3 的薄层后，制备的 SiC_w/Si_3N_4 复合材料具有更好的力学性能，抗弯强度和断裂韧性分别可达到 1107MPa 和 10.2MPa·$m^{1/2}$，经过 TEM 观察发现涂 Al_2O_3 的晶须表面更光滑，拔出效果显著。Tiegs 等人（1989）研究了晶须表面碳涂层对含 20vol％晶须的 SiC_w/Al_2O_3 复合材料的影响，结果表明，碳涂层使得晶须表面变得光滑，导致了较弱的晶须-基体界面结合状态，有利于界面解离、晶须拔出等增韧作用，使 Al_2O_3 的断裂韧性从 4.7MPa·$m^{1/2}$ 提高到 6.5MPa·$m^{1/2}$。

（3）界面的结晶化处理。

在制备 SiC_w/Si_3N_4 复合材料时，添加的助烧剂在烧结过程中形成液相，促进烧结，但在烧结后期冷却时以玻璃相的形式存在于晶界和界面处。这些玻璃相的存在与复合材料的性能有着密切的关系，尤其是严重地影响了复合材料的高温性能。因此，一般要对复合材料进行适当的热处理，使玻璃相结晶化。结晶化处理，一方面减小玻璃相的含量；另一方面提高玻璃相的耐火度，从而改善复合材料的高温性能。

La_2O_3-Y_2O_3-Al_2O_3 助烧剂体系经过不同的热处理工艺，可以析出不同的结晶相，如可以析出 Hss 相 [（La，Y）$_5$（SiO_4）$_3$N]、J 相 [$4R_2O_3$-Si_3N_4-SiO_2]、R＝La、Y 等稀土元素、也可以析出 $LaYO_3$ 相，还可以析出其他类型的结晶相。一般析出结晶相的耐火度高于玻璃相的，因而提高了复合材料的高温性能。析出的结晶相耐火度越高，复合材料的高温性能下降得越少。

清华大学的研究结果表明，添加 La_2O_3-Y_2O_3-Al_2O_3 助烧剂体系的 SiC_w/Si_3N_4 复合材料，热处理前的抗弯强度为 950MPa，而热处理后为 855MPa，1300℃和 1370℃下的抗弯强度分别为 800MPa 和 780MPa。

中国科学院上海硅酸盐研究所的研究结果表明，添加 La_2O_3-Y_2O_3 的 SiC_w/Si_3N_4 复合材料，热处理后材料的强度从室温保持到 1300℃基本不下降，到 1400℃时仍有 680MPa。

在复合材料中加入一些颗粒，如 ZrO_2、HfO_2 等，有利于晶界玻璃相的结晶化。K. Komeya 等人的研究指出，加入微量的 HfO_2 并热处理后，基体 Si_3N_4 材料的高温强度明显提高，1300℃时的抗弯强度高达 1260MPa。

6.4　陶瓷基复合材料的增韧机理

颗粒、纤维及晶须加入陶瓷基体中，使其强度尤其是韧性得到大大提高。因此，研究者对这些增强相如何阻止裂纹的扩展、如何降低裂纹尖端应力集中效应进行了研究，相继提出了不同的增韧机理，如裂纹偏转、裂纹桥联、脱黏、纤维拔出、颗粒钉扎、微裂纹增韧、相变增韧、延性颗粒的塑性变形等。对于任一给定的复合材料，实际上很可能不止一种增韧机理起作用。增韧的效果主要取决于增强材料的尺寸、形貌和体积分量，界面的结合情况，基体与增强材料的力学和热膨胀性能及相变情况。由于复合材料的基体与增强材料的不同，因此增韧机理也会有所不同。对于某些复杂的复合材料，很难确定哪种增韧机理起主要作用。下面分别讨论颗粒增韧法、纤维（晶须）增韧及其相关的增韧机理。

6.4.1　颗粒增韧

颗粒增韧是最简单的一种增韧方法，它具有同时提高强度和韧性等许多优点。下面介绍非相变第二相颗粒增韧和相变第二颗粒增韧。

（1）非相变第二相颗粒增韧。

① 微裂纹增韧。

微裂纹增韧是陶瓷基复合材料颗粒增韧的重要机制。影响第二相颗粒复合材料增韧效果的主要因素为基体与第二相颗粒的弹性模量 E、热膨胀系数 α 和两相的化学相容性。其中化学相容性是复合的前提，两相间不能存在过多的化学反应，同时必须保证具有合适的界面结合强度。弹性模量 E 只在材料受外力作用时产生微观应力再分布效应，并且这种效应对材料性能影响较小。热膨胀系数 α 失配在第二相颗粒及周围基体内部产生残余应力场是陶瓷得到增韧补强的主要根源。

假设第二相颗粒与基体之间不存在化学反应，存在热膨胀系数 α 的失配，即在一个无限大基体中存在第二相颗粒时，由于冷却收缩不同，颗粒将受到一个压力 P

$$P = \frac{\Delta a \Delta T}{(1+\mu_{\mathrm{m}})/2E_{\mathrm{m}} + (1-2\mu_{\mathrm{p}})/E_{\mathrm{p}}} \tag{6-3}$$

式中，μ、E 为泊松比和弹性模量；ΔT 为材料降温过程中开始产生残余应力的温度到室温之间的温度差；下标 m 表示基体；下标 p 表示颗粒。

当忽略颗粒效应场之间的相互作用时，该内应力将在距颗粒中心 R 处的基体中产生径向正应力 σ_r 及切向正应力 σ_t：

$$\sigma_r = P\left(\frac{r}{R}\right)^3 \tag{6-4}$$

$$\sigma_t = -\frac{1}{2}P\left(\frac{r}{R}\right)^3 \tag{6-5}$$

式中，r 是球状颗粒半径；R 是距颗粒中心的距离。

无限大基体中球形颗粒引起的残余应力场如图 6.4 所示。

当 $\Delta a > 0$ 时，即 $a_{\mathrm{p}} > a_{\mathrm{m}}$，$p > 0$，$\sigma_r > 0$，$\sigma_t < 0$，第二相颗粒内部产生等静拉应力，

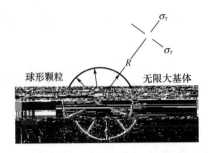

图 6.4　无限大基体中球形颗粒引起的残余应力场

基体径向处于拉伸状态，切向处于压缩状态，当应力足够大时，可能产生具有收敛性的环向微裂，如图 6.5（a）所示；当 $\Delta a < 0$ 时，即 $a_p < a_m$，$P > 0$，$\sigma_r < 0$，$\sigma_t > 0$，第二相颗粒内部产生等静压力，而基体径向处于压缩状态，切向处于拉伸状态，当应力足够大时，可能产生具有发散性的径向微裂，如图 6.5（b）所示。后一种情况中，若径向微裂纹向周围分散，则更容易相互连通而形成主裂纹。但在同等条件下，由式(6-4)和式(6-5)可知，σ_r 是 σ_t 的 2 倍，因此更易产生环向微裂纹。

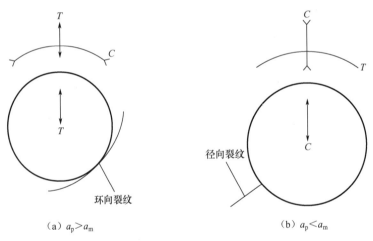

（a）$a_p > a_m$　　　　　　　　　　（b）$a_p < a_m$

C—压应力；T—拉应力

图 6.5　应力分布及在球状颗粒周围形成的裂纹

产生微裂纹的应力临界值与微裂纹开裂相关的断裂能有关，因此，要考虑在颗粒及周围基体中储存的弹性应变能，它们分别为

$$U_p = \frac{2\pi P^2 (1 - 2\mu_p) r^3}{E_p} \tag{6-6}$$

$$U_m = \frac{\pi P^2 (1 - 2\mu_m) r^3}{E_m} \tag{6-7}$$

储存的总应变能为

$$U = U_p + U_m = 2k\pi P^2 r^3 \tag{6-8}$$

式中，$k = \dfrac{1 + \mu_m}{2E_m} + \dfrac{1 - 2\mu_p}{E_p}$。

当 $a_p > a_m$ 时，由于基体中压应力 σ_t 和拉应力 σ_r 的共同作用，当裂纹遇到第二相颗粒时，并不是直接朝着第二相颗粒扩展，而是在基体中沿着与 σ_t 平行和与 σ_r 垂直的方向发展，绕过第二相颗粒后，再沿原方向扩展，这样增加了裂纹扩展路径，因此增大了裂纹扩展的阻力。$a_p > a_m$ 时的裂纹扩展路径如图 6.6 所示。

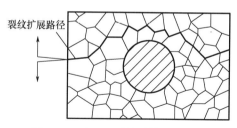

图 6.6 $a_p > a_m$ 时的裂纹扩展路径

当 $a_p < a_m$ 时，由于基体中压应力 σ_t 和拉应力 σ_r 的共同作用，当裂纹遇到第二相颗粒时，裂纹将沿着与 σ_t 垂直和与 σ_r 平行的方向扩展。若第二相颗粒在某个裂纹面内，则裂纹朝向颗粒扩展时将首先直接到达颗粒与基体的界面，此时如果外应力不再增大，则裂纹在此钉扎，这就是裂纹钉扎增韧机理的本质。若外加应力进一步增大，裂纹继续扩展或穿过颗粒发生增强颗粒的穿晶断裂 ［图 6.7（a）］，或绕过颗粒沿颗粒与基体的界面扩展，发生裂纹偏转 ［图 6.7（b）］。裂纹沿着哪一条路径扩展，取决于颗粒的表面能，颗粒粒径、形状、取向及基体与颗粒界面的结合状况，即使发生偏转，因为偏转的程度较小，界面断裂能低于基体断裂能，所以增韧的幅度较小。

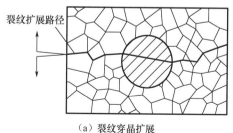

（a）裂纹穿晶扩展　　　　　　　　　（b）裂纹沿颗粒晶界扩展

图 6.7 $a_p < a_m$ 时的裂纹扩展路径

② 裂纹偏转和裂纹桥联增韧。

在微裂纹增韧中已提及由热应力作用造成微裂纹形成和偏转。这里将不仅局限于热应力的作用，而且认为裂纹偏转是一种裂纹尖端效应，是指裂纹扩展过程中当裂纹前端遇上偏转剂（如增强颗粒、纤维、晶须、界面等）时发生的倾斜和偏转。

裂纹桥联是一种裂纹尾部效应，是发生在裂纹尖端，靠桥联剂连接裂纹的两个表面并提供一个使两个裂纹面相互靠近的应力，即闭合应力，导致应力强度因子 K 随裂纹扩展而增大。图 6.8 为脆性颗粒裂纹偏转及桥联模型。当裂纹扩展遇上桥联剂时，桥联剂可能穿晶破坏，也可能出现互锁现象，即裂纹绕过桥联剂沿晶界发展（裂纹偏转）并形成摩擦桥，如图 6.8 中的第二个颗粒，而在第三和第四个颗粒形成弹性桥。

由于应力强度因子具有可加性，因此外加应力强度因子 K_A 与裂纹长度决定的断裂韧性 K_{RC} 相平衡，即

$$K_A = K_{RC} = K^1 + K^2 = [E(J^c + \Delta J^{cb})]^{1/2}$$
（6-9）

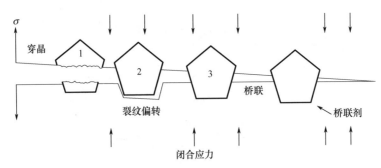

图 6.8 脆性颗粒裂纹偏转及桥联模型

式中，K^1 为裂纹尖端断裂韧性，受裂纹偏转影响；K^2 为由于裂纹尾部桥联产生的平均闭合应力导致的增韧值；E 为复合材料的弹性模量；J^c 为复合材料裂纹尖端能量耗散率；ΔJ^{cb} 为由裂纹桥联导致的附加能量耗散率。

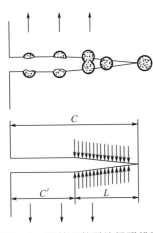

图 6.9 延性颗粒裂纹桥联模型

延性颗粒裂纹桥联模型如图 6.9 所示。第一和第二个颗粒呈穿晶断裂，第三个颗粒在应力作用下发生塑性变形并形成裂纹桥联，第四个颗粒未变形但也产生桥联。其增韧机理包括由塑性变形区导致裂纹尖端屏蔽、主裂纹周围开裂及延性裂纹桥。其中裂纹尖端屏蔽是由于裂纹尖端形成塑性变形区，材料的断裂韧性得到明显增加。

断裂韧性 K_{IC} 表达式为

$$K_{IC} = K_{cm} + \left(\frac{\pi D}{2}\right)^{1/2} \frac{\sigma_y \phi}{\left[1 + \frac{2}{3}\left(\frac{1}{f_p} - 1\right)\right]^2} \quad (6-10)$$

式中，K_{cm} 为基体的临界断裂强度因子；D 为裂纹桥长度；σ_y 为延性颗粒的屈服强度；ϕ 为常数；f_p 为颗粒的体积分数。

当基体与延性颗粒的 α、E 相等时，利用延性裂纹桥可达到最佳增韧效果，如调节 Na-Li-Al-Si 玻璃的 α 和 E，使其与金属 Al 的 α 和 E 相等。当颗粒 Al 的体积含量为 20% 时，复合材料的断裂能从 $10J/m^2$ 增大到 $600J/m^2$。但当 α、E 相差足够大时，裂纹发生偏转绕过金属颗粒，金属颗粒增韧效果较差。

以上讨论的是第二相颗粒为微米以上的情况。随着纳米颗粒及材料的出现，纳米颗粒增韧成为可能。当把直径为纳米级的颗粒加入陶瓷中时，使其强度和韧性大大提高。纳米陶瓷由于晶粒的细化，晶界会极大增加，同时纳米陶瓷的气孔和缺陷尺寸减小到一定尺寸就不会影响材料的宏观强度，从而可使材料的强度、韧性显著增加。自从 Niihara 首次在微米级 Al_2O_3 基体中加入体积分数为 5% 的 SiC 纳米颗粒并得到很高的强度后，人们对纳米颗粒复合陶瓷的研究越来越多。Al_2O_3/SiC 纳米复合材料研究成果也最成熟。

张存满等人的研究表明，在 Al_2O_3 基体内加入体积分数为 5%～10% 的纳米 SiC_p，可以使其抗弯强度从单相 Al_2O_3 陶瓷的 350MPa 提高到 1030MPa，断裂韧性从 315MPa·$m^{1/2}$ 提高到 417MPa·$m^{1/2}$。Koh 等人采用晶须与纳米并用技术，制备出纳米 SiC_p 粉和 Si_3N_4 晶须补强增韧的 Si_3N_4 基复合材料，强度和韧性均比 Si_3N_4 单相陶瓷材料有较大幅度的提高。

加入纳米 SiC 相抑制了 Si_3N_4 基体晶粒的生长，基体结构精细是强度大幅提高的原因。加入 Si_3N_4 晶须有助于形成细长的大晶粒，是韧性大幅度提高的原因。同时加入纳米 SiC 和 Si_3N_4 晶须形成了精细晶粒中掺杂细长晶粒的基体结构，因此强度和韧性大幅度提高。

复合陶瓷中的纳米相以两种形式存在，一种是分布在微米级陶瓷晶粒之间的晶间纳米相；另一种是嵌入基体晶粒内部，被称为晶内纳米相或内晶型结构。两种结构共同作用产生了两个显著的效应——穿晶断裂和多重界面，从而对材料的力学性能起到重要的影响。有关纳米陶瓷复合材料的增韧强化机理目前不是很清楚，说法不一，归纳起来大致有以下几种。

第一种是细化理论。该理论认为纳米相的引入能抑制基体晶粒的异常长大，使基体结构均匀细化，是纳米陶瓷复合材料强度韧性提高的一个原因。

第二种是穿晶理论。该理论认为基体颗粒以纳米颗粒为核发生致密化而将纳米颗粒包裹在基体晶粒内部，因此在纳米复合材料中存在晶内型结构，而纳米复合材料性能的提高与晶内型结构的形成及由此产生的次界面效应有关。晶内型结构能减弱主晶界的作用，诱发穿晶断裂，使材料断裂时产生穿晶断裂而不是沿晶断裂。

第三种是钉扎理论。该理论认为存在于基体晶界的纳米颗粒产生钉扎效应，从而限制晶界滑移、孔穴、蠕变的发生。氧化物陶瓷高温强度衰减主要是由晶界的滑移、孔穴的形成和扩散蠕变造成的，因此钉扎效应是纳米颗粒改善氧化物高温强度的主要原因。

（2）相变第二相颗粒增韧。

材料的断裂过程要经历弹性变形、塑性变形、裂纹的形成与扩展，整个断裂过程要消耗一定的断裂能。因此，为了提高材料的强度和韧性，应尽可能地提高其断裂能。对于金属来说，塑性功是断裂能的主要组成部分，而陶瓷材料主要以共价键和离子键键合，晶体结构较复杂，室温下几乎没有可动位错，塑性功很低，所以需要寻找其他的强韧化途径，相变第二相颗粒增韧补强便是途径之一。相变第二相颗粒增韧主要分为相变增韧和微裂纹增韧。

① 相变增韧。

相变增韧是在应力场存在的情况下，由分散相的相变产生应力场，抵消外加应力，阻止裂纹扩展，达到增强增韧的目的。

相变增韧的典型例子是氧化锆颗粒加入其他陶瓷基体（如氧化铝、莫来石、玻璃陶瓷等）中，氧化锆的相变使陶瓷的韧性增强。氧化锆具有多种晶型，在接近其熔点时为立方相结构，冷至约 $2300℃$ 时为四方相结构，在 $1100～1200℃$ 之间转变为单斜相对称结构：

$$
\text{单斜相氧化锆} \underset{\sim 1000℃}{\overset{1170℃}{\rightleftharpoons}} \text{四方相氧化锆} \overset{2370℃}{\rightleftharpoons} \text{立方相氧化锆}
$$
$$
\text{(m-ZrO}_2\text{)} \qquad \text{(t-ZrO}_2\text{)} \qquad \text{(c-ZrO}_2\text{)}
$$

其中，氧化锆由四方相转变为单斜相，称为 t→m 转变，具有马氏体相变的特征，伴随有 $3\%～5\%$ 的体积膨胀。该相变温度正处于烧结温度与室温之间，因此对复合材料的韧性和强度有很大影响。氧化锆颗粒弥散分布在其他陶瓷中，由于两者具有不同的热膨胀系数，烧结完成后，在冷却过程中，氧化锆颗粒周围有不同的受力情况，当它受到周围基体的压

力时，氧化锆的相变也将受到压抑。另外，其相变温度随颗粒尺寸的减小而降低，一直可以降到室温或室温以下，这样在室温时氧化锆颗粒仍可保持四方相结构。当材料受到外应力时，基体对氧化锆的压力作用得到松弛，氧化锆颗粒随即发生四方相到单斜相的转变，该转变引起了体积膨胀和一种切变，在裂纹的尖端产生了一种封闭裂纹的应力，一部分断裂能被用于应力诱发转移。围绕着裂纹区产生的膨胀挤向周围不转移的材料，这些材料又产生一种反作用力挤向裂纹，使裂纹扩展困难，达到增强断裂韧性的效果。

四方相氧化锆颗粒发生 t→m 相变产生体积膨胀时的应力-应变曲线的理想模式如图 6.10 所示。从原点 O 到 A 点为陶瓷的线性行为，从 A 点开始发生体积膨胀，其后的应力-应变曲线可以根据体积膨胀的方式沿着图中实线或虚线发展，到 B 点体积膨胀达到饱和，随后应力-应变曲线恢复为线性变化（B→C）。距裂纹尖端的距离越近，应力越大，并且在裂纹尖端附近形成马氏体相变（t→m）或产生微裂纹区域（称为相变区），如图 6.11 所示，该区域随载荷的增大而扩展。随着裂纹的扩展，在两侧留下一定宽度为 H 的残留膨胀应变区，该区的膨胀应变在陶瓷的韧化中起重要作用。

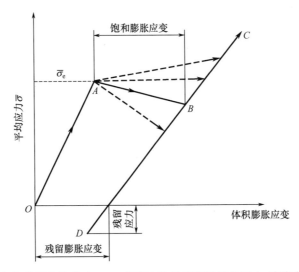

图6.10　四方相氧化锆颗粒发生 t→m 相变产生体积膨胀时的应力-应变曲线的理想模式

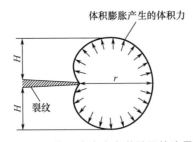

图 6.11　体积膨胀应变激活区的边界

② 微裂纹增韧。

氧化锆增韧陶瓷有三种类型，即部分稳定氧化锆陶瓷、四方氧化锆多晶体陶瓷和氧化锆增韧陶瓷。在材料冷却至室温过程中，基体中某些四方相氧化锆颗粒（$t - ZrO_2$）向单斜相氧化锆（m-ZrO₂）转变，并发生体积膨胀。在相变颗粒的周围产生许多小于临界尺寸的微裂纹或裂纹核，这些微裂纹在外界应力作用下是非扩展的、非破坏性的。当大的裂纹扩展遇到这些裂纹时，将诱发新的相变，由于微裂纹的延伸释放主裂纹的部分应变能，并使裂纹发生转向，以增加主裂纹扩展所需能量，从而有效地抑制裂纹扩展，材料的弹性应变能主要将转换为微裂纹的新生表面能，从而提高材料的断裂韧性。

图 6.12 是在 Al₂O₃ 陶瓷中加入精细 ZrO₂（称为氧化锆增韧氧化铝陶瓷）后强度和断裂韧性的变化情况。在制造过程中，ZrO₂ 发生 t→m 转变，体积发生膨胀，使 Al₂O₃ 基体产生微裂纹，微裂纹的出现增强了材料的韧性，但微裂纹的产生使强度有所下降。如果在氧化锆增韧氧化铝陶瓷中加入某些稳定氧化物（如 Y₂O₃、MgO、CaO、CeO₂ 等），则会抑制 ZrO₂ 的 t→m 转变。比如加入 3mol％Y₂O₃，由于晶粒间相互抑制，当从制造温度冷却下来时，通过控制晶粒尺寸，可以制备出全部为由四方相 ZrO₂ 组成的氧化锆多晶陶瓷。由于此时的四方相 ZrO₂ 处于亚稳态，因此当材料受到外力作用时，在应力的诱导下，t-ZrO₂ 会转变为 m-ZrO₂，相变吸收能量而阻碍了裂纹的继续扩展，因此不但提高了材料的强度，而且提高了韧性。

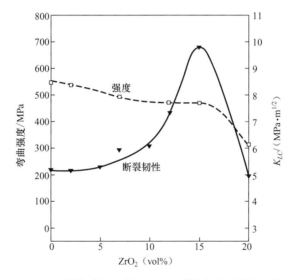

图 6.12　在 Al₂O₃ 陶瓷中加入精细 ZᵣO₂ 后强度和断裂韧性的变化情况

实际上，陶瓷中的 t-ZrO₂ 受到外力作用时，只在应力作用区内的 t-ZrO₂ 才有可能受到应力诱导而发生相变。图 6.13 为裂纹附近亚稳颗粒的相变区域，r_0 为相变区的宽度。由应力诱导相变增韧的韧性增量 ΔK_{TT} 可表示为

$$\Delta K_{TT} = 0.3 v_{Zirc} \Delta \varepsilon E_m r_0^{1/2} \tag{6-11}$$

式中，v_{Zirc} 为复合材料中亚稳 ZrO₂ 颗粒的体积分量；$\Delta \varepsilon$ 为伴随相变产生的体积应变；E_m 为 Al₂O₃ 基体的弹性模量。

图 6.14 为氧化锆多晶陶瓷的强度和韧性随 ZrO₂ 含量的变化情况。与微裂纹增韧氧化锆增韧氧化铝陶瓷相比，应力诱导相变不仅提高了韧性，而且提高了强度。

微裂纹强化的理论基础是在 ZrO₂ 发生 t→m 转化过程中产生的体积膨胀诱发的弹性压应变能或激发产生的微裂纹。因此，合理地控制 ZrO₂ 弥散粒子的相变过程，就能达到提

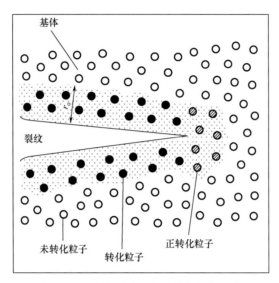

图 6.13 裂纹附近亚稳颗粒的相变区域

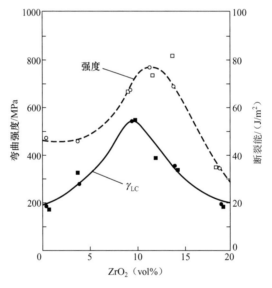

图 6.14 氧化锆多晶陶瓷的强度和韧性随 ZrO_2 含量的变化情况

高强韧化效果的目的。合理控制弥散粒子的相变过程，应遵循以下原则。

a. 控制 ZrO_2 弥散粒子的尺寸。由于 ZrO_2 弥散粒子的相变温度随着其颗粒的减小而降低，因此首先是大颗粒 ZrO_2 在高温下发生相变。在温度达到常规相变温度（1100℃左右）时，颗粒直径大于临界颗粒直径的 ZrO_2 颗粒都会发生相变。这一阶段的相变是突发性的，微裂纹的尺寸也较大，可导致主裂纹自扩展过程中的分岔，陶瓷基体韧性的提高作用较小；而当颗粒直径小于室温相变临界颗粒直径时，陶瓷基体不含相变诱发裂纹，而是储存相变弹性压应变能，当材料承受了适当的外加应力，使其克服了相变能得以释放，ZrO_2 弥散粒子才由四方相转变为单斜相，并相应诱发出极细小的微裂纹。相变弹性应变能和微裂纹作用区共同作用，使得材料的韧性有较大幅度的提高，而且材料的强度有一定程度的提高。

b. **减小 ZrO_2 颗粒尺寸的分布宽度**（图 6.15）。当 ZrO_2 弥散粒子的颗粒尺寸分布宽度较大时，降温过程中持续相变的温度范围必将较宽，相变诱发裂纹的过程也相应复杂化了，不同的颗粒尺寸范围有其相应的韧化机制，因此要求减小 ZrO_2 颗粒尺寸的分布宽度。不同晶粒尺寸的韧化机理如图 6.15 所示。

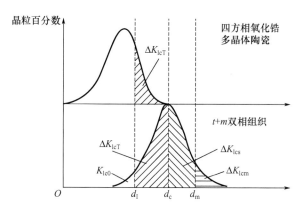

图 6.15　不同晶粒尺寸的韧化机理

c. **最佳的 ZrO_2 体积分数和均匀的 ZrO_2 弥散程度**。提高 ZrO_2 的体积分数，可提高韧化作用区的能量吸收密度。但是，过高的 ZrO_2 体积分数将导致微裂纹合并，降低韧化效果，甚至恶化材料的性能。同理，均匀程度不高的弥散将导致基体中局部的 ZrO_2 含量不足或过高，因而，均匀弥散是最佳的 ZrO_2 体积分数发挥作用的前提。

d. **陶瓷基体和 ZrO_2 粒子的热膨胀系数的匹配**。为了保证基体和 ZrO_2 粒子之间在冷却过程中的结合力和在 t→m 转变时激发产生微裂纹，从而很好地表现出增韧效果，应该使 ZrO_2 弥散相与基体的热膨胀系数接近。

e. **控制 ZrO_2 弥散粒子的化学性质**。改变 ZrO_2 弥散粒子的化学组分，可以控制相变前后的化学自由能差，即调节相变的动力。如在 ZrO_2 中渗入 HfO_2 就可以提高 ZrO_2 粒子相变前后的自由能差。

6.4.2　纤维/晶须增韧

纤维和晶须的引入不仅提高了陶瓷材料的韧性，更重要的是使陶瓷材料的断裂行为发生了根本变化，由原来的脆性断裂变为非脆性断裂。纤维/晶须增韧陶瓷基复合材料的增韧机理有裂纹弯曲、裂纹偏转、裂纹桥联、纤维脱黏及纤维拔出等，如图 6.16 所示。由于裂纹偏转与桥联已在颗粒增韧中讨论过，因此下面主要讨论纤维/晶须的脱黏及拔出机理。

（1）裂纹弯曲和偏转。

扩展裂纹尖端应力场中的增强体会导致裂纹发生弯曲和偏转，从而干扰应力场，导致基体的应力强度 K 降低，起到阻碍裂纹扩展的作用。图 6.17 所示为球形增强体间的裂纹弯曲示意。随增强体长径比的增大和增强体的体积分量的增大，裂纹弯曲增韧效果增强。纤维周围的应力场使得陶瓷基体中的裂纹一般难以穿过纤维，仍按原来的扩展方向继续扩展。相对来讲，它更易绕过纤维并尽量贴近纤维表面而扩展，即裂纹发生偏转，裂纹偏转

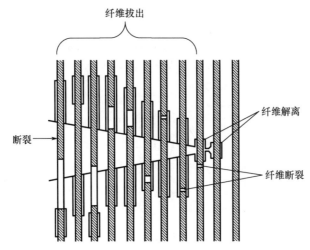

图 6.16　纤维/晶须增韧陶瓷基复合材料的增韧机理

可以绕着增强体倾斜发生偏转或扭转偏转。图 6.18 为裂纹偏转示意及增强体长径比对裂纹扭转偏转的影响。偏转后，裂纹受到的拉应力往往小于偏转前的裂纹，而且裂纹的扩展路径增长，故裂纹扩展中需消耗更多的能量而起到增韧作用。

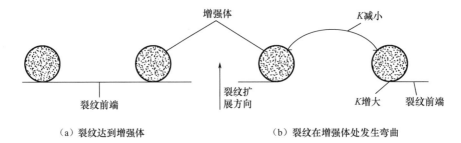

（a）裂纹达到增强体　　　　　　　　　（b）裂纹在增强体处发生弯曲

图 6.17　球形增强体间的裂纹弯曲示意

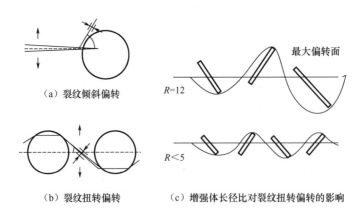

（a）裂纹倾斜偏转

（b）裂纹扭转偏转　　　　　（c）增强体长径比对裂纹扭转偏转的影响

图 6.18　裂纹偏转示意及增强体长径比对裂纹扭转偏转的影响

　　一般认为，裂纹偏转增韧主要由裂纹扭转偏转机制起作用。裂纹偏转主要是由增强体与裂纹之间的相互作用产生的，如在颗粒强化中所述，由于增强体与基体之间的弹性模量或热膨胀系数不同，产生残余应力场会引起裂纹偏转。增强体的长径比越大，裂纹偏转增韧效果越好。

（2）脱黏。

复合材料中纤维脱黏产生了新的表面，如图 6.19 所示，因此需要能量。尽管单位面积的表面能很小，但所有脱黏纤维的总的表面能很大。脱黏可以使基体的内部应力释放，从而起到增韧的作用。

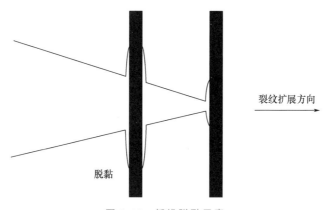

图 6.19　纤维脱黏示意

假设纤维脱黏能等于由原来释放引起的纤维上的应变释放能，则可推出每根纤维的脱黏能量为

$$\Delta Q_D = \frac{\pi d^2 \sigma_{fu}^2 l_c}{48 E_f} \qquad (6-12)$$

式中，d 为纤维直径；l_c 为纤维临界长度；σ_{fu} 为纤维拉伸断裂强度；E_f 为纤维的弹性模量。

考虑到纤维体积 $V_f = (\pi d^2 / 4) l$，代入式（6-12），可求出单位面积的最大脱黏能为

$$Q_D = \frac{\sigma_{fu}^2 l_c V_f}{12 E_f} \qquad (6-13)$$

由上述分析可知，若想通过纤维脱黏达到较好的增韧效果，则高强度的纤维体积量要大，l_c 要大，即纤维与基体的界面强度要弱，因为 l_c 与界面应力成反比。

（3）纤维拔出。

纤维拔出是指靠近裂纹尖端的纤维在外应力作用下沿着其与基体的界面滑出的现象。纤维拔出示意和 C/SiC 复合材料的断裂表面如图 6.20 所示，显然纤维首先应发生脱黏才能被拔出。纤维拔出会使裂纹尖端应力松弛，从而减缓裂纹的扩展。纤维拔出需要外力做功，从而起到增韧作用。在连续纤维增强复合材料中，纤维也会发生断裂。纤维拔出所做的功 Q_p 等于拔出纤维时克服的阻力乘以纤维拔出的距离，Q_p 可表示为

$$Q_p = 平均力 \times 距离 = \frac{\pi d l \tau}{2} \times l = \frac{\pi d l^2 \tau}{2} \qquad (6-14)$$

式中，假设 τ 为常数。假如拔出的纤维嵌入长度大于纤维临界长度，作用在纤维上的应力将达到断裂应力，纤维发生断裂，此时纤维的最大长度为 $l_c/2$。将 $l = l_c/2$ 代入式（6-14）可求出拔出每根纤维所做的最大功为

$$Q_{p(\max)}=\frac{\pi d l_c^2 \tau}{8}=\frac{\pi d^2 l_c \sigma_{fu}}{16} \qquad (6-15)$$

比较纤维脱黏与纤维拔出的能量公式（6-12）和式（6-15）可得

$$\Delta Q_P / Q_D = 3E_f / \sigma_{fu} \qquad (6-16)$$

由第 2 章纤维的力学性能可知，$E_f > \sigma_{fu}$，因此纤维拔出能总是大于纤维脱黏能，由纤维从基体中的拔出试验测得的力-位移曲线（图 6.21）也证明了这一点，OAB 面积为脱黏能，远小于纤维拔出能（$OBCD$ 面积），因此，纤维拔出的增韧效果要比纤维脱黏的强，纤维拔出是更重要的增韧机理。

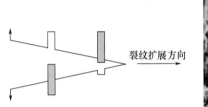

图 6.20　纤维拔出示意和 C/SiC 复合材料的断裂表面

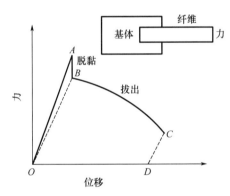

图 6.21　纤维从基体中拔出的力—位移曲线

在不连续纤维增强复合材料中，在纤维拔出过程中发生断裂时，纤维拔出能小于式（6-15）中的最大拔出能。

（4）纤维桥接。

对于特定位向和分布的纤维，裂纹很难偏转，只能沿着原来的扩展方向继续扩展，此时紧靠裂纹尖端处的纤维并未断裂，而是在裂纹两岸搭起小桥，使两岸连在一起（因此称纤维桥接，也称纤维搭桥等），从而在裂纹表面产生一个压应力，以抵消外加拉应力的作用，从而使裂纹难以进一步扩展，起到增韧作用，如图 6.22 所示。

对于搭桥机制来讲，韧性与裂纹扩展的关系

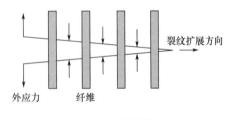

图 6.22　纤维搭桥

曲线（也称 R 曲线）如图 6.23 所示。随着裂纹的扩展，裂纹生长的阻力增大，直到在裂纹尖端形成一定数量纤维桥接区，此时达到一稳态韧化。

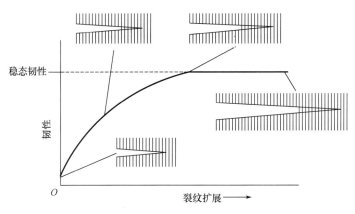

图 6.23　韧性与裂纹扩展的关系曲线

桥接机制适用于可阻止裂纹尖端裂纹表面相对运动的任何显微结构特征（颗粒、晶界等）。

6.5　陶瓷基复合材料的界面

陶瓷基复合材料中增强体的作用通常是改善陶瓷材料的韧性，增大断裂能。因而，基体与增强体之间的界面结合强度的设计至关重要。过强的结合不能达到增韧的目的，而过弱的结合难以传递负荷。对于这类复合材料，决定界面结合强弱的界面区域的微观结构自然成为人们关注的目标。

6.5.1　界面的黏结形式

对于陶瓷基复合材料来讲，界面的黏结形式主要有两种，即机械黏结和化学黏结。

由于陶瓷基复合材料往往在高温条件下制备，而且在高温环境下工作，因此增强体与陶瓷之间容易发生化学反应形成化学黏结的界面层或反应层。若基体与增强体之间不发生反应或控制它们之间发生反应，一般来讲，当从高温冷却下来时，陶瓷的收缩大于增强体的收缩，那么由收缩产生的径向压缩应力 σ_r 与界面剪应力 τ 有关。

$$\tau = \mu\sigma_r \tag{6-17}$$

式中，μ 是摩擦系数，一般为 0.1～0.6。

此外，基体在高温时呈现为液体（或黏性体），也可渗入或浸入纤维表面的缝隙等缺陷处，冷却后形成机械结合。

实际上，高温下原子的活性增大，原子的扩散速度较室温大得多，由于增强体与陶瓷基体的原子扩散，在界面上更易形成固溶体和化合物，此时，增强体与基体之间的界面是具有一定厚度的界面反应区，它与基体和增强体都能较好地结合，但通常是脆性的。例如 Al_2O_{3f}/SiO_2 系中会发生反应形成强的化学键结合。

6.5.2 界面的作用

对于陶瓷基复合材料来讲，界面黏结性能影响陶瓷基体和复合材料的断裂行为。陶瓷基复合材料的界面一方面应强到足以传递轴向载荷并具有高的横向强度，另一方面要弱到

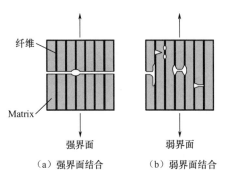

图 6.24 陶瓷基复合材料失效与界面强度的关系

足以沿界面发生横向裂纹及裂纹偏转直到纤维拔出。因此陶瓷基复合材料界面要有一个最佳的界面强度。强的界面黏结往往导致脆性破坏，如图 6.24（a）所示，裂纹可以在复合材料的任一部位形成并迅速扩展至复合材料的横截面，导致平面断裂。这是由于纤维的弹性模量不是大大高于基体，因此在断裂过程中，强的界面结合不产生额外的能量消耗。若界面结合较弱，当基体中的裂纹扩展至纤维时，将导致界面脱黏，其后裂纹发生偏转、裂纹搭桥、纤维断裂以致最后纤维拔出［图 6.24（b）］。以上所有过程都要吸收能量，从而提高复合材料的断裂韧性，避免了突然的脆性失效。

6.5.3 界面性能的改善

如上所述，为获得最佳的界面结合强度，我们常常希望完全避免界面间的化学反应或尽量降低界面间的化学反应程度和范围。实际上除选择纤维和基体在加工和服役期间能形成热动力学稳定的界面外，最常用的方法就是在与基体复合之前，在增强材料表面沉积一层薄的涂层。纤维上的涂层还可对纤维起到保护作用，避免在加工和处理过程中造成纤维的机械损坏。涂层的厚度通常为 $0.1\sim1\mu m$。涂层的选择取决于纤维、基体、加工和服役要求。C 和 BN 是最常用的涂层，此外还有 SiC、ZrO_2 和 SnO_2 涂层。图 6.25 所示为莫来石纤维增强玻璃基体复合材料的断裂行为差异，比较可知，若纤维未涂 BN 涂层，则复合材料的断面呈现为脆性的平面断裂；而经化学气相沉积 $0.2\mu m$ 的 BN 涂层后，断面上可见到大量的纤维拔出。

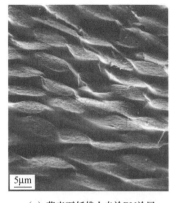

（a）莫来石纤维上未涂BN涂层　　　　　　（b）莫来石纤维上涂有BN涂层

图 6.25　莫来石纤维增强玻璃基体复合材料的断裂行为差异

6.6 陶瓷基复合材料的制备工艺

陶瓷基复合材料的制造分为两个步骤：第一步是将增强材料掺入未固结（或粉末状）的基体材料中，排列整齐或混合均匀；第二步是运用各种加工条件，在尽量不破坏增强材料和基体性能的前提下，制成复合材料制品。

针对不同的增强材料，陶瓷基复合材料的制备工艺也不同，如以连续纤维增强的陶瓷基复合材料的加工通常采用下面三种方法：①首先采用料浆浸渍工艺，然后热压烧结；②将连续纤维编织制成预成型坯件，再进行化学气相沉积、化学气相渗透，直接氧化沉积；③利用浸渍—热解循环的有机聚合物裂解法制成陶瓷基复合材料。颗粒弥散型陶瓷基复合材料主要采用传统的烧结工艺，包括常压烧结、热压烧结或热等静压烧结。此外，一些新开发的工艺（如固相反应烧结、高聚物先驱体热解、化学气相沉积、溶胶—凝胶、直接氧化沉积等）也可用于颗粒弥散型陶瓷基复合材料的制备。晶须补强陶瓷基复合材料则需将晶须在液体介质中经机械或超声分散，再与陶瓷基体粉末均匀混合，制成一定形状的坯件，烘干后热压或热等静压烧结。制备晶须补强陶瓷基复合材料时，为了避免晶须在烧结过程中的搭桥现象，坯件制造采用压力渗滤或电泳沉积成型工艺。此外，原位生长工艺、化学气相沉积、固相反应烧结、直接氧化沉积等工艺也适合制备晶须补强陶瓷基复合材料。

下面具体介绍几种陶瓷基复合材料的制备工艺。

6.6.1 粉末冶金法

粉末冶金法也称压制烧结法或混合压制法，是广泛用于制备某些玻璃陶瓷的简便方法，这种方法在金属基复合材料中已作介绍。对陶瓷基复合材料来讲，只是将基体变为陶瓷基粉末，将陶瓷基粉末和增强材料（颗粒或纤维）加入黏结剂后混合均匀，冷压制成所需形状，然后进行烧结或直接热压烧结或等静压烧结。前者称为冷压烧结法，后者称为热压烧结法。热压烧结法中压力和高温同时作用可以加速致密化速率，获得无气孔和细晶粒的部件。压制烧结法的困难之处是基体与增强材料的混合不均匀及晶须和纤维在混合过程或压制过程中，尤其是在冷压情况下易发生折断等。在烧结过程中，由于基体发生体积收缩，复合材料产生裂纹。

6.6.2 浆体法（湿态法）

为了克服粉末冶金法中各材料组元尤其是增强材料为晶须时混合不均匀的问题，往往采用湿态制造复合材料的方法。此种方法与粉末冶金法稍有不同，混合体采用浆体形式。在混合浆体中各材料组元应保持散凝状，即在浆体中呈弥散分布，这可通过调整水溶液的pH来实现，对浆体进行超声波震动搅拌则可进一步改善弥散性。弥散的浆体可直接浇注成型或通过热压或冷压后烧结成型。用直接浇注成型制备的陶瓷材料因孔隙太多而机械性能较差，因此不用于生产性能要求较高的复合材料部件。浆体压制烧结工艺流程图如图6.26所示。

上述的浆体法仅适用于颗粒、短纤维、晶须形式的增强材料。下面我们介绍一种用浆

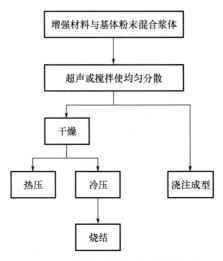

图 6.26　浆体压制烧结工艺流程图

体制备连续长纤维增强复合材料的方法。对于连续长纤维，我们可以借用第 4 章中制备聚合物复合材料的纤维缠绕法来制造陶瓷基复合材料，这种方法的工艺流程如图 6.27 所示。纤维束或纤维预制件在滚筒的旋转牵引下，经浆体罐时浸渍浆体，浆体由基体粉末、水或乙醇以及有机黏结剂混合而成。浸渍后的纤维束或预制件被缠绕在滚筒上，然后压制切断成单层薄片，将切断的薄片预浸片按单向、十字交叉或一定角度的堆垛次序排列成层板，然后放入加热炉中烧去黏结剂，最后热压使之固化。图 6.28 所示是连续氧化铝纤维增强玻璃复合材料热压温度和压力工艺。若基体为玻璃陶瓷，要达到完全晶化，还需进行热处理。图 6.29 所示是浆体浸渍-热压法制备的十字交叉堆垛排列的复合材料的横截面，可看到纤维含量较高，排列也较均匀。

　　浆体浸渍—热压法的优点是加热温度比晶体陶瓷的低，层板的堆垛次序任意，纤维分布均匀，气孔率低，获得的复合材料强度较高；缺点是所制零件的形状不宜太复杂，基体材料必须具有低熔点或低软化点。

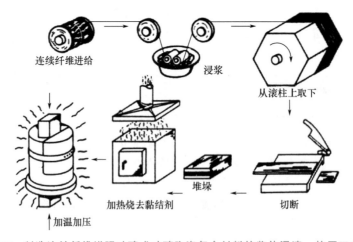

图 6.27　制造连续纤维增强玻璃或玻璃陶瓷复合材料的浆体浸渍—热压工艺流程

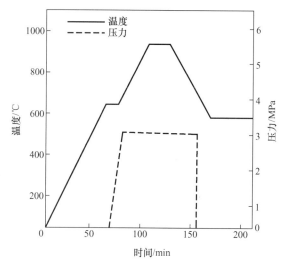

图 6.28 连续氧化铝纤维增强玻璃复合材料热压温度和压力工艺

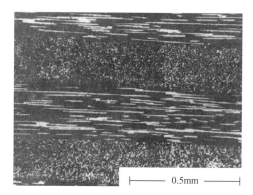

图 6.29 浆体浸渍—热压法制备的十字交叉堆垛排列的复合材料的横截面

6.6.3 反应烧结法

6.6.2 中我们已介绍用反应烧结法制备碳化硅和氮化硅陶瓷，这种方法也可用于制备陶瓷基复合材料。用此种方法制备陶瓷基复合材料，除基体几乎无收缩外，还具有如下优点。

（1）纤维或晶须的体积分量可以相当大。

（2）可用多种连续纤维预制体。

（3）多数陶瓷基复合材料的反应烧结温度低于陶瓷的烧结温度，因此纤维损坏可以避免。

此法的最大缺点是难以避免高气孔率。20 世纪 80 年代，美国国家航空航天局（NASA）提出了用热压和反应烧结混合方法制备氮化硅复合材料。图 6.30 所示为热压—反应烧结法制备 SiC/SiN 复合材料的工艺流程。将碾磨后的硅粉聚合物黏结剂和有机溶剂混合制备成稠度适中的"面团"，然后将"面团"轧制成所需厚度的硅布。带有短效黏结

陶瓷的烧结方法

剂的纤维缠绕成纤维席，把纤维席和硅布按一定交错次序堆垛排列，加热去除黏结剂后放入钼模中，在氮气或真空环境下热压成可加工的预制件，最后将预制件放入 $1100\sim1140℃$ 的氮气炉，使硅转换成碳化硅。用此方法制备的复合材料的基体中仍有较大的气孔率。

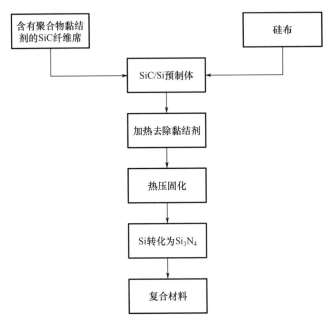

图 6.30　热压—反应烧结法制备 SiC/SiN 复合材料的工艺流程

6.6.4　液态浸渍法

图 6.31 所示为液态浸渍法示意。此法非常类似于液态聚合物浸渍法和液态金属渗透法。所不同的是，陶瓷熔体的温度要比聚合物和金属的高得多，而且陶瓷熔体的黏度通常很高，使得浸渍预制件相当困难。高温下陶瓷基体与增强材料之间会发生化学反应。陶瓷基体与增强材料热膨胀失配，室温与加工温度相当大的温度区间及陶瓷的低应变失效都会促使陶瓷复合材料产生裂纹。因此，用液态浸渍法制备陶瓷基复合材料，化学反应性、熔体黏度、熔体对增强材料的浸润性是首要考虑的问题，这些因素直接影响陶瓷基复合材料的性能。

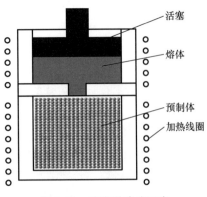

图 6.31　液态浸渍法示意

由任何形式的增强材料（颗粒、晶须、纤维等）制成的预制体都有网络孔隙，由于毛细作用，陶瓷熔体可渗入这些孔隙。施加压力或抽真空将有利于浸渍过程。假如预制件中的孔隙呈一束束有规则间隔的平行通道，则可用 Poisseuiue 方程算出浸渍高度 h：

$$h = \sqrt{(\gamma rt \cos\theta)/2\eta} \qquad (6-18)$$

式中，r 是圆柱形孔隙管道的半径；t 是时间；γ 是浸渍剂的表面能；θ 是接触角；η 是黏度。

由公式可知，浸渍高度与时间成正比。若接触角较小（如浸润性较好），表面能 γ 和孔隙半径较大，则浸渍容易。但若孔隙管道半径 r 过大，则将无毛细作用效应。

液态浸渍法也成功地应用制备 C/C 复合材料、氧化铝纤维增强金属间化合物基（如 $TiAl_2$、Ni_3Al、Fe_3Al）复合材料，以及用于连续纤维增强玻璃棒的制备。

总的来讲，液态浸渍法可获得纤维定向排列、低气孔率、高强度的陶瓷基复合材料，而且具有密实的基体，但由于陶瓷的熔点高，熔体与增强材料之间极可能发生化学反应。陶瓷熔体黏度比金属的高，对预制件的浸渍相对困难些。基体与增强材料热膨胀系数必须接近才可以减少因收缩不同产生的开裂。

6.6.5 直接氧化沉积法

直接氧化沉积法又称 Lanxide 法，是由液态浸渍法演变而来的，它是通过熔融金属与气体反应直接形成陶瓷基体。这种方法首先按部件的形状制备增强材料预制体，增强材料可以是颗粒或由缠绕纤维压成的纤维板等，然后在预制体表面放上隔板以阻止基体材料的生长。熔化的金属在氧气作用下将发生直接氧化反应，并在熔化金属的表面形成所需的反应产物。由于氧化产物中孔隙管道的液吸作用，熔化金属会连续不断地供给到反应前沿。如在空气中，熔化的铝将形成氧化铝。图 6.32 所示为熔化金属的生长过程。熔化铝与氮反应可形成氮化铝，其反应式为

$$4Al + 3O_2 \longrightarrow 2Al_2O_3$$

$$Al + \frac{1}{2}N_2 \longrightarrow AlN$$

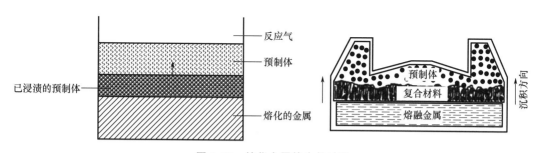

图 6.32　熔化金属的生长过程

用直接氧化沉积法得到的最终产品是三维的含有 5%～30% 未反应金属相互连接的陶瓷材料。若将增强颗粒放在熔融金属表面，则会在颗粒周围形成陶瓷。这种方法可以用来制造高温热能交换器的管道等部件，具有较好的机械性能（如强度、韧性等）。

在直接氧化沉积法中，控制反应动力学是非常重要的。化学反应速率决定着陶瓷的生长速率，一般陶瓷生长速率为 1mm/h，可制部件的尺寸厚度可达 20cm。图 6.33 为 Lanxide 公

司用直接氧化沉积法生产的一些商用陶瓷基复合材料部件。

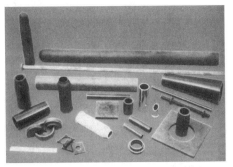

（a）用于高温蒸气发动机上的陶瓷纤维增强　　　（b）热交换器、辐射炉管、燃烧管和其他高温
　　　复合材料的部件　　　　　　　　　　　　　　炉部件（颗粒增强陶瓷复合材料）

图 6.33　Lanxide 公司用直接氧化沉积法生产的一些商用陶瓷基复合材料部件

　　直接氧化沉积法的潜在优点是成本较低，制成的部件具有良好的机械强度和韧性；缺点是难以控制化学反应以获得完全的陶瓷基体，因为总存在一些残余金属，将影响部件在高温环境下使用，如铝的熔点仅为 660℃，用此方法难以制备形状复杂的大尺寸零件。

6.6.6　溶胶—凝胶法

　　溶胶是溶液中由于化学反应沉积而产生的微小颗粒（直径<100nm）的悬浮液。凝胶是水分减少的溶胶，即比溶胶黏度大些的胶体。

　　溶胶—凝胶法是指金属有机或无机化合物经溶液、溶胶、凝胶而固化，再经热处理而成氧化物或其他化合物固体的方法。该法产生于 19 世纪中叶，但在 20 世纪 30 年代至 70 年代材料学家才用胶体化学原理制备无机材料，提出了通过化学途径制备优良陶瓷的概念，并称该法为化学合成法或 SSG（Solution-Sol-Gel）法。该法在制备材料初期就着手控制材料的微观结构，使均匀性达到微米级、纳米级甚至分子级水平。20 世纪 80 年代是溶胶—凝胶法发展的高峰时期。如今溶胶—凝胶法已用于制造块状材料、玻璃纤维和陶瓷纤维、薄膜和涂层及复合材料。

　　溶胶—凝胶法制备复合材料是一种较新的方法，它是把各种添加剂、功能有机物或分子、晶种均匀分散在凝胶基质中，经热处理后，此均匀分布状态仍能保存下来，使得材料更好地显示出复合材料的特性。由于掺入物可以多种多样，因此用溶胶—凝胶法可制备种类繁多的复合材料。除氧化锆增韧氧化铝复合材料以外，溶胶—凝胶法仍处于实验阶段。

　　用溶胶—凝胶法制备复合材料是将基体组元形成溶液或溶胶，然后加入增强材料组元（颗粒、晶须、纤维或晶种），经搅拌使其在液相中均匀分布，当基质组元形成凝胶后，这些增强组元稳定、均匀分布在基质材料中，经干燥或一定温度热处理，压制烧结后即可形成复合材料。

　　溶胶—凝胶法也可用于通过浆体浸渍法制备预制体，此时浆体中的溶胶充当黏结剂并涂覆纤维或颗粒预制体。通用电器公司已用类似聚合物基复合材料的纤维缠绕法制造出连续纤维增强陶瓷。编织预制体的溶胶—凝胶法和编织预制体的浆体浸渍法分别如图 6.34 和图 6.35 所示。

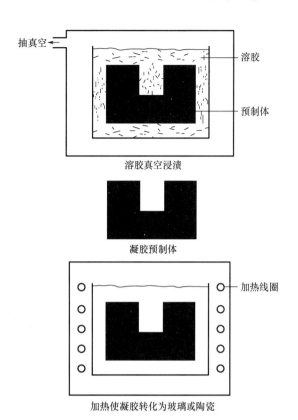

图 6.34 编织预制体的溶胶—凝胶法 图 6.35 编织预制体的浆体浸渍法

溶胶—凝胶法的优点是基体成分容易控制，复合材料的均匀性好，加工温度较低。与浆体浸渍法相比，其缺点是所制的复合材料收缩率大，导致基体常发生开裂，为增强致密性需进行多次浸渍。

溶胶—凝胶法已用于制备 SiC 晶须增强 SiO_2- Al_2O_3- Cr_2O_3 陶瓷，方法是将 SiC_w 加入 SiO_2- Al_2O_3- Cr_2O_3 系统溶胶中，经凝胶化、热处理和在 1400℃下烧结后，这种复合材料的 K_{IC} 达 4.3MPa·$m^{1/2}$，维氏硬度大于 1100，相对密度达 90％。在 SiO_2- Al_2O_3 凝胶中掺入莫来石晶种，经烧结后，陶瓷会出现长径比达到 10∶1 的莫来石晶须，其力学性能得以提高。

6.6.7　化学气相浸渍法

前面我们已介绍过用化学气相沉积法制备 B 纤维和 SiC 纤维，以及用化学气相沉积法改善纤维的表面性能。在这里我们要介绍的是在化学气相沉积法基础上发展起来的化学气相浸渍法（Chemical Vapour Infiltration，CVI）。

化学气相浸渍法

化学气相浸渍法起源于 20 世纪 60 年代中期，是在化学气相沉积法基础上发展起来的一种制备陶瓷基复合材料的新方法。1962 年 Bickerdike 等人提出了化学气相浸渍法之后，首先成功地应用于 C/C 复合材料的制造；70 年代初期，Fitzer 和 Naslain 分别在德国卡尔斯鲁厄大学和法国波尔多大学利用化学气相浸渍法制备 SiC 陶瓷基复合材料；1984 年 Lackey 在美国橡树岭国家实验室（ORNL）提出了 FCVI（Forced CVI）法制备陶瓷基复合材料；有关化学气相浸渍法基础理论和模型的研究直到 80 年代后期才开展。从 90

年代开始，西北工业大学等开展了系统深入的研究工作。50 多年来，化学气相浸渍法在制备连续纤维增强陶瓷基复合材料方面已取得很大的进展，并已发展成商品化的方法。化学气相浸渍法是把反应物气体浸渍到多孔预制件的内部，发生化学反应并进行沉积，从而形成陶瓷基复合材料。图 6.36 所示是典型的化学气相浸渍设备系统示意。化学气相浸渍的工艺方法主要有六种，其中最具代表性的是等温化学气相浸渍法（ICVI）和热梯度化学气相浸渍法（FCVI）。

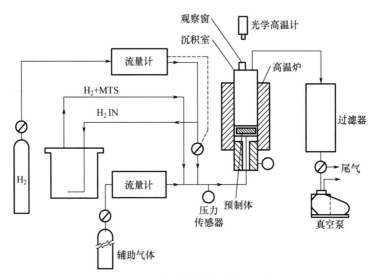

图 6.36　典型的化学气相浸渍设备系统示意

（1）等温化学气相浸渍法。

　　等温化学气相浸渍法又称静态法，是将被浸渍的部件放在等温的空间，反应物气体通过扩散渗入多孔预制件内，发生化学反应并沉积，而副产物气体通过扩散向外散逸。图 6.37所示是等温化学气相沉积法示意。

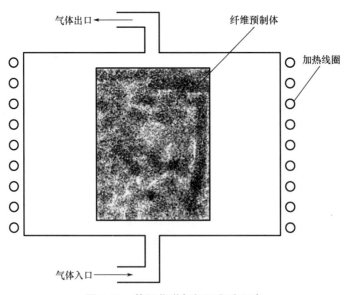

图 6.37　等温化学气相沉积法示意

在等温化学气相沉积过程中，传质过程主要是通过气体扩散来进行的，因此沉积过程十分缓慢，并且只限于一些薄壁部件。降低气体的压力和沉积温度有利于提高浸渍深度。为了提高复合材料的致密度，在沉积一段时间后，还需对部件进行表面加工处理，因为当纤维预制体内孔隙尺寸小于 $1\mu m$ 时，很容易造成入口处沉积速度增大而导致孔隙封闭，进行表面加工可使孔洞敞开。但由于这种方法的工艺和设备简单，因此仍被广泛采用。

（2）热梯度化学气相浸渍法。

美国橡树岭国家实验室的研究者提出了热梯度化学气相浸渍法，以迫使气体流动和建立温度梯度避免孔隙的堵塞。热梯度化学气相浸渍法是动态化学气相浸渍法中最典型的方法，具体做法如下：在纤维预制件内施加一个温度梯度，同时施加一个反向的气体压力梯度，迫使反应气体强行通过预制件，由于温度低而不发生反应，因此当反应气体到达温度较高的区域后发生分解并沉积，在纤维上和纤维之间形成基体。在此过程中，沉积界面不断由预制件的顶部高温区向底部的低温区推移。由于温度梯度和压力梯度的存在，避免了沉积物将孔隙过早封闭，并提高了沉积速率。对于尺寸为 $\phi 45mm\times 12.5mm$ 的试样，仅用 $16\sim 20h$，即可达到理论密度的 $85\%\sim 90\%$。而用等温化学气相浸渍法需几个星期。热梯度化学气相浸渍的传质过程是通过对流来实现的，因此可用于制作厚壁部件，但由于设备和模具等方面的限制，不适合制作形状复杂的部件。此外，在热梯度化学气相浸渍过程中，由于基体的沉积发生在一个温度范围内，因此基体中不同晶体结构的物质共存，从而产生内应力并影响材料的热稳定性。

热梯度化学气相浸渍法示意如图 6.38 所示。

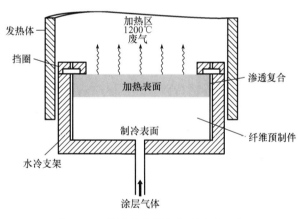

图 6.38　热梯度化学气相浸渍法示意

用化学气相浸渍法的优点是可制备硅化物、碳化物、氮化物、硼化物和氧化物等多种陶瓷基复合材料，并可获得优良的高温机械性能。在制备复合材料方面最显著的优点是能在较低温度下制备材料，如在 800~1200℃下制备 SiC 陶瓷：

$$CH_3SiCl_3(g)+excess\ H_2(g)\longrightarrow SiC(s)+3HCl(g)+excess\ H_2(g)$$

传统的粉末冶金法的烧结温度在 2000℃以上。由于制备温度较低及不需要外加压力，因此材料内部残余应力小，纤维几乎不受损伤。化学气相浸渍的主要缺点是生长周期长、效率低、成本高、材料的致密度低，一般孔隙率为 $10\%\sim 15\%$。

6.6.8 聚合物先驱体热解法

聚合物先驱体热解法是指以高分子聚合物为先驱体成型后使高分子先驱体发生热解反应转化为无机质，然后经高温烧结制备成陶瓷基复合材料。此方法也称高分子先驱体成型法或高聚物先驱体热解法（Polymer Impregnation Pyrolysis，PIP）。常用的方法有两种，一是制备纤维增强复合材料，即先将纤维编织成所需的形状，然后浸渍高聚物先驱体，热解、再浸渍、再热解等，如此循环制备成陶瓷基复合材料，此法周期较长。另一种是用高聚物先驱体与陶瓷粉体直接混合，模压成型，再进行热解获得所需材料。这种方法气孔率较高。通过混料时加入金属粉可以解决高聚物先驱体热解时的收缩大、气孔率高的问题。最常用的高聚物是有机硅高聚物，如含碳和硅的聚碳硅烷成型后，经直接高温分解或在氮气和氨气氛中高温分解并高温烧结后，能制备 SiC 和 Si_3N_4 单相陶瓷或由 SiC 和 Si_3N_4 组成的陶瓷基复合材料。

对先驱体的基本要求如下：在常温下应为液态，或在常温下虽为固态，但可溶、可熔，在将其作为先驱体使用的工艺过程（如浸渍、纺丝、作陶瓷胶黏剂、作涂层等）中具有适当的流动性；室温下性质稳定，长期放置不发生交联变性，最好能在潮湿和氧化环境下保存；陶瓷转化率高，即从参加裂解的有机聚合物中获得陶瓷的比例以大于 80% 为好，应不低于 50%；容易获得且价格低廉，聚合物的合成工艺简单，产率高；裂解产物和副产物均无毒，也没有其他危险性。

聚合物先驱体热解法具有如下主要特点。

（1）先驱有机聚合物具有可设计性。能够对先驱有机聚合物的组成、结构进行设计与优化，从而实现陶瓷及陶瓷基复合材料的可设计性。

（2）可对复合材料的增强体与基体实现理想的复合。在先驱有机聚合物转化成陶瓷的过程中，其结构经历了从有机线型结构到三维有机网络结构，从三维有机网络结构到三维无机网络结构，进而到陶瓷纳米微晶结构的转变，因而通过改变工艺条件对不同的转化阶段实施检测与控制，可能获得陶瓷基体与增强体间的理想复合。

（3）良好的工艺性。先驱有机聚合物具有树脂材料的一般共性，如可溶、可熔、可交联、固化等。利用这些特性，可以在陶瓷及陶瓷基复合材料制备的初始工序中借鉴与引用某些塑料和树脂基复合材料的成型工艺技术，再通过烧结制成陶瓷和陶瓷基复合材料的各种构件。它便于制备增强体单向、二维或三维配置与分布的纤维增强复合材料。浸渍先驱有机聚合物的增强体预制件，在未烧结之前具有可加工性，通过车、削、磨、钻孔等机械加工技术能够方便地修整其形状和尺寸。

（4）烧结温度低。先驱有机聚合物转化为陶瓷的烧结温度远远低于相同成分的陶瓷粉末烧结的温度。

聚合物先驱体热解法也存在以下缺点。

（1）先驱体在干燥（或交联固化）和热解过程中，溶剂和低分子组分的挥发导致基体的收缩率很大，微结构不致密，并有伴生裂纹出现。

（2）受先驱体转化率的限制，为了获得密度较高的陶瓷基复合材料，必须经过反复浸渍热解，工艺成本较高。

（3）很难获得高纯度和化学计量的陶瓷基体。

6.6.9　原位复合法

在制备陶瓷基复合材料时，利用化学反应生成补强组元–晶须或高长径比晶体来补强陶瓷基体的工艺过程称为原位复合法。这种方法的关键是在陶瓷基体中均匀加入可生成晶须的元素或化合物，控制其生成条件，使在陶瓷基体致密化过程中在原位同时生长出晶须，形成陶瓷基复合材料。利用陶瓷液相烧结时某些晶相易生长成高长径比形貌的习性，控制烧结工艺，使基体中生长出高长径比晶体，形成陶瓷基复合材料。

此方法的优点是有利于制作形状复杂的结构件，降低成本，同时能有效地避免人体与晶须的直接接触，减少环境污染。

6.6.10　反应性熔体浸渗法

反应性熔体浸渗法起源于多孔体的封填和金属基复合材料的制备。在采用先驱体浸渍法制备 SiC 陶瓷基复合材料过程中，将金属硅熔化后，在毛细管力的作用下硅熔体渗入多孔碳材料内部，并同时与基体碳发生化学反应生成 SiC 陶瓷基体。

该方法的优点是制备周期很短，是一种典型的低成本制造技术；能够制备出几乎完全致密的复合材料；在制备过程中不存在体积变化。其缺点是金属硅熔体渗入到多孔碳/碳复合材料中，在与基体碳反应的过程中，不可避免地与碳纤维反应，从而造成对纤维的损伤，复合材料的力学性能较低；复合材料内部存在一定量的游离硅，会降低材料的高温力学性能。

6.6.11　定向凝固法

定向凝固法（Directional Solidification，DS）通常用于自生复合材料的制备。

自生复合材料是利用材料体系中的不同组元晶体生长的特点，在特定的烧结工艺条件下获得具有类似纤维状的增强相，这类复合材料的增强相和基体之间存在天然的物理化学相容性，是一种很有发展前途的复合材料。

定向凝固工艺需采用特设装置，使熔体沿固定方向顺序凝固，其条件是要保证热流只向着凝固界面推移的逆方向传输。采用该方法制备的复合材料孔洞率低，高温组织稳定性好，界面结合良好，组织分布均匀，相间距可通过控制凝固条件减小至足以抑制微裂纹产生的程度，并消除了横向晶界。由于具有独特的性能，定向凝固共晶陶瓷自生复合材料有希望成为新的超高温结构材料。

定向凝固法具有如下优点。

（1）定向凝固自生复合材料是指在定向凝固过程中，增强相和基体直接从准热力学平衡条件下的液相中生长出来的复合材料，因而具有很高的热力学稳定性。

（2）各组成相的择优取向使得材料在生长方向具有很好的强度和抗蠕变性。

（3）这种材料的制备可避免人工复合材料制备过程中遇到的复合技术、污染、湿润和界面反应等问题，无须使用价格高昂的纤维，因而具有独特的优越性。

6.6.12　自蔓延高温合成法

自蔓延高温合成法（Self-propagation High-temperature Synthesis，SHS），又称燃烧合

成法，是利用反应物之间高的化学反应热的自加热和自传导作用来合成材料的一种技术。反应物一旦被引燃，便会自动向尚未反应的区域传播，直至反应完全，是制备无机化合物高温材料的一种新方法。

该方法燃烧引发的反应或燃烧波的蔓延相当快，一般为 $0.1\sim20.0$cm/s，最高可达 25.0cm/s，燃烧波的温度或反应温度通常都在 $2100\sim3500$K 以上，最高可达 5000K。自蔓延高温合成法以自蔓延方式实现粉末间的反应，与制备材料的传统工艺相比，工序减少，流程缩短，工艺简单，一经引燃启动就不需要对其提供任何能量；燃烧波通过试样时产生高温，可将易挥发杂质排除，使产品纯度高；同时燃烧过程中有较大的热梯度和较快的冷凝速度，可能形成复杂相，易于从一些原料直接转变为另一种产品，并且可能实现过程的机械化和自动化；另外，还可能用一种较便宜的原料生产另一种高附加值的产品，成本低，经济效益好。

自蔓延高温合成法一般用于制造系列耐火材料。用该方法生产的产品中一般有较多的孔隙。为了减少孔隙，在燃烧反应结束后，温度还相当高的情况下，应立即置于较高压力下。

自蔓延高温合成法中没有外加的热源，一些用传统方法难以生产的陶瓷化合物通过急剧升温的高热反应被制造出来。如将钛粉和炭黑混合，冷压成型，点燃，迅速引燃后形成碳化钛。许多陶瓷产品（如 SiC/Al_2O_3、TiC/Al_2O_3、BN/Al_2O_3、TiB_2/TiC 等）都可以用自蔓延高温合成法制造，一些金属基材料也可以用此法生产。

6.7 典型的陶瓷基复合材料

前面介绍了陶瓷基复合材料的设计理论、增韧机理、界面结构及制备工艺技术，本节主要介绍典型的陶瓷基复合材料。

6.7.1 颗粒增强陶瓷基复合材料

颗粒增强陶瓷基复合材料的一般工艺过程如下：将颗粒与陶瓷基体粉末混合均匀，然后压制成预成型坯件，再经烧结获得陶瓷基复合材料。

图 6.39 给出了颗粒增强陶瓷基复合材料的耐磨性、硬度和韧性关系。从图中可以看出，对于相同的陶瓷基体材料，增强体种类不同时，其性能也不同。

图 6.40 所示为弥散相平均颗粒尺寸对 Al_2O_3 基复合陶瓷材料 K_{IC} 的影响。从图中可以看出，复合材料的韧性随着弥散相的平均颗粒尺寸的增大而先增强后降低。

6.7.2 晶须增强陶瓷基复合材料

晶须增强陶瓷基复合材料是以陶瓷材料为基体，以高强度晶须为增强体，通过复合工艺制成的新型陶瓷材料。它既保留了陶瓷基体的主要特色，又通过晶须的增韧补强作用，改善了陶瓷材料的性能。

晶须增强陶瓷基复合材料按照基体和晶须的种类，可分为 SiC_w/Si_3N_4、SiC_w/Al_2O_3、SiC_w/TZP 陶瓷基复合材料等；按照复合工艺，可分为外加晶须增强陶瓷基复合材料和原

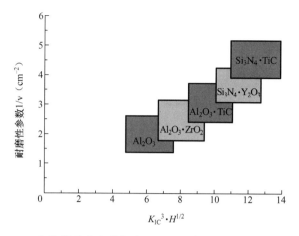

图 6.39　颗粒增强陶瓷基复合材料的耐磨性、硬度和韧性关系

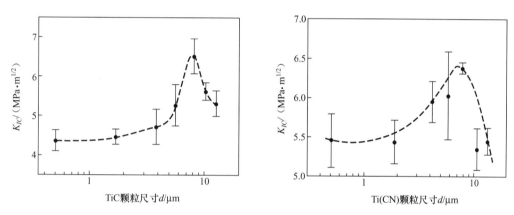

图 6.40　弥散相平均颗粒尺寸对 Al_2O_3 基复合陶瓷材料 K_{IC} 的影响

位生长（自生长）晶须补强陶瓷基复合材料。

晶须增强陶瓷基复合材料裂纹尖端后方晶须破坏的三种基本模式为晶须拉（折）断、晶须拔出和基体损伤，如图 6.41 所示。表 6-5 列出了 SiC 晶须的取向和增韧作用的关系。从表中可以看出，晶须相对裂纹面的取向不同，其增韧机理也不同。对晶须桥接和晶须拔出机理来讲，在复合材料受力断裂时，只有垂直于裂纹面的晶须能起到较好的增韧和增强作用，而大多数倾斜的或者平行于裂纹面的晶须所起的作用较小或不起作用。

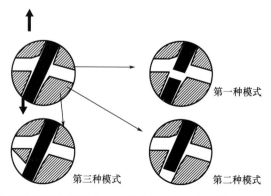

图 6.41　晶须增强陶瓷基复合材料裂纹尖端后方晶须破坏的三种基本模式

表 6 - 5　SiC 晶须的取向和增韧作用的关系

SiC 晶须的取向	增韧作用
SiC 晶须 // 裂纹面	裂纹沿晶须/基体界面延伸，增韧作用不大
SiC 晶须 ∧ 裂纹面（∧：斜交）	裂纹沿晶须偏转，增加扩展路程，有较大增韧作用
SiC 晶须 ⊥ 裂纹面（张开位移小）	裂纹被晶须架桥，扩展受阻，有较大增韧作用
SiC 晶须 ⊥ 裂纹面（张开位移大）	晶须拔出拉断，有较大增韧作用

图 6.42 所示为定向排布的晶须增强陶瓷基复合材料制备工艺示意。在相同晶须加入量的情况下，晶须定向排布可提高烧结体的密度；晶须定向排布可增大晶须的加入量，从而可以最大可能地发挥晶须的增韧补强作用；在相同晶须加入量的情况下，可降低烧结助烧剂的含量，从而有利于提高该材料的高温性能。图 6.43 为不同晶须定向度的 SiC_w/Si_3N_4 复合材料的表面形貌。表 6 - 6 和表 6 - 7 分别为不同晶须定向度和添加量的 SiC_w/Si_3N_4 复合材料的力学性能。从表中可以看出，晶须定向程度越高，晶须添加量越大，晶须复合材料的性能也越好。

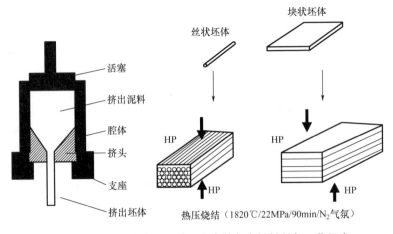

图 6.42　定向排布的晶须增强陶瓷基复合材料制备工艺示意

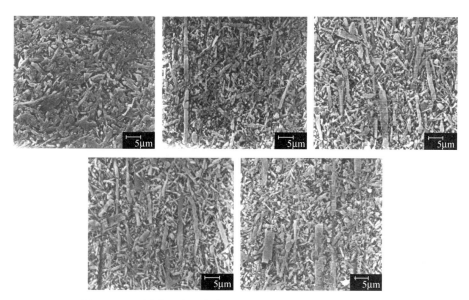

图 6.43　不同晶须定向度的 SiC_w/Si_3N_4 复合材料的表面形貌

表 6-6　不同晶须定向度的 SiC_w/Si_3N_4 复合材料力学性能

试样编号	制备工艺	相对密度/（%）	晶须定向度	抗弯强度/MPa	断裂韧性/（MPa·m$^{1/2}$）
A1	一般的热压烧结	98.0	0.459	820.67±99.7	7.74±0.22
A2	轧膜成型	98.5	0.580	878.01±68.44	8.33±0.49
A3	流延法成型	99.2	0.724	980.99±75.73	8.86±0.57
A4	挤制成型（薄片）	99.0	0.765	960.16±85.83	9.86±0.63
A5	挤制成型（丝）	99.4	0.855	1038.24±98.27	10.67±0.96

表 6-7　不同晶须添加量定向排布的 SiC_w/Si_3N_4 复合材料的力学性能

试样编号	晶须添加量/（wt%）	相对密度/（%）	抗弯强度/MPa	断裂韧性/（MPa·m$^{1/2}$）
B1	0	99.6	862.15±74.52	7.46±0.41
B2	10	99.9	988.49±60.20	9.15±0.57
B3	20	99.4	1038.24±98.27	10.67±0.96
B4	30	98.7	1208.33±108.05	11.32±0.82

6.7.3　纤维增强陶瓷基复合材料

　　纤维增强陶瓷基复合材料（通常是指连续纤维增强陶瓷基复合材料）是以陶瓷材料为基体，以高强度金属纤维、碳纤维、陶瓷纤维等为增强体，通过适当的复合工艺结合在一

起的复合材料。该类复合材料具有高强度、高韧性及优异的热稳定性和化学稳定性，是一类新型的结构材料。表 6-8 列出了常见连续纤维增韧陶瓷（玻璃）基复合材料体系和实例。

表 6-8　常见连续纤维增韧陶瓷（玻璃）基复合材料体系和实例

材料体系	典型实例	备注
碳纤维/玻璃基体	C/SiO₂	SiO₂ 为熔融石英玻璃
	C/7740	7740 为硅硼系列玻璃
	C/7930	7930 为高硅氧系列玻璃
碳化硅纤维/玻璃基体	SiC/7740	
氮化硼纤维/玻璃基体	BN/SiO₂	
碳纤维/玻璃陶瓷基体	C/LAS	LAS 为 Li₂O - Al₂O₃ - SiO₂ 锂铝硅酸盐
	C/CAS	CAS 为 CaO - Al₂O₃ - SiO₂ 钙铝硅酸盐
	C/MAS	MAS 为 MgO - Al₂O₃ - SiO₂ 镁铝硅酸盐
	C/BAS	BAS 为 BaO - Al₂O₃ - SiO₂ 钡铝硅酸盐
	C/BMAS	BMAS 为 BaO - MgO - Al₂O₃ - SiO₂ 钡镁铝硅酸盐
碳化硅纤维/玻璃陶瓷基体	SiC/LAS	SiC 纤维主要为 Nicalon 牌号，同时包括化学气相沉积碳芯 SiC 纤维
	SiC/CAS	
	SiC/MAS	
	SiC/BAS	
	SiC/BMAS	
碳纤维/氮化硅基体	C/Si₃N₄	添加 Li₂O、MgO、SiO₂ 和 ZrO₂，热压烧结温度为 1450℃
碳化硅纤维/氮化硅基体	SCS - 6/RBSN	SCS - 6 为化学气相沉积碳芯 SiC 纤维
氮化硼纤维/氮化硅基体	BN/RBSN	RBSN 为反应烧结氮化硅
碳纤维/碳化硅基体	C/SiC	SiC 纤维主要是 Hi-Nicalon SiC 纤维
碳化硅纤维/碳化硅基体	SiC/SiC	采用定向凝固制备的自生复合材料
硼化锆纤维/硼化镧基体	ZrB₂/LaB₆	
碳化硅纤维/氧化锆基体	SiC/Al₂O₃	Al₂O₃ 基体采用直接氧化沉积法制备
氮化硅自生复合材料	Si₃N₄	β—Si₃N₄ 为主晶相，采用热压或气压方法烧结

（1）碳纤维/玻璃基复合材料。

碳纤维/玻璃基复合材料是最早得到重视的材料体系。

碳纤维与熔融石英、硅硼玻璃和高硅氧玻璃之间具有良好的物理化学相容性，在 1300℃ 以下进行热压烧结时，纤维和基体之间不会发生化学反应，并且利用玻璃在高温下的流动性，能制备出致密度较高的复合材料而不会损伤纤维性能。

由于纤维的强度和模量明显高于玻璃基体，因此能同时起到增韧和增强的效果。其中最典型的是中国科学院上海硅酸盐研究所研制的 C/SiO_2 复合材料体系，复合材料的抗弯强度、冲击强度和断裂功等性能数据分别比熔融石英基体的高出 12 倍和 40 倍两个数量级，是一种性能优良的高温防热材料，已经在国防领域得到成功应用。表 6-9 为碳纤维/熔融石英基复合材料的某些物理性能和力学性能。

表 6-9 碳纤维/熔融石英基复合材料的某些物理性能和力学性能

性能	碳纤维/熔融石英复合材料	熔融石英
体积密度/ (g/cm^3)	2.0	2.16
碳纤维含量/（vol%）	30	
抗弯强度/MPa	600	51.5
弹性模量（抗弯）/GPa	69	
抗张强度/GPa	54	
弹性模量（抗张）/GPa	26.3	
泊松比	0.14	
断裂应变/（%）	0.32	
剪切强度/MPa	25	
冲击强度/ $(kg \cdot cm/cm^2)$	41.7	1.04
断裂功/ (J/m^2)	7.9×10^3	5.9~11.3
热膨胀系数（室温~900℃）/℃	0.69×10^{-6}	0.54×10^{-3}
热导系数 / $(cal/scm \cdot ℃)$ 500℃	0.00258	
900℃	0.00403	
1300℃	0.00565	

（2）碳纤维/氮化硅复合材料。

碳纤维/氮化硅是陶瓷基复合材料领域研究得很早且很成功的一个体系。

碳纤维与氮化硅在高温下无论是化学上还是物理上都是不相容的。两者在1600℃以上（远低于 Si_3N_4 的烧结温度）就要发生化学反应，造成纤维损伤。碳纤维和氮化硅基体在热膨胀系数上的差异，致使复合后 Si_3N_4 基体中出现严重的热裂纹。

通过在 Si_3N_4 中加入 $Li_2O-MgO-SiO_2$ 添加剂，大幅度降低了热压烧结温度（1450℃），有效地避免了碳纤维与 Si_3N_4 发生化学反应。与此同时，通过在基体中加入 ZrO_2，利用 ZrO_2 在张应力下发生的相变吸收能量的作用，解决了热膨胀系统下匹配的问题。

由于基体和纤维的模量相差不大，因此 C/Si_3N_4 复合材料的断裂功和断裂韧性得到了大幅度的提高。图 6.44 为 C/Si_3N_4 复合材料的微观形貌。表 6-10 列出了碳纤维/氮化硅复合材料的性能。

 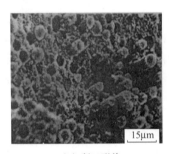 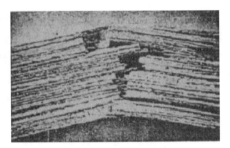

（a）平行于纤维方向　　　　　（b）断口形貌　　　　　　（c）断口侧面形貌

图 6.44　C/Si₃N₄ 复合材料的微观形貌

表 6 - 10　碳纤维/氮化硅复合材料的性能

性能	Si₃N₄	C/Si₃N₄ 复合材料
体积密度/（g/cm³）	3.44	2.7
纤维含量/（vol%）		30
抗弯强度/MPa	473±30	454±42
弹性模量/GPa	247±16	188±18
断裂功/（J/m²）	19.3±0.2	4770±770
断裂韧性 K_{IC}/（MPa·m$^{1/2}$）	3.7±0.7	15.6±1.2
热膨胀系数（×10⁻⁶）/℃⁻¹（室温～1000℃）	4.62	2.51

（3）纤维/碳化硅陶瓷基复合材料。

20 世纪 70 年代初法国波尔多大学 Naslain 教授发明了化学气相浸渍法制造连续纤维增韧碳化硅陶瓷基复合材料（CFRCMC-SiC，简称 CMC-SiC）。CMC-SiC 的密度为 2～2.5g/cm³，仅为高温合金和铌合金的 1/4～1/3，钨合金的 1/10～1/9。CMC-SiC 主要包括碳纤维增韧碳化硅（C/SiC）和碳化硅纤维增韧碳化硅（SiC/SiC）两种。图 6.45 为典型 C/SiC 复合材料的断口形貌。CMC-SiC 的应用可覆盖瞬时寿命（数十秒至数百秒）、有限寿命（数十分钟至数十小时）和长寿命（数百小时至上千小时）三类服役环境的需求。

C/SiC 用于瞬时寿命的固体火箭发动机的使用温度可达 2800～3000℃；用于有限寿命的液体火箭发动机的使用温度可达 2000～2200℃；C/SiC 用于长寿命航空发动机的使用温度为 1650℃，SiC/SiC 为 1450℃。

（a）纤维的拔出　　　　　　（b）纤维簇的拔出　　　　　　（c）纤维束的拔出

图 6.45　典型 C/SiC 复合材料的断口形貌

（4）自生纤维/陶瓷基复合材料。

定向凝固氧化物自生复合材料体系有 $Al_2O_3 - YAG$（$Y_3Al_5O_{12}$）、$Al_2O_3 - ZrO_2$（Y_2O_3）、$MgO - MgAl_2O_4$、$ZrO_2 - MgO$、$ZrO_2 - CaZrO_3$ 等。定向凝固非氧化物自生复合材料体系有 $ZrC - ZrB_2$ 和 $LaB_6 - ZrB_2$ 等。

图 6.46 为 $LaB_6 - ZrB_2$ 共晶自生复合材料的微观形貌。从图中可以看出定向排列的纤维状 ZrB_2。

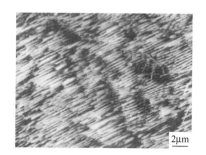
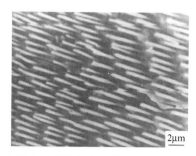

图 6.46　$LaB_6 - ZrB_2$ 共晶自生复合材料的微观形貌

表 6-11 列出了 $LaB_6 - ZrB_2$ 共晶陶瓷的基本性能。

表 6-11　$LaB_6 - ZrB_2$ 共晶陶瓷的基本性能

名称	晶体结构	熔点/℃	密度/（g/cm³）	杨氏模量/GPa	硬度/GPa	K_{IC}/（MPa·m$^{1/2}$）
LaB_6	简单立方	2530	4.72	488	27.7	3.2
ZrB_2	六方	2970	6.17	350	22.5	4.82
$LaB6 - ZrB_2$	⊥凝固方向	2470	4.95	506.7	31.39	17.80
	//凝固方向			417.1	31.39	8.20

6.7.4　仿生结构陶瓷基复合材料

J. Steele 正式提出仿生学的概念，它被定义为是模仿生物系统的原理来建造技术系统，或使人造技术系统具有类似生物系统特征的科学。今天的生物科学家渴望从力学的观点对自然材料的力学行为及形成自然材料的生物工艺有所了解，固体力学家和材料科学家则面临一个新的机会和挑战，即设计具有某种细观结构的特殊性能材料，并将这些设计付诸工艺。这样便形成了一个新的交叉科学——仿生材料学。自然界中的生物材料（如植物中的木、竹、麦、草及动物的骨、牙、肌、皮、毛等）都是具有现代意义的复合材料，并具有复合材料的全部特点。图 6.47 为天然材料的特殊结构。

（1）纤维独石结构。

1988 年，Coblenz 提出了纤维独石结构设计的思想。1993 年，Baskaran 率先完成了这种陶瓷材料的制备，制备了 SiC/C 纤维独石结构复合材料。这种材料的断裂功可以达到 $1340J/m^2$ 以上，比常规的 SiC 陶瓷提高了十几倍。1994 年，清华大学黄勇教授课题组制备和研究了 Si_3N_4/BN 纤维独石结构陶瓷材料，断裂韧性高达 $20MPa·m^{1/2}$ 以上，断裂功

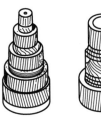
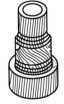

（a）竹木的纤维结构

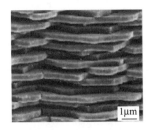

有机质
基体
片晶层
霰石层
横截面

（b）贝壳珍珠层的层状结构

（c）鲍鱼壳断面显微结构

1μm

图 6.47　天然材料的特殊结构

高达 4000J/m^2 以上。图 6.48 为纤维独石结构陶瓷复合材料的微观结构。

200μm　　　500μm　　　200μm

图 6.48　纤维独石结构陶瓷复合材料的微观结构

（2）层状结构。

W. J. Clegg 于 1990 年在 *Nature* 上发表了关于 SiC/C 层状复合材料的报道。其断裂韧性可以达到 15MPa·$m^{1/2}$，断裂功更可高达 4625J/m^2，是常规 SiC 陶瓷材料的几十倍。Claussen 等重复了 ZrO_2 体系的层状结构，同样获得了较高的韧性和上升的阻力曲线行为。S. M. Hsu 等人对 Si_3N_4 体系的层状陶瓷进行了研究，实测的断裂功可以达到 6500J/m^2 以上。1994 年，清华大学黄勇教授课题组研究了 Si_3N_4/BN 层状结构陶瓷复合材料，其表观断裂韧性高达 28MPa·$m^{1/2}$，断裂功高达 4000J/m^2，比常规的 Si_3N_4 材料分别提高了数倍和数十倍。图 6.49 为层状结构陶瓷复合材料的微观结构。

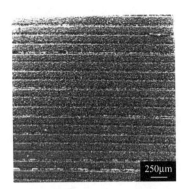

9μm　　　250μm

图 6.49　层状结构陶瓷复合材料的微观结构

高韧性陶瓷材料的仿生结构设计思路包括简单组成、复杂结构；引入弱界面层，使得裂纹在弱界面层中反复偏折，消耗大量的断裂能；非均质设计、精细结构。基体和界面层的选择要考虑到基体和界面层本身的性质（如弹性模量、热膨胀系数、强度、韧性等），二者之间的物理、化学相容性，性能匹配性等。陶瓷基体一般选用高强的结构陶瓷材料，在承载过程中可以承受较大的应力，并具有较好的高温力学性能，才能保证材料的正常使用。目前研究中采用较多的基体材料是 SiC、Si_3N_4、Al_2O_3 和 ZrO_2 等。界面分割材料的选择原则如下：①要选择具有一定强度尤其是高温强度的材料，才能保证常温下的正常应用以及高温下材料不发生人人的蠕变以致坍塌；②界面分隔层要与结构单元具有适中的结合，既要保证它们之间不发生反应，可以很好地分隔结构单元，使材料具有宏观的结构，又要保证可以将结构单元适当地"黏接"而不发生分离；③界面层与结构单元有合适的热膨胀系数差，使得材料中的热应力不会破坏材料；④在界面分隔材料的选择中，处理好分隔材料与基体材料的结合状态及配比状态尤为重要，将直接影响材料的宏观结构所起作用的程度。

根据仿生结构陶瓷的结构特点，选择合适的制备工艺（成型、涂覆、烧结等），优化工艺参数。如纤维独石结构陶瓷复合材料可采用挤制成型的方法成型基体纤维，而层状结构陶瓷可采用轧膜成型或流延法成型制备基体陶瓷片层。界面层的涂覆工艺、排胶和烧结工艺都根据具体材料体系的不同而定。基体和界面层的强度、弹性模量、热膨胀系数、界面结合状态等对仿生结构陶瓷的力学性能有明显的影响，如其强度主要由陶瓷基体层的强度决定，而高韧性主要由界面层对裂纹的偏折决定，因而与界面层的基本性质有关。仿生结构陶瓷主要由结构单元和界面层组成，二者的几何尺寸也明显影响了力学性能。几何参数主要包括结构单元尺寸（纤维直径、层片厚度等），结构单元排列方式（如纤维排布角），层数，层厚比等。

仿生结构陶瓷基复合材料的增韧机理为不同尺度多级增韧机制的协同增韧作用。一级增韧机制——弱界面层对裂纹的偏折作用是主要的增韧机制，其作用区的尺寸较大；二级增韧机制——当裂纹扩展到陶瓷基体时晶须的增韧作用，其作用区与裂纹尖端后方尾流区的尺寸相当；三级增韧机制——在裂纹尖端，长柱状晶粒与裂纹相互作用，进一步阻碍了裂纹的扩展，其作用区比晶须的小。

6.7.5　纳米复相陶瓷

自 1987 年德国 Karch 等人首次报道了纳米陶瓷的高韧性、低温超塑性能后，世界各国对利用纳米颗粒解决陶瓷材料脆性和难加工性问题寄予厚望。但多年来，对单组分纳米陶瓷的研究未有突破性进展。究其原因，一方面是陶瓷粒子本身不具有塑性变形能力；另一方面是由于纳米颗粒的活性较强，烧结过程中易出现晶粒的异常长大且难以致密等缺点。但若使纳米颗粒均匀地分散在异质基体组分中，烧结过程中能使其保留在基体内，则可以获得致密的瓷体。而纳米复合陶瓷制备工艺较接近传统陶瓷制备工艺，用现有手段就可以制备增强增韧效果明显的纳米复合陶瓷，是最接近实用的纳米结构材料。因此，研究纳米复相陶瓷材料比研究单相纳米陶瓷材料更具有实际意义，纳米复相陶瓷成为目前国际上陶瓷材料研究的热点。

纳米复相陶瓷是指通过有效的分散、复合而使异质相（第二相）纳米粒子均匀弥散地保留在陶瓷基体中而得到的复合材料，分为晶内型、晶界型、晶内—晶界混合型、纳米—纳米复相型四大类，如图 6.50 所示。其中前三者为纳米—微米复合结构，实际上是一种纳米粒子增强微米基体的复合材料，纳米尺寸的二次相颗粒分布在基质材料的晶粒之中或晶粒

之间，二者直接键合甚至形成共格结构，这种微观结构不但可以提高陶瓷材料的力学性能，还可以提高陶瓷材料的高温性能；纳米—纳米复合材料由纳米级尺寸的基质晶粒及纳米级尺寸的第二相组成，这种微观结构使陶瓷材料具有新功能，如可加工性及高温超塑性，成为材料工作者的关注焦点。

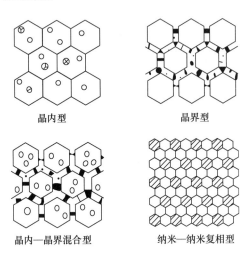

晶内型　　　　　　　　　　晶界型

晶内—晶界混合型　　　　　纳米—纳米复相型

图 6.50　纳米复相陶瓷的四种晶型结构

制备纳米陶瓷复合材料是使纳米级颗粒均匀地分散在陶瓷基体中，并使这些颗粒进入基体内部形成"晶内型"结构，常用的纳米粉体制备方法按工艺过程中基体状态可分为固相法、液相法、气相法等。可通过这些方法制备出各种具有纳米尺寸的金属粉体、氧化物陶瓷粉体及碳化物、氮化物等非氧化物陶瓷粉体。常用的烧结方法有无压烧结、热压烧结、热等静压烧结、超高压烧结、放电等离子烧结、微波烧结、选择性激光烧结、烧结—锻压、爆炸烧结、反应烧结等。

图 6.51 为微米复合与纳米复合对材料的强度和断裂韧性的影响。与微米复合材料相比，纳米复合材料的强度和断裂韧性均有大幅度提高，这主要是由于纳米复合时晶内型结构的形成及所产生的残余应力场对晶界的强化作用和晶粒的弱化，对材料的性能起了关键的作用。

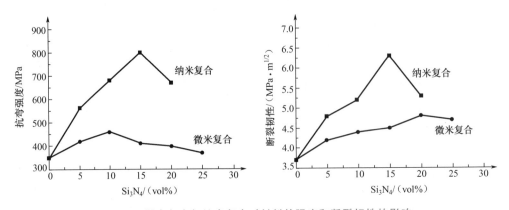

图 6.51　微米复合与纳米复合对材料的强度和断裂韧性的影响

6.8 陶瓷基复合材料的性能

由于制备陶瓷基复合材料的强化材料、基材和工艺方法不同，因此复合材料的性能也各不相同。对于陶瓷基复合材料来说，人们不但关心它们的室温力学性能，而且关心它们的高温力学性能。

6.8.1 室温力学性能

（1）拉伸强度和弹性模量。

与金属基复合材料和聚合物基复合材料不同，对于陶瓷基复合材料来说，陶瓷基体的失效应变低于纤维的失效应变，因此最初的失效往往是陶瓷基体的开裂，这种开裂是由晶体中的缺陷引起的。单向连续纤维增强陶瓷基复合材料的拉伸失效有以下两种形式。

① 突然失效。如果纤维强度较低，界面结合强度较高，基体裂纹穿过纤维扩展，导致突然失效。复合材料的应力—应变行为为线性关系，直到失效，如图 6.52 中 a 所示。

② 如果纤维较强，界面结合相对较弱，基体裂纹沿着纤维扩展，纤维失效前，纤维—基体界面脱黏（在基体裂纹尖端和尾部）。因此基体开裂并不导致突然失效，复合材料的最终失效应变大于基体的失效应变，如图 6.52 中 b 所示。

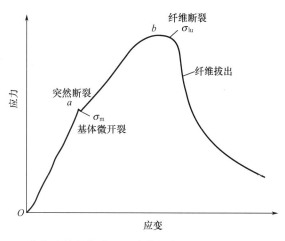

图 6.52　单向连续纤维增强陶瓷基复合材料的拉伸应力—应变图

锂铝硅（LAS）玻璃陶瓷是陶瓷基复合材料中的常用基体材料。表 6-12 给出了锂铝硅玻璃陶瓷的基本成分。表 6-13 给出了 SiC 纤维增强锂铝硅玻璃陶瓷的弹性模量，预测值为由混合定律求得的值。

表 6-12　锂铝硅玻璃陶瓷的基本成分

名称	基本成分	主要添加剂	次要添加剂
LAS-1	$Li_2O - Al_2O_3 - MgO - SiO_2$		ZnO、ZrO_2、BaO
LAS-2	$Li_2O - Al_2O_3 - MgO - SiO_2$	Nb_2O_5	ZnO、ZrO_2、BaO
LAS-3	$Li_2O - Al_2O_3 - MgO - SiO_2$	Nb_2O_5	ZrO_2

表 6-13　SiC 纤维增强锂铝硅玻璃陶瓷的弹性模量

名称	SiC 纤维体积含量（%）	复合方式	弹性模量/GPa	
			实验值	预测值
LAS	0		86	
LAS-1	46	单向	133	143
LAS-2	46	单向	130	143
LAS-2	44	单向	136	141
LAS-1	～50	交叉	118	
LAS-3	～40	三维编织	79～111	

注：SiC 纤维的弹性模量为 210GPa。

图 6.53 是 SiC 纤维增强锂铝硅玻璃陶瓷的室温拉伸应力-应变曲线。由表 6-13 可知，连续 SiC 纤维增强锂铝硅玻璃陶瓷使其弹性模量比锂铝硅玻璃陶瓷提高了将近一倍，而且弹性模量的实验值与由混合定律的预测值比较一致。由于 SiC 纤维的失效应变大于玻璃陶瓷的失效应变，因此图 6.53（a）中的 M 点表明基体开始开裂，应力-应变曲线的斜率发生变化，随着载荷的不断增大，达到 F 点最弱的纤维开始断裂失效。图 6.53（a）中并未呈现图 6.52 中的纤维脱黏阶段。然而在碳布层叠后用化学气相浸渍法制备的复合材料（热解碳作为界面层）中观察到断裂时纤维与周围基体的脱黏及大量的纤维拔出现象，断口类似毛刷，其拉伸应力-应变曲线如图 6.54 所示，拉伸强度为 159MPa，弹性模量为 43GPa。

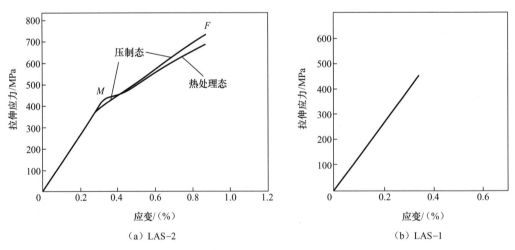

（a）LAS-2　　　（b）LAS-1

图 6.53　SiC 纤维增强锂铝硅玻璃陶瓷的室温拉伸应力-应变曲线

（2）弯曲强度和压缩强度。

对于脆性材料，用弯曲试验及压缩试验更能表征材料的强度性能。图 6.55 是 SiC 纤维增强 LAS-1 玻璃陶瓷的载荷-位移曲线，形状类似于图 6.52。M 点表示曲线斜率的转

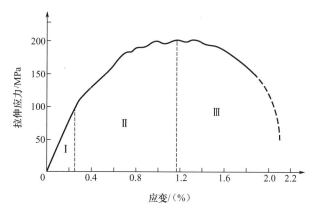

图 6.54　碳布层叠增强 SiC 复合材料的拉伸应力-应变曲线

折，即基体开裂；F 点为纤维断裂；F 点以后为纤维脱黏及拔出。图 6.56 为碳布层叠增强 SiC 陶瓷材料的压缩试验曲线，形状也类似于图 6.52，得出压缩强度 σ_c 为 96.8MPa，压缩弹性模量 E_c 为 56.6GPa。

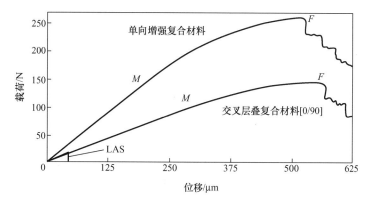

图 6.55　SiC 纤维增强 LAS－1 玻璃陶瓷的载荷-位移曲线

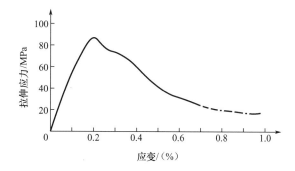

图 6.56　碳布层叠增强 SiC 陶瓷材料的压缩试验曲线

（3）断裂韧性。

断裂韧性反映含裂纹材料或构件的抗裂纹失稳扩展从而导致构件的脆性断裂，可用裂纹失稳扩展导致断裂时的应力强度因子 K_{IC} 来表示。图 6.57 为短切碳纤维 C_f 增强锂铝硅

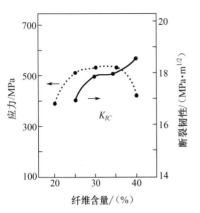

图 6.57　短切碳纤维 C_f 增强
锂铝硅玻璃陶瓷的断裂韧性和应力
随纤维含量的变化

玻璃陶瓷的断裂韧性随纤维含量的变化，随纤维含量的增大，断裂韧性 K_{IC} 增大。纤维拔出与裂纹偏转是 C_f/LAS 复合材料韧性提高的主要机制。因此，纤维含量增大，阻止裂纹扩展的势垒增加，材料的脆性得到改善。但当纤维含量超过一定量时，纤维局部分散不均匀，相对密度降低，气孔率增大，其抗弯强度反而降低。从图 6.57 可知，纤维含量为 30%～35% 时，可得到较高的抗弯强度和断裂韧性配合。

（4）影响因素。

① 增强相的体积分量。

图 6.58 所示是 SiC/硼硅玻璃复合材料的弯曲强度随纤维含量的变化，很显然呈现出符合混合定律的线性关系。图 6.59 则表现为在纤维含量小于一定值时，弯曲强度和断裂韧性线性增强；当纤维含量大于一定值时，由于基体孔隙多弯曲，强度和断裂韧性反而有所下降。图 6.60 中弹性模量也随纤维含量线性增大，但在纤维含量较高时，基体孔隙和纤维排列会导致偏离混合定律的线性关系。Phillips 等人提出下列经验公式修正基体孔隙带来的效应：

$$E_m = E_{m0}(1 - 1.90P + 0.90P^2) \qquad (6-19)$$

式中，E_m 是有孔隙材料的弹性模量；E_{m0} 是无孔隙基体（孔隙为零时）的弹性模量；P 是基体中的孔隙率。由式(6-19)弹性模量对实测值进行更正后可与混合定律预测值较好地吻合，如图 6.60 所示。

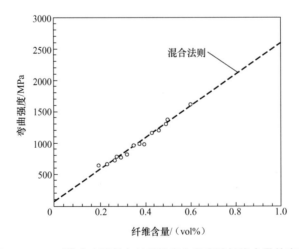

图 6.58　SiC/硼硅玻璃复合材料的弯曲强度随纤维含量的变化

然而，对于短纤维增强来说，纤维体积分数有一个最佳值。图 6.61 所示为 SiC 纤维增强锂铝硅玻璃陶瓷复合材料的弯曲强度和断裂韧性与纤维含量的关系。当 SiC 纤维含量为 30vol% 时，复合材料的密度为理论密度的 98%；当 SiC 纤维含量低于 30vol% 时，随

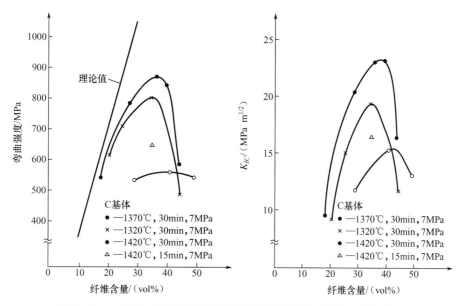

图 6.59 C_f/BAS 复合材料的弯曲强度和断裂韧性与纤维含量的关系

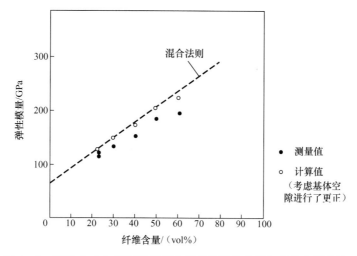

图 6.60 连续 C_f 单向增强玻璃复合材料的弹性模量与纤维含量的关系

SiC 纤维含量增大,断裂韧性及弯曲强度增强;当 SiC 纤维含量超过 30vol% 时,继续增大 SiC 纤维含量会导致弯曲强度和断裂韧性下降。SiC 纤维含量为 30vol% 时,复合材料的弯曲强度和断裂韧性达最大值,分别为 502MPa 和 10.2MPa·$m^{1/2}$,比微晶玻璃基体的弯曲强度(102MPa)和断裂韧性(2.7MPa·$m^{1/2}$)高。对其断口形貌观察可知,SiC 纤维从晶体中拔出对强韧性的增强起了重要作用。当 SiC 纤维含量大于 30vol% 时,纤维与基体不能充分地接触而出现大量空隙,负荷难以实现从基体到纤维的传递,纤维拔出功减小,复合材料的力学性能下降。当 SiC 纤维含量为 30vol% 时,可根据混合法则计算出理论强度应为 930MPa,但实际上仅为 500MPa,主要原因是 SiC 纤维在烧结过程中强度降低和纤维与基体的结合达不到理想状态。

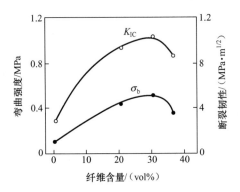

图 6.61　SiC 纤维增强锂铝硅玻璃陶瓷复合材料的弯曲强度和断裂韧性与纤维含量的关系

② 热膨胀系数。

在 $Li_2O - Ai_2O_3 - SiO_2$ 系统的基础上调整成分，或在该系统中加入 MgO、CaO 组分以具有不同的热膨胀系数，以 SiC 纤维作为增强体制备成 SiC 纤维/微晶玻璃复合材料。SiC 纤维的热膨胀系数 α 为 $30 \times 10^{-10}\,℃^{-1}$。图 6.62 所示为微晶玻璃基体的 α 对复合材料弯曲强度和断裂韧性的影响。当微晶玻璃基体的 α 调节到比加入纤维的 α 稍低的范围内时，复合材料的弯曲强度和断裂韧性可达到令人满意的水平，弯曲强度可达到 584MPa，断裂韧性为 $16.5MPa \cdot m^{1/2}$。这是因为当微晶玻璃基体的 $\alpha = 25 \times 10^{-7}\,℃^{-1}$ 时，基体受到的是压应力，复合材料的弯曲强度较高。α_m 继续增大到 $36 \times 10^{-7}\,℃^{-1}$ 时，基体从受压应力状态变为受张应力状态，表现在复合材料断裂强度上即有回落，而当裂纹扩展偏转增韧机制仍然存在的情况下，复合材料的断裂韧性还在增大，即 K_{IC} 从开始的 $8MPa \cdot m^{1/2}$ 增至 $16.5MPa \cdot m^{1/2}$。由此可知，当基体的 α_m 大于纤维的膨胀系数 α_f 时，会导致纤维与基体界面结合减弱甚至脱离，从而大大影响外加负荷向纤维转移，最终影响复合材料的强度。适当减弱界面结合则有利于裂纹的扩展或沿晶界偏转或钝化和分散裂纹尖端造成的应力集中，对复合材料断裂韧性的增大也是有利的。

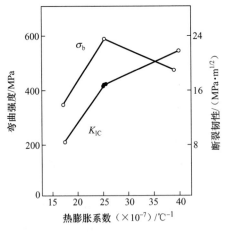

图 6.62　微晶玻璃基体的 α 对复合材料弯曲强度和断裂韧性的影响

③ 密度。

图 6.63 和图 6.64 所示是复合材料密度对三维编织的碳纤维预制体增强碳化硅复合材料力学性能的影响。由图可知，弯曲强度和断裂韧性都随复合材料密度的增大而增大，密

度的增大不仅提高了复合材料的弯曲强度，而且改变了应力-应变曲线的形状。

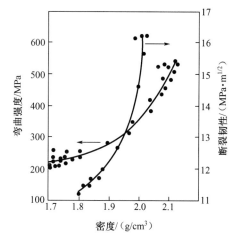

图 6.63　无碳界面层 C/SiC 复合材料的力学性能与密度的关系

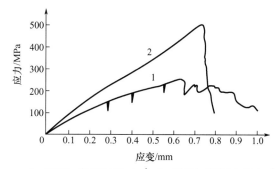

1—C/SiC，密度为1.80g/cm³；2—C/SiC，密度为2.10g/cm³

图 6.64　不同密度 C/SiC 复合材料的应力-位移曲线

④ 界面。

图 6.65 所示为不同界面状况复合材料的应力-位移曲线。从图中可以看出，存在碳界面层的 C/SiC 复合材料在断裂中表现出复合材料的典型断裂行为，即当应力达到最大值（300MPa）后，不是突然下降，而是呈梯形下降。密度较高而无碳界面层的 C/SiC 复合材料在应力-应变曲线上表现为达到最大值（350MPa）后，应力曲线缓慢下降。

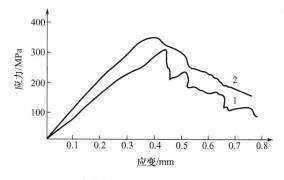

1—有碳界面层；2—无碳界面层

图 6.65　不同界面状况复合材料的应力-位移曲线

⑤ 颗粒粒径。

SiC 颗粒含量对 SiC 颗粒增强 AlN 复合材料的弯曲强度及断裂韧性的提高效果不是很大，如图 6.66 所示。但 SiC 颗粒粒径对弯曲强度和断裂韧性的影响较大，如图 6.67 所示，随着 SiC 颗粒粒径从 $0.3\mu m$ 增大到 $10\mu m$，复合材料的弯曲强度由 351MPa 提高到 565MPa，并且断裂韧性由 $3.18MPa \cdot m^{1/2}$ 提高到 $5.14MPa \cdot m^{1/2}$。SiC 颗粒粒径再增大，复合材料力学性能反而下降。SiC 颗粒增强陶瓷基复合材料一是由于抑制基体晶粒的生长，形成细晶结构；二是利用高弹性模量 SiC 分散材料内部应力集中，SiC 颗粒钝化了裂纹尖端，从而降低了材料的应力集中。所以复合材料的力学性能随 SiC 颗粒粒径的增大而提高。另外，SiC 颗粒引入了缺陷，当 SiC 颗粒粒径大于 $>10\mu m$ 时，复合材料密度下降。在以 SiC 为第二相的粒径增强陶瓷基复合材料中，裂纹偏转被认为是主要的增韧机理。

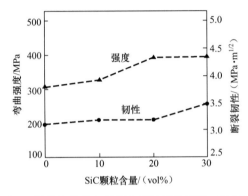

图 6.66 SiC 颗粒含量对 SiC 颗粒增强复合材料力学性能的影响（SiC 颗粒粒径为 $0.2 \sim 0.3\mu m$）

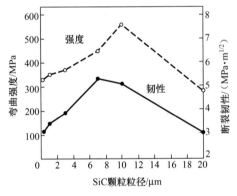

图 6.67 SiC 颗粒粒径对 $20\%SiC_p/AlN$ 复合材料力学性能的影响

6.8.2 高温力学性能

（1）强度。

用浆体浸渍-热压成型法制备 SiC 连续纤维增强 $MgO - Al_2O_3 - SiO_2$（MAS）玻璃陶瓷复合材料。用三点弯曲试验测试其室温力学性能及高温力学性能。高温测试条件为升温速度 10K/min，在所需测试的温度下保温 1h 后开始测试，加力速度为 10N/s。图 6.68 所示为 MAS 基体与 SiC_f/MAS 复合材料在不同温度下的应力-应变曲线。

图 6.69和图 6.70所示分别为不同温度下 SiC/MAS 玻璃陶瓷复合材料的强度和弹性模量变化。

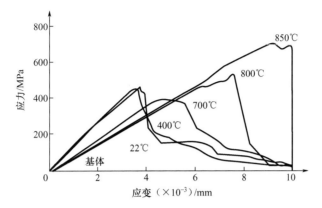

图 6.68　MAS 基体与 SiC_f/MAS 复合材料在不同温度下的应力-应变曲线

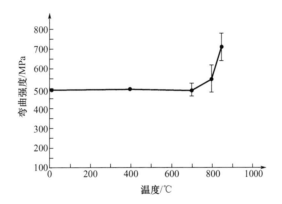

图 6.69　不同温度下 SiC/MAS 玻璃陶瓷复合材料的弯曲强度变化

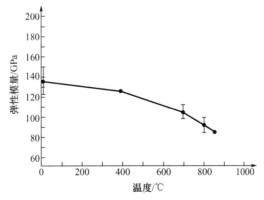

图 6.70　不同温度下 SiC/MAS 玻璃陶瓷复合材料的弹性模量变化

SiC 纤维与 MAS 基体的性能见表 6-14。

表 6-14　SiC 纤维与 MAS 基体的性能

材料	E/GPa	σ_b/MPa	$\rho/$（g/cm^3）	α（$\times10^{-6}$）/K^{-1}
SiC 纤维	200	3000	2.45	3.0
MAS 基体	80	50	2.5	7.9

　　比较可知，室温下，SiC/MAS 玻璃陶瓷复合材料的弯曲强度比无纤维增强的 MAS 基体的高约 10 倍，弹性模量高约 2 倍。复合材料的弯曲强度自室温至 700℃ 保持不变，700℃ 之后随温度的升高而急剧增大；但弹性模量随温度的升高从室温的 137GPa 下降到 850℃ 时的 80GPa。这一变化显然与材料中残余玻璃相随温度升高的变化有关。图 6.71 所示为 SiC 晶须增强的 Al$_2$O$_3$ 陶瓷基复合材料的断裂韧性随温度的变化。SiC 晶须的加入使 Al$_2$O$_3$ 陶瓷基复合材料的断裂韧性提高，随温度的升高，无 SiC 晶须增强的 Al$_2$O$_3$ 陶瓷基体的断裂韧性呈下降趋势。而 SiC$_w$/Al$_2$O$_3$ 陶瓷基复合材料的断裂韧性保持不变，甚至在大于 1000℃ 后呈上升趋势。Becher 等人的研究表明，不仅 SiC$_w$/Al$_2$O$_3$ 陶瓷基复合材料的断裂韧性高于 Al$_2$O$_3$ 陶瓷的，而且室温力学性能及高温力学性能、抗热冲击性能及抗高温蠕变性能均得到本质上的改善。图 6.72 所示是 SiC$_w$/Al$_2$O$_3$ 复合材料的弯曲强度随 SiC$_w$ 的含量及温度的变化。

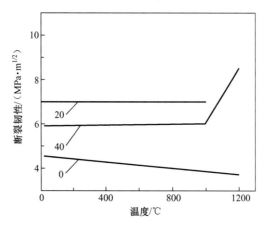

图 6.71　SiC 晶须增强的 Al$_2$O$_3$ 陶瓷基复合材料的
断裂韧性随温度的变化

　　连续 SiC 纤维增强锂铝硅玻璃陶瓷系列中的 LAS-3 复合材料在大气中和在氮气环境中高温加载时表现出不同的弯曲强度，如图 6.73 所示。这是因为在设计 SiC 纤维增强锂铝硅和其他类型玻璃陶瓷基体时，原则是让基体发生微开裂后复合材料失效。因此，在 800℃ 以上，空气中的氧会穿过基体中的微裂纹以与富碳层发生反应导致强度明显下降。

　　SiC 颗粒加入 Y-ZTP 陶瓷中，也可使高温强度得到提高。如加入 20% SiC 颗粒后，在 1000℃ 时，Y-ZTP 的强度只有室温时强度的 13%，而 SiC$_p$/Y-TZP 的强度是室温时的 31%，而 SiC$_p$/TZP 的强度比 Y-ZTP 的提高了一倍多。

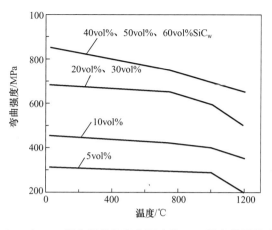

图 6.72　SiC_w/Al_2O_3 复合材料的弯曲强度随 SiC_w 的含量及温度的变化

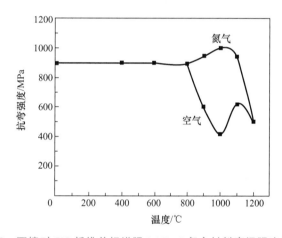

图 6.73　环境对 SiC 纤维单相增强 LAS-3 复合材料高温强度的影响

（2）蠕变。

陶瓷材料的稳态蠕变速率可表示为

$$\varepsilon = A\sigma^n \exp^{(-\Delta Q/RT)} \qquad\qquad (6-20)$$

式中，ε 为蠕变速率；A 为常数；σ 为施加的应力（也称蠕变应力）；n 为蠕变应力指数；ΔQ 为蠕变激活能；R 为气体常数；T 为绝对温度。

蠕变应力指数 n 及蠕变激活能是两个与蠕变机理有关的量。对于陶瓷材料的蠕变来讲，当 $n=3\sim5$ 时位错攀移机制起作用，当 $n=1\sim2$ 时则扩散机制起作用。单晶陶瓷通常发生纯位错蠕变；多晶陶瓷则通常发生晶界滑动、晶粒及晶界上空位运动和位错机制控制蠕变过程。尽管连续陶瓷纤维可增强陶瓷的室温韧性，但大多数陶瓷纤维并不能大幅度地改善抗蠕变性能，因为许多纤维的蠕变速率比对应的陶瓷的蠕变速率要大得多。非氧化物纤维/非氧化物基复合材料（如 SiC_f/SiC 和 SiC_f/Si_3N_4）一般具有较高的低温强度，高温性能取决于抗氧化性能。Mah 等人观察到连续 SiC 纤维在 1200℃ 以上对温度及环境非常敏感。对于非氧化物纤维/氧化物基复合材料或氧化物纤维/非氧化物基复合材料（如 $C_f/$玻璃、$SiC_f/$玻璃、SiC_f/Al_2O_3 和 Al_2O_3/SiC），由于氧扩散渗入常数较大，氧迅速渗入氧化物基体，因此一般不具有高的抗氧化性能。图 6.74 所示是层板陶瓷复合材料的应力与蠕变速率之间的关系，很明显，层板复合材料的抗蠕变性能优于 Si_3N_4 陶瓷，而单向复合层板的抗蠕变性能又优于交叉复合层板。

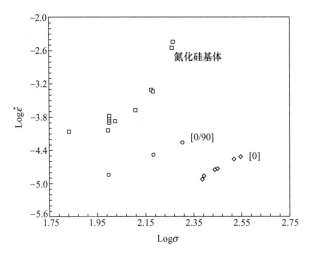

图 6.74　在 1200℃ 不同应力下 Si_3N_4 陶瓷、单向 SiC_f/Si_3N_4（[0]）和
交叉层叠 SiC_f/Si_3N_4 复合材料（[0/90]）的稳态蠕变速率

连续 SiC_f/MAS 玻璃陶瓷复合材料的蠕变曲线如图 6.75 所示。在较高的温度与较大的应力条件下，蠕变速率及变形量都增大。低于 700℃ 时，恒速蠕变的蠕变速率小于 $10^{-6}h^{-1}$，表明材料在此条件下蠕变稳定；800℃ 时的恒速蠕变速度达 $10^{-2}h^{-1}$。在 775℃ 时，100MPa 条件下经 30h 之后的总形变为 7.5‰，应力增大至 150MPa，则形变增大了 6 倍。这表明材料的蠕变受残余玻璃相的黏滞流动控制。

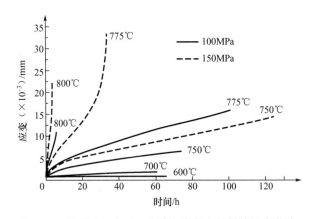

图 6.75　连续 SiC_f/MAS 玻璃陶瓷复合材料的蠕变曲线

图 6.76 所示为 SiC_w/Al_2O_3 复合材料的应变速率与应力的关系。在相同的应力下，Al_2O_3 陶瓷的蠕变速率大于 15%SiC_w/Al_2O_3 复合材料的。

图 6.77 所示是 SiC 颗粒增强氧化锆陶瓷的高温蠕变性能，SiC 颗粒直径约为 $4\mu m$。由图 6.77（a）可知，在 1000℃、25MPa 下，2.5Y-TZP 约 5h 就发生了蠕变断裂，而加入 20vol%SiC 颗粒后，不但 2.5Y-TZP 的高温强度得到提高（2.5Y-TZP 的强度从

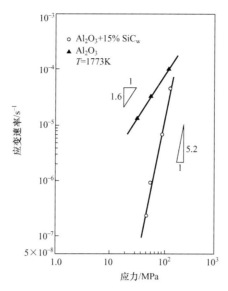

图 6.76　SiС$_w$/Al$_2$O$_3$ 复合材料的应变速率与应力的关系

180MPa 提高到近 400MPa），而且抗蠕变性能有明显改善，蠕变 50h 还未发生断裂。SiC 颗粒的加入对 ZTA 的高温强度提高不大，但在 1100℃、50MPa 下，SiC$_p$/ZTA 的蠕变速率比 ZTA 的减小 1/3 左右，20h 后 ZTA 发生蠕变断裂，而 SiC$_p$/ZTA 经 50h 实验仍未发生断裂［图 6.77（b）］。图 6.78 所示为 SiC$_p$/ZTC 的蠕变速率与应力的关系。SiC 颗粒的加入使 ZTA 的蠕变速率降低到 1/3 左右，但应力指数的变化不大，均为 1.6 左右。TZP 中加入 SiC 颗粒后，虽然抗蠕变性能大幅度提高，但蠕变速率仍比 SiC$_p$/ZTA 大一个数量级左右。这是因为 SiC 加入 ZTA 后抑制了晶界滑移，阻止蠕变空腔进一步生长和连通，使 ZTA 的抗蠕变性能提高 3 倍左右。而 SiC 颗粒加入 2.5Y - TZP 后，虽然 SiC 颗粒可以有效地抑制晶界滑移，大幅度提高 Y - TZP 的抗蠕变性能，但由于无法抑制 2.5Y - TZP 陶瓷的晶界扩散，因此 SiC$_p$/TZP 的抗蠕变性能仍较差。

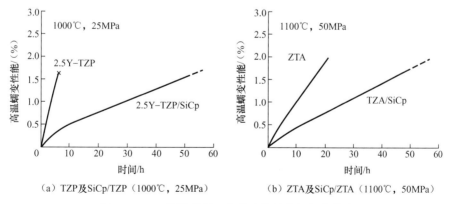

（a）TZP 及 SiCp/TZP（1000℃，25MPa）　　　（b）ZTA 及 SiCp/ZTA（1100℃，50MPa）

图 6.77　SiC 颗粒增强氧化锆陶瓷的高温蠕变性能

（3）抗热震性。

大多数陶瓷在经受剧烈的冷热变化时，容易发生开裂而破坏。材料经受剧烈的温度变化或在一定起始温度范围内冷热交替作用而不致破坏的能力称为抗热震性，也称耐热冲击

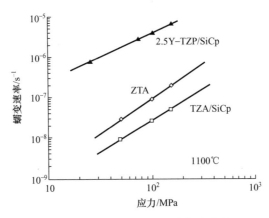

图 6.78　SiC_p/ZTC 的蠕变速率与应力关系

性或热稳定性。抗热震性与材料本身的热膨胀系数、弹性模量、导热系数、抗张强度及材料中气相、玻璃相及其晶相的粒度有关。检验陶瓷的抗热震性可用标准抗弯试样按一定的温差骤然冷却后，其抗弯强度无明显降低时的最大温差值来衡量。图 6.79 所示是 SiC 晶须增强 Al_2O_3 陶瓷复合材料的抗热震性。试样从加热的高温炉中淬入低温的水中急热急冷循环一次后和反复循环 10 次后，测其抗折强度。Al_2O_3 陶瓷在温度差为 700℃仅一次淬火后强度下降超过 50%。加入 20vol% SiC 晶须后，不仅强度提高了一倍，而且抗热震性明显提高，经一次水淬后，即使温度差超过 900℃，强度也不下降，在反复十次淬火后强度只是稍有所降低。

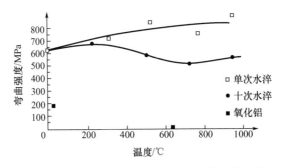

图 6.79　$20\% SiC_w/Al_2O_3$ 复合材料的抗热震性能

锆刚玉莫来石中加入 $10\% \sim 30\%$ BN 颗粒后，可以明显提高材料的抗热震性，使临界抗热震性从 400℃提高到 700℃，其原因是材料的弹性模量及热膨胀系数大幅度降低。

6.9　陶瓷基复合材料的应用

　　陶瓷复合材料以其具有的高强度、高模量、低密度、耐高温和良好的韧性等优点，已在高速切削工具和内燃机部件上得到应用，而它潜在的很有前景的应用是作为高温结构材料和耐磨耐蚀材料，如航空燃气涡轮发动机的热端部件、大功率内燃机的增压涡轮、固体发动机燃烧室与喷管部件及完全代替金属制成汽车用发动机、石油化工领域的加工设备和废物焚烧处理设备等。

6.9.1　在切削工具方面的应用

SiC_w增韧的细颗粒Al_2O_3陶瓷复合材料已成功用于工业生产制造切削刀具，图6.80所示为用热压法制备的SiC_w/Al_2O_3复合材料钻头。由某生产切削工具和陶瓷材料的厂家和美国阿科公司合作生产的WG-300复合材料刀具具有耐高温、稳定性好、强度高和抗震性能优异等优点，熔点为2040℃，切削速度可达66m/min甚至更高，比常用的WC-Co硬质合金刀具的切削速度提高了一倍，WC-Co硬质合金刀具的切削速度限制在33m/min以内，因为钻在1350℃时会发生熔化，甚至在切削表面温度达到约1000℃左右就开始软化。某燃气轮机厂采用这种新型复合材料刀具后，机加工时间从原来的5h缩短到20min，仅此一项，每年就可节约25万美元。山东工业大学研制生产的SiC_w/Al_2O_3复合材料刀具切削镍基合金时，不但刀具使用寿命延长，而且进刀量和切削速度也大大提高。除SiC_w/Al_2O_3外，SiC_f/Al_2O_3、TiO_{2p}/Al_2O_3复合材料也用于制造机械加工刀具。氧化物基复合材料还可用于制造耐磨件，如拔丝模具、密封阀、耐蚀轴承、化工泵的活塞等。

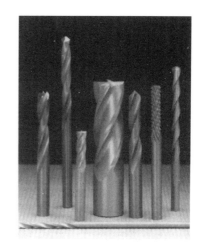

图6.80　用垫压法制备的SiC_w/Al_2O_3复合材料钻头

6.9.2　在航空航天领域的应用

法国的欧洲动力装备公司已经用柔性好、细直径纤维（如高强度C_f和SiC_f）编织成二维、三维预制件，用化学气相浸渍法制备了C_f/SiC复合材料（商品名为Sepcarbinox）、SiC_f/SiC复合材料（商品名为Cerasep）。这些材料具有高断裂韧性（可达30MPa·$m^{1/2}$）和高温强度，可用于制造火箭或喷气发动机的零部件，如液体推进火箭发动机、涡轮发动机部件、航天飞机的热结构件等。Sepcarbinox（SiC_f/SiC）复合材料已用于制造赫尔墨斯航天飞机的外表面，赫尔墨斯航天飞机将经历1300℃的表面温度和高的机械载荷。美国联信公司生产的商品名为Blackglas™的材料是非晶结构，用聚合物先驱法制成，成分为SiC_xO_y，经SiC_f纤维束或编织物增强后制成的各种结构样机（如气体偏转管、雷达天线罩、喷管和叶片等）在1350℃滞止气流中51h后，仅有少量的晶化SiC和SiO_2。

总之，陶瓷复合材料除已成功地用于刀具外，目前还处在研制和试用阶段。宇航、航空航天及其他高技术领域的发展，必将促进更耐高温、更韧、更强的陶瓷复合材料的研究和发展，推动陶瓷复合材料的广泛应用。

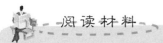

GE 航空发力加速推进陶瓷基复合材料应用

通用电气（GE）航空集团近日对外宣布将投资 2 亿美元，于 2016 年在美国亚拉巴马州亨茨维尔市新建两个复合材料制造厂，用于碳化硅和陶瓷基复合材料的批量制造，这两种复合材料都是制造喷气式发动机和陆基武器装备燃气涡轮发动机零部件的必备材料。

由于陶瓷基复合材料具有高性能系统所需的轻质和耐高温等特性，因此对航空航天领域特别是发动机的设计制造而言越来越重要。GE 航空集团与世界领先的航空器发动机制造商——CFM 国际公司共同开发的 LEAP 发动机已服务于空客 A320neo 和波音737MAX 飞机，LEAP 发动机是首个采用陶瓷基复合材料热端部件的商用喷气发动机。

空客 A320

2015 年年初，GE 航空集团展示出世界首个成功采用陶瓷基复合材料叶片的 F414 涡轮风扇发动机。制造商表示，对陶瓷基复合材料的需求预计在未来 10 年将会急剧增加，特别是由于喷气式发动机的应用需求。每个 LEAP 发动机需要 18 个陶瓷基复合材料涡轮罩环，引导空气流通方向并确保涡轮叶片的运转效率。陶瓷基复合材料也用于制造新型 GE9X 发动机燃烧室和高压涡轮部分。

GE 航空集团陶瓷基复合材料项目副总经理 Sanjay Correa 表示，在美国亚拉巴马州新建一个复合材料制造厂，对建立并发展可满足大批量生产陶瓷基复合材料零部件的供应链具有重要意义。陶瓷基复合材料是先将碳化硅陶瓷纤维与碳化硅基底材料复合后，再涂覆一层专用涂层，以进一步提升其性能。陶瓷基复合材料的密度仅为金属材料的1/3，由于减小了涡轮扇发动机的质量，因此提高了运转效率。

另外，与金属合金材料相比，由于陶瓷基复合材料具有更好的耐热性，因此在发动机高温区只需较少的冷却气体。而且在发动机流道中使用空气代替，意味着发动机运转效率更高，产生的热量更少，从而减少了对发动机的维护工作，并降低了燃油消耗。

GE 发动机

据报道，此次新建工厂之一是美国首个碳化硅陶瓷纤维制造厂。与之毗邻的工厂将采用碳化硅陶瓷纤维来制造单向陶瓷基复合材料带材，以用于陶瓷基复合材料零部件的制造。

碳化硅陶瓷纤维工厂的建立将获得美国空军研究实验室 2190 万美元的资助。GE 航空集团表示，这一新建工厂将极大地提高美国碳化硅陶瓷纤维的制造能力，并将为美国国防部、赛峰集团等客户提供纤维材料。

第二个工厂将由 GE 航空集团独资建立，并在陶瓷纤维上涂覆 GE 专用涂层，然后将其加入基底材料中，以制造陶瓷基复合材料带材。GE 航空集团位于北卡罗来纳州阿什维尔市的制造厂将采用该陶瓷带材制造陶瓷基复合材料涡轮罩环，用于 LEAP 发动机高压涡轮部分的制造。

资料来源：http://www.sirenji.com/article/201511/76715.html，2015.

习 题

6-1 阐述陶瓷基复合材料的增韧机理,并对纤维、晶须和颗粒增强复合材料的增韧效果进行分析。

6-2 试分析说明晶须增强陶瓷基复合材料成型过程的主要工艺步骤,并提出改进该类材料性能的工艺措施。

6-3 请举例说明长纤维增强陶瓷基复合材料的应用。

6-4 分析陶瓷基复合材料不同制备方法的优缺点及应用领域。

6-5 查阅资料,试举例说明其他仿生结构复合材料。

第7章
碳/碳复合材料

本章教学要点

知识要点	掌握程度	相关知识
碳/碳复合材料的性能特点；碳纤维和基体碳的选择	掌握碳/碳复合材料的性能特点；掌握碳纤维和基体碳的种类和选择原则	碳/碳复合材料的性能特点；碳纤维和基体碳的种类及选择原则
碳/碳复合材料的制备工艺；碳/碳复合材料的抗氧化保护；碳/碳复合材料的微观结构	了解碳/碳复合材料的制备工艺方法；掌握碳/碳复合材料的抗氧化保护方法；了解碳/碳复合材料的微观结构	碳/碳复合材料的制备工艺；碳/碳复合材料的抗氧化保护方法及研究进展；碳/碳复合材料的微观结构种类
碳/碳复合材料的应用	了解碳/碳复合材料的应用	碳/碳复合材料的典型应用

导入案例

碳纤维：新材料王国耀眼之星

据外媒报道，傲视群雄的 F-35 战斗机首飞时间一推再推，其中一个很重要原因就是超重。为破解这一难题，洛克希德·马丁公司采取了很多办法，最终采用多达 35% 的碳纤维复合材料才大幅降低了机体质量。所以从某种意义上说，是碳纤维复合材料成就了 F-35 战机。

如今，碳纤维复合材料不仅成为实现高隐身性能不可或缺的基础性材料，而且成为衡量武器装备系统先进性能的重要标志。比如，由于 X-47B、全球鹰、全球观察者、西风等飞行器应用碳纤维复合材料比例更高，因此其有效载荷、续航能力和生存能力均实现了新突破。

现役 F-22 战斗机的一个最大特点就是隐身性能好，而这与其大量使用碳纤维复合材料息息相关。此外，F-117A 战斗机、B-2 隐身轰炸机等也都采用了碳纤维吸波材料，包括瑞典"维斯比"级巡逻舰舰体采用的均为全复合材料，因而拥有了高隐身、高机动、长寿命等先进作战性能。

固体火箭发动机质量每减少 1kg，射程就可增加 16km。所以，碳纤维复合材料被大量应用于美国"爱国者"导弹、"三叉戟"II、德国 HVM 超声速导弹、法国"阿里安"-2 火箭、日本 M-5 火箭等发动机壳体，未来碳纤维更是发展小型化、高机动性、高精度、高突防能力先进战略性武器装备的重要基础。

新型高性能碳纤维复合材料具有更好的稳定性和可靠性，在高超声速飞行器、国际空间站、先进卫星等装备系统中被大量应用。美国国防部在"面向 21 世纪国防需求的材料研究"报告中强调："到 2020 年，只有复合材料才有潜力使装备获得 20%～25% 的性能提升。"

资料来源：http://www.chinadaily.com.cn/micro-reading/dzh/2014-11-27/content_12790134.html，2014.

碳/碳（C/C）复合材料是由碳纤维及其制品（碳毡或碳布）增强的碳基复合材料，其组成元素只有碳元素，因而具有许多碳和石墨材料的优点，如密度低、导热性强、热膨胀系数小及对热冲击不敏感等。作为新型结构材料，碳/碳复合材料还具有优异的力学性能，如高温下的高强度和高模量，尤其是随着温度的升高，强度不但不降低，反而升高，以及高断裂韧性、低蠕变性等。上述特性使碳/碳复合材料可用于 2800℃ 的极端条件。碳/碳复合材料自 20 世纪 60 年代问世以来，在航空航天、核能、军事及民用工业领域受到了极大关注，并得到迅速发展和广泛应用。本章主要介绍碳/碳复合材料的制备工艺和抗氧化措施，同时简要介绍其组织结构、性能特点及应用。

7.1　碳/碳复合材料概述

碳/碳复合材料是以碳为基体，以高强度碳纤维（C_f）或碳纤维制品（碳纤维布、碳毡或碳织物等）为增强体，通过加工处理和碳化处理制成的全碳质复合材料。

碳/碳复合材料作为碳纤维复合材料家族的一个重要成员，具有密度低、比强度高、比模量高、热传导性好、热膨胀系数小、断裂韧性好、耐磨损、耐烧蚀等特点，尤其是强度随着温度的升高，不仅不会降低，反而还可能升高，它是所有已知材料中耐高温性最好的材料，因而广泛地应用于航空航天、核能、化工、医用等领域，既可作为结构材料承载负荷，又可作为功能材料发挥作用。

然而，碳/碳复合材料也具有碳材料的最大弱点——在空气气氛下易氧化，一般在

375℃以上就开始有明显的氧化现象，因此在高温下使用碳/碳复合材料时必须经过抗氧化处理。

碳/碳复合材料

　　碳/碳复合材料的发现来自一次偶然的实验。1958 年美国沃特航空公司实验室为了测定碳纤维增强酚醛树脂基复合材料中的碳纤维含量，由于实验过程中出现失误，聚合物基体没有被氧化，反而被热解了，意外地得到了一种碳材料。该公司通过对碳化后的材料进行分析，并与美国联合碳化物公司共同经过了多次实验，发现得到的碳纤维增强的碳基复合材料具有一系列优异的物理和高温性能，成为一种新型的结构复合材料。从此，复合材料大家庭中又增添了一名新成员，并开发出一系列碳/碳复合材料。

　　碳/碳复合材料一经发现，就立刻引起了材料研究人员的普遍关注。尽管碳/碳复合材料具有许多其他复合材料不具备的优异性能，但作为工程材料，在最初的 10 年间发展较缓慢，这主要是由于碳/碳复合材料的性能在很大程度上取决于碳纤维的性能和碳基体的致密化程度。当时，各种类型的高性能碳纤维正处于研究与开发阶段，碳/碳复合材料的制备也处于实验研究阶段，同时其高温抗氧化防护也未得到很好的解决。

　　在 20 世纪 60 年代中期到 70 年代末期，随着现代空间技术的发展，对空间运载火箭发动机喷管及喉衬材料的高温强度提出了更高要求，载人宇宙飞船等空天飞行器的开发等迫使人们去探索超高温材料，这些对耐高温材料的需求对碳/碳复合材料技术的发展起到了有力的推动作用。此时，高强度、高模量碳纤维的制造技术已得到成功开发并被商品化，加上克服碳/碳复合材料各向异性的编织技术也得到了发展，更主要的是碳/碳复合材料的制备工艺也由浸渍树脂、沥青碳化工艺发展到多种化学气相沉积碳基体的工艺技术。可以说，这是碳/碳复合材料研究开发迅速发展的阶段，并且逐步走向了工程应用。

　　除了在军事和宇航领域的应用外，1974 年英国邓禄普公司首次研制出碳/碳复合材料飞机制动盘，并在"协和号"超音速飞机上试飞成功，制动盘的使用寿命提高了 5～6 倍。从此，碳/碳复合材料的应用从宇航和军事领域迅速扩大到民用领域。

　　20 世纪 70 年代碳/碳复合材料研究开发工作的迅速发展，带动了 80 年代碳/碳复合材料在制备工艺、复合材料的结构设计，以及力学性能、热性能和抗氧化性能等方面基础理论及方法的研究，进一步促进和扩大了碳/碳复合材料在航空航天、军事及民用领域的推广和应用。尤其是预成型体的结构设计和多向编织加工技术日趋发展，复合材料的致密化工艺逐渐完善，并在快速致密化工艺方面取得了显著进展，同时复合材料的高温抗氧化性能得到了大幅度提高，使用温度可达到 1700℃，为进一步提高碳/碳复合材料的性能、降低成本和扩大应用领域奠定了基础。

　　我国自 20 世纪 70 年代初开始进行碳/碳复合材料的研究开发工作，在众多科技人员的努力下，已在多方面取得了进展并得到了应用。80 年代初固体火箭发动机的碳/碳复合材料喉衬进入实用化阶段；进入 21 世纪以来，作为摩擦材料和防热材料的应用也取得了重大突破，成功地在火箭喷管和头部、飞机制动盘等方面得到了应用。

7.1.2 碳/碳复合材料的特性

碳/碳复合材料具有金属、陶瓷、聚合物等材料不具备的一系列优点。与金属相比，碳/碳复合材料具有良好的耐热性、极小的膨胀率、很小的质量（只有铁的1/5）和良好的耐腐蚀性等特性。与陶瓷相比，碳/碳复合材料具有更好的韧性、不易破碎、不易黏结（不会胶合）和容易加工的特性。与树脂相比，碳/碳复合材料具有良好的耐热性、耐腐蚀性和耐摩擦性等特性。即使与石墨相比，碳/碳复合材料也具有更强的强度、更高的硬度和更好的韧性、不易破碎等特性。

碳/碳复合材料的性能与纤维的种类、增强方向、制造工艺及基体碳的微观结构等因素密切相关。

1. 碳/碳复合材料的物理和化学性能

因为碳/碳复合材料都是由碳元素组成的，所以具有碳材料所特有的密度小、化学稳定性好、耐烧蚀、抗热震、导热性好和热膨胀系数小等物理性能和化学性能。

（1）密度小（$<2.0g/cm^3$），仅为镍基高温合金的1/4、陶瓷材料的1/2，这一点对许多结构或装备要求轻型化至关重要。

（2）碳/碳复合材料与石墨一样具有良好的化学稳定性，它不与一般的酸、碱、盐溶液发生反应，不溶于有机溶剂，只与浓氧化性酸起反应。碳/碳复合材料的最大缺点是耐氧化性能差，其在常温下不与氧作用，开始氧化温度为375℃，温度高于600℃时即发生严重氧化。碳/碳复合材料耐高温，熔点可达4100℃，常压下加热到3600℃时才开始升华。

（3）碳/碳复合材料导热性好，在常温下甚至可以与铝及铝合金比拟，室温时热导率为$150\sim200W/(m \cdot K)$　［铁为$54W/(m \cdot K)$］；当温度为1650℃时，热导率降为$43W/(m \cdot K)$。碳/碳复合材料的热导率随石墨化程度的提高而增大，而且受纤维的排列方向、基体碳种类及热处理温度的影响。如双向排列纤维材料的热导率在常温下通常为$5\sim150W/(m \cdot K)$，热导率最大［可达$500W/(m \cdot K)$］的碳/碳复合材料是专为核聚变工厂研制的，采用超高处理温度并能形成极好的石墨基材结构。

（4）碳/碳复合材料的热膨胀系数小，并且随石墨化程度的提高而减小，线膨胀系数在常温下为$(-0.4\sim1.8)\times10^{-6}K^{-1}$，仅为金属材料的$1/10\sim1/5$，因此碳/碳复合材料对热冲击不敏感，其抗热冲击能力极强，不仅可用于高温环境，而且适合温度急剧变化的场合。

（5）碳/碳复合材料的比热容高，其值随温度上升而增大，因而能储存大量的热能，室温比热容约为$1.26kJ/(kg \cdot K)$［铁为$0.46kJ/(kg \cdot K)$］，1930℃时比热容为$2.09kJ/(kg \cdot K)$。其摩擦系数稳定，具有吸能减振功能，这对飞机制动等需要吸收大量能量的应用场合非常有利。

（6）碳/碳复合材料是一种升华辐射型烧蚀材料，并且烧蚀均匀。通过表层材料的烧蚀带走大量的热，可阻止热流传入飞行器内部。碳/碳复合材料的升华温度高达3600℃，在这种高温下，通过表面升华、辐射除去大量热量，使传递到材料内部的热量相应地减少。其表面的凹陷浅，能良好地保持外形，而且烧蚀均匀、对称，因此被广泛用作宇航领

域中的烧蚀防热材料。

（7）由于碳元素在所有材料中具有最好的生物相容性，因此碳/碳复合材料可作为生物材料使用。

（8）碳/碳复合材料导电性好，其电阻率不受重复加热的影响，并随石墨化程度的升高而降低，而且具有屏蔽电磁波的功能，对 X 射线的透过性好。

表 7 - 1 是碳/碳复合材料与金属铁的基本物理性能对比。表 7 - 2 是一种典型的三维正交增强的碳/碳复合材料的基本物理性能。表 7 - 3 是碳/碳复合材料与其他材料的有效烧蚀热的比较。

表 7 - 1　碳/碳复合材料与金属铁的基本物理性能对比

材料	密度 / （g/cm³）	熔点 /℃	沸点 /℃	热膨胀系数 （×10⁻⁶）/K⁻¹	热导率 / ［W/(m·K)］	比热容 / ［kJ/(kg·K)］
碳/碳	1.7～1.9	4100	3600 （升华）	−0.4～1.8	150～200（常温） 45（1650℃）	1.26（室温） 2.09（1930℃）
铁	7.9	1535	2750	10.5～13.5	54（常温）	0.46（室温）

表 7 - 2　一种典型的三维正交增强的碳/碳复合材料的基本物理性能

增强方向	密度 / （g/cm³）	热膨胀系数 （×10⁻⁶）/K⁻¹			热导率/ ［W/(m·K)］	
		298K	1900K	2973K	298K	1900K
Z	1.9	0	3	8	246	60
X - Y	1.9	0	4	11	149	44

表 7 - 3　碳/碳复合材料与其他材料的有效烧蚀热的比较

材料	碳/碳	聚丙乙烯	尼龙/酚醛	高碳氧/酚醛
有效烧蚀热 （kJ/kg）	46000～60000	7250	10400	17500

2. 力学性能

碳/碳复合材料的力学性能主要取决于碳纤维的种类、取向、含量和制备工艺等。表 7 - 4 为碳/碳复合材料与宇航级石墨 ATJ - S 的力学性能的比较。表 7 - 5 为单向和正交碳纤维增强的碳/碳复合材料的力学性能。表 7 - 6 为典型的三维正交增强的碳/碳复合材料的力学性能。由表中可以看出，碳/碳复合材料的高强度、高模量特性主要是来自碳纤维，碳纤维强度的利用率一般可达 25％～50％。随着温度的升高，碳/碳复合材料的强度不仅不会降低，反而比室温下的强度还要高，这是目前工程材料中唯一能保持这一特性的材料。碳纤维在碳/碳复合材料中的取向明显影响材料的强度，一般情况下，单向增强复合材料在沿纤维方向拉伸时的强度最高，但横向性能较差，正交增强可以减小纵、横向强度的差异。

表7-4　碳/碳复合材料与宇航级石墨ATJ-S的力学性能的比较

性能	温度 /℃	T-50-221-44型 三向正交编织碳/碳复合材料		ATJ-S型 宇航级石墨	
		X-Y向	Z向	//结晶向	⊥结晶向
密度/（g/cm³）	25	1.9		1.83	
拉伸强度/MPa	25	140	126	39.6	30.5
	2500	280	231	54.3	43.4
抗拉模量/GPa	25	59.4	52.4	11.7	7.8
	2500	40.9	30.5	11.2	7.4
断裂延 伸率/（%）	25	0.18	0.2	0.45	0.54
	2500	0.2	0.21	2.0	2.2
抗弯强度/MPa	25	—	142	42.7	38.2
	2500		190	70.4	68.5

表7-5　单向和正交碳纤维增强的碳/碳复合材料的力学性能

增强方式	纤维含量 /（vol%）	密度 /（g/cm³）	抗弯强度 /MPa	抗拉强度 /MPa	弯曲模量 /GPa	热膨胀系数 （×10⁻⁶）/K⁻¹
单向	65	1.7	727	690	186	1.0
正交	55	1.6	276	–	76	1.0

表7-6　典型的三维正交增强的碳/碳复合材料的力学性能

增强 方向	密度 /（g/cm³）	抗拉强度 /MPa		拉伸模量 /GPa		压缩强度 /MPa		压缩模量 /GPa	
		298K	1900K	298K	1900K	298K	1900K	298K	1900K
Z	1.9	310	400	152	159	159	196	131	110
X-Y	1.9	103	124	62	83	117	166	69	62

图7.1为碳/碳复合材料的强度随试验温度的变化。很明显，单向增强复合材料的强度在试验温度下均优于三向增强的强度。此外，由图7.1还可以看出，碳/碳复合材料在强度上明显高于块状石墨。图7.2为碳/碳复合材料与其他碳材料的强度和模量对比。一般来说，碳/碳复合材料的弯曲强度介于150～1400MPa之间，弹性模量介于50～200GPa之间。

密度低的碳纤维和碳基体组成的碳/碳复合材料与金属基复合材料、陶瓷基复合材料相比，其比强度在1000℃以上高温时更优秀，如图7.3所示。碳/碳复合材料与树脂基复合材料相比，其高温性能更具优越性。图7.4为碳/碳复合材料与金属基复合材料和聚合物基复合材料的高温性能比较。实际上碳/碳复合材料的比强度也高于硼纤维和碳纤维增

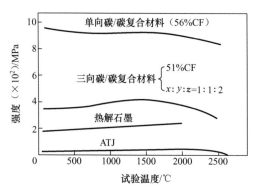

图 7.1　碳/碳复合材料的强度随试验温度的变化

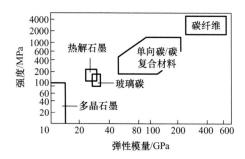

图 7.2　碳/碳复合材料与其他碳材料的强度和模量对比

强的金属基复合材料。除高温纵向拉伸强度外，碳/碳复合材料的剪切强度与横向拉伸强度随温度的升高而提高，这是由于高温下碳/碳复合材料因基体碳与碳纤维之间热失配而形成的裂纹可以自行闭合。

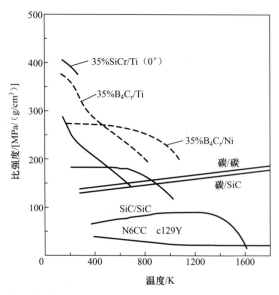

图 7.3　碳/碳复合材料与其他高温材料的比强度比较

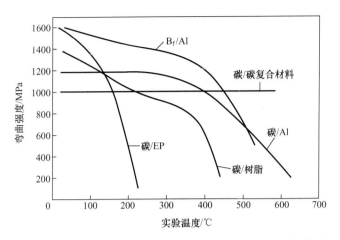

图 7.4　碳/碳复合材料与金属基复合材料和聚合物基复合材料的高温性能对比

　　碳/碳复合材料中的碳纤维与碳基体的界面结合状态影响其力学行为。碳/碳复合材料的碳基体断裂应变及断裂应力通常低于碳纤维的，甚至在制备过程中热应力也会使碳基体产生显微开裂。不言而喻，碳纤维的类型、基体的预固化及后续工序的类型等都决定了界面的结合强度。当纤维与碳基体的化学与机械键合形成强的界面结合时，在较低的断裂应变时，基体中形成的裂纹扩展越过纤维/基体界面，引起纤维的断裂，此时碳/碳复合材料脆性断裂，而复合材料的强度是由基体断裂应变决定的，如图 7.5（a）所示。图 7.5 中，ε_m^f、ε_f^f、ε_C 分别表示基体、纤维和复合材料的断裂应变。当基体/纤维界面结合相对较弱时，复合材料受载一旦超过基体断裂应变，基体裂纹就在界面引起基体与纤维脱黏，而不会穿过纤维。此时碳纤维仍能继续承受载荷，从而呈现出非脆性断裂方式，通常称为假塑性断裂，如图 7.5（b）所示。因此，虽然碳材料是脆性材料，但碳/碳复合材料在高强度下仍然具有比陶瓷和石墨高的断裂韧性。

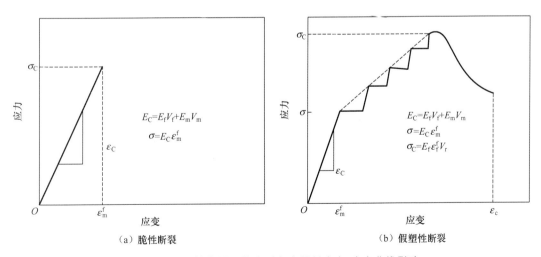

图 7.5　纤维/基体界面结合对复合材料应力-应变曲线影响

275

3. 摩擦性能

碳/碳复合材料还具有优异的摩擦磨损性能。碳/碳复合材料中的碳纤维的微观组织为乱层石墨结构，其摩擦系数比石墨的高，因而碳纤维除了起增强碳基体的作用外，还提高了复合材料的摩擦系数。众所周知，石墨因其层状结构而具有固体润滑能力，可以降低摩擦副的摩擦系数。通过改变基体碳的石墨化程度就可以获得摩擦系数适中又有足够强度和刚度的碳/碳复合材料。

碳/碳复合材料因具有一系列独特的力学、热学及摩擦磨损性能，而成为替代金属基复合材料的新一代制动材料，其主要特点如下。

(1) 密度小。碳/碳复合材料的密度只有 $1.8g/cm^3$ 左右，是金属基复合材料的 1/4～1/3。采用该材料制作的制动组件能显著减轻飞机制动装置的质量，减重达 40% 左右。例如波音-747使用碳/碳复合材料制动盘，可减重 635kg；A-320 使用碳/碳复合材料制动盘，可减重 550kg。这对军用飞机来说，可提高飞机的有效载荷和战技指标；对商用飞机来说，减重 1kg 相当于每年可节省 3000L 燃料，因此其节约使用成本效果显著。

(2) 热稳定性好。在飞机制动过程中，制动盘整体温度达 500℃，制动片的表面温度可达 1500℃，甚至超过 2000℃，碳/碳复合材料既不会熔融黏结，也不会翘曲变形，冷却以后可继续使用；而金属基复合材料的温度超过 660℃ 以上就会产生翘曲变形，导致熔融黏结，需要对制动组件进行大型维修。因此，采用碳/碳复合材料制作的制动片既提高了制动组件的设计裕度，也提高了制动组件的使用安全性。

(3) 比热容大。碳/碳复合材料的比热容是金属基复合材料的 2.5 倍，制动时吸收动能大，可达 820～1050kJ/kg；而过去采用钢/金属陶瓷制造的制动盘，动能吸收只有 300～500kJ/kg。因此碳/碳复合材料具有良好的吸热功能，能显著提高飞机制动性能，提高热库的储热能力，降低热库的工作温度。

(4) 摩擦系数稳定。碳/碳复合材料在很大的温度范围内具有稳定的摩擦系数，从室温到1500℃的摩擦系数可保持在 0.2～0.3，飞机制动过程柔和，提高了飞机的制动舒适性。

(5) 磨损率低，使用寿命长。碳/碳复合材料制动盘的使用寿命达到金属基复合材料的 2 倍以上，减少了制动组件的维修次数；比强度高，尤其是高温下比强度是钢的 2 倍以上，与金属基复合材料相比，其自身可作为结构元件，不需要其他材料制作骨架支撑结构，简化了制动组件的结构，提高了制动组件的可靠性和可维修性。

正因为碳/碳复合材料具有上述特点，特别适合作为飞机制动材料使用，所以自 20 世纪 90 年代以来，碳制动已成为新型飞机的标准配置而广泛应用。

图 7.6 为金属陶瓷—钢和碳/碳—碳/碳复合材料摩擦副的制动曲线比较。可以看出，碳/碳复合材料摩擦制动时吸收的能量大。碳/碳复合材料摩擦副的磨损率仅为金属陶瓷—钢摩擦副的 1/10～1/4。特别是碳/碳复合材料的高温性能特点，在高速、高能量条件下的摩擦升温高达 1000℃ 以上时，其摩擦性能仍然保持平稳，这是其他摩擦材料不具有的。正因如此，碳/碳复合材料作为军用飞机和民用飞机的制动盘材料，已得到越来越广泛的应用。

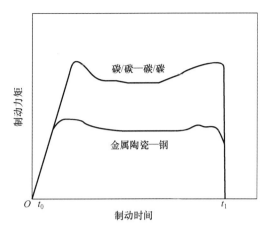

图7.6　金属陶瓷—钢和碳/碳—碳/碳复合材料摩擦副的制动曲线比较

7.2　碳/碳复合材料的原材料

7.2.1　碳/碳复合材料用碳纤维的选择

碳纤维在碳/碳复合材料中主要起增强体的作用，因此其组成和结构、力学性能及表面特性对碳/碳复合材料的综合性能有重要的影响。对碳/碳复合材料用碳纤维的选择有以下几个原则。

（1）对金属等杂质含量的要求。碳/碳复合材料的一个重要用途是做耐烧蚀材料，一方面，钠等碱金属是碳的氧化催化剂，碱金属加速了碳/碳复合材料的氧化；另一方面，当用碳/碳复合材料制造飞行器烧蚀部件时，飞行器飞行过程中，由于热烧蚀而在尾部形成含钠离子流，易被探测和跟踪，突防和生存能力受到威胁。因此，钠等碱金属的含量越低越好。目前 PAN 基碳纤维被广泛用来制造碳/碳复合材料，碱金属质量分数最好降低到 50mg/kg 以下，以提高自身的抗氧化性能。

（2）对碳纤维性能的要求。采用高模量、中强度或高强度、中模量碳纤维制造碳/碳复合材料时，不仅强度和模量的利用率高，而且具有优异的热性能。由于其发达的石墨层平面和较好的择优取向，抗氧化性能不仅优于通用的乱层石墨结构碳纤维，而且热膨胀系数小，可减小浸渍与碳化过程中产生的收缩及减少因收缩而产生的裂纹，使整体性能得到提高。

（3）对表面处理及界面特性的要求。碳纤维表面处理对碳/碳复合材料的性能有显著影响，未经表面处理的碳纤维，两相界面黏结薄弱，基体的收缩使两相界面脱黏，纤维不会损伤而充分发挥其增强作用，使碳/碳复合材料的强度得到提高。经表面处理的碳纤维则相反，使碳/碳复合材料的强度下降。因此，未经表面处理的碳纤维（石墨纤维）更适合制造碳/碳复合材料。

7.2.2　基体碳材料的选择

碳/碳复合材料的基体碳可以从多种碳源采用不同的方法获得，目前主要是通过烃类

气体的化学气相沉积和液态浸渍含碳率高的高分子物质（一般为合成树脂或沥青）的碳化来获得。通过化学气相沉积得到的基体碳为沉积碳，也称化学气相沉积碳。而液态浸渍合成树脂或沥青的碳化得到的基体碳分别称为树脂碳和沥青碳。有时，往往将二者结合起来的混合物作为基体碳。

1. 沉积碳（化学气相沉积碳）

根据化学气相沉积原理，沉积碳即通过烃类气体的分解或反应生成固态物质，并在某固定基上成核并生长。而在碳/碳复合材料中，为获取沉积碳，其前驱气体主要有甲烷、丙烷、丙烯、乙炔、天然气或汽油等碳氢化合物。

沉积碳是通过沉积/化学气相渗透将热解碳沉积在预制体碳纤维表面，并不断沉积增厚。沉积/化学气相渗透工艺包括以下过程。

（1）反应气体通过层流渗透进预制体孔隙（开孔），并沿着碳纤维表面（沉积衬底）的边界层扩散。

（2）纤维表面吸附反应气体，反应气体在沉积衬底上发生热解反应，如甲烷经过加热可以裂化生成固态碳和氢，裂化反应如下。

$$CH_4(g) \xrightarrow{\text{加热}} C(s) + 2H_2(g) \tag{7-1}$$

（3）反应生成的固态碳沉积在碳纤维表面（沉积衬底）。

（4）产生的气体 H_2 在沉积衬底解吸附，并沿边界层区域向孔隙开口处扩散。

（5）产生的反应生成的气体排出。

反应气体形成沉积碳的沉积速率（v_C）与气体种类和反应温度有很大的关系，如图 7.7 所示。但是固态碳的沉积过程十分复杂，并与工艺参数的控制有密切关系，目前还不完全清楚碳原子是以什么方式在纤维和沉积碳表面沉积的，这将在化学气相沉积工艺中作进一步分析。根据不同沉积温度可获不同形态的沉积碳，如在 950～1100℃ 下为热解碳，在 1750～2700℃ 下为热解石墨。

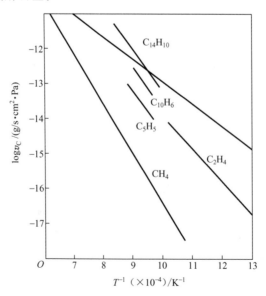

图 7.7　不同反应气体的沉积速度与反应温度的关系

2. 树脂碳和沥青碳

树脂碳和沥青碳均是碳纤维预成型体经过浸渍树脂或沥青等浸渍剂后，经预固化，再经碳化后获得的基体碳。制备碳/碳复合材料时，液态浸渍剂的选择主要考虑以下几点。

（1）碳化率（焦化率）：碳化率高的浸渍剂可以提高制备碳/碳复合材料的效率，减少浸渍次数，为此要尽量选择碳化率高的浸渍剂。

（2）黏度：为使浸渍剂易浸渍到纤维或预成型体内，要求黏度适当。

（3）热解碳化时能形成张开型的裂缝和孔隙，以利于多次浸渍，形成致密的碳/碳复合材料。

（4）碳化强度：碳化后收缩时不会破坏碳纤维预制体的结构及形状。

（5）显微结构：浸渍剂碳化后形成的基体碳有利于碳/碳复合材料的性能。

（6）价格：在符合上述条件下，选择的浸渍剂越便宜越好。

表 7-7 和表 7-8 分别列出了煤焦油沥青和酚醛树脂的基本特性。由表可以看出这两种浸渍剂的碳化率为 50%～60%，黏度适中。实际上有许多树脂的碳化率可达 65%～85%，如双酚树脂、聚苯撑和聚苯并咪唑等，但价格贵，不宜采用。树脂浸渍剂中常采用的是价格便宜的酚醛树脂或呋喃树脂（焦化率见表 7-9）。

表 7-7　煤焦油沥青的基本特性

软化点 /℃	黏度① / (Pa·s)	焦化率② / (%)	密度 / (g/cm³)	S 含量 / (%)	灰分 / (%)
94～107	0.03～0.05	52～62	1.28～1.31	0.1～0.6	0.2～0.5

① 黏度的测定温度为 250℃。

② 焦化率的测定压力为一个大气压。

表 7-8　酚醛树脂的基本特性

黏度① / (Pa·s)	密度 / (g/cm³)	焦化率② / (%)	固体含量 / (%)	固化时间 /s	游离酚含量 / (%)
0.12～0.20	1.08～1.09	50～60	60～62	85～105	11.5～13.5

① 黏度的测定温度为 250℃。

② 焦化率的测定压力为一个大气压。

表 7-9　各种树脂的焦化率比较

树脂	酚醛树脂	呋喃树脂	聚酰亚胺	聚苯并咪唑	聚苯撑	双酚树脂
焦化率/ (%)	50～60	50～60	60	73	85	65

酚醛树脂或呋喃树脂经高温热解后碳化成树脂碳，形成的碳为无定形（非晶态）碳，在偏光显微镜下为各向同性。图 7.8 为碳纤维/酚醛树脂碳基碳/碳复合材料的偏光显微组织。可以看出，树脂碳在碳化时收缩形成显微开裂。一般来说，树脂碳属硬碳或不易

（难）石墨化的碳。

图 7.8　碳纤维/酚醛树脂碳基碳/碳复合材料的偏光显微组织

沥青是由多种多环芳香烃碳氢化合物组成的，主要包括以下几种。

（1）热固性沥青烯（BS）：不溶于石油醚，但溶于苯和甲苯。

（2）β-树脂（BI）：不溶于苯和甲苯，但溶于喹啉和吡啶。

（3）α-树脂（QI）：不溶于喹啉和吡啶，是高分子量芳香族化合物。

沥青的碳化率随高分子量芳香族化合物的含量增大而增大，最高的碳化率达90%。沥青的碳化率还与碳化压力有关，如图7.9所示，当碳化压力增大时，低分子量物质挥发汽化，并在压力下热解得到固态沥青碳。在一定压力下，沥青热解的焦化率可达90%。因此，为提高沥青的焦化率，往往在碳/碳复合材料的复合碳化过程中采用压力浸渍碳化工艺。

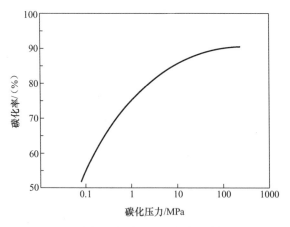

图 7.9　碳化压力对石油沥青碳化率的影响

温度为300~500℃以上时，沥青一般经历以下碳化过程。

（1）低分子量物质的挥发汽化、脱氢、缩合、裂化和分子结构的重排，并形成平面型芳环分子。

（2）各向同性的液态沥青在400℃以上时，可形成中间相，沥青中间相结构如图7.10所示。

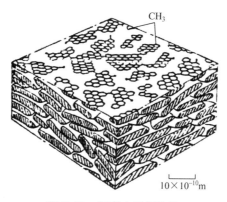

图 7.10　沥青中间相结构

（3）这些中间相又畸变变形，聚结并固化成层状排列的分子结构。

（4）这种层状排列的分子结构的碳在加热至2000～2500℃以上时有利于形成各向异性的碳（石墨结构），因此沥青热解形成的基体碳一般是易石墨化的碳。

7.3　碳/碳复合材料的制备工艺

碳/碳复合材料的制备过程包括碳纤维预制体的成型、碳基体的形成及致密化、热处理、抗氧化涂层及最终产品的加工检测等工序。典型的碳/碳复合材料的制备工艺流程如图7.11所示，其中重要的工艺环节为碳预制体的成型、基体碳的形成、热处理及抗氧化涂层。

根据工况条件、环境条件和要制备的具体构件，可以设计和制备不同结构的碳/碳复合材料。它们的增强材料可以采用不同类型的碳纤维和编织方式等构成构件所需的基本形状，组成预成型体。碳/碳复合材料的基体碳也可以分别通过化学气相沉积或浸渍高分子聚合物碳化来获得。在制备工艺中，温度、压力和时间是主要工艺参数。由于工艺方式或所选择的工艺参量的不同，所获得的碳/碳复合材料的显微结构、密度及力学性能不可能完全相同。因此，根据构件所需的性能要求，可以从碳/碳复合材料制备工艺中采用不同风格的工艺流程。在制备工艺研究与开发中，重要的是如何尽可能缩短工序，以利于降低制备碳/碳复合材料的成本。

7.3.1　碳纤维预制体的成型

碳/碳复合材料制备的基本工艺是先将碳纤维增强材料制成预制体（或预成型体），然后以基体碳填充逐渐形成致密的碳/碳复合材料。在预制体成型前，根据所设计复合材料的应用和工作环境来选择纤维种类和成型方式，碳/碳复合材料的预成型体可分为单向、二维和三维，甚至可以是多维方式，可以用长纤维经编织成碳纤维层、板或块体等形状，也可以用浸渍树脂或沥青的碳纤维直接编织，还可以用短纤维模压或喷射成型。有些是采用编织好的层状（二维）或碳毡叠层，并在Z向进行穿扦制成碳纤维预制体。预成型体是

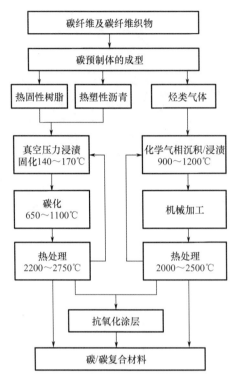

图 7.11　典型的碳/碳复合材料的制备工艺流程

一个多孔体系，含有30%～70%的孔隙，即使是在用成束碳纤维编织的预成型体中，纤维束中的纤维之间仍含有大量的孔隙。在制备圆桶、圆锥或其他复杂形状的预成型体时，需要采用计算机控制来编织。

单向和二维大多是将碳纤维、碳纤维平面编织物或碳毡等预先浸渍高碳化率的沥青或树脂，形成预浸片，然后像聚合物基复合材料层压板一样按设计要求叠层或铺层，再进行二次固化获得预成型体。这种预成型体中已包含可形成基体碳的材料。在后续碳化工艺中基体碳失重和降低密度，并通过纤维骨架来维持材料的收缩，然后经过下一步的多次浸渍和碳化工艺，使低密度复合材料形成更致密化的碳/碳复合材料。

三维编织预成型的制备通常先用碳纤维布叠层或者用碳纤维束编织，然后采用空心细径钢管Z向穿入引纱，也可用细径金属棒穿孔引纱。插入的Z向纤维（束）可以直接用碳纤维（束），也可以是预先浸渍了沥青或树脂的碳纤维（束）。当采用金属管（Z向）三维编织时，当X、Y向纤维交替排列于金属管的行与列之间，然后用纤维束来替代Z向金属管。同样可以用二维织布来代替X-Y向纤维（束），并用精确排布的金属管穿透织布，然后用纤维（束）来替代金属管，以形成三维正交的碳/碳复合材料预成型体。三维正交碳纤维增强的碳/碳复合材料如图7.12所示。

在三维编织的基础上，又发展出多向编织，如四向、七向或十一向等。四向编织是按直角坐标系所组成的立方体的四个长对角线方向布置纤维束；七向编织则是在X、Y、Z三方向外，加上上述四个对角线方向布置纤维束。由于编织方向增加，改善了三向织物的非轴线方向的性能，使碳/碳复合材料的各部分性能趋于平衡，提

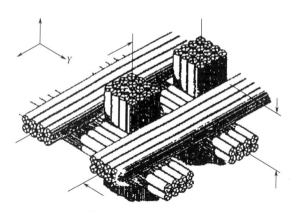

图 7.12　三维正交碳纤维增强的碳/碳复合材料

高了强度（主要是剪切强度），降低了材料的热膨胀系数。多向编织一般需要在专用编织设备上进行。图 7.13 所示为多维编织的碳/碳复合材料预成型体的结构示意。

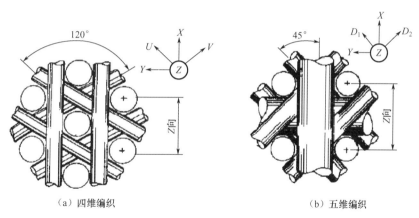

（a）四维编织　　　　　　　　　　（b）五维编织

图 7.13　多维编织的碳/碳复合材料预成型体的结构示意

　　对于短纤维增强体，可以采用模压成型工艺制备预成型体。模压成型是制备碳/碳复合材料的一种简便、高效的制备手段；也可以采用喷射成型工艺制备短纤维增强的碳/碳复合材料，一般把短切的碳纤维（一般为 0.025mm 左右）配置成碳纤维—树脂—稀释剂的混合浆料，然后用喷枪将此混合浆料喷射到芯模上使其成型，如图 7.14所示。

　　碳/碳复合材料预成型体所用碳纤维、碳纤维织物或碳毡等的选择根据碳/碳复合材料所制成构件的使用要求来确定，要考虑到预成型体与基体碳的界面配合。例如碳/碳复合材料制动盘材料一般多采用非连续的短纤维或碳毡做增强相，以提高制动盘的抗震性能。而一些受力的构件多采用连续纤维。在三维编织预成型体时，一般要求选择适合编织、便于紧实并能提供复合材料所需的物理和力学性能的连续碳纤维。总之，碳/碳复合材料的性能、形状取决于预制体的形状和碳纤维的分布方式。

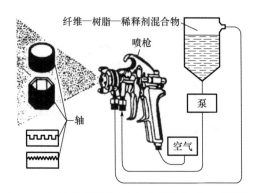

纤维—树脂—稀释剂混合物

喷枪

轴

泵

空气

图 7.14　短纤维增强碳/碳复合材料的喷射成型示意

7.3.2　碳/碳复合材料化学气相沉积工艺

1. 化学气相沉积工艺原理

化学气相沉积法是利用化学气相沉积工艺形成碳/碳复合材料基体碳的一种方法。首先将碳纤维增强材料预制体置于沉积炉中，通入甲烷等烃类气体，混合氢和氩等惰性气体作为载气，加热到 $1000 \sim 1100 ℃$ 进行热分解，碳源气体生成一些活性基团，与预制体中的碳纤维表面接触进行沉积碳。一般来说化学气相沉积工艺沉积碳一般包括以下过程。

（1）反应气体通过层流向沉积衬底的边界层扩散。

（2）沉积衬底表面吸附反应气体，反应气体发生反应并形成固态产物和气体产物。

（3）生成的气体产物解吸附，并沿一边界层区域扩散。

（4）生成的气体产物排出。

化学气相沉积工艺沉积碳的主要影响因素有反应气体的种类和流量、反应温度及压力、载气的流量和分压等。首先，碳的沉积速度与反应气体的种类有关，如图 7.7 所示，可以看出不同的反应气体形成的碳沉积速率不同，一般来说，含碳量越大的反应气体沉积速率越快。其次，化学气相沉积过程受反应温度及压力影响较大，一般低温低压下化学气相沉积受表面反应动力学控制，而在高温高压下以扩散为主。如在由甲烷形成沉积碳的过程中，在碳/碳复合材料预成型体的表面发生一系列脱氢/聚合反应，最后才得到热解碳。研究表明，甲烷经 $1000 ℃$ 以上高温热解后形成乙炔或苯类芳香烃的产物，所形成的沉积碳的结构与反应温度、热解形成的乙炔与苯类产物的比例有关。此外，化学气相沉积工艺中载气的流量和分压也会影响化学气相沉积过程的扩散/沉积的平衡，从而影响碳/碳复合材料的致密度和性能。

在化学气相沉积过程中，为防止预成型体中孔隙入口处因沉积速度太大而造成孔的封闭，在工艺参量控制时应使反应气体和反应生成气体的扩散速度大于沉积速度，如图 7.15 所示。在化学气相沉积时，导入反应气体的同时往往需要导入惰性气体，也称载气，如氢、氦、氩或氮，起稀释反应气体的作用，目的是改善反应气体的扩散条件。

图 7.16 为反应温度、压力和气体流量对沉积碳沿孔隙深度沉积速度的影响。可以看出，化学气相沉积反应时工艺参数控制的重要性。研究指出，化学气相沉积工艺条件的微

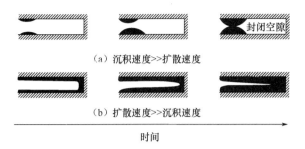

（a）沉积速度>>扩散速度

封闭空隙

（b）扩散速度>>沉积速度

时间

图 7.15　化学气相沉积沉积碳的过程中气体扩散与沉积速度对孔隙封闭影响的示意

小改变都会产生具有不同力学性能或抗氧化性能的沉积碳。

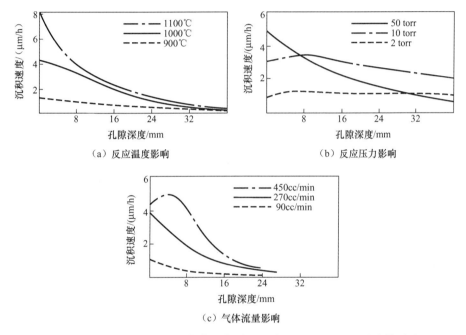

（a）反应温度影响

（b）反应压力影响

（c）气体流量影响

图 7.16　反应温度、压力和气体流量对沉积碳沿孔隙深度沉积速度的影响

2. 化学气相沉积/化学气相浸渍工艺

如上所述，在化学气相沉积工艺中，为获得较致密的碳/碳复合材料，需要控制好化学气相沉积中碳沉积与反应气体扩散这一对矛盾。因而在化学气相沉积工艺中应使沉积与扩散达到合理的平衡。影响沉积与扩散的主要因素是温度与压力。

根据工艺中温度与压力的控制，碳/碳复合材料的化学气相沉积工艺主要可分为四种基本工艺方法：等温工艺、压力梯度工艺、温度梯度工艺和化学液气相沉积工艺。图 7.17 所示为四种工艺方法原理。

（1）等温工艺。

等温工艺也称恒温工艺，是指预制体在经化学气相沉积碳填充时，整个预制体处于相同温度下，是目前碳/碳复合材料制备中应用最广泛的一种简单易行的工艺方法。该工艺是将预成型体放入一个化学气相沉积炉中，导入碳氢化合物气体（如甲烷、天然气等）。

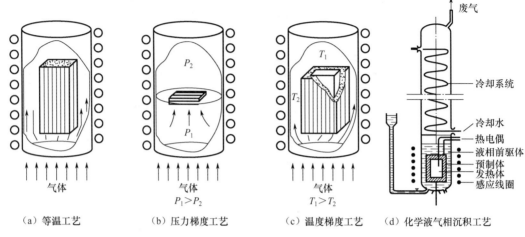

（a）等温工艺　　　　（b）压力梯度工艺　　　　（c）温度梯度工艺　　　　（d）化学液气相沉积工艺

图 7.17　四种工艺原理

控制好炉温和导入气体的流量和分压，主要是控制好反应气体和反应后生成的气体在孔隙中的扩散，以便在预成型体内的各处都得到均匀的沉积。为了防止预成型体的表面结壳和内部孔隙入口处的封闭，应使反应表面速率（沉积速率）低于扩散速率，这意味着沉积碳增长非常缓慢，整个工艺周期需要很长时间。

等温工艺一般又分为真空等温法和压力等温法。真空等温法是首先将放置预制体的化学气相沉积炉抽真空（低真空），预制体处于真空状态，反应气体更易扩散渗入预制体的孔隙中。而压力等温法中的化学气相沉积炉预先不抽真空，而是利用反应气体的压力使之渗入预制体孔隙中。

一个典型的真空等温工艺过程如下：反应气体［如丙烷（C_3H_8）］以 H_2、N_2、He 或 Ar 做载气，导入化学气相沉积炉内，反应气体流量为 $100\sim500mL/min$；在炉内（预制体）温度 $950\sim1150℃$、$0.13\sim20kPa$ 的压力下，可以获得的沉积热解碳的速度为 $1\sim2.5\mu m/h$，整个工艺一次循环需 $60\sim120h$；移出炉外，进行石墨化处理，温度为 $2400\sim2800℃$；沉积后对预制体进行表面机械加工；放入化学气相沉积炉内进行第二次化学气相沉积；反复多次，直到碳/碳复合材料达到设计所需的密度。

在采用等温工艺时，当沉积碳沉积到一定程度时，总有一部分孔隙被封闭，这样就减少了可填充的孔隙，造成碳/碳复合材料致密度进一步增大的困难。因此，想要通过一次化学气相沉积循环就使碳/碳复合材料完全致密几乎是不可能的。为了提高化学气相沉积效率，在实际生产中，碳/碳复合材料的坯料在炉中进行一周左右的化学气相沉积后，移出炉外冷却，冷却后可进行机械加工，去除表面的结壳，暴露出已封闭的孔洞和孔隙，然后放入化学气相沉积炉中进行下一步的致密化。这种循环，有的工件要反复进行 $4\sim5$ 次，以使孔隙得到最充分的沉积，获得高致密度的碳/碳复合材料。

采用等温工艺制备碳/碳复合材料，其突出的优点是可以生产大型构件，并且可在同一炉内中装入若干件碳/碳复合材料的预成型体，这是其他工艺无法做到的。等温工艺的最大缺点是沉积速度慢，碳/碳复合材料达到设计的致密度往往需要经过反复化学气相沉积—出炉—机械加工等工序，需要 $1000\sim2000h$ 才能完成。而且由于沉积速度慢，反应气体的利用率非常低，需回收分离。因此等温工艺造成碳/碳复合材料的成本非常高。

（2）压力梯度工艺。

压力梯度工艺是在等温工艺中沉积速度受到扩散速度限制情况下提出的一种改进工艺。该工艺的原理是利用反应气体通过碳/碳复合材料预制体时强制流动，在通过预制体时对流动气体产生阻力而形成压力梯度。研究发现，随着工艺过程的进行，不像等温工艺中沉积速度会因孔隙的闭合而逐渐减慢，而且随着孔隙的不断填充，压力梯度反而会增加。并且压力梯度工艺中碳的沉积速度与通过预成型体的压力降成正比。因此，该工艺的最大特点是沉积速度快。

由于压力梯度工艺利用预成型体的阻力形成压力梯度，因此其只局限于单件碳/碳复合材料构件的生产。同时，由于沉积速度的增大，与等温工艺一样也存在预成型体表面的结壳和内孔隙的闭合问题，因此也需要多次将工件移出炉外进行机械加工，以保证孔隙深度的填充。此外，该工艺要求化学气相沉积炉耐高压和压力密封，这对化学气相沉积设备提出了更高要求。这种工艺大多局限于大型碳/碳复合材料构件的化学气相沉积工艺，在实际生产中尚不能广泛应用。

（3）温度梯度工艺。

温度梯度工艺是一种扩散控制工艺，其原理是控制预成型体内、外两侧的温度形成温度差。这样在内、外侧的扩散与沉积速度不同，内侧温度高于外侧温度，可以避免进行等温工艺时外侧表面的结壳，这种工艺一般适用于对称的筒体或锥体。

在实际生产中，纤维预成型体缠绕在一个石墨芯型上。在化学气相沉积炉中，通过感应加热，石墨芯型成为发热体。当化学气相沉积温度、反应气体流量以及预成型体的导热系数选择适当时，化学气相沉积碳就会首先在石墨发热体与预成型体界面区域沉积，然后逐渐由预成型体内壁向外侧沉积。预成型体的纤维一般应具有较低的导热系数，以便建立起温度梯度。同时，反应气体（通常采用甲烷和氮气混合）的流速要高，因为反应气体和载气可以冷却预成型体的外表面，从而使预成型体内、外侧产生较高的温度梯度。在研究装置中，1cm 厚的预成型体截面就可以产生内外温差 500℃。采用碳毡做原材料比用纤维编织结构的预成型体的导热率明显要低。

温度梯度工艺的特色同样是沉积速率明显高于等温化学气相沉积工艺的，大约提高一个数量级。由于降低了预成型体的外表面结壳的倾向，该工艺可以不像上述两种工艺那样需要多次进行化学气相沉积循环后的坯料机械加工。温度梯度工艺甚至可以在大气压下操作，简化了工艺设备要求，不需要维持压力的容器和泵等设备。该工艺的缺点与压力梯度工艺的相同，限制在单件生产。

温度梯度工艺多应用在碳纤维编织的导弹鼻锥和火箭发动机喷管喉衬等碳/碳复合材料构件的生产中，石墨芯型采用锥体。

为了提高化学气相沉积碳的沉积速率，同时为了尽可能提高碳/碳复合材料的致密度，人们继续对化学气相沉积时的压力和温度控制方面进行改进。目前已经开发出化学液气相渗透、压力/真空渗透和温度/压力梯度等化学气相沉积等工艺。

（4）化学液气相沉积工艺。

化学液气相沉积工艺是 20 世纪 80 年代中期首先由法国发明的，开拓了制备碳/碳复合材料的新思路，并迅速得到重视。化学液气相沉积是预制体浸泡在液态前驱体中，通过加

热，使预制体孔隙中的液态前驱体汽化、裂解沉积，而不是直接由气相扩散渗透后裂解沉积。

化学液气相沉积工艺致密化的过程实际上是气—固表面的多相化学反应，是一种特殊形式的化学气相沉积工艺。传统化学气相沉积工艺中主要是扩散传质，而化学液气相沉积工艺中先驱体的传输主要为流动传输，因此具有很高热解炭沉积速率。

化学液气相沉积典型的工艺过程如下：将预制体浸渍于液态烃先驱体（如环己烷、煤油等）中；将整个系统加热至液态烃先驱体沸点，液态烃沸腾、汽化热损失使预制件外表面一侧温度下降，而与发热体接触的内表面仍保持高温；在预制体内部产生较大的温度梯度，当加热到一定的温度后，预制体内侧高温区的液态烃就会发生裂解反应沉积出热解炭；随着反应的进行，致密化前沿从预制件内侧逐渐向外推移，最后完成预制件的致密化。

致密化期间预制体内部存在相当大的热梯度，致密化前沿温度高、气体浓度高，不像通常化学气相沉积/化学气相浸渍那样保持低温低压而导致致密化速度非常缓慢；致密化期间预制体始终浸泡在液态烃中，相当于缩短了反应物渗透、扩散的路径；预制体内部温度梯度引起的反应物浓度梯度及液态烃剧烈沸腾形成液态及气态反应物的循环对流均促使反应物气体向致密化前沿快速流动、渗透、扩散，消除了扩散传输的限制，使得致密化过程受控于化学反应动力学，从而大幅度提高了致密化速率。

在化学液气相沉积工艺中，前驱体液态烃的选择原则如下：含碳量高、不含或少含杂原子，纯度较高；沸点适中（沸点太低，不宜用水冷却，液态烃挥发消耗量大；沸点过高，则分子长时间处于较高温度下容易分解或聚合变质）；较低热解温度，物质结构中含有活性基团；高残碳率、成本低、无毒或毒性小。考虑到存在大量异构体，前驱体的碳原子数以 6～8 个为好，如环己烷。另外，汽油（90♯）、煤油（航煤 3♯）、柴油（0♯）三种燃油低分子烃混合物，成分复杂，沸点偏高，但价格便宜、来源广泛，常用作化学液气相沉积液态前驱体。

化学液气相沉积的加热方式主要有两种：电阻式加热和感应式加热。电阻式加热即对预制体直接通电加热。这种加热方式的特点是效率高、速度快，可以直接对工件进行加热，达到形成温度梯度的目的。在反应过程中，电极和预制体始终浸泡在液态烃中，因此要求前驱体的导电性差，一般要求其介电常数大于 1.5。由于对前驱体要求较高，因此使用范围受到一定限制。感应式加热是通过电磁感应方式加热，因此首先受热的是预制体内部，热量由内向外传递，形成温度梯度。这种加热方式的特点是对前驱体没有任何导电性要求，安全性也大大提高，但发热效率和升温速度差一些。化学液气相沉积工艺无论采用何种加热方式，控制整个升温过程都至关重要。如果升温速度太快，预制体内形成的温度梯度很大，会使工件外部的密度较小；相反，如果温度梯度不够大，则沉积可能同时在表面进行，阻碍了汽化的前驱体向工件内部的充分渗透，这样预制体内部的致密化程度较低。

与传统化学气相沉积工艺相比，化学液气相沉积工艺具有以下优点：①沉积速度快，致密时间短，且一步成型（据报道，一次经 8h 沉积，碳/碳复合材料密度可达 1.8g/cm³）；②纤维束内及纤维束间的热解炭填充得较均匀，残留空隙较小，其组织主要为粗糙层热解炭；③与传统化学气相沉积工艺相比，化学液气相沉积工艺及设备不复杂；④前驱体价格低，易得；⑤未裂解反应的液态前驱体汽化后通过冷凝可以回收使用，或废气直接燃烧利用。据报道，美国、法国等采用该工艺生产的炭/炭制动片效率提高 100 倍以上，是目前碳/碳复合材料致密化工艺效率最高、成本最低的一种。

然而，化学液气相沉积工艺也具有以下缺点：①制备多个预制件时存在"气封"效应，即如果炉壁与预制件相隔太近或预制件之间相互靠得太近，反应产生的蒸气就可能聚集排开液体，大大减小预制件的热量传递，使某些区域温度过高，最终导致制件的密度不均匀；②形状与尺寸相差较大的预制件需要不同结构的电流感应线圈和加热装置；③需要把预制件完全浸入液态先驱体中，因此当感应加热装置发热体维持在 $900\sim1300℃$ 时，先驱体可燃性或有毒时，就存在一定的安全隐患性；④预制件外表面的密度较低，而且要求预制件半径较大才可产生有效的热梯度；⑤无论是感应加热还是电加热均必须有较大的电功率设备。

7.3.3 碳/碳复合材料的液态浸渍—碳化工艺

碳/碳复合材料制备中，另一种基本工艺是液态浸渍碳化工艺。通过该工艺可以获得碳/碳复合材料基体碳中的树脂碳或沥青碳。为了达到碳/碳复合材料的性能要求，一般需要经过多次浸渍碳化过程才能将复合材料致密化，最终复合材料的密度可达 $1.6\sim1.9g/cm^3$。一般碳/碳复合材料在采用液态浸渍—碳化工艺时，常常在最初的浸渍—碳化循环时采用酚醛树脂浸渍，随后采用呋喃树脂/沥青混合浸渍。为了改善沥青与碳纤维的结合，在碳纤维预成型体浸渍前可先进行化学气相沉积工艺，以便在纤维上获得一层很薄的沉积碳。下面分别介绍液态浸渍—碳化工艺中的树脂浸渍—碳化和沥青浸渍—碳化工艺的特点。

1. 树脂浸渍—碳化工艺

树脂浸渍—碳化工艺中常用的浸渍剂是酚醛树脂和呋喃树脂。以下以酚醛树脂的浸渍—碳化工艺过程为例来说明树脂浸渍—碳化工艺。酚醛树脂是一种碳/碳复合材料树脂基体碳理想的浸渍剂，它是由甲醛和苯酚经过缩聚反应生成的。酚醛树脂可由两种工艺生产，一种是一步法工艺，另一种是两步法工艺，主要区别是所用催化剂和参与反应的苯酚与甲醛的比例不同。作为浸渍剂的酚醛树脂是由一步法工艺制备的。它属于热固性树脂，其特点是长链，带有轻度交联并能溶于溶剂。

在浸渍酚醛树脂前，为了便于树脂能浸渍到整个预成型体的构件中，通常要用有机溶剂将树脂稀释，以降低黏度。溶剂可以在固化和碳化阶段挥发掉。在浸渍工艺中多采用真空浸渍，以提高浸渍效率。

已浸渍了树脂的预成型体需要固化，为了使树脂聚合和交联得更充分，除一次固化外，还可进行二次固化，以形成三维交联。二次固化的交联聚合产生的冷凝形成的水分可以在碳化前就排出预成型体外，以免碳化时在预成型体内层间的水蒸气压引起分层缺陷。

预固化后的预成型体在碳化或石墨化炉中，在一个大气压的保护气氛下进行碳化。碳化温度在 $600\sim1100℃$ 之间，酚醛树脂和呋喃树脂的碳化率与压力无关，为 $50\%\sim60\%$，故碳化时会产生较大的体积收缩。

图 7.18 所示为树脂在预成型体孔洞中浸渍、固化和碳化时的收缩情况。酚醛树脂碳化时的体积收缩随温度的变化如图 7.19 所示。该收缩曲线反映了酚醛树脂体积收缩的四大特点：①在温度低于 $500℃$ 时主要是缩水，形成水蒸气逸出，体积收缩 40% 左右；②在 $600\sim700℃$，树脂进一步热解出甲烷和一氧化碳，体积收缩至 50% 左右；③随后随着碳化温度的升高，只是脱氢，因此体积收缩趋于稳定；④当温度超过 $1700℃$ 之后，由于树脂碳趋向石墨化以及收缩造成的裂缝的综合作用，体积会有所增大。在低温碳化时，树脂化学

结构上的重排很困难，从而转化为各向同性结构的树脂碳。

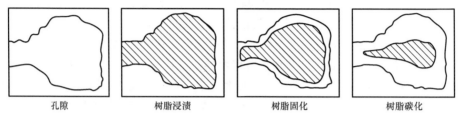

孔隙　　　　　　树脂浸渍　　　　　　树脂固化　　　　　　树脂碳化

图 7.18　树脂在预成型体孔洞中浸渍、固化和碳化时的收缩情况

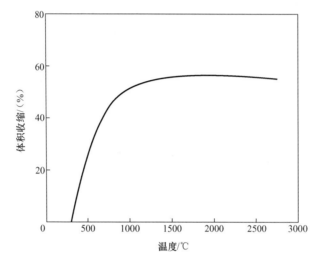

图 7.19　酚醛树脂碳化时的体积收缩随温度的变化

　　树脂碳化时因收缩产生的裂缝或孔隙可以通过再浸渍填充。图 7.20 所示为树脂浸渍碳化循环次数对碳/碳复合材料密度的影响。可以看出，通过前三次的浸渍—碳化循环后，复合材料的密度增大较快。而第四次以后，复合材料的密度增大开始变得缓慢，这主要是因为随着循环次数的增加，被封闭的裂缝或孔隙越来越多，从而增加了浸渍渗透的困难，降低了浸渍—碳化致密化的效率。即使经过多次树脂浸渍—碳化循环，也避免不了在碳/碳复合材料中由固化和碳化的收缩造成的内部显微裂缝和孔隙的存在。

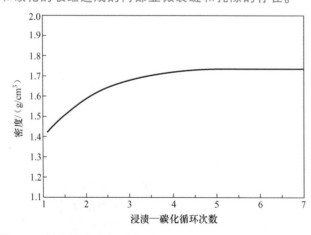

图 7.20　树脂浸渍—碳化循环次数对碳/碳复合材料密度的影响

2. 沥青浸渍—碳化工艺

沥青是一种含有多种有机化合物的混合物，具有低软化点，熔化时黏度低、碳化率高和易形成石墨碳结构等特点。因而，沥青是一种理想的碳/碳复合材料基体碳来源和液态浸渍碳化工艺的常用浸渍剂。一般碳/碳复合材料预成型体浸渍沥青前，预成型体可以先进行化学气相沉积，在碳纤维表面获得化学气相沉积碳，也可以先得到低密度树脂碳的碳/碳复合材料坯体之后，采用真空浸渍沥青方式进行。前者可以影响沥青碳与碳纤维的结合界面结构，后者亦称复合（混合）浸渍—碳化工艺。

沥青的组成十分复杂，因而其碳化的热解过程也十分复杂。沥青的组成可通过溶剂溶解方式来粗略区分。一类是不溶于喹啉或吡啶的具有高分子量的芳香族化合物或固态杂质，称为α-树脂，简称QI；另一类是不溶于甲苯，但可溶于喹啉或吡啶，称为β-树脂，简称BI；第三类不溶于石油醚，但溶于苯和甲苯，为热固性树脂，统称为沥青烯，简称BS。从理论上讲，沥青的碳化率是复合这几种组成物的碳化物的混合率，即

$$沥青碳化率＝0.95QI＋0.85(BI－QI)＋(0.3\sim0.55)BS \qquad (7-2)$$

式中，QI 的碳化率为 95%，BI－QI 的碳化率为 85%，而 BS 的碳化率为 $30\%\sim55\%$。因此沥青碳化率的提高随高分子量化合的增加而增大。

沥青的碳化率还与碳化时的压力有关。在一个大气压下沥青的碳化率约为 50%，与酚醛树脂相当。但随着碳化时压力的增大，沥青的碳化率有明显提高，如图 7.21 所示，当压力达到 100MPa 时，沥青的碳化率可达 90%。因此，为了提高沥青碳化效率，在沥青浸渍—碳化工艺中常采用压力浸渍碳化工艺。压力浸渍—碳化工艺提高碳化率的原因是在压力下抑制了沥青中低分子量的化合物挥发逸出。当温度升高时，在聚合过程中，这些低分子量化合物也能参与芳香环烃的生成，从而提高了高分子化合物的量。此外，沥青浸渍—碳化工艺还可以防止沥青碳化时鼓胀的现象。

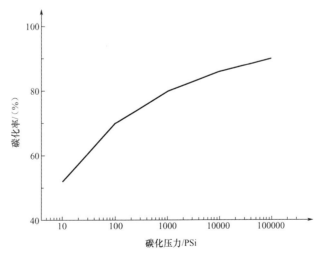

图 7.21　沥青浸渍—碳化工艺中碳化压力对碳化率的影响

图 7.22 所示为三维编织碳/碳复合材料的沥青浸渍—碳化工艺的升温制度。在沥青浸渍—碳化工艺中，预成型体采用真空浸渍工艺浸渍熔化的沥青，固化后放入压力容器中，并

用固态粉末沥青包围。然后放入碳化炉内，升温、加压，炉内压力为 100MPa，温度为 650℃，在氮气或氩气保护下进行碳化，碳化需要 18～30h，为了达到碳/碳复合材料的致密度，提高复合材料的性能，往往需要经历 4～5 次沥青浸渍—碳化工艺循环，图 7.23 所示为沥青浸渍—碳化工艺的循环次数对碳/碳复合材料密度的影响。可以看出，经沥青浸渍—碳化循环后，沥青基碳/碳复合材料的密度可达 1.9g/cm³。

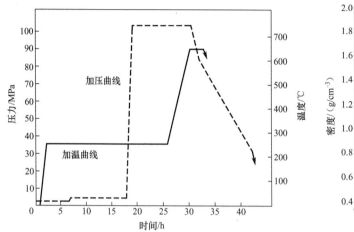

图 7.22　三维编织碳/碳复合材料的
沥青浸渍—碳化工艺的升温制度

图 7.23　沥青浸渍—碳化工艺的循环次数
对碳/碳复合材料密度的影响

在实际沥青浸渍—碳化工艺中，往往采用热等静压浸渍—碳化（HIPIC）工艺。其工艺流程示意如图 7.24 所示。为了获得高质量的碳/碳复合材料，需要严格按照工艺规范的规定进行工艺参数（如温度与压力）的控制。而沥青碳化过程非常缓慢，有时甚至要达到 1～2 天，才能保证完成一次浸渍—碳化循环。因此，为了保证热等静压浸渍—碳化工艺过程的温度与压力控制，一般需采用计算机等现代控制技术。如需石墨化处理，则在每次浸渍—碳化工艺后，在氩气气氛下于 2500～2700℃ 进行石墨化。热等静压浸渍—碳化工艺多用于大尺寸的块状或厚壁轴对称形状的多维碳/碳复合材料，因为在等静压下既可提高沥青的碳化率，也可降低碳/碳复合材料的开裂危险。

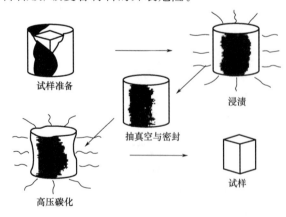

图 7.24　热等静压浸渍—碳化工艺流程示意

7.4 碳/碳复合材料的界面及组织

碳/碳复合材料可以通过随机短纤维、单向连续纤维或碳纤维织物、三维或多维编织的预成型体，经化学气相沉积或树脂、沥青浸渍—碳化等工艺获得。碳/碳复合材料和其他复合材料一样具有可设计性，其性能受材料的宏观结构和微观结构（界面及基体碳）的影响。由于碳/碳复合材料组成的多样性和制备工艺方法的多样性，以及制备时工艺参量的控制使碳/碳复合材料的界面和显微组织也呈现多样性，这既受到材料科学工作者的重视，也给研究碳/碳复合材料组织结构与性能之间关系带来了困难。本节主要介绍碳/碳复合材料的界面结构方面已取得的研究进展。

7.4.1 碳/碳复合材料的界面结构

碳/碳复合材料是由碳（石墨）纤维（包括碳纤维织物及碳毡）和基体碳组成的多相碳材料。从光学显微镜的尺度来看，碳/碳复合材料由四部分组成：碳纤维、基体碳、碳纤维/基体碳界面层、显微裂纹和孔隙，如图 7.25 所示。图 7.25（a）所示为碳/碳复合材料的显微结构示意，图 7.25（b）所示为碳/碳复合材料的扫描电镜图片。

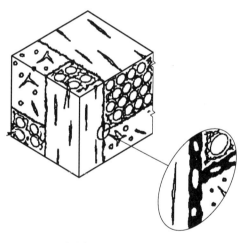
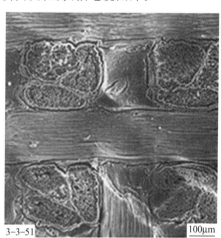

（a）碳/碳复合材料的显微结构示意　　　　　　（b）碳/碳复合材料的扫描电镜图片

图 7.25　碳/碳复合材料的显微结构

基体碳可分别通过化学气相沉积法获得沉积碳，以及采用树脂或沥青经浸渍—碳化得到树脂碳和沥青碳。因此，碳/碳复合材料中可存在的不同纤维/基体的界面和基体之间的界面取决于基体碳的类型。这些界面可分为碳纤维与沉积碳之间的界面、碳纤维与沥青碳或树脂碳之间的界面、沉积碳与树脂碳或沥青碳之间的界面、沥青碳与树脂碳之间的界面。

经观察表明，基体碳与碳纤维的结合界面上有四种可能的取向，如图 7.26 所示。图 7.26（a）和图 7.26（b）所示的层片状结构是沥青碳与碳纤维结合界面中最常见的形式；图 7.26（c）所示的各向同性形式主要在树脂碳与碳纤维界面出现，也会在沉积碳与碳纤维界面中存在；图 7.26（d）所示的切向生长层片结构一般不常见。

  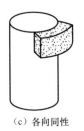 

（a）垂直轴向　　　　（b）平行轴向　　　　（c）各向同性　　　　（d）切向

图 7.26　基体碳与碳纤维的结合形式

当化学气相沉积碳作为基体碳与碳纤维之间的界面相时，纤维表面的孔洞和缺陷得以填充，化学气相沉积碳形成的微晶条带镶嵌在碳纤维空洞和缺陷里，生成钉扎结构，如图 7.27所示。当纤维表面先沉积一薄层化学气相沉积碳后，再浸渍沥青碳化，所生成的沥青碳与化学气相沉积碳的界面形成过渡区，称为诱导结构区。它呈条带结构，而且有一定规律性。因此，碳纤维沉积化学气相沉积碳后，再浸渍沥青碳化后的界面层结构为碳纤维→界面区→钉扎结构区→化学气相沉积碳→界面区→诱导结构区→沥青碳。

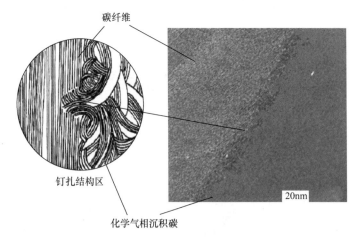

图 7.27　钉扎结构

碳纤维与沥青碳之间的界面上，沥青碳片层与碳纤维轴向结合的位向有两种：TOG（Transversely Oriented Graphite）结构和 POG（Parallelly Oriented Graphite）结构，如图 7.28所示。

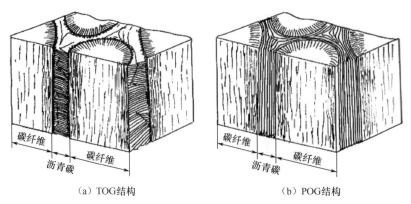

（a）TOG结构　　　　　　　　　　（b）POG结构

图 7.28　沥青碳片层与碳纤维轴向之间的界面位向关系

当预先沉积了 0.1～1μm 厚的化学气相沉积碳时，化学气相沉积碳与沥青碳界面存在一个过渡区，称为诱导结构区，而沥青碳片层垂直于碳纤维轴向称为 TOG 结构，如图 7.29 所示。图 7.30 显示了碳纤维/化学气相沉积碳/沥青碳界面的 TOG 结构模型，该结构分别由碳纤维、化学气相沉积碳、沥青碳、诱导结构区和钉扎结构区组成。

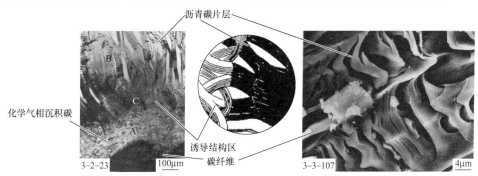

图 7.29 TOG 结构

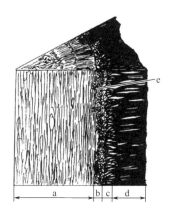

a—碳纤维；b—化学气相沉积碳；c—沥青碳；d—诱导结构区；e—钉扎结构区

图 7.30 碳纤维/化学气相沉积碳/沥青碳界面的 TOG 结构模型

当碳纤维表面上未预先沉积一薄层化学气相沉积碳，而是直接浸渍沥青时，碳化后形成的碳/碳复合材料中的沥青碳显微结构的条带基本上平行于碳纤维的轴向，如图 7.28（b）所示。这种沥青碳的条带结构称为 POG 结构，其电镜图片如图 7.31 所示。

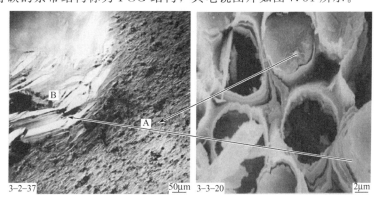

A—碳纤维；B—沥青碳片层

图 7.31 POG 结构的电镜图片

树脂碳与碳纤维之间的界面属各向同性结构，其电镜图片如图7.32所示。

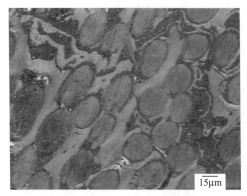

图 7.32 树脂碳与碳纤维之间的界面的电镜图片

7.4.2 碳/碳复合材料的显微组织

碳/碳复合材料的显微组织是指含有不同类型基体碳的碳/碳复合材料的结构与形态。由于组成碳/碳复合材料的原材料和制备工艺不同，因此所得的碳/碳复合材料的显微组织结构和形态也不相同。在研究碳/碳复合材料的性能时发现，复合材料的性能与其原材料和制备工艺方法有着紧密的关系。因此，研究碳/碳复合材料的显微组织和结构可以指导人们获得所需性能的材料。

碳/碳复合材料的基体碳可以通过三种方式获得：树脂热解碳化得到各向同性的玻璃态树脂碳；沥青碳由沥青经脱氢、缩合，获得沥青中间相，再经石墨化热处理获得高位向排列的各向异性的白墨；通过碳氢化合物裂解形成化学气相沉积碳。而在实际应用的碳/碳复合材料中，这几种基体碳都有可能出现。

下面分别介绍有关化学气相沉积碳、树脂碳和沥青碳的显微结构。

1. 化学气相沉积碳的显微结构

热解沉积碳的早期研究工作表明，化学气相沉积碳有三种显微结构。同样，在化学气相沉积法制备的碳/碳复合材料中通常也可以看到这三种沉积碳的显微组织，这三种显微组织结构形态分别为平滑层片状组织（Smooth Laminar，SR）、粗糙层片状组织（Rough Laminar，RL）、各向同性化学气相沉积碳（Isotropic，ISO）。

图7.33分别表示了这三种化学气相沉积碳的显微组织电镜图片。在偏振光源下，通过光学效应可以很容易把它们区别出来。粗糙层片状组织由较强的光学各向异性特征的层片组成，层片围绕着碳纤维。平滑层片状组织则显现出较弱的光学各向异性特征，其层片也均匀地围绕着碳纤维。各向同性化学气相沉积碳则由尺寸小于微米级的细颗粒组成，并且呈现光学各向同性特征。

图7.34所示为碳纤维/化学气相沉积碳复合材料的电镜图片，为了清晰显现出化学气相沉积碳的形态，样品采用了氧化刻蚀。从图中可以清晰地看出，碳纤维周围的化学气相沉积碳为光滑的各向同性化学气相沉积碳层，其外为取向明显的各向异性层片状沉积碳，而且可以看出层片状碳层比各向同性碳层易氧化刻蚀。

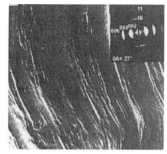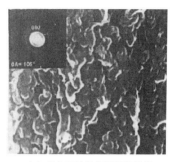

（a）平滑片层状化学气相沉积碳　　　　（b）粗糙片层状化学气相沉积碳　　　　（c）各向同性化学气相沉积碳

图 7.33　三种化学气相沉积碳的显微组织电镜图片

图 7.34　碳纤维/化学气相沉积碳复合材料的电镜图片

　　化学气相沉积碳的三种显微组织形态的产生与沉积碳时的工艺参数（如温度、压力和反应气体的流量，以及反应气体的种类）有关。并且研究发现，化学气相沉积碳的这三种显微组织形态在改变工艺条件（如化学气相沉积温度、载气的量等）时，化学气相沉积碳可以由一种形态转变为另一种形态。同时，在碳/碳复合材料中，这两种形态的化学气相沉积碳可以共存。

　　如前所述，化学气相沉积的反应气体（如甲烷）在 1000℃ 以上热解，会形成乙炔（C_2H_2）和苯类产物。这两种物质起到沉积碳先驱体的作用，它们的混合比及通入载气（氢气）的量会影响到化学气相沉积碳的显微组织形态。根据观察表明，乙炔有利于形成各向同性的化学气相沉积碳结构，而苯类［如甲苯］有利于形成平滑层片状结构的沉积碳。因此，在形成沉积碳时，其显微组织形态取决于以下几种情况。

　　（1）当沉积温度较低，甲烷分压高，并且 C_2H_2 与 C_6H_6 的比值小于 5，不通入载气（氢气）时，容易获得平滑层片状结构的沉积碳。

　　（2）当沉积温度适中，甲烷分压适中，少许通入 H_2，并且 C_2H_2 与 C_6H_6 的比值大于 5 小于 20 时，容易获得粗糙层片状结构的沉积碳。

　　（3）当沉积温度较高，甲烷分压较低，大量通入 H_2，并且 C_2H_2 与 C_6H_6 的比值大于

20时，容易形成各向同性化学气相沉积碳组织。

但是，在实际的化学气相沉积工艺过程中，由于工艺条件以及预成型体的原因，碳/碳复合材料不可能只是单一的沉积碳的结构形态。沉积碳往往会发生由平滑层片状转变为粗糙层片状，或由平滑层片状及粗糙层片状转变为各向同性沉积碳结构。采用甲烷做反应气体，在1000℃左右热解得到的化学气相沉积碳与碳纤维表面结合较好，其结构主要是各向异性的粗糙层片组织，而且分为内外两层，在靠近碳纤维的内层为各向同性化学气相沉积碳，而外层为层片状组织。图7.35所示为采用丙烷（C_3H_8）热解获得的化学气相沉积碳的显微组织形态与丙烷分压及反应温度的关系，可以看出反应气体的分压及反应温度对化学气相沉积碳显微组织的影响是很明显的。

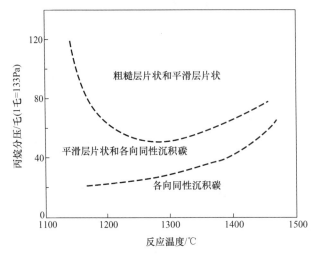

图7.35　采用丙烷热解获得的化学气相沉积碳的显微组织形态与丙烷分压及反应温度的关系

化学气相沉积碳的显微组织形态影响碳/碳复合材料的性能。由于各向同性碳相对密度比较低，而平滑层片状组织有热应力显微开裂的倾向，因此所期望的较好的化学气相沉积碳的显微组织为粗糙层片状组织。例如，聚丙烯腈（PAN）碳纤维与含90％粗糙层片状结构的化学气相沉积碳的复合材料具有优异抗热冲击和机械冲击的性能。另外，化学气相沉积碳的显微组织形态为平滑层片状或粗糙层片状，粗糙层片状甚至可以具有消除平滑层片状造成热应力而引起裂纹网络的韧性，不引起脆性失效。当基体碳为粗糙层片状/各向同性沉积碳组织时，碳/碳复合材料具有较好的强度和弹性模量。不同显微组织形态的化学气相沉积碳的热性能也有较大差异，表7-10为不同显微结构的化学气相沉积碳的导热性能。在氧化烧蚀时，各向异性化学气相沉积碳比各向同性化学气相沉积碳更容易烧蚀，并且层片状容易剥蚀。

表7-10　不同显微结构的化学气相沉积碳的导热性能

化学气相沉积碳结构	晶粒大小/Å	导热率/［W/（m·K）］
平滑层片状	125	25
粗糙层片状	385	96
各向同性沉积碳	90	25

2. 树脂碳与沥青碳的显微结构

树脂碳的显微结构主要取决于热处理温度。当树脂碳化后，主要形成玻璃态各向同性碳，在偏光显微镜下是无显微结构形态特征的光滑平面。X 射线衍射分析表明没有显示石墨（结晶态）结构的特征谱线。但当树脂碳进行高温石墨化热处理后，可以通过 X 射线衍射分析和偏光显微镜分析，原各向同性的树脂碳可以转变为各向异性的石墨形态。

图 7.36 表明，经过 2500℃石墨化后，在树脂碳/碳纤维界面上，首先出现了各向同性树脂碳转变为各向异性的石墨碳。在偏光显微镜下，界面转变为各向异性的石墨而呈现消光效应，但未转变的各向同性树脂碳仍无消光效应。这种各向同性、非石墨化的树脂碳，在石墨化时的石墨化驱动力是树脂碳/碳纤维之间的热膨胀系数差异而引起的应力积累。日本北海道大学的稻垣道夫曾经测定过石墨/各向同性碳之间在热处理时的应力可达 300MPa。因此，树脂碳转变为石墨的石墨化现象称为"应力石墨化"。

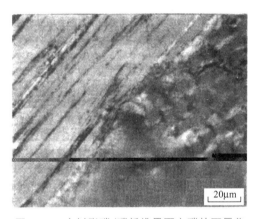

图 7.36　在树脂碳/碳纤维界面上碳的石墨化

在树脂碳/碳纤维复合材料中，当热处理温度超过 2200℃时，树脂碳经石墨化后的更精细的组织结构是石墨层沿纤维周围呈位向排列。经偏光显微镜、高分辨率透射电镜（TFM）和选区衍射（SAD）研究表明，石墨层又分为许多畴。对于不同类型的碳纤维，出现这种石墨显微组织时的热处理温度不同。弹性模量越高的纤维，所需的热处理温度越低。树脂碳的石墨化在纤维/树脂碳界面出现后，随着时间与温度的增加逐渐扩散到整个树脂碳中。直到 2800℃时，树脂碳全部转化为石墨结构。

一般来说，沥青碳的显微组织是由沥青碳化特性决定的。沥青向中间相转变时，由原始的粗糙体转变为块状中间相。在相变点（～430℃），应力的作用促使中间相转变为纤维结构。中间相转变时，芳香环分子聚结，发展成大平面分子平行排列成行，形成层片状结构。这种层片状结构是一种长程有序的结晶结构，其中，片层厚为 0.1～0.2μm，层间裂纹宽约为 0.1μm。由于受碳纤维的表面状态、纤维束的松紧程度及碳化或石墨化条件等因素的影响，中间相片层会形成扭转弯曲的条带叠层，并且条带结构会产生各种变形，如图 7.37（a）所示。受边界条件及工艺参量的限制，石墨层平行堆叠的完善程度不同，有的堆叠成大平面层结构，形成大浪花的形状；有的则堆叠成小花形，形似英文字母 O、U、Y 和 X，如图 7.37（b）所示。图 7.38 所示为沥青碳层片精细结构。

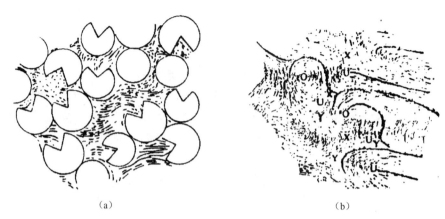

（a）　　　　　　　　　　　　　　（b）

图 7.37　沥青碳中石墨层片条带结构示意图

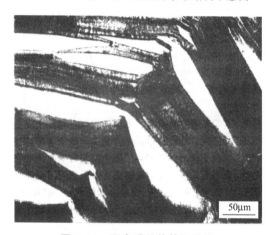

50μm

图 7.38　沥青碳层片精细结构

沥青碳层片结构的不同构型会对碳/碳复合材料的力学性能、热物理性能和氧化烧蚀性能产生明显的影响。例如碳纤维/沥青碳界面结构中的 TOG 和 POG 层片结构中，由于 TOG 结构中石墨片层垂直于纤维，而且片层之间有近似于垂直碳纤维的微裂纹，易使裂纹向垂直纤维方向扩展。这种微裂纹扩展方式不利于提高碳/碳复合材料的强度，也不利于提高材料的韧性。从阻止裂纹扩展的能力看，TOG 结构不如 POG 结构。此外，层片状结构，尤其是片层之间的显微裂纹也不利于碳/碳复合材料的抗氧化烧蚀性能。

7.4.3　碳/碳复合材料的裂纹和孔隙

碳/碳复合材料组织中的一个重要组成部分是裂纹和孔隙（图7.25）。一般来说，根据碳/碳复合材料的使用性能要求，其密度为 $1.5\sim1.9g/cm^3$，这意味着碳/碳复合材料的致密度与碳或石墨材料的理想密度相比有较大的差距。实际上，在碳/碳复合材料中，有相当的体积是由孔隙、孔洞或裂纹占据的。

从碳/碳复合材料的制备而言，其预成型体就是一个多孔体系。例如，常用的 2-2-3 结构的三维碳纤维预成型体的纤维含量仅占碳/碳复合材料空间体积的 40% 左右，其余 60% 的体积被"孔洞"占据。在化学气相沉积或液态浸渍—碳化工艺过程中，大部分"孔洞"将逐渐被基体碳填充。由于工艺参量的控制，在化学气相沉积碳沉积过程中总有孔隙被封闭，以及树脂或沥青在浸渍—碳化及石墨化过程中的收缩等因素，在碳/碳复合材料中总是会存在各种裂纹和孔隙。此外，碳/碳复合材料的孔隙还来源于预成型体中碳纤维织物的原有孔隙。例如，纤维束中的单丝与单丝、股与股之间的孔隙，纤维束搭接处的孔隙，单丝中的孔洞及编织单元空穴中的残留孔隙等在制备碳/碳复合材料时会部分保留下来。

复合材料中的孔隙与裂纹会对复合材料的性能产生显著的影响，如明显降低强度和抗氧化性能，但对材料的抗热冲击性能和抗震性能有积极的贡献。孔隙对碳/碳复合材料强度的影响可以用下式表示：

$$\sigma = \sigma_0 \exp(-\beta\rho) \tag{7-3}$$

式中，σ 和 σ_0 分别为实际的复合材料和无孔隙（致密）的复合材料的强度；β 为与材料组成和结构有关的常数；ρ 为孔隙率。式(7-3) 也适用于多孔陶瓷材料。

图 7.39 所示为孔隙率对不同基体碳的碳/碳复合材料抗弯强度的影响。可以看出，随着碳/碳复合材料致密度的增大，即孔隙率的减小，材料的抗弯强度明显增强。其中最上边的曲线对应的复合材料基体为化学气相沉积碳，中间曲线的基体为经石墨化的热固性树脂碳，而最下边的为未经石墨化的无定形态树脂碳。这些曲线都近似符合式(7-3)。在抗弯试验时，由于裂纹由受拉表面起裂，因此碳/碳复合材料内张开型孔隙的量对其抗弯强度影响更大。而在进行拉伸试验时，孔隙的总量影响更大。

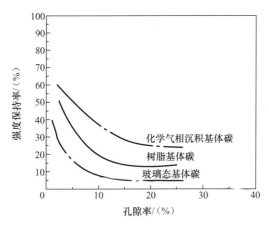

图 7.39　孔隙率对不同基体碳的碳/碳复合材料抗弯强度的影响

当碳/碳复合材料用作热压模具时，材料承受压力，其抗压特性取决于层向剪切强度。图 7.40 为沥青碳基复合材料的层间剪切强度与密度的关系。与抗弯强度或拉伸强度相同，随着复合材料密度的增大，层间剪切强度增大。这反映了制备碳/碳复合材料时采用的浸渍—碳化循环次数的影响，随着浸渍—碳化循环次数的增加，一般树脂或沥青浸渍 4～5次，其密度随之增大（图 7.20）。根据经验公式，经过 4 次浸渍—碳化循环后，随着复合材料密度的增大，其抗弯强度可提高 3～4 倍。

在制备碳/碳复合材料过程中，尤其是液态浸渍—碳化工艺时，组元的不匹配造成膨胀和收缩，在纤维/基体界面区产生裂纹或裂缝。碳在高温石墨化时的体积收缩也会在基体碳中产生裂纹或裂缝。此外，在浸渍—碳化时浸渍剂的低分子或杂质原子的排出在基体碳中会产生大量的显微裂纹。更主要的是沥青碳结构中的条带状结构本身就包含许多显微

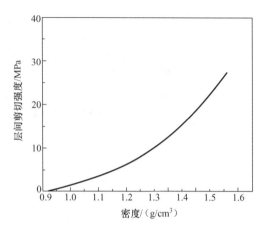

图 7.40　沥青碳基复合材料的层间剪切强度与密度的关系

缝隙，如沥青碳与碳纤维形成的 TOG 结构中，在沥青碳片层间存在间（缝）隙。这些间（缝）隙在氧化烧蚀过程中会被优先氧化而扩大，造成沥青碳的剥蚀。图 7.41 所示为 TOG 结构中的层片间隙对氧化烧蚀的影响。

　　碳/碳复合材料中的孔隙或显微裂纹在热循环应用中是有利的，孔隙或显微裂纹在循环热应力下能够起到消除热膨胀引起的热应力作用，因而有较好的抗热冲击性能。在可能引起振动的使用条件下，如飞机制动过程中，含有一定孔隙或裂缝的碳/碳复合材料制动盘具有良好的抗震性能。因此，孔隙和裂纹的数量要根据碳/碳复合材料的使用性能要求加以控制。

图 7.41　TOG 结构中的层片间隙对氧化烧蚀的影响

7.5　碳/碳复合材料的抗氧化保护

　　碳/碳复合材料具有优异的高温性能，甚至当工作温度超过 2000℃ 时仍能保持强度，是目前耐高温工程结构材料的理想材料，并已经在航空航天及军事领域得到广泛应用。但是，碳/碳复合材料在高于370℃时就会开始发生氧化，而且氧化速率随着温度的升高而迅速增大。然而，大量应用碳/碳复合材料所做的结构工程构件又都在氧化气氛及高温环境下工作，如果不能通过某种方法对碳/碳复合材料进行抗氧化保护，则其应用会受到极大的限制。因此，在高温下是否具有可靠的抗氧化性能对碳/碳复合材料来说是至关重要的。目前提高碳/碳复合材料抗氧化性能的方式有两种，一是在碳/碳复合材料表面涂覆一层耐高温材料的涂层，起到阻隔氧侵入作用；二是在碳/碳复合材料的制备过程中，在基体中预先添加氧化抑制剂。

为了更好地理解碳/碳复合材料抗氧化保护的必要性和可能性，本节首先介绍碳/碳复合材料的氧化行为及影响因素，然后介绍碳/碳复合材料抗氧化保护的原理及具体的氧化保护方法。

7.5.1　碳/碳复合材料的氧化行为

由碳元素组成的碳/碳复合材料在空气气氛中应用时，其氧化化学反应为

$$2C(s) + O_2(g) \longrightarrow 2CO(g) \tag{7-4}$$

$$2CO(g) + O_2(g) \longrightarrow 2CO_2(g) \tag{7-5}$$

上述反应甚至在氧分压很低的情况下仍然进行，但氧化速率与氧分压成正比。试验表明，在较低氧化温度（低于600～800℃）下，碳/碳复合材料的氧化反应首先在碳表面的高能区及活性区域进行，这些区域为表面的孔洞、纤维/基体界面，逐渐伸延到复合材料的层面（层片结构），然后是各向异性基体碳、各向同性基体碳、纤维的侧表面和末端，最后是纤维芯部的氧化。碳/碳复合材料的氧化侵蚀在应用中又称烧蚀。图7.42所示为碳/碳复合材料在氧化过程中的烧蚀及剥蚀示意。

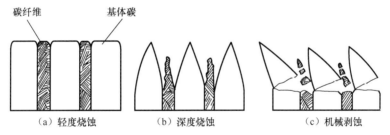

图 7.42　碳/碳复合材料在氧化过程中的烧蚀及剥蚀示意

碳/碳复合材料在氧化过程中，一般认为存在两种控制机制：在较低温度（如低于650℃）时氧化主要受化学反应机制控制；而在高温下主要受反应气体的扩散控制，这两种作用机制的大致区分温度范围为600～800℃。

受氧化化学反应控制时，实际上是受氧与碳的反应控制，氧化造成的失重与氧化时间的平方成正比，氧化失重与时间的关系曲线呈抛物线型，即

$$\Delta W = K_1 t^2 \tag{7-6}$$

式中，ΔW 为碳/碳复合材料在一定温度下的氧化失重；t 为氧化时间；K_1 为氧化速率常数。图7.43所示为不同碳/碳复合材料在650℃时的氧化失重与时间的关系。可以看出，碳/碳复合材料的氧化失重符合式(7-6)，并且氧化速率（即曲线斜率）随时间的增加而

增大。还可以看出，不同类型的碳纤维和基体的抗氧化能力有较大差别，特别是基体的差别更加明显。由石墨化基体碳组成的碳/碳复合材料的氧化明显低于各向同性碳基体的复合材料，与未增强的各向同性碳基体的氧化相比，碳纤维/各向同性碳的复合材料的氧化速率要大得多，这表明碳/碳复合材料在氧化过程中复合材料的孔洞、微裂纹和纤维/基体界面对氧化的影响很大。

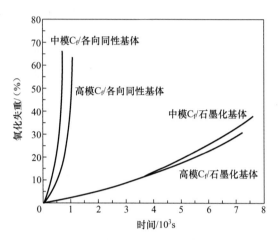

图 7.43　不同碳/碳复合材料在 650℃ 时的氧化失重与时间关系

碳/碳复合材料的热处理温度对基体碳的石墨化程度有明显影响，因而对复合材料的氧化失重和氧化速率有显著影响。图 7.44 所示为碳/碳复合材料经不同温度热处理后的氧化失重与时间的关系。可以看出，随着热处理温度的升高，即使是在更高氧化温度下，材料的氧化失重和氧化速率迅速下降。还可以看出，在氧化前期，材料表面高能量与活性区域对氧化失重和氧化速率的影响。

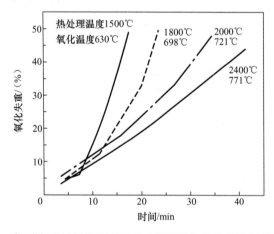

图 7.44　碳/碳复合材料经不同温度热处理后的氧化失重与时间的关系

碳/碳复合材料的氧化受反应气体扩散机制控制的一个明显事例是受到氧化时供氧气体流量的影响。图 7.45 所示为碳/碳复合材料在 600℃ 下氧化失重与空气流量的关系。结果表明，在开始氧化时，氧化失重随时间的变化呈抛物线型，但当氧化进行到一定时间后呈直线型，即

$$\Delta W = K_2 t \tag{7-7}$$

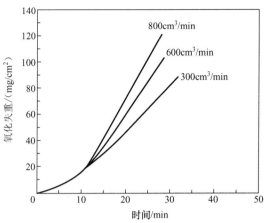

图 7.45　碳/碳复合材料在 600℃下氧化失重与空气流量的关系

同时，可以看出随着反应气体流量的增大，材料氧化速率增大。这一结果反映了碳/碳复合材料氧化过程中扩散机制的作用，并且随着氧化温度的升高，这种机制所起的作用更大。

实际上，碳/碳复合材料的氧化行为可能要比上述一些试验结果及分析复杂得多。但无论是化学反应控制机制还是扩散控制机制，对碳/碳复合材料氧化过程的研究还表明，影响氧化失重和氧化速率的因素还有许多，如氧化温度，氧化时间，材料的组成及显微结构，热处理温度，反应气体的流量，参与反应的材料的表面积。这些因素应在进行碳/碳复合材料抗氧化保护时加以考虑。

7.5.2　碳/碳复合材料抗氧化保护原理

碳/碳复合材料抗氧化保护的研究实际上是碳及石墨材料抗氧化研究的继续，主要因航空航天和军事领域在应用碳/碳复合材料所遇到的挑战而发展。如导弹与火箭发动机部件经受的温度高达 1700～2000℃，航天飞机鼻锥在重返大气层时气动加热可达 1300～1700℃，如不采取行之有效的防氧化保护措施，就无法实际使用碳/碳复合材料，也不能发挥碳/碳复合材料的高温特性。

碳/碳复合材料的抗氧化保护

碳及石墨材料和后来发展的碳/碳复合材料的防氧化的途径关键在于把易在高温下氧化的碳材料与氧化环境隔离开来，或者用可以延缓或阻止碳材料氧化的抑制剂。从措施而言，前者是采用耐高温抗氧化的涂层来包覆，称为涂层法；后者则采用比碳更易氧化的物质，并能形成熔融玻璃状态反应物去堵塞孔洞或阻断氧的侵入，一般是包含在碳/碳复合材料的内部，称为抑制剂法或内部改性法。

1. 抑制剂法

从碳/碳复合材料内部抗氧化措施的原理来说，可以采取两种方法，即内部涂层法和添加抑制剂。内部涂层是指在碳纤维上或在基体的孔隙内涂覆可起到阻挡氧扩散的阻挡层。但由于单根碳纤维很细（直径约为 7μm），要预先进行涂层很困难，而给

碳/碳复合材料基体孔隙内涂层在工艺上也是相当困难的。因此，内部涂层法受到很大限制。而在碳/碳复合材料内部添加氧化抑制剂在工艺上相对容易得多，而且抑制剂或可在碳氧化时抑制氧化反应，或可先与氧反应形成氧化物，起到吸氧剂作用。

在碳、石墨及碳/碳复合材料中，采用抑制剂主要是在较低温度范围内降低碳的氧化。抑制剂是在碳/碳复合材料的碳或石墨基体中添加容易通过氧化形成玻璃态的物质。研究表明，比较经济且有效的抑制剂主要有硼及 B_2O_3、B_4C 和 ZrB_2 等硼化物。硼氧化后形成 B_2O_3，B_2O_3 具有较低的熔点和黏度，因而在碳和石墨氧化的温度下，可以在多孔体系的碳/碳复合材料中流动，并填充到复合材料内部连通的孔隙中，起到内部涂层作用，既可阻断氧继续侵入的通道，又可减小容易发生氧化反应的敏感部位的表面积。同样 B_4C、ZrB_2 等也可在碳氧化时形成一部分 CO 后，形成 B_2O_3。例如 B_4C 按照以下反应形成 B_2O_3。

$$B_4C + 6CO \longrightarrow 2B_2O_3 + 7C \qquad (7-8)$$

而 ZrB_2 在 500℃时开始氧化，到 1000℃时可形成 $ZrO_2 - B_2O_3$ 玻璃，其黏度约为 $10^3 Pa \cdot s$。这种黏度的硼酸盐类玻璃足以填充复合材料的孔隙，从而避免碳与氧的接触和防止氧扩散。

图 7.46 和图 7.47 分别为碳/碳复合材料碳化前将超细 ZrB_2 和硼粉添加到预浸的呋喃树脂中，以及把 -325 目的 ZrB_2、B_4C 和 SiC 粉末添加到预浸的沥青中制得的碳纤维增强复合材料的氧化速率及失重情况。由图 7.46 可以看出，在 800℃空气气氛中，添加 ZrB_2 和硼粉的复合材料（GA）开始时的氧化速率很高，当氧化失重达 25% 后，抑制剂开始对复合材料的氧化起抑制作用，氧化速率在氧化 2～3h 后下降了 4～5 倍。而添加了 ZrB_2、B_4C 和 SiC 的复合材料（SALC）在 500～800℃时比不添加抑制剂的复合材料氧化速率也有明显的下降，特别是当碳/碳复合材料的氧化失重达 36% 之后，添加抑制剂的复合材料氧化速率也下降了 4～5 倍（图 7.47）。

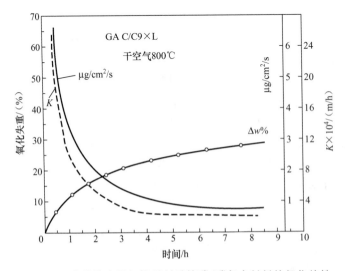

图 7.46　在基体中添加抑制剂后的碳/碳复合材料的氧化特性

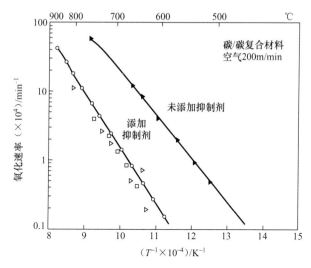

图7.47 在基体中添加或不添加抑制剂的碳/碳复合材料的氧化特性

从上述研究结果看，抑制剂起到抗氧化保护时，碳/碳复合材料有一部分已经氧化，而且硼酸盐类玻璃形成后，由于其具有较高的蒸气压及氧扩散渗透率，因此一般碳/碳复合材料采用内含抑制剂的方法大多应用在 600℃ 以下的防氧化情况。当然，硼酸盐类玻璃在高温下与碳材料的结合性和流动性极好，这就使这种抑制剂法可以用于与高温涂层结合的复合抗氧化保护体系中。

2. 抗氧化涂层法

在碳/碳复合材料的表面涂覆一层耐高温氧化材料，阻止氧与碳/碳复合材料的接触，是一种有效提高复合材料抗氧化能力的方法。一般来说，只有熔点高、耐氧化的陶瓷材料才能作为碳/碳复合材料的防氧化涂层材料。在碳/碳复合材料表面形成涂层的方法通常有两种：化学气相沉积和固态扩散渗透。防氧化涂层必须具有以下特性。

（1）与碳/碳复合材料有适当的黏附性，既不脱黏，又不会过分渗透到复合材料的表面。

（2）与碳/碳复合材料有适当的热膨胀匹配，以避免涂覆和使用时由热循环造成的热应力引起涂层的剥落。

（3）低的氧扩散渗透率，即具有较高的阻氧能力，在高温氧化环境中能够使氧延缓通过涂层与碳/碳复合材料接触。

（4）与碳/碳复合材料有好的相容稳定性，既可防止涂层被碳还原而退化，又可防止碳通过涂层向外扩散氧化。

（5）具有低的挥发性，避免高温下自行退化和防止在高速气流中很快被侵蚀。

（6）涂层不能影响碳/碳复合材料原有的优异机械性能。

已经研制的碳/碳复合材料的涂层体系主要有玻璃涂层、金属涂层、陶瓷涂层及复合涂层，而复合涂层又包含梯度涂层、双层涂层及多层涂层等。图7.48所示为碳/碳复合材料防氧化涂层要求。这些影响因素中最关键的是涂层的氧扩散渗透和涂层与碳/碳复合材料的热膨胀匹配。

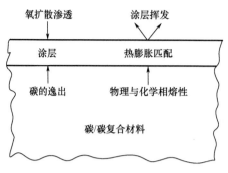

图 7.48 碳/碳复合材料防氧化涂层要求

（1）涂层的氧扩散渗透性。

在选择碳/碳复合材料的防氧化涂层时，首先要考虑涂层无缺陷涂覆和完全包覆复合材料时的抗氧化能力。有涂层时的碳/碳复合材料的氧化可用下式来表示：

$$R = KM/\rho \cdot h \qquad (7-9)$$

式中，R 为碳/碳复合材料的氧化速率，单位为（%）/h；K 为常数，当碳/碳复合材料中碳氧化生成 CO 时，$K = 0.75$；M 为涂层的氧扩散渗透率，单位为 g/(cm·s)；ρ 为碳/碳复合材料的体密度，单位为 g/cm³；x 为碳/碳复合材料构件截面厚度的 1/2，单位为 cm；h 为涂层厚度，单位为 cm。

由式（7-9）可知，碳/碳复合材料的氧化速率在相同条件下取决于涂层的氧扩散渗透率。涂层的氧扩散渗透率与温度有关。图 7.49 所示为耐高温氧化物的氧扩散渗透率与温度之间的关系。若采用抗氧化性能要求在 100h 允许碳/碳复合材料最大氧化失重率为 1% 时，经过计算，涂层允许的最大氧扩散渗透率约为 3×10^{-10} g/(cm·s)。由图 7.49 可知，在 1000℃ 以上高温下，则只有 SiO_2、Al_2O_3 以及铑（Rh）和铱（Ir）才能满足要求，尤其是 SiO_2 的氧渗透率比其他耐高温氧化物都低。粗略估计，10μm 的致密 SiO_2 涂层，可以在 1600℃ 温度下经过 100h 仍可以阻止氧通过 SiO_2 涂层达到碳/碳复合材料的表层。遗憾的是，SiO_2 与碳/碳复合材料的黏接性差，直接将 SiO_2 作为涂层极容易破坏。但 SiO_2 的低氧渗透率为实用型涂层的设计提供了思路，即含 Si 的陶瓷通过氧化可以形成 SiO_2，进而获得低氧渗透率的涂层，如 SiC 和 Si_3N_4 等。

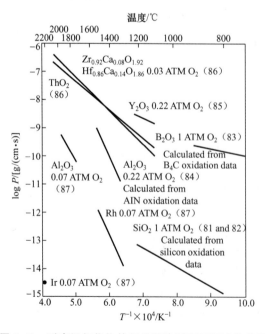

图 7.49 耐高温氧化物的氧扩散渗透率与温度的关系

（2）涂层与碳/碳复合材料的热膨胀匹配。

由碳纤维和碳组成的碳/碳复合材料中碳纤维轴向的热膨胀系数很低，而横向的热膨胀系数远高于轴向的。因此，用碳纤维单向增强的层状碳/碳复合材料要采用涂层都会遇到碳纤维各向异性热膨胀问题。图 7.50 为耐高温氧化物涂层材料的热膨胀特性。由图可以看出，在很低的热膨胀系数氧化物中，SiO_2 可以与沿碳纤维轴向的碳/碳复合材料热膨胀系数匹配。而 SiC 和 Si_3N_4 的热膨胀特性介于碳纤维轴向和横向的碳/碳复合材料之间。如果采用 SiC 或 Si_3N_4 做涂层，那么在高温下形成的 SiC 或 Si_3N_4 涂层冷却时会在碳/碳复合材料的纤维横向受压，而在沿纤维方向上受拉，因而会造成涂层开裂。而如果采用 SiO_2 涂层，则会在沿碳/碳复合材料的纤维横向受拉，也会引起脆性涂层的剥落。因此，如何防止由碳/碳复合材料与防氧化涂层之间的热膨胀不匹配造成的开裂或剥落，是防氧化涂层设计与开发需要解决的一个关键问题。

在实际防氧化涂层中，往往采用两种方式来缓解和补救，一是采用梯度涂层，二是在碳/碳复合材料内引入硼或含硼抑制剂。所谓梯度涂层是指采用固态渗透法，通过渗透物质向碳/碳复合材料表层适当扩散，在碳/碳复合材料表层形成一定浓度梯度的涂层。而硼或硼化物类抑制剂在氧化后形成硼酸盐类玻璃，在高温下可以起到封闭涂层的裂纹和裂缝作用，即具有自愈合作用，从而阻止氧从涂层裂纹或裂缝中渗入。另外，在实际涂层中还开发出了两种或三种耐高温氧化物复合涂层的方法以分别满足对涂层的需求。

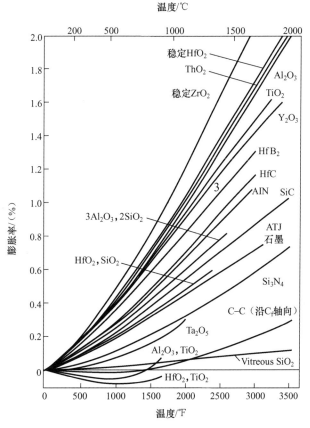

图 7.50　耐高温氧化物涂层材料的热膨胀特性

7.5.3 碳/碳复合材料的抗氧化保护

如上所述,碳/碳复合材料的抗氧化保护方法主要有两种,实际使用时要根据碳/碳复合材料使用温度来选择,这样既可使碳/碳复合材料减少氧化,又可降低成本。目前,在碳/碳复合材料中采用含硼及硼化物类抑制剂,可以使碳/碳复合材料氧化开始的温度由400℃提高至600℃,也就是说,600℃以上防氧化仅仅采用抑制剂是不可行的。碳/碳复合材料的高温抗氧化涂层是唯一可行的方法,经过多年的研究,碳/碳复合材料抗氧化的研究取得了很大的突破。低于1500℃的长期抗氧化及1500~1800℃的短期抗氧化问题已基本得到解决,目前研究的方向是1500~1800℃的长期抗氧化及高于1800℃的抗氧化涂层体系。

国内大多数研究者致力于采用新的涂层体系,以期提高碳/碳复合材料的抗氧化能力;而国外研究者除了采用新的涂层体系外,还不断开发研究新工艺、新方法来提高旧涂层体系的抗氧化能力。从目前的研究现状看,多相复合涂层和梯度陶瓷涂层仍然有很大的发展空间和潜力,许多涂层体系理论上都已经达到了1700℃甚至更高温度动态环境中的长时间氧化防护能力,但是由于制作工艺不完善,涂层中存在许多缺陷,加之涂层与基体的结合仍然是没有完全解决的问题,降低了碳/碳复合材料涂层的实际使用效果。因此,关于该问题的深入研究主要是将抗氧化涂层技术与基体改性技术相结合,在不牺牲碳/碳复合材料良好性能的同时,尽可能提高材料的抗氧化温度,延长材料的使用寿命,并降低制备成本,简化合成工艺,缩短合成周期。从理论上讲,选择有效的抗氧化成分,寻求新的组合方式并配以适当的合成技术,将是解决这一问题的可能途径。

1. 1500℃以下的抗氧化保护

SiC 和 Si_3N_4 硅基类陶瓷是较好的抗氧化陶瓷涂层,它们在1650℃以下具有化学稳定性,具有相对低的蒸气压和氧的扩散渗透率,与碳相容性好,热膨胀系数较低。碳/碳复合材料表面涂覆 SiC 涂层后氧化失重显著下降,如在1260℃静态空气下,采用 SiC 涂层后的碳/碳复合材料的氧化失重由未涂层的 $0.52g/(m^2 \cdot s)$ 下降至 $0.075g/(m^2 \cdot s)$,如图7.51所示。SiC 或 Si_3N_4 涂层在氧化气氛下会形成 SiO_2,在高于1200℃温度时 SiO_2 的黏度较低,可以流入并填充涂层的裂缝。但在低于1200℃时 SiO_2 的黏度太高,丧失自愈合能力,无法封闭裂缝。

SiC 或 Si_3N_4 涂层在高温下可能与高性能碳/碳复合材料热膨胀失配而造成剥落。可以考虑在化学气相沉积 SiC 或 Si_3N_4 涂层时,同时沉积一些低膨胀的 SiO_2 和 BN 颗粒,以降低整个涂层的热膨胀系数;或者采用固态渗透法先在碳/碳复合材料表层形成梯度 SiC 涂层。如将碳/碳复合材料埋在 $10\mu m$ 的硅粉中,在流动惰性气体(如 Ar)保护下,在1450℃下加热,可使碳/碳复合材料表层 SiC 深度达到 1.5mm,SiC 浓度从表面起可达75%,沿深度逐渐降至10%。

如 SiC 或 Si_3N_4 涂层已开裂,可采用溶胶—凝胶工艺在涂层表面涂覆硅酸乙酯(TEOS)或再采用钠或硼类玻璃态密封剂密封,使碳/碳复合材料的氧化失重率下降到 $0.001g/(m^2 \cdot s)$ 以下(图7.51)。实际上,采用的抗氧化涂层已是复合涂层,这也给更高温度下的抗氧化保护涂层提供了一条新的重要途径,更高温度下的涂层基本上采取复合涂层的方式。

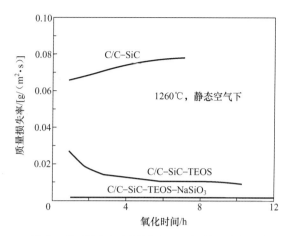

图 7.51 不同涂层的碳/碳复合材料在 1260℃ 静态空气下的氧化特性

日本北海道大学稻垣道夫等人采用锆酸丁酯和正硅酸乙酯在已带有梯度 SiC 涂层的碳/碳复合材料镀覆后加热，获得层厚约为 $15\mu m$ 的锆石英薄膜，在 1400℃ 下加热 30h 后，整个碳/碳复合材料几乎没有氧化失重。

碳/碳复合材料抗氧化涂层结构示意如图 7.52 所示，外层是采用化学气相沉积 SiC 涂层，在增强纤维束上涂有硼酸盐类玻璃形成物，在碳/碳基体内含有硼酸类抑制剂，形成内外复合涂层。

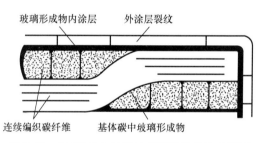

图 7.52 碳/碳复合材料抗氧化涂层结构示意图

2. 1500～1800℃的抗氧化保护

由上述可知，SiO_2 与碳/碳复合材料的黏结性差，直接在碳/碳复合材料上涂覆 SiO_2，涂层容易脱落，但 SiO_2 在高温下具有低的氧扩散渗透率及 1800℃ 以下较低蒸气压，非常有利于作为碳/碳复合材料的涂层，解决方法是采用复合涂层。目前在 1500～1800℃ 碳/碳复合材料防氧化涂层中比较成功的是硅基陶瓷复合涂层，即 SiO_2/SiC 复合涂层。SiO_2 为复合涂层的外涂层，SiC 为与碳/碳复合材料接触的内涂层。由于 SiC 可以很好地与碳/碳复合材料结合，而且在氧化时可以形成 SiO_2 稳定膜，也有利于 SiO_2 涂层生成，解决了 SiO_2 与碳/碳复合材料黏结性差的问题。

与低于 1500℃ 防氧化涂层情况相同，SiO_2/SiC 复合涂层也存在显微裂纹，同样需要有用于密封这些裂纹的玻璃类封接剂，特别是对用于高温热循环的碳/碳复合材料更为重要。在这一温度范围采用的封接剂为硅酸盐玻璃类，而不是低于 1500℃ 时采用的硼及硼化物类玻璃，因为硼酸盐类玻璃的蒸气压大，易挥发，而且高温下的氧扩散渗透率高。硅酸盐类玻璃具有低的氧扩散渗透率，而且高温下与 SiC 涂层的化学相容性超过硼酸盐类玻璃，但是硅酸盐类玻璃在低温时黏度大，降低了其作为封接剂的有效性。为了提高硅酸盐类玻璃在低温区的流动性，可以在其中添加 Li_2O 或 B_2O_3，如添加 Li_2O 的 SiO_2 在 800℃的黏度是硅酸盐类玻璃中最低的。当然，正如材料科学中经常碰到的情况一样，在改善材料的某种性能的同时，也会不利于材料的另一种性能，添加的 Li_2O 或 B_2O_3 会降低硅酸盐类玻璃的低温黏度，但也提高了其氧扩散渗透率，这对整个涂层的抗氧化性能不利。

由于受 SiO_2 蒸气压在 1800℃以上显著提高的限制及 SiC 和 Si_3N_4 高温稳定性、高温氧扩散渗透率的提高，SiO_2/SiC 涂层的理想使用温度范围在 1650℃以下，在 1700～1800℃下短时使用问题不大，但要长时间使用不够理想。

3. 1800℃以上的抗氧化保护

SiC 和 Si_3N_4 的热力学分析表明，SiO_2 薄膜在高达 1800℃时还可以在 SiC 或 Si_3N_4 上稳定，如果温度更高则反应产物的分压超过 1 个大气压，此时就会破坏耐氧化的 SiO_2 外层（图 7.53）。同样玻璃封接剂也与碳/碳复合材料或 SiC 内涂层界面不相容，因此，SiO_2/SiC（Si_3N_4）复合涂层无法保护碳/碳复合材料在 1800℃以上长时间工作。

1800℃以上耐高温氧化材料主要有 ZrO_2、HfO_2、Y_2O_3 和 ThO_2，它们在 2000℃以上具有所需热稳定性，Al_2O_3 则可用于 1800～2000℃。但遗憾的是，这些物质与碳材料的热膨胀系数相差太大，作为涂层时肯定会在热循环下造成涂层的剥落（图 7.50）。除 Al_2O_3 外，这些耐高温氧化物的氧扩散渗透率比较高（图 7.49）。因此，单纯采用这些高温稳定性好的氧化物作为碳/碳复合材料的抗氧化涂层是不合适的。

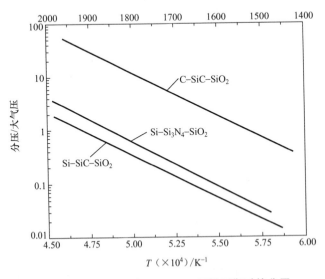

图 7.53 Si-O-C 和 Si-O-N 三相平衡时的分压

根据复合涂层原理，可以设想理想的抗氧化复合涂层是多层的，如图 7.54 所示。在涂层的最外层是耐高温氧化物层，以保持高温稳定性和抗侵蚀；次外层为氧渗透率低的改性 SiO_2 玻璃层，作为氧的侵入阻挡层，并且可以封接最外层的裂纹；下一层为可以与最底层碳化物及次外层 SiO₂ 具有良好的化学和物理相容性的内层氧化物层，以保持结合性；最底层为碳化物层，主要保持与上一层氧化物及碳/碳复合材料之间的相容性。最底层碳化物的候选材料为 TaC、TiC、HfC 和 ZrC 等，它们都具有较低的碳扩散率。

早在 20 世纪 60 年代中期，人们就注意到稀有金属铱（Ir）的抗氧化特性，并采用铱作抗氧化涂层。铱的熔点为 2440℃，直到 2100℃ 时其氧扩散渗透率都很低，而且在 2280℃ 与碳基本不发生反应。因此，铱涂层可以成为阻止氧向碳扩散的隔离层，是一种较理想的碳/碳复合材料防高温氧化涂层材料。尽管铱容易被侵蚀，热膨胀系数相对较高，而且与碳的黏结性差，但可以通过采用复合涂层的方法来解决。如铱与其他耐高温氧化物涂层结合而避免易侵蚀问题，也可以在内层先涂覆碳化物来改善黏结性。但是，由于铱价格高昂，无法广泛用于碳/碳复合材料的抗高温氧化涂层。

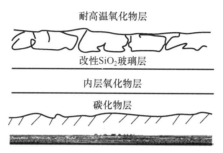

图 7.54　理想的耐 1800℃ 以上高温的碳/碳复合材料多层抗氧化涂层示意

7.6　碳/碳复合材料的应用

碳/碳复合材料的发展与航空航天技术及军事技术发展提出的要求密切相关。碳/碳复合材料具有的优异和独特的性能，如耐烧蚀、高热导率、高温力学性能及低热膨胀、对热冲击不敏感等，因此很快就在航空航天和军事领域得到了应用。随着工艺技术的发展、成本的降低，碳/碳复合材料逐渐在许多民用工业领域得到了应用。下面主要介绍碳/碳复合材料在军事、航空航天、汽车工业及生物医学领域的应用。

1. 在军事领域的应用

碳/碳复合材料的最初应用是作为耐烧蚀材料用在军事领域的导弹弹头和固体火箭发动机喷管等。

战略弹道导弹的弹头一般为核弹头，是武器系统终极毁伤目标的关键，工作条件极其严苛，系统结构复杂。弹头除要满足再入大气层时为声速 10～20 倍的高速度、几十兆帕的局部压力外，还要经受几千摄氏度的气动加热。弹头的端头帽（鼻锥）无疑是承受载荷最大的构件（图 7.55），一般需要进行烧蚀防热设计。早期采用耐烧蚀的聚合物基耐烧蚀复合材料，也曾采用过碳/石英陶瓷基复合材料，但都由于耐烧蚀性或耐热冲击性不够理想而满足不了弹头命中率和命中精度的要求。而碳/碳复合材料以密度低、耐烧蚀和导热好，抗热冲击和热震性好等成为弹头鼻锥的最佳材料。

图 7.55　MK – 12A 导弹再入弹头的三维刺穿织物楔形鼻锥

　　三维编织碳/碳复合材料石墨化后的热导性足以满足弹头再入时由－160℃至气动加热1700℃时的热冲击要求，可以预防弹头鼻锥的热应力过大而引起的整体破坏。碳/碳复合材料的低密度可以提高导弹弹头射程，因为弹头每降 1kg 可增程约 20km。采用三维碳/碳复合材料制成的整体性能好的弹头鼻锥已在很多战略导弹弹头上应用，如美国 MX 和侏儒导弹就是采用三维细偏穿刺碳/碳鼻锥。碳/碳复合材料制成的鼻锥在烧蚀—侵蚀耦合作用下，外形保持稳定对称变化的特点，有效地提高了导弹弹头的命中率和命中精度。

　　碳/碳复合材料在军事领域的另一个重要应用是作为固体火箭发动机喷管材料。固体火箭发动机是导弹和宇航领域大量应用的动力装置，具有结构简单、可靠性高、机动灵活、可长期待命、即刻启动发射的特点。喷管是固体火箭发动机的能量转换器，燃烧室内高温高压燃气通过它转换为发动机的推力。喷管通常由收敛段、喉衬、扩散段及外壳体等几部分组成。固体发动机的喷管是非冷却式的，工作环境极其恶劣，尤其是喉衬要承受高温、高压和高速二相流燃气的机械冲刷、化学侵蚀和热冲击，因此喷管材料是固体推进技术的关键。

　　对喉衬进行的应力分析表明，热及力学负载接近各向同性，因此采用多维碳/碳复合材料更合适。目前多维编织的碳/碳复合材料制备的喉衬已广泛应用于固体火箭发动机。一般碳/碳复合材料喉衬采用高密度沥青基，这主要是因为喉衬的截面薄，而高密度沥青基碳/碳复合材料具有优异的耐烧蚀性、力学性能稳定性及可以抗发动机点火燃烧造成的负荷。一般陆军、海军、空军所用固体火箭的尺寸较小，直径为 75～200mm，但战略导弹和宇航发射则要大得多。据报道，美国和法国的直径为 3.0～3.2m 的固体火箭发动机喷管的喉径接近 1m，多维编织的碳/碳喉衬的外径约为 1.5m，高约为1.2m。俄罗斯的潜地导弹发动机的喷管延伸锥采用直径为 2.5m 的薄壁碳/碳复合材料件。

　　固体火箭发动机的喷口采用的是高密度碳/碳复合材料，为了提高碳/碳复合材料的抗氧化和抗磨损能力，往往要用陶瓷（如 SiC）涂覆。复合材料喷口的气流温度可达 2000℃以上，流速达几倍音速，气流中还常含有未燃烧完的燃料和水，会对未涂层的碳/碳复合材料造成极大破坏，影响喷口的尺寸稳定性，造成火箭失控。

2. 在航空航天领域的应用

碳/碳复合材料的绝大部分（60%～70%）用于军用和民用飞机的制动盘。碳/碳复合材料的质量轻、耐高温、摩擦磨损性能优异、制动吸收能量大等特点表明其是一种理想的摩擦材料。早在 20 世纪 70 年代初，英国邓禄普公司率先开发出碳/碳复合材料制动盘，并在协和式飞机上起落成功，为碳/碳复合材料在航空领域的应用开创了新纪元。

随着现代航空科学技术的迅速发展，飞机的飞行及着陆速度在不断提高，军用机和民航飞机均是如此，同时装载质量不断增大，这就要求飞机紧急制动（中止飞行）和着陆制动装置的摩擦副材料适应高速、重载或超重载制动要求。现代飞机的制动装置为多盘式装置，在飞机制动过程中吸收飞机动能，并将动能转换为热能，很快将热能逸散的是摩擦副——制动盘副。在高速重载下，制动瞬间，摩擦热可使制动盘表面温度达 1300℃以上，制动盘沿厚度方向出现很大的温度梯度，从而产生很大的热应力并处于热冲击状态。目前最广泛应用的飞机摩擦副材料是金属陶瓷—合金钢，在波音 707、737、757、767，麦道 80、82、83，三叉戟，伊尔 76、86 等机型上都有应用。但金属陶瓷—合金钢摩擦副质量大，吸收能量较低（300～500kJ/kg），高温下摩擦系数会降低等，已很难适应新型大型客机的制动要求。

碳/碳复合材料以其独特的性能作为一种新型刹车盘材料从 20 世纪 70 年代起开始在军用飞机（如 F14、15、16、18 和 F22，法国幻影 2000 等）制动装置中使用，现在已广泛应用于大中型民航客机，如波音 747、777，麦道 90，空中客车 A300、A320、A330、A340 系列等。

碳/碳复合材料制成的制动盘密度低，与金属陶瓷—合金钢摩擦副相比，可以显著减小制动盘的结构质量，减重可达 40%，如 F15 每架飞机减重 70kg，波音 747‐400 可减重 635kg，A310 可减重 550kg。

碳/碳复合材料优异的高温性能使制动盘在制动过程中具有优的高温摩擦热稳定性，热膨胀系数低，导热性好，抗热冲击及热震能力强，不产生热翘曲和表面龟裂，变温下耐磨性好，因而碳/碳复合材料制动盘的使用寿命可为金属陶瓷—合金钢制动副的 2～4 倍，可安全起落 3000 次以上。

碳/碳复合材料比热和热容量大，可以吸收比金属陶瓷—合金钢制动副多的能量，一般可达 820～1050kJ/kg。

除在飞机制动装置作制动盘外，碳/碳复合材料制动片还用于一级方程式赛车和摩托车的制动系统。图 7.56 所示为碳制动盘的制造工艺流程，其制备方法为首先制得碳纤维增强体，然后在空隙中引入碳基体。图 7.57 所示为 A320 系列飞机碳/碳复合材料制动盘样品。

碳/碳复合材料在航空航天领域的另一个应用是航天飞机的鼻锥和机翼前缘，如图 7.58所示。与再入导弹弹头鼻锥相同，由于再入时气动力加热，因此碳/碳复合材料的航天飞机构件需要进行抗氧化处理。

碳/碳复合材料具有高温力学性能，促使人们将其开发为高温结构材料，主要应用于航空发动机上。提高航空发动机热端部件的工作温度是实现飞机高速的关键，但目前最好的镍基高温合金的最高工作温度是 1100℃左右，陶瓷基复合材料的工作温度可提高至 1500℃，但其脆性一直是其实际应用的障碍。碳/碳复合材料因其高温性能及低密度等特

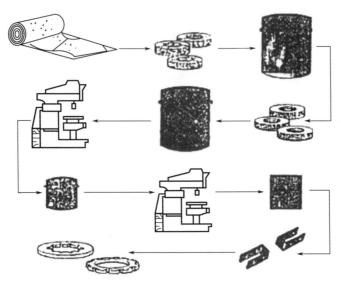

图 7.56　碳制动盘的制造工艺流程

图 7.57　A320 系列飞机碳/碳复合材料制动盘样品

图 7.58　航天飞机的碳/碳复合材料鼻锥和侧翼

性，有可能成为工作温度达 1500～1700℃ 的航空发动机理想轻质材料。由于发动机转动件要求苛刻，因此碳/碳复合材料首先在航空发动机的静止件上使用。在美国 F22、F100、F119 军机和俄罗斯航空发动机上已经采用碳/碳复合材料制作航空发动机燃烧室、导向器、内锥体、尾喷鱼鳞片、密封片、声挡板等。美国甚至已经试制了用碳/碳复合材料制造的整体涡轮盘及叶片，运转温度为 1649℃，比一般涡轮盘高出 555℃。此外，德国、俄罗斯和日本也试制了整体碳/碳复合材料涡轮叶片或涡轮盘。

3. 在汽车工业领域的应用

汽车工业是今后大量使用碳/碳复合材料的领域之一。目前，石油短缺，要求汽车耗费燃料量逐年下降，促使汽车向车体轻量化、发动机高效化、车型阻力小等方向发展。车体轻量化将逐步改变目前以金属材料为中心的汽车结构（金属材料占 80％，非金属材料占 20％），使其逐步塑料化。轻质和一材多用的碳/碳复合材料是理想的选择。汽车质量与燃料耗费有着密切的关系。车越轻，耗费每千克汽油行驶的里程越远。对小型汽车来说，车体减重 7kg，每加仑汽油可多行驶 0.16km。美国福特汽车公司以石墨纤维增强复合材料为主制成了 LTD 实验车。这辆 6 人乘坐的小汽车的质量仅为 1130kg，而同类金属材料车为 1690kg，减重 560kg。同类车每加仑汽油只能行驶 7.3km，而 LTD 车为 9.9km。这种车由于质量轻和惯性小，从启动到 100km/h 只需 12s。

用碳/碳复合材料制成的各种汽车部件、零件及其在汽车上的应用大致可以归纳为以下四个方面：①发动机系统，推杆、连杆、摇杆、油盘和水泵叶轮等；②传动系统，传动轴、万能箍、变速器、加速装置及其罩等；③底盘系统，底盘和悬置件、弹簧片、框架、横梁和散热器等；④车体，车顶内外衬、地板、侧门等，具体如图 7.59 所示。

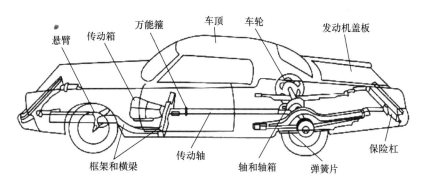

图 7.59　碳/碳复合材料用于小汽车的部件

4. 在生物医学领域的应用

众所周知，碳与人体骨骼、血液和软组织的生物相容性是已知材料中最好的。例如，采用各向同性热解碳制成的人造心脏瓣膜已广泛应用于心脏外科手术，拯救了许多心脏病患者。因为碳/碳复合材料是由碳组成的材料，所以继承了碳的这种生物相容性特性，可以作为人体骨骼的替代材料，可以作为人工髋关节和膝关节植入人体，还可以作为牙根植入体。图 7.60 所示为碳/碳复合材料人体髋关节。

人在行走时，作用在大腿骨上的应力最大压缩或拉伸载荷为 48～55MPa，髋关节每年

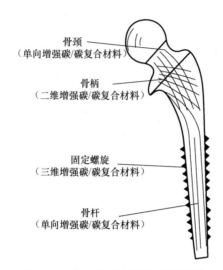

图 7.60 碳/碳复合材料人造髋关节

约循环运动 10^6 次。行走时关节受力试验表明，应力是不同方向的，并且取决于走步的形态。因此碳/碳复合材料人造髋关节应根据其受力特征进行设计。如靠近髋关节骨颈、骨杆处需要采用承受最大弯曲应力的单向增强碳/碳复合材料，受层间剪切力的固位螺旋采用三维碳/碳复合材料，与骨颈、骨杆连接的骨柄处受横向、纵向应力而采用二维碳/碳复合材料。

不锈钢或钛合金人工关节的使用寿命一般为 7～10 年，失效后需要进行第二次手术更换，这不仅给患者带来痛苦，而且花费很大。碳/碳复合材料疲劳寿命长，可以提供各方向上所需的强度和刚度，更主要的是与骨骼的适应性比不锈钢和钛合金假肢更好，采用硅化碳/碳复合材料人工关节球与臼窝的磨损更小，大大延长了人工关节的使用寿命。

除以上应用外，碳/碳复合材料还有以下用途。

（1）在核反应堆中用于制造无线电频率限幅器。

（2）利用碳/碳复合材料高导电率和良好的尺寸稳定性，制造卫星通信抛物面无线电天线反射器。

（3）在生产玻璃时，用碳/碳复合材料代替石棉制造熔融玻璃的滑道，使用寿命可提高 100 倍以上。

（4）制作高温紧固件。在 700℃ 以上，金属紧固件强度很低，而碳/碳复合材料在高温下呈现优异的承载能力，可制作高温下使用的螺栓、螺母、垫片等。

（5）制作热压模具和超塑性加工模具。在陶瓷和粉末冶金生产中，采用碳/碳复合材料制作热压模具，可减小模具厚度，缩短加热周期，节约能源，提高产量；用碳/碳复合材料制作钛合金超塑性加工模具，因其低膨胀特性和钛合金的相容性，可提高成形效率，并减少成形时钛合金的折叠缺陷。

（6）加热元件。与传统的石墨发热体强度低、脆、加工与运输困难相比，碳/碳复合材料强度高、韧性好，可减小发热体体积，扩大工作区。

在应用中，影响碳/碳复合材料推广应用的最大问题主要是两个方面。一是碳/碳复合材料的制备工艺周期长、成本高、价格高昂，如每个飞机制动盘达 3000 美元左右。二是碳/碳复合材料耐高温性能主要是在无氧化性气氛中获得。碳/碳复合材料在氧化气氛（如空气）中约在 400℃ 时就开始氧化，并且温度越高，氧化速度越快，因此在高温使用时必须经过抗氧化处理。可以相信，随着碳/碳复合材料工艺的研究与开发及抗氧化措施的不断完善，碳/碳复合材料的应用会得到更大的发展。

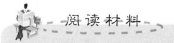 阅读材料

高性能碳/碳航空制动材料的制备技术
2004 年度国家技术发明奖一等奖

1. 项目概况

本项目在原国家计划委员会和中国民航总局的支持下，以中国工程院院士黄伯云为首的中南大学创新团队，经过 20 年的不懈努力，攻克了碳/碳复合材料制备过程中的系列难题，在核心制备技术、关键工艺装备、试验规范和性能评价体系等方面取得了重大突破，在国内外首创了具有显著特色和自主知识产权的高性能碳/碳制动材料制备技术，达到了国际领先水平，已获得国家发明专利 11 项，研发了具有自主知识产权的 6 大类共 30 台套关键工艺设备，创建了高性能碳/碳复合材料的制备工业平台，建成了碳/碳制动片的工业化生产线。

采用该制备技术开发了波音 757 飞机用碳/碳制动材料，2003 年获得了中国民航总局颁发的第一个大型飞机碳/碳制动副零部件制造人批准书，其产品已在国内大型民航客机上批量装机应用，使我国成为第四个能生产碳/碳航空制动材料的国家，其产品填补了国内空白。

本项目得到了国际同行的认可，成功应用于我国新一代军民用飞机上，开辟了我国高性能航空碳制动制造新产业，经济社会效益显著。同时相关制备技术还应用到航天、国防、化工、交通运输等领域，为我国的航空航天战略安全提供了技术支撑，为化工、交通运输行业的技术进步起到了重要的推动作用。

2. 获奖后取得的主要进展

获奖后，项目在以下技术方向取得了突出进展。

（1）碳/碳复合材料快速化学气相浸渍技术。探明了化学气相浸渍参数—中间产物—热解碳的对应关系，揭示了小分子产物、大分子产物热解沉积机理，探明了 H_2、N_2 载气下碳源浓度对中间产物含量的影响规律，解决了碳/碳复合材料高效制备的瓶颈技术问题，使化学气相浸渍增密速率提高 30%，成果应用于发动机构件等碳/碳复合材料的化学气相浸渍增密。

（2）碳/碳复合材料耐烧蚀技术。揭示了（Zr, Ti）C 基体改性碳/碳复合材料的残余应力分布及形成机制，提出复合材料热应力损伤机理，同时形成了 SPS 和 RSI 制备 ZrB_2 - SiC 陶瓷层技术和工艺方法，制备涂层/基体改性梯度结构一体化构件，解决碳/碳复合材料高温氧化烧蚀的瓶颈技术问题，成果应用于碳/碳航天发动机喷管、碳/碳燃气舵等。

（3）碳/碳复合材料低成本制备技术。深入开展了碳纤维预制体编制、化学气相沉积、

高温热处理工艺等研究，提出了多料柱化学气相沉积炉方法，突破了快速化学沉积关键技术，有效解决了低成本制造难题，显著提升了热场材料水平，相关成果已在新能源领域获得应用。

（4）碳/陶摩擦材料技术。发明了增摩擦减磨损新技术、C/C‑SiC摩擦材料的"温压—原位反应"法低成本制备新技术、非浸泡式定向熔硅浸渗技术、"碳陶—金属对偶"摩擦副技术，使用寿命是粉末冶金制动片的4倍以上，在国际上率先成功将该摩擦副应用于高速、重载和复杂环境下的制动系统，显著拓宽了碳/陶摩擦材料的应用领域。

借助技术进步，先后开发了多型号进口民用飞机和我国自主研发的军民用飞机碳/碳复合材料制动副，目前，已取得空中客车320系列飞机、ERJ190系列飞机和新舟60飞机碳制动副零部件制造人批准书及多个型号军用飞机碳制动副的定型。所研制的高性能碳/碳航空制动材料已批量应用于军民用飞机上，实现了我国航空碳制动副的国产化，满足了我国民航和空军等部门对大量消耗性制动材料产品的需求，具有显著的经济效益。为新型火箭发动机研制开发了高性能航天战略、战术导弹用碳/碳燃烧室、喷管喉衬、扩散段等多类关键零部件，通过地面发动机点火试验和飞行试验考核，其性能达到国际先进水平。多个新型号航天产品已通过有关部门技术鉴定定型，在国防若干"杀手锏"武器型号上得到批量应用，大大提高了这些部件的耐烧蚀性和导弹整体战术性能。

获奖后共申请国家发明专利100项，获授权专利68项；发表论文420篇；制定标准10项；获得省部级奖励5项，其中"新型高性能碳/陶摩擦材料及其低成本制备技术"获得2013年湖南省科技进步一等奖，"碳/碳复合材料坩埚制备关键技术及应用"获得2014年湖南省科技进步一等奖。2009年湖南博云新材料股份有限公司以碳/碳制动材料制备和装备技术的优势与全球航空航天领域领先的霍尼韦尔公司联合竞标，取得了中国商用飞机C919大型客机机轮制动系统独家供应商资格，碳制动技术将应用于我国自主研发的C919飞机上。

获奖后项目发展过程中获得各类科研计划支持，团队共承担科研项目62项，总经费为27900万元，包括：科技部973首席项目2项，863重点项目2项，预研支撑重点项目、国防基础科研项目、军品配套项目等国防项目37项。在现有碳/碳复合材料技术平台的基础上，建设了湖南省碳纤维复合材料工程技术研究中心、国家碳/碳复合材料工程技术研究中心、轻质高强结构材料国防科技重点实验室等碳/碳复合材料研发平台。

项目的实施，不但可提升我国现有碳制动材料和高性能航天用碳/碳复合材料的技术水平，使我国碳/碳复合材料的制备技术更加具有竞争力，而且可满足国内飞机碳制动副每年数十亿元和航天固体火箭发动机喷管用碳/碳复合材料10余亿元的市场，为国家节约大量外汇，同时，可带动国内具有自主知识产权的高温装备制造业和碳纤维等行业技术进步，每年新增产值数亿元，具有巨大的经济效益。还可应用于航天飞机、高速列车、磁悬浮列车、坦克、航空热结构、密封材料等领域，对我国航天、化学化工、交通运输等行业的技术进步亦将产生重大的推动作用。

资料来源：http://www.nosta.gov.cn/rules2015/Html/Article/20151116/356.html，2015.

习　题

7-1　碳/碳复合材料有哪些主要优异性能？如何实现其表面的陶瓷保护层涂覆？

7-2　制备碳/碳复合材料的基本思路是什么？按基体碳的获得方法不同，碳/碳复合材料的制备工艺分为哪两类？

7-3　如何缩短碳/碳复合材料的制备工艺周期？

7-4　碳/碳复合材料抗氧化涂层材料的选择原则是什么？

7-5　碳/碳复合材料在民用领域已经有哪些应用？你认为在哪些领域还可以拓展其应用？说出具体措施。

参 考 文 献

《材料科学技术百科全书》编辑委员会，1995. 材料科学技术百科全书：上下 ［M］. 北京：中国大百科
　　全书出版社.

曹翠微，李贺军，李照谦，等，2010. 一种三维四向碳/碳复合材料的微观结构与力学性能 ［J］. 南京理
　　工大学学报：自然科学版 (5)：713-716.

曹晶晶，陈华辉，杜飞，等，2013. 助熔剂对原位转化碳纤维增韧陶瓷基复合材料性能的影响 ［J］. 硅
　　酸盐通报 (3)：389-393，397.

陈朝辉，等，2012. 先驱体转化陶瓷基复合材料 ［M］. 北京：科学出版社.

陈尔凡，陈东，2006. 晶须增强增韧聚合物基复合材料机理研究进展 ［J］. 高分子材料科学与工程 (2)：
　　20-24.

陈华辉，邓海金，李明，等，1998. 现代复合材料 ［M］. 北京：中国物资出版社.

陈建桥，2016. 复合材料力学 ［M］. 武汉：华中科技大学出版社.

陈平，于祺，路春，2005. 纤维增强聚合物基复合材料的界面研究进展 ［J］. 纤维复合材料，22 (1)：
　　53-59.

陈维平，黄丹，何曾先，等，2008. 连续陶瓷基复合材料的研究现状及发展趋势 ［J］. 硅酸盐通报 (2)：
　　307-311.

陈跃良，刘旭，2010. 环境作用下的聚合物基复合材料性能研究进展及主要问题 ［J］. 飞机设计 (4)：
　　49-56.

成来飞，张立同，梅辉，等，2014. 化学气相渗透工艺制备陶瓷基复合材料 ［J］. 上海大学学报（自然
　　科学版）(1)：15-32.

丁向东，连建设，江中浩，等，2000. 短纤维增强金属基复合材料拉伸应力场的有限元数值分析 ［J］.
　　金属学报 (2)：196-200.

董怀斌，李长青，任攀，等，2017. 碳纳米管定向排列增强碳纤维/环氧树脂复合材料制备及力学性能 ［J］.
　　玻璃钢/复合材料 (7)：22-28.

董慧民，益小苏，安学锋，等，2014. 纤维增强热固性聚合物基复合材料层间增韧研究进展 ［J］. 复合
　　材料学报 (2)：273-285.

杜善义，2007. 先进复合材料与航空航天 ［J］. 复合材料学报 (1)：1-13.

冯小明，张崇才，2007. 复合材料 ［M］. 重庆：重庆大学出版社.

何健，李小红，张治军，2012. 聚合物基复合材料摩擦学改性研究新进展 ［J］. 摩擦学学报，32 (2)：
　　199-208.

胡保全，牛晋川，2006. 先进复合材料 ［M］. 北京：国防工业出版社.

黄剑锋，杨文冬，曹丽云，等，2010. 碳/碳复合材料磷酸盐抗氧化涂层的研究进展 ［J］. 材料导报
　　(19)：44-48.

贾成厂，郭宏，2010. 复合材料教程 ［M］. 北京：高等教育出版社.

姜作义，张和善，1990. 纤维-树脂复合材料技术与应用 ［M］. 北京：中国标准出版社.

蒋永彪，2017. 浅谈陶瓷基复合材料的分类及性能特点 ［J］. 科技创新与应用 (18)：130.

焦更生，2016. 碳/碳复合材料高温抗氧化碳化硅/复合陶瓷涂层 ［M］. 北京：科学出版社.

焦健，陈明伟，2014. 新一代发动机高温材料：陶瓷基复合材料的制备、性能及应用 ［J］. 航空制造技
　　术 (7)：62-69.

金培鹏，韩丽，王金辉，2013. 轻金属基复合材料［M］. 北京：国防工业出版社.

靖长亮，何春霞，2012. 表面处理碳纤维改性聚酰亚胺复合材料的机械性能［J］. 塑料（3）：4-6.

冷劲松，刘立武，吕海宝，等，2012. 形状记忆聚合物基复合材料在航空航天领域的应用［J］. 航空制造技术（18）：58-59.

李翠云，李辅安，2006. 碳/碳复合材料的应用研究进展［J］. 化工新型材料，34（3）：18-21.

李静尧，罗瑞盈，2016. 载气对碳/碳复合材料致密化过程及微观结构的影响［J］. 合成材料老化与应用（1）：43-47，72.

李荣久，1995. 陶瓷-金属复合材料［M］. 北京：冶金工业出版社.

李伟，陈朝辉，王松，2012. 先进推进系统用主动冷却陶瓷基复合材料结构研究进展［J］. 材料工程（11）：92-96.

李勇，朱晓燕，王佳平，等，2011. 反应烧结氮化硅-碳化硅复合材料的氮化机理［J］. 硅酸盐学报（3）：447-451.

梁基照，2011. 聚合物基复合材料设计与加工［M］. 北京：机械工业出版社.

廖英强，杜楠，程勇，2006. 纤维增强复合材料研究［J］. 航天制造技术（3）：50-52.

凌新龙，周艳，黄继伟，等，2011. 芳纶纤维表面改性研究进展［J］. 天津工业大学学报（3）：11-18.

刘金刚，沈登雄，杨士勇，2013. 国外耐高温聚合物基复合材料基体树脂研究与应用进展［J］. 宇航材料工艺（4）：8-13.

刘锦，刘秀军，胡子君，等，2010. 碳/碳复合材料致密化影响因素的研究进展［J］. 天津工业大学学报（1）：31-35.

刘雄亚，2007. 复合材料新进展［M］. 北京：化学工业出版社.

刘旭，陈跃良，张玎，等，2011. 时间-温度-湿度对聚合物基复合材料性能影响研究［J］. 装备环境工程（2）：20-24.

卢国锋，乔生儒，许艳，2014. 连续纤维增强陶瓷基复合材料界面层研究进展［J］. 材料工程（11）：107-112.

陆有军，王燕民，吴澜尔，2010. 碳/碳化硅陶瓷基复合材料的研究及应用进展［J］. 材料导报（11A）：14-19.

马明明，张彦，2016. 玻璃纤维及其复合材料的应用进展［J］. 化工新型材料，44（2）：38-40.

马小龙，敖玉辉，肖凌寒，等，2015. 表面改性对碳纤维/酚醛树脂基复合材料摩擦性能的影响［J］. 材料研究学报，29（2）：101-107.

孟松鹤，阚晋，许承海，等，2010. 微结构对碳/碳复合材料界面性能的影响［J］. 复合材料学报（1）：129-132.

权高峰，2015. 金属基复合材料设计与制备：表象学研究［M］. 北京：科学出版社.

任江，赵英娜，张萌，2013. 纤维增强陶瓷基复合材料界面及增韧机制的进展［J］. 现代技术陶瓷（2）：3-6.

师昌绪，1994. 材料大辞典［M］. 北京：化学工业出版社.

师昌绪，1994. 高技术新材料的现状与展望［J］. 机械工程材料（1）：3-6，34.

宋传江，王虎，2015. 玻璃纤维增强复合材料工程化应用进展［J］. 中国塑料，29（3）：9-15.

陶杰，赵玉涛，潘蕾，等，2007. 金属基复合材料制备新技术导论［M］. 北京：化学工业出版社.

仝永刚，白书欣，张虹，等，2010. 碳/碳复合材料超高温抗氧化铱涂层研究现状［J］. 贵金属（4）：64-68.

汪海平，章明秋，容敏智，2011. 智能自修复型聚合物基复合材料［J］. 航空制造技术（20）：92-96.

王波，矫桂琼，杨成鹏，等，2014. 陶瓷基复合材料力学行为研究进展［J］. 航空制造技术（6）：54-57.

王零森，1994. 特种陶瓷［M］. 长沙：中南工业大学出版社.

王荣国，武卫莉，谷万里，2015. 复合材料概论［M］. 哈尔滨：哈尔滨工业大学出版社.

王汝敏，郑水蓉，郑亚萍，2004. 聚合物基复合材料及工艺［M］. 北京：科学出版社.

王义，刘海韬，程海峰，等，2014. 氧化物/氧化物陶瓷基复合材料的研究进展［J］. 无机材料学报
（7）：673-680.

王源升，朱珊珊，姚树人，等，2014. 碳纤维表面改性及对其复合材料性能的影响［J］. 高分子材料科
学与工程，30（2）：16-20.

王云英，孟江燕，丁祖群，等，2008. 航空先进聚合物基复合材料的修补［J］. 航空维修与工程（2）：
27-30.

魏强强，2015. 中间相沥青基碳/碳复合材料热压制备及性能研究［D］. 天津：天津工业大学.

沃丁柱，2000. 复合材料大全［M］. 北京：化学工业出版社.

吴宏博，孙立娜，2012. 汽车用聚合物基复合材料的新进展［J］. 纤维复合材料（1）：7-12.

吴人洁，1994. 复合材料的未来发展［J］. 机械工程材料（1）：16-20.

肖长发，1995. 纤维复合材料：纤维、基体、力学性能［M］. 北京：中国石化出版社.

邢丽英，蒋诗才，周正刚，2013. 先进树脂基复合材料制造技术进展［J］. 复合材料学报（2）：1-9.

徐永东，张立同，成来飞，等，2006. 碳/碳化硅摩阻复合材料的研究进展［J］. 硅酸盐学报（8）：
992-999.

许晨阳，高芳，陈浩，等，2014. 氧化石墨烯/羟基磷灰石涂层对镁合金耐腐蚀性的影响［J］. 电镀与涂
饰（18）：800-805.

闫佳，楚增勇，程海峰，等，2011. PAN 基碳纤维改性的研究进展［J］. 新技术新工艺（8）：121-124.

杨成鹏，矫桂琼，2010. 界面对纤维增强陶瓷基复合材料拉伸性能的影响［J］. 复合材料学报（3）：
116-121.

杨小平，黄智彬，张志勇，等，2010. 实现节能减排的碳纤维复合材料应用进展［J］. 材料导报
（3）：1.

杨序纲，2010. 复合材料界面［M］. 北京：化学工业出版社.

益小苏，杜善义，张立同，2009. 复合材料手册［M］. 北京：化学工业出版社.

尹洪峰，魏剑，2010. 复合材料［M］. 北京：冶金工业出版社.

于压顺，2006. 金属基复合材料及其制备技术［M］. 北京：化学工业出版社.

袁海根，曾金芳，杨杰，等，2005. 芳纶表面改性研究进展［J］. 高科技纤维与应用，30（2）：26-33.

原梅妮，杨延清，黄斌，等，2012. 金属基复合材料界面性能对残余应力的影响［J］. 材料热处理学报
（6）：174-178.

张长瑞，郝元恺，2001. 陶瓷基复合材料：原理、工艺、性能与设计［M］. 长沙：国防科技大学出版
社.

张荻，张国定，李志强，2010. 金属基复合材料的现状与发展趋势［J］. 中国材料进展（4）：1-7.

张国定，赵昌正，1996. 金属基复合材料［M］. 上海：上海交通大学出版社.

张慧茹，2011. 碳/碳复合材料概述［J］. 合成纤维（1）：1-7.

张锦，张乃恭，1993. 新型复合材料力学机理及其应用［M］. 北京：北京航空航天大学出版社.

张力川，2016. 碳碳复合材料发展现状及前景探索［J］. 建材与装饰（8）：125-126.

张立同，成来飞，2007. 连续纤维增韧陶瓷基复合材料可持续发展战略探讨［J］. 复合材料学报（2）：
1-7.

张立同，成来飞，等，2015. 自愈合陶瓷基复合材料制备与应用基础［M］. 北京：化学工业出版社.

张立同，成来飞，徐永东，2003. 新型碳化硅陶瓷基复合材料的研究进展［J］. 航空制造技术（1）：
24-32.

张伟刚，2011. 碳/碳复合材料的宽温域自愈合抗氧化［J］. 中国材料进展（11）：25-31，39.

张以河，2011. 复合材料学［M］. 北京：化学工业出版社.

赵晨，陈跃良，刘旭，2012. 湿热条件下飞机聚合物基复合材料界面问题研究进展［J］. 装备环境工程（5）：62-66，117.

赵宏丽，张志山，2012. 碳碳复合材料界面热力学研究［J］. 装备制造技术（10）：238-240.

赵渠森，2003. 先进复合材料手册［M］. 北京：机械工业出版社.

赵玉涛，戴起勋，陈刚，2007. 金属基复合材料［M］. 北京：机械工业出版社.

赵玉庭，姚希曾，1991. 复合材料基体与界面［M］. 上海：华东化工学院出版社.

赵祖德，2008. 复合材料固-液成形理论与工艺［M］. 北京：冶金工业出版社.

周曦亚，2005. 复合材料［M］. 北京：化学工业出版社.

周祖福，1995. 复合材料学［M］. 武汉：武汉工业大学出版社.

朱波，刘建军，蔡华甦，2002. 碳纤维/环氧单向复合材料的统计强度和破坏准则［J］. 材料科学与工程（4）：552-555.

朱元林，温卫东，刘礼华，等，2016. 碳/碳复合材料疲劳损伤失效试验研究［J］. 复合材料学报（2）：386-393.

庄严，陈敬超，程锦，等，2014. 表面改性碳纤维增强金属基的方法［J］. 热加工工艺，43（16）：6-9，13.